特色农业气象服务

喻迎春　董宛麟　等　编著

内容简介

本书主要介绍了苹果、甘蔗、柑橘、茶叶、棉花、花生、橡胶、烤烟、油茶、枸杞、马铃薯、热带水果、淡水养殖、设施农业、都市农业15个国家级特色农业气象服务中心的气象服务技术和方法、组织管理经验及服务案例，还介绍了内蒙古大豆、吉林人参、辽宁海洋牧场、广东海洋牧场、山西谷子、江苏乳业、广东荔枝、河北核桃8个省级特色农业气象服务中心气象服务的技术要点和取得的服务效益。本书内容丰富、指导性强，可供从事农业气象服务工作的科研和业务技术人员阅读参考。

图书在版编目（CIP）数据

特色农业气象服务 / 喻迎春等编著. -- 北京 : 气象出版社, 2024. 9. -- ISBN 978-7-5029-8278-2

Ⅰ. S163

中国国家版本馆 CIP 数据核字第 2024EF7004 号

特色农业气象服务

Tese Nongye Qixiang Fuwu

出版发行：气象出版社

地　　址：北京市海淀区中关村南大街 46 号　　**邮政编码**：100081

电　　话：010-68407112(总编室)　010-68408042(发行部)

网　　址：http://www.qxcbs.com　　**E-mail**：qxcbs@cma.gov.cn

责任编辑：胡育峰　杨　辉　　**终　　审**：张　斌

责任校对：张硕杰　　**责任技编**：赵相宁

封面设计：艺点设计

印　　刷：北京建宏印刷有限公司

开　　本：787 mm×1092 mm　1/16　　**印　　张**：18.75

字　　数：470 千字　　**彩　　插**：12

版　　次：2024 年 9 月第 1 版　　**印　　次**：2024 年 9 月第 1 次印刷

定　　价：120.00 元

本书编著人员

喻迎春　董宛麟

（以下按姓氏笔画为序）

于蕙箐　马青荣　马国飞　王彦平　王雪姣　文　彬
尹远渊　邓爱娟　史　潇　白　蕤　匡昭敏　成　林
曲学斌　吕　润　朱兰娟　刘　伟　刘可群　刘志雄
刘凯文　刘思华　刘　静　刘霞霞　孙东磊　李文峰
李伟光　李兴华　李　阳　李红梅　李丽纯　李时睿
李彤霄　李　春　李　政　李美荣　李　莉　李　根
李翔翔　李　楠　李新建　李　燕　李　霞　李　鑫
杨丽娜　杨　凯　杨爱萍　杨　超　杨霏云　邹海平
张山清　张加云　张　波　张学艺　陈小敏　陈冬宇
陈　辰　武荣盛　范开宇　范嘉智　林　浩　欧钊荣
欧善国　罗蒋梅　金志凤　金林雪　郑诗然　赵玉兵
胡雪琼　胡淳焓　柏秦凤　姜琳琳　宫志宏　姚艳丽
袁小康　袁福香　徐梦莹　高　岩　郭尔静　郭其乐
郭春迓　郭康军　唐红艳　黄川容　黄永平　梁　轶
彭晓丹　董朝阳　韩佳芮　傅玮东　谢佰承　蔡　哲
樊栋樑　潘宇鹰　薛晓萍　穆　佳　鞠英芹　魏瑞江

前　言

为全面贯彻党的二十大精神，深入贯彻落实习近平总书记关于“三农”工作的重要论述，落实党中央、国务院关于实施乡村振兴战略的重大决策部署，加快特色农业气象服务高质量发展，做好“土特产”气象保障服务，中国气象局和农业农村部于2018年和2022年分两批联合认定了15个国家级特色农业气象服务中心（以下简称特色中心）。其中，第一批认定了10个特色中心：设施农业、苹果、棉花、柑橘、甘蔗、烤烟、茶叶、枸杞、都市农业、橡胶，第二批认定了5个特色中心：淡水养殖、热带水果、花生、马铃薯、油茶。

为推动特色农业气象服务中心的发展，中国气象局下发了《关于推进全国特色农业气象服务高质量发展的指导意见》（气发〔2023〕5号）、《关于加强省级特色农业气象服务中心建设的通知》（气办发〔2023〕25号）、《全国特色农业气象服务指南（试行）》（气减函〔2022〕5号）等多个文件，对特色农业气象服务的发展目标、建设任务、规范管理等做出明确的要求，并制定了完善的考核评估机制，形成常态化的考核评估工作。

近年来，各特色中心针对当地特色农业发展需求，狠抓管理与服务、业务与科研、技术与产品、产出与效益“四个并行”，取得了系列成果。各特色中心形成了规范化的管理和运行机制，建立了经费保障和项目投入工作机制，完善了业务服务流程，组建了专家指导和业务服务队伍，业务服务体系初具规模。

瞄准特色农业气象服务的需求，各特色中心开展了大量关键技术研究与攻关，服务科学性和实用性得到有效统一。如：棉花中心对滴灌模式下绿洲棉田干旱发生与致灾解除过程特征及其临界条件、棉花光合蒸腾过程影响机理进行研究；淡水养殖中心开展水温和溶氧预报研究；甘蔗中心开展病虫害预报；柑橘中心研发了柑橘抗高温干旱防御适用技术；设施农业中心构建不同天气类型下日光温室光强预报模型；马铃薯中心研发节水灌溉诊断预报技术，创建直通式节水灌溉气象服务新模式；枸杞中心开展枸杞温度适宜性、需水规律等8个关键技术研发；都市农业中心开展候鸟和迁飞性害虫的雷达跟踪识别技术研发；等等。这些研究与攻关为特色作物全生育期服务奠定了科技基础。

通过持续的研究与服务，特色中心许多科研业务成果由“实验室”顺利转化到“生产线”，构建了基于科技支撑的精细化特色作物全产业链气象服务体系。各特色中心建立健全糖、果蔬、水产品等特色农业气象业务服务技术和指标体系，开发的服务产品涵盖农业气候资源区划、关键农事活动、农用天气预报、农业气象灾害防御、病虫害预报等多领域，形成了分区域、分品种、分灾种的精细化服务能力。柑橘、棉花、热带水果等特色中心建立了气象条件变化对农产品品质的分析室，淡水养殖特色中心开展对虾稻田温室气体排放的农业生态系统碳循环研究，服务产品向两端发力，服务链条拓宽。

各地在特色农业气象服务及技术研究中，获得了多元化经费支持和科研产出，部分服务取得了较好的经济社会效益。以2022年为例，烤烟、甘蔗特色中心获企业经费支持超过200万元，苹果特色中心获延安市1000万元政府专项资金用于果园气象站网建设，枸杞特色中心获政府和相关部门324万元经费支持，棉花特色中心获政府245万元支持棉花气象服务能力提升。特色中心的服务也获得了政府及相关企业或用户高度认可。现场评估发现，100%的农业农村部门对特色中心服务表示满意，90%以上的种植大户或企业认为特色中心提供服务及时准确，有效减轻了气象灾害损失。

本书共分16章。第1章苹果气象服务，主要由李红梅、潘宇鹰、柏秦凤、李美荣、梁轶、董宛麟撰写。第2章甘蔗气象服务，主要由匡昭敏、李莉、陈冬宇、欧钊荣、董宛麟撰写。第3章柑橘气象服务，主要由杨爱萍、蔡哲、李翔翔、罗蒋梅撰写。第4章茶叶气象服务，主要由金志凤、李鑫、朱兰娟、胡淳焓、李时睿、罗蒋梅撰写。第5章棉花气象服务，主要由李新建、姚艳丽、傅玮东、张山清、王雪姣、韩佳芮撰写。第6章花生气象服务，主要由郭康军、成林、李彤霄、马青荣、郭其乐、韩佳芮撰写。第7章橡胶气象服务，主要由邹海平、陈小敏、李伟光、白蕤、吕润、樊栋樑撰写。第8章烤烟气象服务，主要由胡雪琼、张加云、徐梦莹、李文峰、张波、杨霏云撰写。第9章油茶气象服务，主要由林浩、袁小康、谢佰承、刘思华、范嘉智撰写。第10章枸杞气象服务，主要由马国飞、张学艺、李阳、姜琳琳、樊栋樑、刘静撰写。第11章马铃薯气象服务，主要由武荣盛、金林雪、李兴华、刘霞霞、郑诗然、樊栋樑撰写。第12章热带水果气象服务，主要由杨凯、李政、李丽纯、黄川容、郭尔静撰写。第13章淡水养殖气象服务，主要由邓爱娟、刘志雄、刘可群、刘凯文、黄永平、鞠英芹撰写。第14章设施农业气象服务，主要由李楠、陈辰、薛晓萍、魏瑞江、罗蒋梅撰写。第15章都市农业气象服务，主要由董朝阳、李春、宫志宏、李根、郭尔静撰写。第16章第1节内蒙古大豆气象服务，主要由王彦平、唐红艳、曲学斌、杨霏云撰写；第2节吉林人参气象服务，主要由袁福香、穆佳、高岩、刘伟、杨霏云撰写；第3节辽宁海洋牧场气象服务，主要由尹远渊、范开宇、于蕙箐、杨霏云撰写；第4节广东海洋牧场气象服务，主要由文彬、李霞、郭春迓、杨霏云撰写；第5节山西谷子气象服务，主要由李燕、杨超、杨霏云撰写；第6节江苏乳业气象服务，主要由史潇、杨霏云撰写；第7节广东荔枝气象服务，主要由欧善国、彭晓丹、杨霏云撰写；第8节河北核桃气象服务，主要由赵玉兵、杨丽娜、孙东磊、魏瑞江、杨霏云撰写。全书由喻迎春、董宛麟统稿。

本书从15个国家级特色中心和部分省级特色中心收集了具有代表性的特色农业气象服务典型服务技术和管理经验，凝练了特色作物气象服务好经验、好做法，形成《特色农业气象服务》教材，旨在为全国各地特色农业气象服务或相关培训提供参考材料，促进全国特色农业气象服务高质量发展。

喻迎春

2024年4月

目　录

前　言
第1章　苹果气象服务 …… 1
1.1　苹果与气象 …… 1
1.2　苹果气象服务技术和方法 …… 4
1.3　苹果气象服务中心组织管理经验及服务案例 …… 7
第2章　甘蔗气象服务 …… 11
2.1　甘蔗与气象 …… 11
2.2　甘蔗气象服务技术和方法 …… 17
2.3　甘蔗气象服务中心组织管理经验及服务案例 …… 24
第3章　柑橘气象服务 …… 27
3.1　柑橘与气象 …… 27
3.2　柑橘气象服务技术和方法 …… 32
3.3　柑橘气象服务中心组织管理经验及服务案例 …… 38
第4章　茶叶气象服务 …… 43
4.1　茶叶与气象 …… 43
4.2　茶叶气象服务技术和方法 …… 49
4.3　茶叶气象服务中心组织管理经验及服务案例 …… 58
第5章　棉花气象服务 …… 63
5.1　棉花与气象 …… 63
5.2　棉花气象服务技术和方法 …… 67
5.3　棉花气象服务中心组织管理经验及服务案例 …… 74
第6章　花生气象服务 …… 78
6.1　花生与气象 …… 78
6.2　花生气象服务技术和方法 …… 82
6.3　花生气象服务中心组织管理经验及服务案例 …… 90
第7章　橡胶气象服务 …… 93
7.1　橡胶与气象 …… 93
7.2　橡胶气象服务技术和方法 …… 98
7.3　橡胶气象服务中心组织管理经验及服务案例 …… 103
第8章　烤烟气象服务 …… 108
8.1　烤烟与气象 …… 108
8.2　烤烟气象服务技术和方法 …… 113
8.3　烤烟气象服务中心组织管理经验及服务案例 …… 115

第 9 章　油茶气象服务 …… 118
9.1　油茶与气象 …… 118
9.2　油茶气象服务技术和方法 …… 120
9.3　油茶气象服务中心组织管理经验及服务案例 …… 126
第 10 章　枸杞气象服务 …… 131
10.1　枸杞与气象 …… 131
10.2　枸杞气象服务技术和方法 …… 134
10.3　枸杞气象服务中心组织管理经验及服务案例 …… 141
第 11 章　马铃薯气象服务 …… 144
11.1　马铃薯与气象 …… 144
11.2　马铃薯气象服务技术和方法 …… 149
11.3　马铃薯气象服务中心组织管理经验及服务案例 …… 156
第 12 章　热带水果气象服务 …… 159
12.1　热带水果与气象 …… 159
12.2　热带水果气象服务技术和方法 …… 162
12.3　热带水果气象服务中心组织管理经验及服务案例 …… 173
第 13 章　淡水养殖气象服务 …… 176
13.1　淡水养殖与气象 …… 176
13.2　淡水养殖气象服务技术和方法 …… 179
13.3　淡水养殖气象服务中心组织管理经验及服务案例 …… 187
第 14 章　设施农业气象服务 …… 191
14.1　设施农业与气象 …… 191
14.2　设施农业气象服务技术和方法 …… 195
14.3　设施农业气象服务中心组织管理经验及服务案例 …… 207
第 15 章　都市农业气象服务 …… 211
15.1　都市农业与气象 …… 211
15.2　都市农业气象服务技术和方法 …… 214
15.3　都市农业气象服务中心组织管理经验及服务案例 …… 222
第 16 章　其他特色农业气象服务 …… 227
16.1　内蒙古大豆气象服务 …… 227
16.2　吉林人参气象服务 …… 239
16.3　辽宁海洋牧场气象服务 …… 245
16.4　广东海洋牧场气象服务 …… 251
16.5　山西谷子气象服务 …… 259
16.6　江苏乳业气象服务 …… 267
16.7　广东荔枝气象服务 …… 272
16.8　河北核桃气象服务 …… 277
参考文献 …… 285

第1章　苹果气象服务

1.1　苹果与气象

1.1.1　苹果分布及产业发展

苹果原产于欧洲、中亚和我国新疆西部一带。苹果的栽培历史，在世界上已有5000多年，在我国也已有2000多年。原产我国的绵苹果在秦汉时期史料中就有记载，在魏晋时期已有栽培，贾思勰的《齐民要术》中有关于柰和林檎的详细阐述，柰就是苹果，林檎即沙果，陕西、甘肃、新疆、青海至今仍有绵苹果分布（王景红，2010）。王昆等（2013）指出，我国是苹果属植物起源中心之一，苹果种质资源极为丰富，但目前我国作为经济栽培的苹果品种大部分是由国外引入，'红富士'品种占比最大，栽培历史不到100年。

我国苹果种植区域广阔，空间跨度大，气候、土壤等种植条件差异明显。依据各地苹果种植生态环境，目前已形成渤海湾、黄土高原、黄河故道和西南冷凉高地四大苹果优势产区。其中，渤海湾产区主要包括山东、辽宁、河北等地的苹果种植区；黄土高原产区主要包括陕西、甘肃、河南西部、宁夏、山西等地的苹果种植区；黄河故道产区主要包括河南东部、山东西南部、安徽北部等苹果种植区；西南冷凉高地产区包括云南的昭通、丽江、马龙及昆明，贵州西北部和四川川西等地的苹果种植区。

苹果产业作为我国农业经济和农业生产的重要组成部分，近年来产量总体稳步提升。1978年以来，我国苹果生产经历了两个发展高峰。1996年，我国苹果面积达到历史高峰，为4480.2万亩①。1997年后进入调整阶段，由数量扩展向质量效益转变，不适宜区和次适宜区种植面积减小，优生区和经济效益高的地区苹果稳定发展，栽培区域日趋合理，总体种植面积减小，但亩产快速提升。2002年我国苹果面积调减为2907万亩，随后苹果种植面积基本保持稳定。目前，我国苹果栽培面积和产量均占世界苹果生产规模的50%以上，其中，黄土高原和渤海湾两大优势产区的苹果产量之和约占全国苹果产量的85%。据统计，2022年，我国苹果年产量4757.18万t，位居世界第一，是1978年全国苹果总产量的20倍，单产比1996年种植面积最大时增加了约3倍，苹果贮藏能力超过2000万t，贮藏率由30年前的25%提高到40%。我国苹果种植分布逐渐由渤海湾产区向黄土高原产区集中，形成目前以黄土高原和渤海湾两大优势产区为主的产业布局。

在消费需求、产业升级以及防止耕地"非粮化"的共同作用下，全国苹果生产布局的动态调整与优化的态势明显加快，苹果种植进一步向优势区域和特色产区集中。马锋旺（2023）指出，渤海湾和黄土高原两大传统优势产区中，低海拔次优生区的部分果园因生产成本持续增加、种植效益低、市场竞争力弱而出现果园撂荒甚至伐树退出现象，高海拔地区的特色山地苹果种植推进明显。

①1亩≈666.67 m^2，下同。

新疆、云南等特色产区的果品满足消费者多样性的市场需求，苹果产业仍将保持稳定发展态势。

陕西省目前是全国苹果种植规模最大的省份，2022 年苹果种植面积达 924.10 万亩，占全国苹果种植面积的 30.80%，是位列第二、三位的山东、甘肃两省之和的 1.26 倍；产量为 1302.71 万 t，占全国的 27.38%，是山东的 1.3 倍、甘肃的 3 倍。随着栽培区域的逐步集中、栽培模式的转变和品种的改良，陕西省苹果产量稳步提升，苹果生产成为该省重要的农业产业。多年来，陕西省气象局围绕全省的苹果产业发展，进行了系统技术研发和服务应用，苹果服务效益显著。2017 年，陕西苹果气象服务中心被认定为第一批全国特色农业气象服务中心。

1.1.2 苹果树的生物学特性与物候期

苹果树是蔷薇科苹果亚科苹果属多年生落叶乔木植物，其生长发育要经过幼树、结果和衰亡三个明显生育阶段，每年又分为萌芽、展叶、开花、抽梢、新梢停止生长、成熟期、叶变色和落叶休眠期。

1.1.2.1 根系生长

苹果根系分布受多种因素影响。树龄、砧木类型、土壤、栽培技术影响根系的垂直分布深度，矮化砧品种根系深 15～40 cm，乔化砧木品种根系深 30～60 cm，一般垂直分布深度小于树高；水平分布为冠径的 2～3 倍或以上。苹果根系没有自然休眠期，根系在地温达到 3～4 ℃以上时开始生长，7～20 ℃时旺盛生长，低于 0 ℃或高于 30 ℃时停止生长。

1.1.2.2 枝、梢生长

苹果树按枝条生长期分为新梢、一年生枝、二年生枝或多年生枝；按生长先后分新梢、副梢、二次副梢等；按生长与结果分营养枝和结果枝。新梢一年有两次明显生长高峰期，春梢生长始于 6 月上旬；秋梢生长始于 6 月下旬，持续到 9 月，以 7—8 月生长最旺盛。

1.1.2.3 花芽、花和果实

苹果的花芽是混合花芽，花芽萌发后先抽一段新梢（果薹），在新梢顶端着生伞形花序，有花 3～8 朵，中心花先开，坐果率高，花期为 8～15 d。苹果为虫媒花，自花结实率低，需要配置授粉树进行授粉。一棵苹果树一般有 8%～15%的花能结果到成熟，大部分花开后会脱落。落花落果分自然落花（花期）、生理落果（幼果期）和采收前落果。坐果后会经历细胞分裂期、膨大期和成熟期三个发育期。

1.1.2.4 苹果物候期

苹果主要物候期分为萌芽、展叶、开花、抽梢、新梢停止生长、成熟期、叶变色和落叶休眠期，各物候期及对应标准见表 1.1。

表 1.1 苹果主要物候期及对应标准

主要物候期		物候期观测标准
萌芽		花芽或叶芽进一步膨大，鳞片裂开，顶端露出苞片尖或绿色尖叶
展叶	始期	开绽的叶芽出现 1～2 片幼叶并开始伸展
	盛期	半数树枝上的叶片完全平展
	末期	树枝上约剩余 5%的叶芽的幼叶尚未全部伸展

续表

主要物候期		物候期观测标准
开花	始期	全树约 5%的花序上中心花的花瓣开放
	盛期	全树 50%以上花序的花瓣开放
	末期	全树约 95%的花朵凋落
抽梢		新梢出现长约 0.5 cm 的幼茎
新梢停止生长		抽梢和新梢停止生长分春梢、秋梢进行观测记录。叶丛期过后未封顶的新梢进入旺长期，直至 5 月下旬或 6 月上旬停止生长并形成顶芽，即为春梢；随后部分中枝开始萌发生长，直至 9 月中下旬停止生长，形成秋梢
成熟期	始期	约有 5%的果实达到成熟指标(具有该品种固有大小、色泽和风味等特征)
	盛期	约 50%果实具有该品种固有大小、色泽和风味特征
	末期	约 95%果实具有该品种固有大小、色泽和风味特征
叶变色	始期	秋季第一批叶子绿色减退变黄
	末期	所有叶片完全变色
落叶休眠期	始期	变黄的叶片第一批脱落
	末期	叶片几乎完全脱落，进入休眠期

1.1.3 苹果生长与气象的关系

1.1.3.1 光照条件

苹果树是喜光树种。光照强度对果树的生长、结果、品质具有决定性作用，光照强、光质好，树势缓和，果实含糖量高，着色好。生产优质苹果一般要求年日照时数 2200～2800 h，日照百分率一般要求为 57%～64%，低于 1500 h 不利于果实着色。果实生长后期月平均日照时数小于 150 h 会明显影响果实品质。若光照强度低于自然光 30%，则花芽不能形成。

1.1.3.2 热量条件

苹果生长喜冷凉气候，生长最适宜气温条件是年平均气温 7～14 ℃，冬季最冷月(1 月)平均气温要求在－10～7 ℃，1 月平均气温低于－15 ℃就可能发生冻害。整个生长期(4—10 月)要求平均气温在 12～18 ℃。夏季(6—8 月)要求平均气温在 18～24 ℃，大于 26 ℃时，花芽分化不良，果实发育快，不耐贮藏。红色品种成熟前适宜的着色温度为 10～20 ℃，如昼夜温差小，夜温高，则着色困难。果实成熟期昼夜温差在 10 ℃以上，果实着色好。

根系开始生长地温需 3～4 ℃以上，根系生长适宜地温为 7～12 ℃。芽萌动适宜气温为 8～10 ℃，开花适宜气温为 15～18 ℃，果实发育和花芽分化适宜气温为 17～25 ℃。苹果作为北方落叶果树，自然休眠需要在一定的低温条件下经过一段时间才能完成。生产中通常将果树在自然休眠期内经历 0～7.2 ℃有效低温累计小时数作为该果树的需冷量。苹果树休眠期需冷量一般在 1200～1500 h。

1.1.3.3 水分条件

较干燥的气候条件适宜生产出优质苹果，一般年降水量在 500～800 mm 对苹果生长适宜。苹果生长期每年大约需 120 t/亩水量，若生长期降水量在 500 mm 左右，且分布均匀，可基本满足树体对水分的需求。但就一年而言，自然降水量分布不均，一般春旱多需要及时灌水，秋雨多则应少灌水。从各物候期来说，花芽分化和果实成熟期，要求空气比较干燥，若日照充足、湿度适宜，则果面光洁，色泽浓艳，花芽饱满；如雨量过多，日照不足，则易造成枝叶徒长，花芽分化不良，产量低而不稳，病虫害严重，果实质量差。

1.2　苹果气象服务技术和方法

作为第一批被认定的特色农业气象服务中心，苹果气象服务中心通过6年多的建设，在推动业务服务标准化建设的基础上，整合优势技术资源，健全苹果气象服务体系，研发了全国尺度的苹果种植区划气象服务技术、苹果农用天气预报模型、苹果产量预测技术、苹果气候品质认证技术、政策性农业保险气象服务技术、苹果防灾减灾适用技术等，并开展了苹果花期冻害防御方面的保险服务技术的研究及应用，有效助力苹果产业的发展。本节就苹果产量预报技术和物候期预报技术做详细介绍。

1.2.1　苹果产量预报技术

苹果产量的形成不仅与气象条件有关，还与苹果的品种特性、栽培技术、土肥条件等因素有关。由于气象因素变率大，而其他因素变化较为缓慢、趋势不明显，因此在大范围的产量逐年波动中，气象因子往往起着重要作用。目前在全国各地苹果产量预报服务中，采用的预报模型多为统计模型，应用较多的主要是基于气象要素的统计回归方法以及基于产量序列的趋势预测模型。

1.2.1.1　统计回归模型

陕西省利用非线性回归分析方程，考虑苹果关键生育期气象条件对产量形成的影响，分县建立各生育期气候资源条件与单产的关系，构建了苹果代表基地县单产预测模型(表1.2和表1.3)。结果显示，苹果单产与各生育期关键气象因子呈指数关系，且回归效果良好。该方法的实用意义在于可根据当年关键时期的某个因子来提前预测当年的苹果产量，缺点在于地域性较强，不同气候特征的地区通用性较差。

表1.2　洛川县苹果单产气象因子非线性回归预测模式

因子	预测方程	r	r_α	R_b
$\sum T_{\geqslant 10}$	$Y_D=228.6950e^{0.00052\sum T_{\geqslant 10}}$	0.7006	0.5530	0.6748
R_{4-8}	$Y_D=902.4154e^{0.00119R_{4-8}}$	0.8788	0.7070	0.8775
S_{4-8}	$Y_D=372.9425e^{0.00106S_{4-8}}$	0.7777	0.8780	0.8036
R_{6-8}	$Y_D=1023.2530e^{0.00096R_{6-8}}$	0.7741	0.7070	0.7696

注：$\sum T_{\geqslant 10}$为苹果主要生育期4—8月日平均气温≥10 ℃积温，单位是℃·d；R_{4-8}为苹果主要生育期4—8月降水量，单位是mm；S_{4-8}为苹果主要生育期4—8月日照时数，单位是h；R_{6-8}为苹果果实膨大期6—8月降水量，单位是mm，Y_D为苹果单产预测值，单位是kg/亩；r为单产与气象因子间的线性相关系数；r_α为r的临界值，$\alpha=0.05$，置信度为95%；R_b为非线性相关比，R_b越接近1，非线性回归效果越显著。表1.3各变量意义同此。

表 1.3　白水县苹果单产气象因子非线性回归预测模式

因子	预测方程	r	r_α	R_b
$\sum T_{\geqslant 10}$	$Y_D=499.7813e^{0.00033\sum T_{\geqslant 10}}$	0.6177	0.5530	0.6256
R_{4-8}	$Y_D=920.4768e^{0.00093R_{4-8}}$	0.7148	0.5760	0.7203
S_{4-8}	$Y_D=421.4445e^{0.00095S_{4-8}}$	0.7105	0.7540	0.7266
R_{6-8}	$Y_D=1010.4012e^{0.00083R_{6-8}}$	0.6054	0.5760	0.6125

1.2.1.2　灰色预测 GM(1,1)模型

灰色系统理论模型，又称灰色模型或灰色动态模型，简称 GM 模型，最典型的是灰色预测 GM(1,1)模型。GM(1,1)模型根据估计模型参数时选取矩阵的方法不同，可分为均值 GM(1,1)模型、原始差分 GM(1,1)模型、均值差分 GM(1,1)模型等多种类型。均值 GM(1,1)模型是邓聚龙(1983)首次提出的灰色预测 GM(1,1)模型，也是目前影响最大、应用最为广泛的形式。该方法的优点在于数据资料容易获取、不受区域气候特征差异限制，但由于没有考虑具体气候要素的影响，对各地苹果产量年际波动预测效果相对较差。以 GM(1,1)模型在陕西苹果代表县洛川县苹果产量预测的应用为例，介绍灰色预测 GM(1,1)模型在实际业务中的应用。

先从洛川县苹果历史产量序列(1981—2015 年)中提取趋势产量(农业技术产量)和气象产量。作物单产一般表示为

$$Y_i=Y_{ti}+Y_{mi} \tag{1.1}$$

式中：Y_i 为作物实际单产；Y_{ti} 为作物趋势产量；Y_{mi} 为作物气象产量；$i=1,2,3,\cdots,N$。

根据式(1.1)得到 $Y_{mi}=Y_i-Y_{ti}$，考虑产量变化的可比性，采用相对产量来表述气象产量，即

$$\Delta Y_{mi}=\frac{Y_i-Y_{ti}}{Y_{ti}}\times 100\% \tag{1.2}$$

式中：ΔY_{mi} 为第 i 年作物相对气象产量；Y_i 为第 i 年作物实际单产；Y_{ti} 为作物趋势产量；$i=1,2,3,\cdots,N$。

应用滑动平均法进行趋势产量计算(式(1.3))，分别采用 3 年滑动平均法和 5 年滑动平均法计算

$$Y_{ti}=\frac{1}{k}\sum_{m=0}^{k-1}Y_{i-m} \tag{1.3}$$

式中：Y_{ti} 为第 i 年作物趋势产量；Y_{i-m} 为第 $i-m$ 年作物实际单产；k 为滑动步长；$i=k,k+1,\cdots,N$；N 为正整数。

基于趋势产量计算结果，建立 1991—2000 年以及 2000—2008 年两个不同时段气象产量序列，从而用于比较不同长度时间序列的数据源对预报精度的影响。最终应用 GM(1,1)预测模型对洛川县苹果单产进行预测和精度检验，结果表明经过趋势产量分离后，GM(1,1)预测模型在苹果产量预测中的应用效果良好(表 1.4)。

表 1.4 应用 GM(1,1)建立的洛川县苹果气象产量预测方程及误差

气象产量分离法	预测年份	实际产量/(kg/hm²)	数据时段	气象产量预测方程	预测产量/(kg/hm²)	误差/%
3 年滑动平均法	2009	20407.5	1991—2008 年	$Y=-308.65e^{0.1117\times(t-1)}+22.98$	19285.1	−5.5
			2000—2008 年	$Y=-1361.55e^{0.0654\times(t-1)}-137.77$	19305.5	−5.4
5 年滑动平均法	2009	20407.5	1991—2008 年	$Y=-1214.1e^{0.0361\times(t-1)}+264.83$	19346.3	−5.2
			2000—2008 年	$Y=20209.2e^{0.1117\times(t-1)}-1260.78$	19244.3	−5.7

1.2.2 苹果物候期预报技术

物候期预测是开展农作物气象灾害预报预警、关键农事管理的基础。对于苹果生产来说，主要是开展苹果花期预测与成熟期预测。由于苹果花期冻害对我国苹果产业影响频繁、危害严重，开展分区域苹果花期预测和精细化气象服务，对保障广大果农的稳定收益和苹果产业健康发展意义重大。多年来，各地持续开展苹果花期预报方法的技术攻关与改良。目前在收集全国不同历史年代苹果花期物候期资料基础上，对比分析多种苹果花期物候预报方法以及不同气象因子对苹果开花期的影响，筛选最佳预报因子和模型，建立陕西省分果区、全国分产区的苹果花期预测模型，开展基于全国苹果产区 400 多个气象站点气象资料的精细化苹果花期预测业务化应用服务。

1.2.2.1 苹果始花期预测方法

国内外有关果树物候期的预报模型、模拟模型的构建和研究，较为常见的有统计模型、热时模型(也称春暖模型)、需冷量模型 3 种方法(张爱英 等，2014)。经过选取 3 个站点，用 3 种树木物候预测方法分别建立模型，检验不同方法对苹果花期预测的效果，结果显示统计模型得到的苹果花期预测平均误差最小。基于此，在全国分五大苹果产区分别建立了主栽富士系苹果始花期预测模型(柏秦凤 等，2020)。

苹果始花期预测统计模型为

$$y=a+\sum_{i=1}^{n}b_iX_i \tag{1.4}$$

式中：y 是富士系苹果始花期预报日期(日序)；a 是统计模型常数；b_i 是自变量项的系数；X_i 是模型自变量项，本模型中 X_i 为富士系苹果开花前从当年 1 月 1 日至所设定预报日期之前某日的活动积温或有效积温，经相关分析获取的对苹果花期影响最显著的 0 ℃、3 ℃、5 ℃的活动积温或有效积温；i 为自变量序号；n 为模型选择的自变量项数目。

苹果始花期预测热时模型(Hunter et al.，1992)为

$$\sum_{t_0}^{y}D(x_t)\geqslant G \tag{1.5}$$

$$D(x_t)=\begin{cases}0 & x_t<T_b\\ x_t-T_b & x_t\geqslant T_b\end{cases}$$

式中：y 为富士系苹果始花期预报日期(日序)；t_0 为大于等于某地苹果临界温度的活动积温开始累计的时间，通常以日序表示并默认为当年 1 月 1 日；x_t 为第 t 日的日平均气温或 0 cm 地面平均温度；$D(x_t)$为高于某一临界温度阈值的积温，代表植物的发育进程；T_b 为临界温度阈

值;G 为完成发育所需的积温阈值。

苹果始花期预测需冷量模型(Chuine,2000)为

$$S_c=\sum_{t_0}^{t_1}R_c(x_t)=C^* \tag{1.6}$$

$$S_f=\sum_{t_1}^{t_b}R_f(x_t)=F^* \tag{1.7}$$

$$R_c(x_t)=\frac{1}{1+e^{a(x_t-c)^2+b(x_t-c)}} \tag{1.8}$$

$$R_f(x_t)=\frac{1}{1+e^{d(x_t-e)}} \tag{1.9}$$

式中:a、b、c、d、e、C^*、F^* 为参数,参数 a、b、c 确定了低温促使休眠期打破的过程中,冷激速度对日平均气温(或 0 cm 地面平均温度)的响应函数 $R_c(x_t)$(也称冷激单元),冷激单元的累积和代表富士系苹果开花前的冷激进度(S_c);当冷激进度达到需冷量阈值 C^* 时的日期 t_1,即为休眠期被打破的日期。参数 d 和 e 确定了静止期发育速度对日平均气温(或 0 cm 地面平均温度)的响应函数 $R_f(x_t)$(也称驱动单元),驱动单元的累积和代表当前的驱动进度(S_f),当驱动进度达到阈值 F^* 的日期 t_b 就是富士系苹果始花期。

1.2.2.2　全国分产区苹果始花期预测模型

依据统计方法,在全国五大产区分别建立主栽富士系苹果花期物候预报模型(表 1.5)。

表 1.5　5 个代表站富士系苹果始花期预报模型

物候	站点	模型	R^2
始花期	山东福山	$Y=136.822-0.037X_{5e10}-0.040X_{3e11}$ ①	0.709** ③
	河南三门峡	$Y=125.681-0.018X_{3e9}-0.050X_{5a9}$ ②	0.792**
	甘肃西峰	$Y=135.514-0.103X_{0a10}+0.035X_{3a10}$	0.670**
	云南昭通	$Y=95.657-0.173X_{10e7}+0.008X_{10a7}$	0.544* ④
	新疆阿克苏	$Y=112.679+0.036X_{3e9}-0.111X_{5e9}$	0.663**

注:① 因变量 X 的下标中,第 1 个数字表示开始计算积温的温度阈值,e 表示有效积温,第 2 个数字表示旬序,如:X_{5e10} 表示第 1—10 旬≥5 ℃有效积温。

② a 表示活动积温,如:X_{10a7} 表示第 1—7 旬≥10 ℃活动积温。

③ ** 表示相关系数通过信度为 0.01 的显著性检验($P<0.01$)。

④ * 表示相关系数通过信度为 0.05 的显著性检验($P<0.05$)。

1.3　苹果气象服务中心组织管理经验及服务案例

1.3.1　苹果气象服务中心组织管理经验

苹果气象服务中心是 2017 年由中国气象局和农业部(2018 年 3 月国务院机构改革将农业部职能整合,组建农业农村部)联合认定的第一批特色农业气象服务中心,包括陕西、山东、

河北、山西、河南、新疆、云南、甘肃8个成员单位。该中心由陕西省气象局与陕西省果业中心牵头，在中国气象局与农业农村部的管理和指导下，制定苹果气象服务中心建设方案和能力提升方案，建立全国苹果气象业务服务系统，不断优化完善苹果周年气象服务方案和服务流程；示范带动各成员单位建立苹果花期预报和产量预报联合会商制度和苹果气象灾害联动联防机制，与农业部门联合印发苹果气象服务能力提升方案、苹果产业链年度工作方案和农业气象灾害风险预警工作方案，与果业部门联合印发苹果花期冻害防御工作方案；加强与高校、科研院所、企业等合作，与西北农林科技大学合作开展苹果花期滚动预报，与保险公司联合开展苹果花期科学防冻技术研发和苹果花期低温冻害保险服务，与果业部门联合开展苹果花期精细化冻害气候风险区划，不断拓展服务领域，提升气象社会服务现代化能力。多年来通过开展上下联动、左右贯通、开放合作的研究型业务，逐步建成“一省为主、多省参与、国省联动”的“小实体、大网络”运行模式，辐射带动全国开展苹果气象灾害监测预报预警、花期冻害风险预估及定量化产量预报等业务服务，为苹果产业健康发展和果农增收致富提供了有力的技术支撑和信息参考。

1.3.2 服务案例

1.3.2.1 精准物候期预报有效助力苹果花期冻害防御

陕西省气象部门依托多年积累的苹果花期预测研究成果和全国400多个气象站点的实时监测数据，基于精细化苹果花期预测模型，每年3月下旬定期开展全国及全省苹果花期预报及冻害风险预估服务，组织苹果气象服务中心成员单位及果业部门进行联合会商研判，为苹果花期冻害防御奠定坚实基础。针对2022年4月陕西苹果产区可能出现的低温雨雪天气过程，中心提前开展全省精细化苹果花期预报和冻害等级预估服务，并以决策材料形式呈报省委省政府及有关部门。

2022年4月16—19日，陕西苹果产区出现大风降温降水天气过程，最低气温出现在19日的吴起(−2.6 ℃)。期间，关中果区正值幼果期，渭北果区处于盛花至末花期，延安北部果区处于花序分离至盛花期，榆林东南部果区处于现蕾至初花期，均处于低温敏感期。针对此次低温对苹果的不利影响，陕西省气象部门积极部署，基于前期精准的花期预报，提前向各产区发布冻害预警信息，与果业、保险等多部门联合开展苹果花期冻害防御服务保障，最大程度减轻低温冻害影响。

(1)致灾因子分析

自然环境分析。此次低温落区主要在延安西北部的吴起、志丹、富县、安塞、甘泉等地，这些地区地处陕北山地，小气候环境导致春季冷空气南下在此堆积，在花期冻害风险区划中属于中—重度风险区，属苹果花期冻害易发区。

风险要素分析。4月16—19日陕西苹果产区出现大风降温降水天气过程，榆林东南部和延安大部果区出现6级以上大风，影响果树开花授粉。过程低温呈现区域集中、持续时间长的特点。17—19日，陕北共15站次小时最低气温在0 ℃以下，其中，12站次达到苹果花期轻度冻害标准，3站次达到中度冻害标准。从低温时段和持续时长来看，0 ℃以下最低气温主要出现在4月17—19日夜间至清晨，持续时长在3～8 h，过程最低气温出现在4月19日06时吴起，为−2.6 ℃。极端最低气温低于0 ℃的区域主要在延安西北部的吴起、志丹、富县、安塞等地的地势低洼果园。

(2)苹果花期冻害预报预警服务保障

开展递进式预报预警服务。3月24日,苹果气象服务中心组织召开全国苹果花期及冻害等级预报会商,制作《果业气象服务专报》和《苹果气象服务专报》,发布陕西、全国苹果花期及冻害等级预报信息;4月9日和15日,在《全省春耕春播春管气象服务专报》中分别预估4月11—12日、16—17日,陕北可能出现霜冻,存在花期冻害风险;4月14日,再次联合陕西省气象台、陕西省果业中心开展会商研判,联合发布《苹果花期冻害风险预警》第1期;4月17日,发布《陕西果业气象服务专报》,对苹果冻害等级及风险区域分布做出预报;4月18日,与陕西省气象台、陕西省果业中心联合发布《苹果花期冻害风险预警》第2期;4月19日,及时通过视频会议与延安市气象局、榆林市气象局对苹果花期冻害灾情进行会商和复盘分析。过程期间共发布监测预报预警服务产品6期。

加大预报预警信息覆盖度。苹果花期冻害预报预警服务产品通过陕西省气象局气象新闻发布会、陕西气象App(2.2万用户)、果业预警联络微信工作群、农业气象互动交流QQ工作群、农业保险气象服务微信工作群快速向农业、果业、保险、应急、社会公众等服务对象传播,并借助外部新媒体发布渠道及时将预警服务信息传递到种植户。通过业务内网将服务产品及信息下发至市(县)气象部门,指导5个地市制作《苹果花期气象专题》《灾害性天气预报》《低温通报》及《霜冻预警》等11类监测预报预警服务产品315期,通过省突、NIFS系统(陕西省短时临近智能预报服务系统)、钉钉工作群、微信工作群、传真、短信、电话等渠道及今日头条、抖音视频等多种方式发布到市(县)政府部门、苹果专业合作社、企业园区及种植户,信息覆盖210余万人。

(3)苹果花期冻害防御服务成效

针对此次苹果花期冻害,各级气象部门与农业部门高度重视。陕西省各级气象部门及时开展灾前、灾中、灾后递进式精细化气象预报预警服务,成效明显。3月24日提前对本年度苹果花期及冻害重点防御区域和时段做出精准预报,4月上旬滚动更新花期预报结果、降温范围与类型、花期冻害风险区域及时段,各级气象部门服务产品获地方政府领导批示累计27期(表1.6)。精准物候期预报、冻害风险预警服务为各地花期冻害防御提供充足的准备时间和科学依据,各级政府部门、果业部门依据预警信息提前采取有效防冻措施,防御成效显著。降温过程后实地调查显示,此次气温骤降对陕西苹果开花坐果影响较小,未造成灾害性后果。精准及时的苹果花期预报和精细化冻害风险预警服务,最大程度上为果农的稳定收益和苹果产业健康发展提供了有力保障。

这次成功的苹果花期冻害防御实践有力证明了物候期预测对于农作物气象灾害防范的重要性,尤其是精细化的苹果花期预测模型在冻害防御中的关键作用。同时,跨部门联合服务和联合防御模式的有效性得到验证,气象科技在助力果业防灾减损以及推动乡村振兴等方面的核心价值也得到充分体现。

表1.6 4月16—19日陕西省辖地级市气象部门苹果花期冻害防御成效

区域	材料获政府领导批示数量/期	受灾面积/万亩	受灾面积占比(占本地种植面积比例)/%
延安	23	0	0
宝鸡	1	0	0
咸阳	2	0	0
铜川	1	0	0

1.3.2.2 陕西苹果气候区划助力产业布局优化调整案例

(1)主要做法

长期以来,陕西气象部门持续关注苹果产业发展动态,相继开展三次苹果气候区划工作,为气候变化背景下挖掘气候资源潜力、减轻气象灾害和极端天气气候事件危害、促进陕西苹果产业可持续发展提供了重要参考。

第一次苹果气候区划是根据1971—2000年地面气象观测资料开展了陕北地区苹果种植气候适宜性区划研究,于2008年向陕西省政府提供"陕北优质苹果种植区可适当北扩"决策气象服务专报,为陕西苹果"北扩西进"战略布局调整提供了重要的参考依据。

第二次苹果气候区划是根据1981—2010年地面气象观测数据资料,开展了陕西苹果气候适宜性与主要气象灾害风险区划研究,研制出陕西省、市、县3级苹果气候适宜性区划图19幅,苹果花期冻害、干旱、冰雹、连阴雨、花期低温阴雨、越冬冻害6个灾种的气象灾害风险区划图32幅,成果于2012年以《陕西主要果树气候适宜性与气象灾害风险区划图集》正式出版发行。

第三次苹果气候区划是于2021联合陕西省果业中心开展了新一轮陕西主要果树气候适宜性与气象灾害风险区划研究工作。编制了综合考虑气候资源与立地条件的陕西苹果、猕猴桃等7种主要果树精细化种植气候适宜性区划,基于关键物候期致灾机理与区域物候时序差异果树主要气象灾害气候风险区划,揭示了新气候背景下陕西主要果树种植气候适宜区与主要气象灾害气候风险区域分布特征,形成了陕西主要果树农业气候区划最新科技成果。

(2)主要成效

基于陕西苹果气候适宜性与主要气象灾害风险区划研究成果,2009年陕西省政府做出苹果"北扩西进"的重大战略调整。截至2017年底,陕西优质苹果基地县由原来的30个增加到41个,全省苹果种植面积扩大200万亩,改良苹果品种结构300万亩。2021年,成果以陕西省农业农村厅和陕西省气象局联合发文的形式(陕农发〔2021〕28号)下发,指导主产区开展苹果花期冻害防御工作。2021年,多部门应用苹果精细化气象风险区划成果开展果树花期联防联动,陕西省仅1.04万亩果园轻度受冻,为近5年苹果防冻保花工作成效最佳。2022年苹果气象服务中心联合米脂县气象局和米脂县农业农村局,向米脂县政府报送有关"暖湿化背景下米脂县苹果产业宜在海拔870～1240 m的向阳缓坡丘陵沟壑区适度发展"重大气象信息专报,获米脂县副县长批示,为米脂县苹果产业布局优化调整提供了科学参考。

(3)主要经验

一是气候资源保护利用同当地主导产业发展精密结合。长期以来,陕西气象部门以气候资源开发利用、防灾减灾和应对气候变化需求为导向,加强与农业农村、果业部门协作联动,充分发挥气象地理统计等多源数据资料融合应用和技术优势,紧密围绕当地主导产业服务需求,开展新气候背景下的陕西苹果精细化种植农业气候区划工作,对于苹果产业发展趋利避害挖掘气候资源潜力、减轻气象灾害和极端天气气候事件不利影响,意义重大。

二是形成气候资源高效开发利用服务模式。多年来,陕西气象部门同省农业农村厅等相关部门保持同频共振来推动苹果产业发展,形成了政府主导、气象先导、协同推进气候资源高效开发利用的服务模式。多部门联合开展的果树气候区划工作是陕西气象和果业部门扎实推进气象服务苹果产业高质量发展的具体举措。

第2章　甘蔗气象服务

2.1　甘蔗与气象

2.1.1　甘蔗分布及产业发展

2.1.1.1　甘蔗分布

我国甘蔗分布在南方热带和亚热带地区，在台湾、福建、四川、广东、海南、广西、云南等地均有种植。目前，我国甘蔗主要种植于广西、云南、广东、海南等地，其中以广西种植面积最大，总产量最多，面积和产量均占全国的60%以上，云南次之，两地2019—2020年榨季糖料蔗种植面积占全国糖料蔗种植总面积的88.63%。

甘蔗具有喜高温、需水量大、生长期长的特点，其整个生长发育过程需要较高的温度、充沛的雨量以及充足的光照。从年平均气温、年极端最低气温≥20 ℃活动积温分布来看，海南大部、广东西南部、广西南部和右江河谷以及云南的西双版纳等地热量条件最好，其次就是广西中部、云南南部、云南西部和东南部部分地区热量条件基本满足甘蔗生长需求。

海南省、广东西南部和广西东南部以及云南西部、东南部两地局部地区年降水量>1600 mm，水分充足，对甘蔗生产较有利，但降雨时空分布不均，季节性干旱出现频率高；其余大部蔗区年降水量1200～1600 mm，基本能满足甘蔗生长需要，但降水量成为影响当地甘蔗单产提高的重要因素。

云南、海南两省大部和广东西南部以及广西南部、东南部年日照时数>1600 h，光照条件好，对甘蔗生长比较有利；广西其余蔗区年日照时数1400～1600 h，也基本能满足甘蔗生长需求，总体上日照时数并非影响甘蔗生产的主要因素。

从光温水综合气象条件角度分析，中国最具气候优势的甘蔗种植区域首先是广东西南部、广西东南部，其次是广西中南部和云南南部、西部的部分地区以及海南地区，其余蔗区更次之。

广西核心蔗区主要分布在崇左、来宾、南宁、柳州、百色、河池、钦州、北海、防城港、贵港这10个市的32个县(市、区)。该区地处亚热带季风气候区，光热充足，雨量充沛，且雨热同季，是中国最适宜种植甘蔗的地区之一(图2.1)。

云南省核心蔗区主要分布在临沧、德宏、保山、普洱、玉溪、文山、西双版纳这7个市(州)的21个县(市、区)。该区属热带和亚热带气候，热量、光照充足，昼夜温差大，是中国糖料蔗糖分水平最高的地区。

广东省蔗区主要分布在湛江市。该区夏长冬暖，雨量丰沛，夏秋多台风暴雨，日照的分布是沿海地区多、内陆地区少，也是中国最适宜种植甘蔗的地区之一。

海南蔗区主要分布在海南岛西部。该区属热带季风气候，全年热量丰富，雨量丰沛，但降水比较集中，夏秋台风多、降水量大，干湿季节明显，冬季常发生干旱，温高、光足、雨量大，比较适宜种植甘蔗(图 2.2)。

图 2.1　广西崇左市龙州县万亩黑皮果蔗种植基地

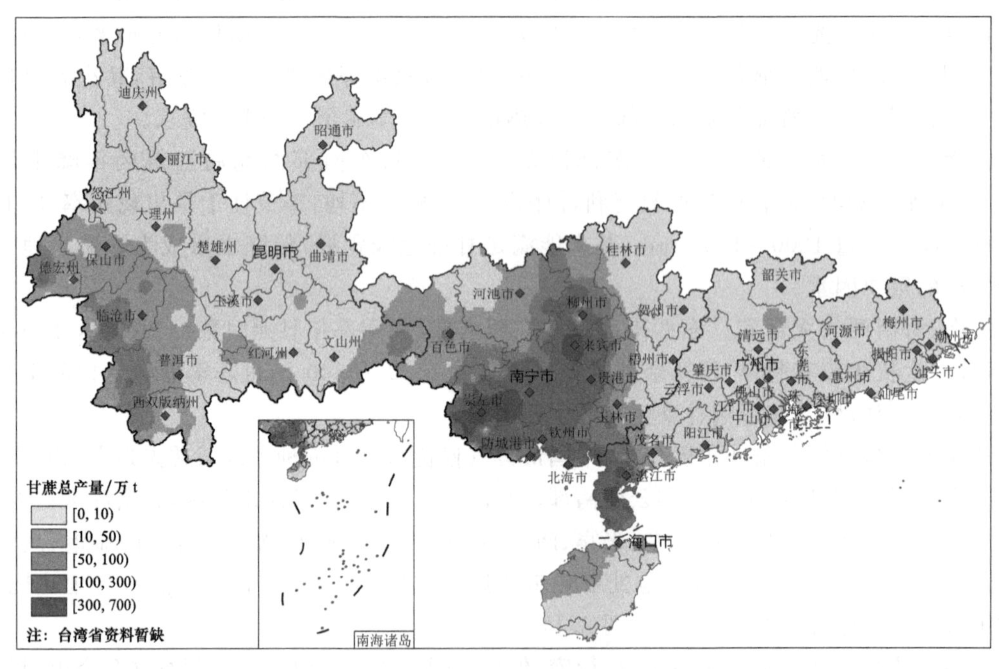

图 2.2　广西、云南、广东、海南甘蔗总产量分布图(附彩图)

由于区域气候差异和栽种历史，据胡朝晖等(2020)研究分析表明，在 2019—2020 年榨季，全国甘蔗主产省(自治区)糖料蔗种植面积前 10 品种见表 2.1，其中广西壮族自治区前 5 品种为‘桂糖 42 号’‘ROC22’‘桂柳 05136’‘粤糖 93-159’‘桂糖 46 号’，云南省前 5 品种为‘ROC22’‘粤糖 93-159’‘ROC25’‘粤糖 86-368’‘川糖 79-15’，广东省前 5 品种为‘桂柳 05136’

'粤糖 55 号''粤糖 94-128''桂糖 42 号''ROC89-1626',海南省的主栽品种有'粤糖 93-159''ROC22'。

表 2.1　2019—2020 年榨季广西、云南、广东糖料蔗种植面积前 10 位品种一览　　单位:hm^2

序号	广西壮族自治区		云南省		广东省	
	品种名	面积	品种名	面积	品种名	面积
1	桂糖 42 号	228707	ROC22	58327	桂柳 05136	22915
2	ROC22	226431	粤糖 93-159	54989	粤糖 55 号	20721
3	桂柳 05136	168017	ROC25	19205	粤糖 94-128	12070
4	粤糖 93-159	26605	粤糖 86-368	13334	桂糖 42 号	4587
5	桂糖 46 号	10951	川糖 79-15	10896	ROC89-1626	4081
6	粤糖 94-128	9316	柳城 03-182	10345	ROC25	2015
7	桂糖 32 号	6299	ROC20	8892	ROC79-29	1957
8	桂糖 31 号	4715	粤糖 00-236	7554	ROC22	1660
9	柳城 03-1137	2299	盈育 91-59	4464	桂糖 08-120	849
10	—	—	桂柳 05136	4334	粤糖 00-236	719

2.1.1.2　甘蔗产业发展

20 世纪 80 年代中期以来,中国的蔗糖产区迅速向广西、云南等西部地区转移,到 2018 年,广西、云南的蔗糖产量已占全国的 83%(台湾地区资料暂缺)。随着生产技术的发展,在中国大陆的中原地区也有分散性大棚种植(如河南、山东、河北等地)。中国甘蔗的种植面积一直在波动变化,且由于甘蔗栽种的环境要求高、容易感染病虫害的特点,我国甘蔗的产量也一直呈现出波动变化的趋势。近年来我国甘蔗产量峰值为 12272.86 万 t,最低也能产出 10398.17 万 t。

广西在我国是甘蔗主产区,据统计,其每年甘蔗产量占全国六成以上。然而近几年甘蔗价格不够理想,主要原因是糖价变化导致甘蔗收购价格低,而与此同时,种植甘蔗的成本仍然较高。种植甘蔗的成本构成主要有蔗种、基肥、种植人工、农药、砍工、地膜等费用,其中,砍工的费用最高(杨枝煌,2016)。广西甘蔗种植、收获的机械化程度低,多数情况下只能依靠初级的人工操作来完成。同时,中国甘蔗产业还存在土地经营粗放、土地流转问题多,生产食糖成本高,精深加工不足,市场竞争力弱等难题,还需要从业人员去攻克。

新中国成立以来,中国甘蔗栽培经历了三个发展阶段。第一阶段为 20 世纪 50—60 年代,是甘蔗生产恢复发展时期。在这个时期,甘蔗种植面积不断增加,甘蔗主要分布在广东珠江三角洲、福建等东南沿海一带。在生产上以群众实践经验为主,总结了一套适应甘蔗生理的精细施肥、合理密植和水分管理技术,如"有机肥和无机肥结合,氮磷钾配合""依靠主茎,利用一定分蘖""施足基肥,三攻一补""润—湿—润—干"等。第二阶段主要是 20 世纪 70—80 年代和 90 年代初,尤其是 1978—1991 年,是甘蔗生产快速发展时期。在这个时期,面积和单产均快速提高,同时生产布局也发生了很大变化,主产区迅速向广西、云南、广东西部转移,打破了依靠水田良田种植甘蔗的局面,形成了中国蔗区 70%以上分布在无灌溉的旱坡地的情况,地膜覆盖高产栽培技术、旱地高产栽培技术、宿根高产栽培技术、开荒种植技术等快速发展。第三阶段是 20 世纪 90 年代后,尤其从 1992 年后甘蔗进入现代栽培阶段,测土配方施肥、机械深耕深松、节水灌溉、化学催熟增糖增产等技术发展，逐步进入机械化生产，生产效率迅速提高。同时，随着东部沿海地区劳动力和土地成本的不断上升，甘蔗种植开始向广西、云南等西南地区进一步集中，并呈现波动式发展。

(1)甘蔗产区逐步向中国西南部集中

改革开放之初，广东是中国最大的糖料蔗产区，其面积、产量分别占全国糖料蔗面积和产量的37%和42%，广西、云南种植面积、产量之和仅分别占全国的34%和25%。20世纪90年代以来，随着糖料蔗种植不断向西南地区集中，到2013年，广西、云南种植面积和产量分别为1467300 hm^2 和10250万t，均占全国的80%以上，集中了全国90%以上的制糖企业，成为中国最重要的蔗糖产区。根据国家统计局2017年统计数据，广西、云南、广东、海南甘蔗种植面积分别占全国的63.89%、17.49%、12.34%、1.55%(表2.2)。

表2.2　2017年中国各地甘蔗种植面积情况

地区	面积(万 hm^2)	占比/%
全国	137.136	100.00
广西	87.612	63.89
云南	23.990	17.49
广东	16.916	12.34
海南	2.123	1.55

根据国家统计局公布的2000—2018年广西、广东、云南、海南4省(自治区)甘蔗种植面积数据，广西甘蔗种植面积最大、增长速度最快，2008年比2000年增加近1倍；海南甘蔗种植面积不断萎缩，2008—2018年萎缩约34%；广东甘蔗种植面积略有下降；云南甘蔗种植面积变化不大(图2.3)。

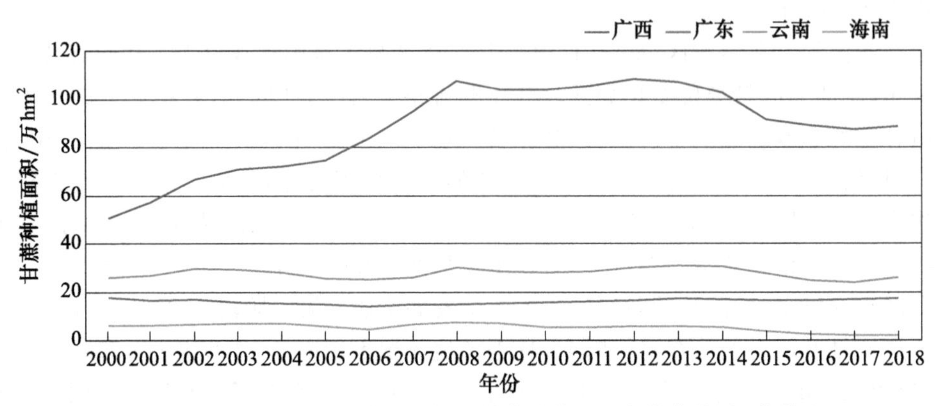

图2.3　2000—2018年4省(自治区)甘蔗种植面积变化曲线图(附彩图)

(2)甘蔗生产水平稳步提高

改革开放以来，中国糖料蔗生产水平稳步提高，全国糖料蔗总产量从1978年的2112万t增加到2013年的12820万t，平均亩产由2.6 t提高到4.7 t。在中国改革开放政策大背景下，受国内外市场变化、国家农业和食糖政策等的影响，中国糖料蔗生产呈现出快速、波动式发展的态势，可归纳为两个主要发展阶段。

① 1978—1991年为低起点快速发展阶段。1949—1978年，在严格计划经济体制下，我国

实施定量配给、独家经营、控制价格、限制消费和控制生产等措施来寻求供需平衡和市场稳定，食糖成为短缺产品，糖业也因工农业价格剪刀差处于支持工业的沉重状态。1978—1991 年，我国食糖经营有所放开，实行计划内和计划外的经营双轨制，但主要还是国家对食糖实行统购包销政策，食糖全部由商业部统购统销，食糖市场依然没有形成或者说食糖依然处于供不应求状态。国家为促进糖料蔗生产，在生产资料、收购价格方面实行补贴政策，调动了蔗农的种植积极性，糖料蔗生产快速增长。种植面积从 823 万亩增加到 1746 万亩，增长约 1.1 倍；产量从 2112 万 t 增加到 6790 万 t，增长约 2.2 倍；平均亩产由 2.6 t 提高到 3.9 t，约增长 50%，年均增长约 3%。

② 1992 年以后为高起点波动发展阶段。1991 年开始，我国实行食糖经营管理体制改革，放开食糖市场，食糖由计划管理逐渐转变为市场调节，糖料蔗生产受市场的影响越来越大，呈现波动发展的态势，波动周期平均为 5～6 年(即 2～3 年增产、2～3 年减产)。这一时期，糖料蔗种植面积从 1869 万亩增加到 2725 万亩，增长 46%；总产量先后跨上 10000 万 t、12000 万 t 新台阶。20 世纪 90 年代初，祖国大陆从台湾筛选引进了'新台糖'系列品种，糖料蔗单产水平明显提高，平均亩产由 3.9 t 提高到 4.7 t，增长 21%。但由于自主研发滞后，生产中过度依赖台湾品种，'新台糖'品种多年使用后种性退化，加之黑穗病等病害频发，单产年均增速放缓，1999—2005 年年均增长 2%，2006—2013 年年均增长不足 1‰，单产提高的难度日益加大。近几年，我国甘蔗育种获得了突破性进展，目前以'桂糖''柳糖'等系列为代表的自育甘蔗品种已全面取代'新台糖'品种，甘蔗亩产上升 5 t 以上，蔗糖分也显著提高(李佳慧 等，2021；谭秦亮 等，2022)。

(3)我国蔗糖产需缺口不断扩大

随着人口增长、消费水平的提高、消费观念的改变，食糖等天然甜味剂消费持续增长。而受城镇化、工业化发展和农业结构调整等因素影响，中国糖料种植面积稳中趋降，使我国甘蔗产量、食糖产量降低(图 2.4)。综合各方面因素，我国蔗糖产需缺口扩大。

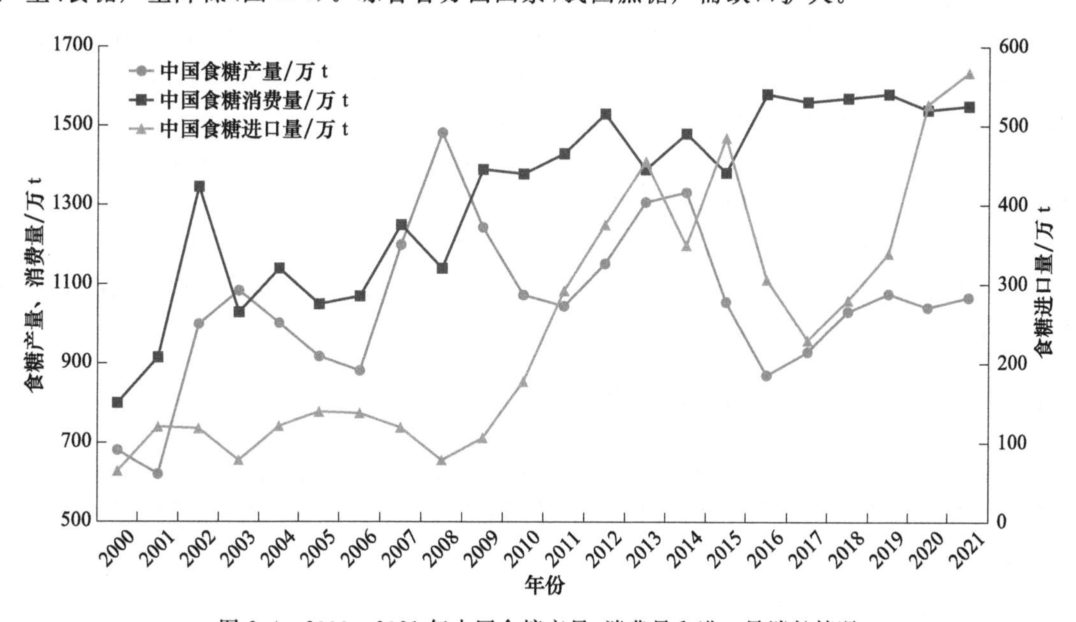

图 2.4 2000—2021 年中国食糖产量、消费量和进口量消长情况

(4)国际蔗糖市场对我国蔗糖市场冲击较大

国内外蔗糖价差扩大,进口大幅增加。按我国加入世界贸易组织时作出的承诺,中国每年食糖进口关税配额总量为194.5万t,配额内关税税率为15%,配额外关税税率为50%,大大低于世贸组织成员国97%的平均关税税率,由此导致国际糖价大幅下跌后,配额外进口大量增加。2008年以来,世界食糖产量从1.3亿t增加到1.8亿t,年消费量维持在1.6亿~1.7亿t,国际市场呈现出供大于需。由于供需缺口大,中国食糖进口激增,全国食糖进口量由2008年的78万t增加到2020年的527万t,约占中国食糖全年消费总量的三分之一(刘晓雪等,2013;刘晓雪 等,2022)。

国际市场炒作因素影响较大。食糖是波动较为剧烈的国际大宗贸易品种,波动性相当于谷物、大豆、棉花的3~6倍。随着食糖期货市场与中远期电子批发市场的迅速发展,投机因素成为扰动糖价的重要力量。海外游资跨期、跨市场套利行为直接放大了中国食糖期货价格波动幅度,进而对中国现货交易产生影响(徐欣 等,2010)。

2.1.2 甘蔗栽培制度与气候

在我国,甘蔗从种植到收榨,大田生长期一般为10~14个月,有时为8~18个月。甘蔗栽培可分为新植蔗和宿根蔗两大类。新植蔗因播种期不同又可分为春植蔗、夏植蔗、秋植蔗和冬植蔗四种,其中以春植蔗为主。

春植蔗是指2—4月下种甘蔗,多在11月至次年4月收获。春季下种要求气温能满足甘蔗发芽和幼苗生长的要求,新植甘蔗的出苗和宿根甘蔗的发株对温度的要求分别是≥13 ℃和≥10 ℃;夏季温高、光强、日照长、雨量足,适宜甘蔗的分蘖和蔗茎生长;秋季昼夜温差增大,雨量减少,日照充足,有利于甘蔗糖分的积累。

夏植蔗是指5—6月下种甘蔗,至次年3月底至4月中旬收获,由于其生长期短,糖分积累少,产量低,成本高,因此较少种植。

秋植蔗是指8—10月下种甘蔗,次年11月以后收获,生育期可长达14~18个月。秋植蔗以“白露”至“寒露”这个节气时段下种较适宜,产量高于春植蔗,含糖量也比春植蔗高出约1%~2%,但秋植蔗占地时间长,冬季易受低温危害,所以种植面积也不大。

冬植蔗是指11月至次年1月下种甘蔗,愈早愈好,并要求在无霜冻地区种植。冬植蔗种植的主要问题是冬季下种时的低温、干旱及病虫害多。

宿根蔗有节省蔗种、降低成本、可早生快发、早成熟、出糖率比新植蔗高等优点。因此,只要适宜新植蔗栽培以及冬季低温不冻死蔸芽的地区,都可进行宿根栽培。但宿根蔗产量比新植蔗有所降低,而且随宿根年限延长而减产率增大,目前一般采用宿根二年栽培制度。

2.1.3 甘蔗生长与气象的关系

甘蔗的一生从种苗下种至成熟收获,可分为萌芽、成苗、分蘖、茎伸长、工艺成熟五个时期。甘蔗生长的快慢、产量的高低以及含糖量的多少,均与气象条件密切相关,尤其以温度和水分条件的影响最大(张伟 等,2017)。

2.1.3.1 萌芽、成苗期

蔗芽萌发的最低温度要求日平均气温在13 ℃以上,大于20 ℃萌芽加快,28~32 ℃发芽最适宜。甘蔗发根的温度比发芽低，日平均气温10 ℃即开始萌发，20～27 ℃最适宜。蔗种萌发过程中，需要进行旺盛的呼吸作用产生能量供应萌发的需要，土壤湿度过大、水分过多、盖土过厚都会影响种苗根和芽的生长。

成苗期要求日平均气温在15 ℃以上，以田间最大持水量的75%左右为宜，主要满足生态用水，土壤水分过多或过少都有碍根系生长，对幼苗生长发育不利。

2.1.3.2　分蘖期

不论气温还是土温，对分蘖均有明显的影响。甘蔗分蘖期要求日平均气温在20 ℃以上，25～30 ℃最为适宜。适宜的水分条件下分蘖多、分蘖快，但水分过多，导致土壤通气不良，也会影响分蘖。光照强弱是影响分蘖的主要因素，在弱光下，生长素受光氧化影响破坏小，可促进主茎伸长。阳光充足，分蘖多而壮；否则，分蘖少、分蘖迟、生长弱。每天光照时间在5 h以下，一般蔗株不分蘖。养分充足，分蘖多，特别是氮、磷肥对分蘖影响最大(韦剑锋 等，2012；单翔宇 等，2020；区惠平 等，2021)。此外，浅培土、勤中耕、土壤氮气充足均可促进分蘖。

2.1.3.3　茎伸长期

此期是甘蔗一生中生长最快的时期，也是决定蔗茎产量的关键时期。蔗茎伸长期要求较高的温度、充足的阳光、水分和养分，日平均气温20 ℃以上，甘蔗才能进入茎伸长期；旬平均气温27 ℃左右，甘蔗才能进入大伸长期；日平均气温30 ℃左右最适宜甘蔗伸长，高达40 ℃仍略有伸长，低于20 ℃则随温度下降伸长缓慢，15 ℃以下停止伸长。所以，温度高、温暖期长的地区甘蔗生长快，产量和含糖量高。

蔗茎伸长期是甘蔗一生中需水量最多的时期，约占甘蔗一生总需水量的50%～60%，这时期土壤必须保持田间最大持水量的80%～90%。雨水不足必须及时灌溉，否则，在这个时期缺水会出现生长停滞，节间短小、生物产量降低，从而使甘蔗产量及糖产量均受影响。微风使田间通气良好，有利甘蔗生长。但大风、台风对甘蔗伸长盛期以后危害大，蔗叶容易被撕破、折断，蔗茎折断倒伏，故迎风面的甘蔗产量往往低于背风面的甘蔗产量。

2.1.3.4　工艺成熟期

此期是甘蔗蔗糖分逐渐积累达到最高峰、蔗汁品质达到最优的时期。工艺成熟期要求气温日较差大，日暖夜凉，甘蔗糖分积累最适宜温度为15～20 ℃，昼夜温差宜在10～15 ℃，干燥而晴朗无霜冻的天气对蔗糖分积累有利。高温潮湿有利于甘蔗继续生长，而不利于蔗糖分的累积。

2.2　甘蔗气象服务技术和方法

甘蔗气象服务中心按照“瞄准需求、放眼全球、创新支撑、智慧服务”的思路，围绕保障国家战略、农民增产增收、企业增效的目标，经过3年建设，探索开展了全球甘蔗主产国蔗糖产量预报新业务，建立了甘蔗气象服务新体系，研发了甘蔗智慧气象业务服务一体化新技术新平台，创建了“甘蔗全产业链精准气象服务新模式”。在服务技术方面，研发了甘蔗产量气象预报模型和遥感预报模型、甘蔗智能观测、甘蔗精细化农田水肥管理气象服务技术、甘蔗主要病虫害发生发展气象监测与预报技术、干旱和寒冻害等气象灾害防范技术、甘蔗育种和种植区划技术、甘蔗成熟期蔗糖分预报技术等，显著促进了甘蔗智慧气象服务能力的提升。本节就甘蔗精细化农田水肥管理气象服务技术和甘蔗成熟期蔗糖分预报技术进行详细介绍。

2.2.1 甘蔗精细化农田水肥管理气象服务技术

蔗糖产业是广西农业生产中最主要的经济支柱产业之一。广西也是全国年降水量最丰富的一个省份，但因地处东亚季风区域，受季风影响，降水时空分布不均，季节性干旱频繁发生，而且其蔗区大部分处于喀斯特地貌地区，土壤保水保肥率低，灌溉对于发展甘蔗生产、保障糖料蔗品质及提高产量显得尤为重要。

甘蔗为碳四(C4)植物，水对于甘蔗生长、产量的形成和蔗糖分的累积都有非常重要的作用。甘蔗植株高大，蔗田蒸发、蔗叶蒸腾的量也大，而且甘蔗生长期很长，在其生长过程中，不同的生长阶段有不同的需水规律，总体而言，耗水量多，需水量大。各地区的甘蔗因为气候、土壤、品种、栽培管理、生长期的不同，需水量有所不同。

国内外的灌溉研究结果均表明，蔗田的合理灌溉利于节本增效，提高甘蔗的品质和产量(陈皓锐 等，2013；王平 等，2013；李福强 等，2017)。本节以田间水量平衡方程为依据，以未来某时段土壤含水量为主要预报对象，结合气象降水预报和甘蔗生长情况进行运算，针对设定的未来某时段适宜甘蔗生长的目标土壤含水量，智能预报所需的灌溉水量和灌溉时间，指导甘蔗实时灌溉。田间水量平衡方程为

$$W_t = W_r + G_w + I + P_f - ET_c \tag{2.1}$$

式中：W_t 为目标土壤含水量；W_r 为当前土壤含水量；G_w 为地下水补给量；I 为灌水量；P_f 为预报的有效降雨量；ET_c 为甘蔗需水量。

土壤含水量 W_r 的计算由当前土壤储水量应用该土层当前体积含水率 θ_r 与土层厚度 h 的乘积计算得到式(2.2)，其中，该土层当前体积含水率通过土壤湿度实时监测系统获取

$$W_r = \theta_r h \tag{2.2}$$

目标土壤储水量应用该土层目标体积含水率 θ_t 与土层厚度 h 的乘积计算得到，其中，该土层目标体积含水率通过由目标土壤相对湿度 H_t 与相应的田间持水率 F_c 和土壤容重 σ 的乘积计算得到

$$W_t = \theta_t h \tag{2.3}$$

其中 $$\theta_t = H_t F_c \sigma$$

地下水补给量 G_w 的计算，考虑到由于广西较大部分的甘蔗基本种植区域为坡地，地下水水位深，因此地下水补给量 G_w 取值为 0。

有效降雨量 P_f 是指降雨能够渗入甘蔗根系层中，而后甘蔗能够有效利用的那部分降雨量，计算式为

$$P_f = P_r \alpha \tag{2.4}$$

式中：P_r 为某时段内降雨量预报值；α 为降雨有效利用系数，该系数受土壤类型及时段内降雨量大小影响(表 2.3)。进行计算时，需要先掌握当地甘蔗种植区域的土壤类型，选择合理的降雨有效利用系数。

表 2.3　降雨有效利用系数对照表

土壤类型	时段降雨量(R)/mm	降雨有效利用系数
黏土	$R<50$	0.55
	$50\leqslant R<80$	0.50
	$80\leqslant R\leqslant 120$	0.45
	$R>120$	0.35
壤土	$R<50$	0.60
	$50\leqslant R<80$	0.55
	$80\leqslant R\leqslant 120$	0.50
	$R>120$	0.40
砂土	$R<50$	0.50
	$50\leqslant R<80$	0.45
	$80\leqslant R\leqslant 120$	0.40
	$R>120$	0.30

甘蔗需水量 ET_c 是指甘蔗在适宜的土壤、水分和气候条件下，经过正常的生长发育，获得高产时的植株蒸腾、棵间蒸发以及构成甘蔗植株本体的水量之和。甘蔗植株蒸腾是指甘蔗根系从土壤中吸收进入体内的水分，通过甘蔗叶片的气孔传输到大气中的现象，棵间蒸发是甘蔗植株之间的土壤的水分蒸发，以上二者均受气象条件的影响，此外，植株蒸腾会随着植株生长繁盛而有所增加，棵间蒸发则会因植被覆盖度的增加而相应减小。

甘蔗的蒸腾蒸发耗水是通过土壤—甘蔗—大气的连续系统进行传输的一个过程，甘蔗本身、土壤和大气三部分中的任何一个相关因素都会影响到甘蔗的需水量的大小。甘蔗需水量的大小主要受到太阳辐射、温度、日照、风速和湿度等气象条件，以及土壤质地、甘蔗生长阶段等的影响。

采用联合国粮食及农业组织（简称联合国粮农组织）于 1998 年正式推荐的彭曼-蒙特斯公式(Penman-Monteith)计算潜在蒸散量，最新的修正彭曼-蒙特斯公式已被广泛应用且已证实具有较高精度及可使用性。彭曼-蒙特斯公式的表达式为

$$ET_0=\frac{0.408\Delta(R_n-G)+\gamma\dfrac{900}{T+273}U_2(e_a-e_d)}{\Delta+\gamma(1+0.34U_2)} \tag{2.5}$$

式中：ET_0 表示作物蒸发蒸腾量，即潜在蒸散，单位为 mm/d；Δ 表示温度饱和水汽压关系曲线在 T 处的切线斜率，单位为 kPa/℃；R_n 为净辐射，单位为 $MJ/m^2\cdot d$；G 表示土壤热通量，单位为 $MJ/(m^2\cdot d)$；γ 表示湿度表常数，单位为 kPa/℃；T 表示平均气温，单位为℃；U_2 表示 2 m 高处风速，单位为 m/s；e_a 表示饱和水汽压，单位为 kPa；e_d 表示实际水汽压，单位为 kPa。

计算时需要获取甘蔗种植区域的气象要素数据包括气象站点的日平均气压、日平均气温、日最高气温、日最低气温、日平均相对湿度、日平均风速、日平均水汽压、日照时数、日降雨量等。

根据查阅文献资料及结合实测的甘蔗作物系数 K_c，计算甘蔗实际需水量 ET_c

$$ET_c=ET_0K_c \tag{2.6}$$

甘蔗地灌溉水量 I 可根据上文所述的田间水量平衡方程计算

$$I = W_t - W_r - G_w - P_f + ET_c \tag{2.7}$$

在甘蔗现代种植示范园区，利用气象站1961—2010年的日平均气压、日平均气温、日最高气温、日最低气温、日平均相对湿度、日平均风速、日平均水汽压、日照时数和日降雨量等气象观测数据，根据上述计算方法计算扶绥县甘蔗种植区域的历年逐日甘蔗需水量，并对其进行5年滑动平均分析，根据气候条件的周期变化及实际情况考虑，选用近10年的甘蔗需水量ET_c数据作为参考基准。

根据甘蔗每个发育期最佳土壤相对湿度，实地测量的田间持水率和土壤容重计算目标体积含水率，并根据甘蔗根深对应的土层厚度计算目标土壤储水量W_t。假设降雨量P_f为0，考虑目标与实际的相对湿度差值为1%～5%、5%～10%、10%～15%、15%～20%、20%～25%、25%～30%时推算出的值($W_t - W_r$)，进一步计算出扶绥县"甜蜜之光"甘蔗园区不同生长发育阶段的甘蔗灌溉用水量I(表2.4)，并用于精准的甘蔗生产管理。

表2.4　扶绥甘蔗不同生育期需水量和灌水量参考值表

发育期		收获期	播种—出苗期	分蘖期	茎伸长期			工艺成熟期
起止日期		1月1日—2月20日	2月21日—5月20日	5月21日—6月30日	7月1日—8月31日	9月1日—10月31日	11月1日—12月20日	12月21日—12月31日
土层厚度/mm		500	300	500	500	500	500	500
需水量/mm		3.74	14.80	13.86	26.94	17.43	6.72	0.90
目标土壤相对湿度/%		60	60	65	70	70	70	60
每亩需灌水量/m^3	1%<相对湿度差≤5%	3.6～7.9	10.5～12.9	10.3～14.6	19.0～23.3	12.7～17.0	5.6～9.9	1.7～6.0
	5%<相对湿度差≤10%	7.9～13.3	12.9～15.8	14.6～20.0	23.3～28.7	17.0～22.4	9.9～15.3	6.0～11.4
	10%<相对湿度差≤15%	13.3～18.7	15.8～18.8	20.0～25.4	28.7～34.1	22.4～27.8	15.3～20.6	11.4～16.8
	15%<相对湿度差≤20%	18.7～24.0	18.8～21.8	25.4～30.8	34.1～39.5	27.8～33.2	20.6～26.0	16.8～22.2
	20%<相对湿度差≤25%	24.0～29.4	21.8～24.8	30.8～36.2	39.5～44.9	33.2～38.6	26.0～31.4	22.2～27.5
	25%<相对湿度差≤30%	29.4～34.8	24.8～27.8	36.2～41.6	44.9～50.3	38.6～43.9	31.4～36.8	27.5～32.9

2.2.2　甘蔗成熟期蔗糖分预报技术

食糖是人们日常生活必需品和食品加工的主要添加剂及生物能源的重要原料之一，属于国家重要战略物资和国际大宗贸易商品。甘蔗是世界上最为重要的糖料作物之一，我国甘蔗糖产量占食糖产量的85%以上。受气象灾害等多方面因素影响，甘蔗产量波动频繁，严重威胁我国食糖安全。

蔗糖产量的增减主要由两个因素决定，一是甘蔗产量的高低，二是甘蔗蔗糖分的高低。蔗糖分的高低受多方面因素的影响，品种及品种熟性、前期生长情况及进入糖分积累阶段后的气象条件，均会对榨季蔗糖分的高低产生重要的影响。由于榨季期间（一般在 11 月至次年 4 月）是气温变化最为明显的时期，若榨季气温高，湿度大，则甘蔗继续生长，蔗糖分含量低；反之，榨季气温低，湿度小，则有利甘蔗蔗糖分积累。但是当最低气温≤2 ℃，特别是最低气温≤0 ℃时，榨季蔗糖分将急剧下降。

对蔗糖分形成影响因素的研究，大多数学者围绕施肥对蔗糖分的影响展开，气象因素对蔗糖分形成的影响则少有相关研究，因此很有必要对甘蔗蔗糖分转化积累关键期影响蔗糖分高低的主要气象因素进行研究，以期提高蔗糖产量预报的准确率，为保障我国食糖安全以及糖企生产管理决策提供科学支撑。以广西近 15 个榨季的甘蔗蔗糖分数据为例，来说明气象条件对甘蔗蔗糖分的影响（广西从 2007—2008 到 2021—2022 年共 15 个榨季的 32 个甘蔗主产县进厂原料蔗入榨量、糖产量和甘蔗平均蔗糖分等资料来自广西糖业年报）。

2.2.2.1 气象因素与蔗糖分的相关性分析

相关研究表明，9—11 月，广西甘蔗进入茎伸长后期至工艺成熟期，转入糖分转化积累关键期。分析研究发现，气温日较差大，日暖夜凉，干燥而晴朗无霜冻的天气对蔗糖分积累有利，高温潮湿天气有利于甘蔗继续生长，而不太利于蔗糖分的累积。12 月以后，广西甘蔗集中进入收获压榨期，至次年 2 月底大部分完成收获。分析广西全区甘蔗蔗糖分、混合糖产率（混合糖产量与原料蔗入榨量之比）与 9—11 月、12 月—次年 2 月的气温日较差、无雨日数、降雨量、日照时数等气象因素的 32 个站点平均值相关性及显著程度发现：甘蔗蔗糖分、混合糖产率与 9—11 月气温日较差、无雨日数、日照时数呈显著正相关（均通过信度为 0.01 的显著性检验），与 9—11 月降雨量呈显著负相关，与 12 月—次年 2 月气温日较差、无雨日数呈显著正相关（均通过信度为 0.05 的显著性检验），见表 2.5。故首选 9—11 月气温日较差、无雨日数开展甘蔗蔗糖分转化积累的影响研究，辅以 12 月—次年 2 月气温日较差、无雨日数分析。

表 2.5 2007—2021 年气象因素与蔗糖分的相关性分析

气象因子	平均蔗糖分		混合糖产率	
	9—11 月相关系数	12 月—次年 2 月相关系数	9—11 月相关系数	12 月—次年 2 月相关系数
气温日较差	0.80**	0.57*	0.75**	0.59*
无雨日数	0.88**	0.59*	0.84**	0.62*
降雨量	−0.65**	−0.40	−0.62*	−0.37
日照时数	0.56**	0.43	0.75**	0.48

注："*""**"分别表示显著性水平达到 0.05 和 0.01。

2.2.2.2 气温日较差对蔗糖分的影响评估

计算 2007—2021 年广西 32 个甘蔗主产县气象站历年 9—11 月气温日较差平均值≥8.5 ℃或≤7.5 ℃的出现概率，公式为

$$P=\frac{n}{N}\times 100 \tag{2.8}$$

式中：P 为某年广西 32 个甘蔗主产县气象站 9—11 月气温日较差平均值≥8.5 ℃或≤7.5 ℃的出现站数百分率；n 为某年在广西 32 个甘蔗主产县气象站中 9—11 月气温日较差平均值≥8.5 ℃或≤7.5 ℃的出现站数；N 取值为 32，即广西 32 个甘蔗主产县。

对 2007—2021 年广西 32 个甘蔗主产县气象站历年 9—11 月气温日较差平均值及其相应

榨季的平均蔗糖分进行分析研究，表 2.6 和表 2.7 分别给出了高糖榨季（榨季蔗糖分≥14.0%）和低糖榨季（榨季蔗糖分≤13.6%）的榨季蔗糖分及相应榨季广西甘蔗主产县 9—11 月气温日较差平均值≥8.5 ℃或≤7.5 ℃的出现百分率。表 2.6 显示，在广西近 15 个榨季中，有 5 个为高糖榨季，主要气候特点表现为其糖分转化积累期间的昼夜温差大，气温日较差多在 8.5～10.1 ℃，光照偏多，降水量偏少，利于糖分转化积累。其中的 4 个榨季（2007—2008 年、2008—2009 年、2009—2010 年、2019—2020 年榨季）广西甘蔗主产县 9—11 月气温日较差平均值较高，≥8.5 ℃的出现百分率均在 50%以上，主产县平均气温日较差为 8.5～9.5 ℃，同时无雨日数较多，3 个月时间达 66.9～73.4 d。

表 2.7 显示，在广西近 15 个榨季中，有 4 个为低糖榨季，其糖分转化积累期间的昼夜温差偏小，降水量偏多，光照偏少，不利于糖分转化积累。其中有 3 个榨季（2012—2013 年、2015—2016 年、2017—2018 年）广西甘蔗主产县 9—11 月气温日较差平均值较低，≤7.5 ℃的出现百分率均在 50%以上，主产县平均气温日较差为 7.4～7.6 ℃，同时无雨日数偏少，3 个月时间为 51.9～60.2 d（表 2.7）。

表 2.6 广西高糖榨季蔗糖分和甘蔗主产县 9—11 月气温日较差平均值及无雨日数

榨季	平均蔗糖分含量/%	甘蔗主产县 9—11 月气温日较差平均值≥8.5 ℃出现的百分率/%	32 站气温日较差平均值/℃		32 站无雨日数平均值/d	
			9—11 月	12 月—次年 2 月	9—11 月	12 月—次年 2 月
2007—2008 年	14.11	90	9.5	8.4	71.8	69.8
2008—2009 年	14.30	52	8.5	6.5	66.9	62.1
2009—2010 年	14.63	80	8.8	9.5	73.4	74.6
2019—2020 年	14.83	90	8.9	5.6	70.4	51.0
2020—2021 年	14.45	0	7.1	7.7	57.3	63.7

注：表中各榨季平均蔗糖分含量为该榨季广西甘蔗主产县蔗糖分含量的平均值，表 2.7 同此。

表 2.7 广西低糖榨季蔗糖分和甘蔗主产县 9—11 月气温日较差平均值及无雨日数

榨季	平均蔗糖分含量/%	甘蔗主产县 9—11 月气温日较差平均值≤7.5 ℃出现的百分率/%	32 站气温日较差平均值/℃		32 站无雨日数平均值/d	
			9—11 月	12 月—次年 2 月	9—11 月	12 月—次年 2 月
2012—2013 年	13.58	50	7.6	5.5	60.2	54.0
2015—2016 年	13.21	70	7.4	7.5	53.9	66.6
2017—2018 年	13.53	60	7.4	7.7	51.9	68.8
2018—2019 年	13.28	30	7.8	6.5	57.2	65.0

从表 2.6 和表 2.7 可以看出，在高糖榨季和低糖榨季中各有 1 个榨季（2020—2021 年、2018—2019 年榨季）由于集中收获压榨期（12 月—次年 2 月）天气较反常，未完全符合基于 9—11 月气温日较差平均值影响的评估指标。其中，2020—2021 年榨季 9—11 月的平均气温日较差平均仅 7.1 ℃、无雨日数平均仅为 57.3 d，9—11 月气象条件未达到高糖榨季气象影响评估指标，但是 12 月—次年 2 月的平均气温日较差为 7.7 ℃（>7.5 ℃）、无雨日数 63.7 d（>60 d）均为较高水平，因此弥补了该榨季前期的气象条件不足，促使其成为高糖榨季。而 2018—2019 年榨季，虽然 9—11 月气温日较差略>7.5 ℃（为 7.8 ℃），但期间降雨量平均偏多

17%，无雨日数平均仅为 57.2 d，光照偏少 11%，仍较不利于糖分转化积累。

广西近 15 个榨季中，其余的 6 个榨季甘蔗主产县 9—11 月气温日较差平均值大多在 7.5～8.5 ℃，对应的榨季蔗糖分则在 13.6%～13.9%。

2.2.2.3　典型高糖榨季和低糖榨季气象条件及影响分析

典型高糖榨季在 2019—2020 年，广西蔗糖分为近 50 年最高值。该榨季广西大部蔗区自 2019 年 9 月开始出现不同程度的秋冬干旱，其中旱情较重的蔗区为南宁、柳州和贵港，其余大部蔗区为轻至中度干旱(图 2.5)，导致广西入厂原料蔗总产量较上榨季减少 16.3%。但是，同时由于蔗糖分转化积累关键期(9—11 月)蔗区昼夜温差大，有 90%的广西甘蔗主产县 9—11 月气温日较差平均值≥8.5 ℃，无雨日数最多达 70 d，非常利于蔗糖分的转化积累，广西平均蔗糖分高达 14.83%，有效提高了蔗糖产量，从而使该榨季广西蔗糖总产量较上榨季仅减产 5.3%。

典型低糖榨季在 2015—2016 年，广西蔗糖分为近 15 年最低值。该榨季蔗糖分转化积累关键期(9—11 月)广西甘蔗主产县大部昼夜温差偏小，有 70%的甘蔗主产县 9—11 月气温日较差平均值≤7.5 ℃，且大部蔗区多阴雨天气，主产县降水量平均偏多 1 倍，无雨日数偏少，平均仅为 53.9 d，日照时数偏少 2～4 成，总体气象条件不利于蔗糖分转化积累，广西甘蔗主产县平均蔗糖分含量为 13.21%。同时，因广西甘蔗种植面积较上年大幅度减少 17.88%，该榨季入厂原料蔗总产量较上榨季减少 15.6%，蔗糖总产量减幅达 20.1%。

综合分析年变化趋势，2005—2006 年到 2019—2020 年榨季广西平均蔗糖分含量变化趋势不明显，主要还是受制于各年气象条件情况(图 2.6)。

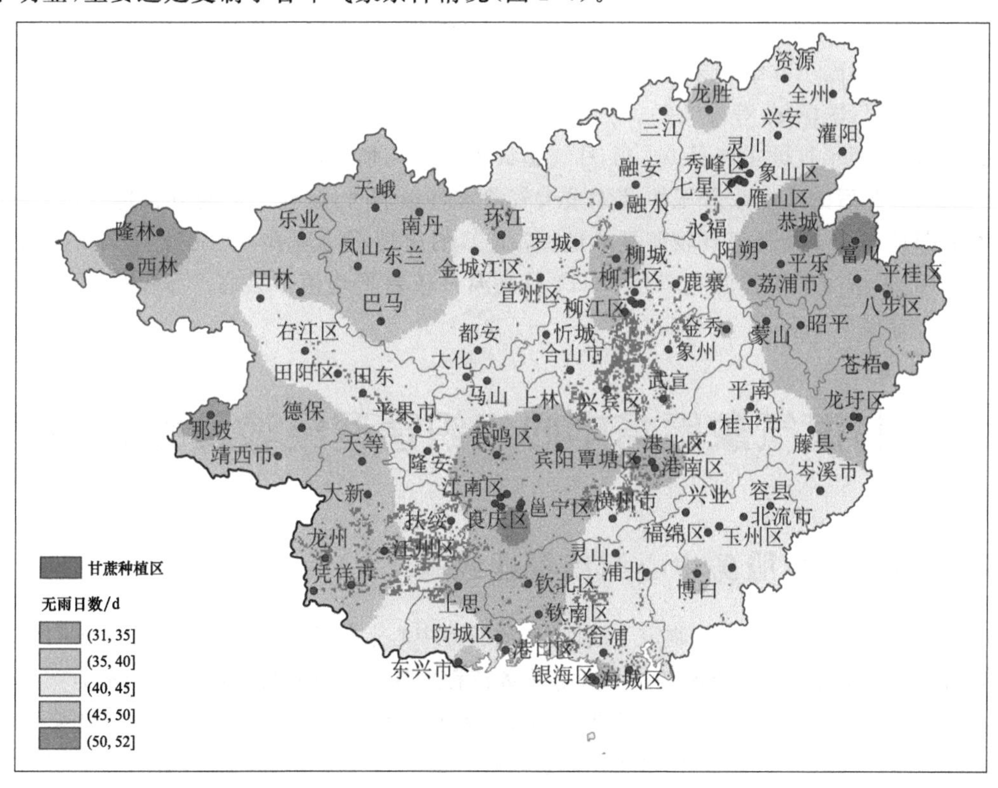

图 2.5　2019 年 9—10 月广西无雨日数分布图(附彩图)

(基于 9—10 月无雨日数的甘蔗干旱等级指标，颜色越深，干旱越严重，37～42 d 为轻度，43～47 d 为中度，>47 d 为重度)

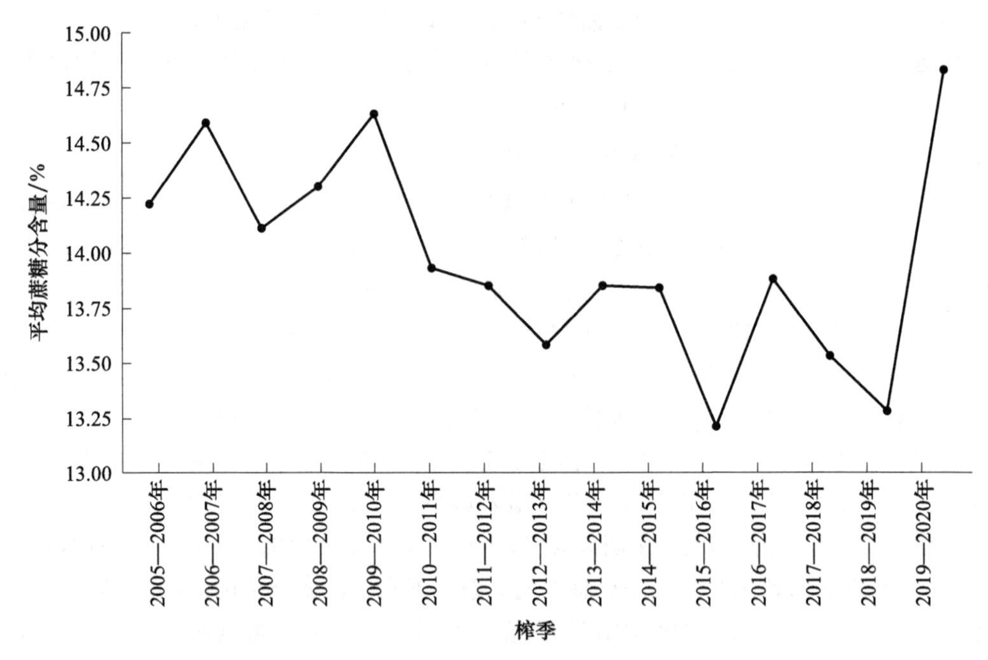

图 2.6　2005—2006 年到 2019—2020 年榨季广西平均蔗糖分含量

2.2.2.4　榨季蔗糖分预报

甘蔗蔗糖分转化积累关键期(9—11 月)气温日较差是蔗糖分含量高低的最主要影响因子,可基于该影响因子并结合未来降雨、光照等气象要素开展榨季甘蔗蔗糖分转化积累影响预估和蔗糖分预报(匡昭敏 等,2022)。

在广西,当某年甘蔗主产县 9—11 月气温日较差平均值≥8.5 ℃的出现百分率在 50%以上且此期间及此后的集中收获压榨期无重大气象灾害影响时,该榨季蔗糖分含量≥14%;当某年甘蔗主产县 9—11 月气温日较差平均值≤7.5 ℃的出现百分率在 50%以上时,该榨季蔗糖分含量≤13.6%;当某年甘蔗主产县 9—11 月气温日较差平均值多处在 7.5～8.5 ℃时,该榨季蔗糖分含量多为 13.6%～13.9%。

2.3　甘蔗气象服务中心组织管理经验及服务案例

2.3.1　甘蔗气象服务中心组织管理经验

甘蔗气象服务中心成立后,制定了《甘蔗气象服务中心运行管理办法(试行)》《甘蔗气象服务中心会商交流制度》《甘蔗气象服务中心业务服务流程》《甘蔗气象服务中心周年服务方案》《广西甘蔗农业生产作业和气象服务台账》等业务制度、规范和管理办法,明确了甘蔗气象服务中心发展目标、服务对象、组织管理、中心和依托单位及成员单位的主要职责、工作机制;规定了甘蔗气象服务中心的业务流程,包括服务产品的种类与制作发布时间、服务产品编发流程;制定了中心的周年服务方案,确立了甘蔗气象服务产品、应用和服务的开发与研发的要求和主要内容。

甘蔗气象服务中心依照业务制度和规范，与各成员单位共同推进甘蔗气象服务专业化、精准化和集约化发展，保障我国蔗糖稳产增产和食糖贸易科学决策，开展了多项工作，包括：我国甘蔗主产区域的气象监测，全球甘蔗主产国的蔗糖产量预报，我国甘蔗生产相关气象预报，组织甘蔗气象科技项目，定期和不定期发布服务产品，等等。

2.3.2　服务案例

2.3.2.1　甘蔗灌溉预报服务

2017 年 6 月上旬前期，扶南蔗区出现了持续性高温天气过程，甘蔗气象服务中心根据该月上旬的天气预报和当时的甘蔗墒情及生长状况，进行了甘蔗灌溉预报，提出“上旬前期虽然出现了高温天气但扶南蔗区仍可不进行灌溉”的建议，并通过微信群和智能终端等方式开展了直通式服务，蔗农选择相信服务中心建议并决定先不进行灌溉。最终，6 月 6 日的倾盆大雨使服务呈现显著效果，也使蔗农真正尝到了生产管理环节中的“节本增效”甜头。经测算，每减少 1 次灌溉，每亩地就可节约成本 50 元。

2.3.2.2　“网格天气预报＋干旱监测预警＋人工增雨作业”一体化服务

6—8 月是甘蔗产量形成最关键时期——茎伸长期，该时期也是甘蔗生长需水量最大时期，若发生干旱，对甘蔗产量影响将非常大，严重者可致绝收。

2020 年 6—8 月，广西西南大部蔗区日最高气温≥35 ℃出现天数 20～60 d。就降雨量而言，除桂北蔗区偏多 1～4 成外，其余大部蔗区偏少 2～7 成，大部蔗区无雨日数 40～60 d，桂南地区无雨日数明显偏多。自 1961 年以来同期从多到少排位，崇左市和北海市的大部蔗区 6—8 月无雨日数为历史最高值，属于夏季重旱至极重旱年景。

甘蔗气象服务中心从 2020 年 5 月就开始发布干旱预警，判断处于产量形成期和需水量最大时期的甘蔗极有可能遭受干旱威胁，并在 5—8 月期间开展了连续监测预警服务，且与市、县气象部门联动，抓住一切有利时机开展了数十次人工增雨作业，有效解除或缓解了旱情。经相关部门评估，根据无人机航拍数据和实地观测数据显示，人工增雨作业开展及时，多数观测点的甘蔗，在茎伸长期后期水分需求得到满足，普遍出现强劲补长，对弥补前期干旱损失，提高产量发挥了重要作用，为崇左等地挽回甘蔗可能旱灾损失超过 10 亿元，获得了市领导的批示以及糖业管理部门和企业的认可。“网格天气预报＋干旱监测预警＋人工增雨作业”一体化服务效益显著。

2.3.2.3　蔗糖分含量预测及开榨时间预报服务

甘蔗气象服务中心在连续多个糖料蔗榨季开展了广西蔗糖分含量预测、开榨时间预报服务，糖业管理部门和糖企根据服务产品采取应对措施，通过宣传延迟开榨或者是按蔗糖分含量确定收购价格，增加了经济效益。

2017 年 11 月，甘蔗气象服务中心预测广西大部蔗区蔗糖分含量偏低，建议推迟开榨期，待蔗糖分增加后再开榨，广西壮族自治区糖业发展办公室采纳建议并广为宣传，广西多个糖厂根据建议推迟了开榨时间（常年为 11 月中旬—12 月上旬），蔗糖分含量增加，收益也相应增加。

2020 年 11 月 10 日，甘蔗气象服务中心根据当前气象条件分析和未来气候预测等综合分析做出蔗糖分含量预测和开榨时间预报，建议推迟半个月集中砍收入榨，大部分糖厂根据建议，把开榨时间延迟到11月25日以后，经评估蔗糖分含量提高了约1%。

2021年11月19日，甘蔗气象服务中心预报结论指出：受前期低温阴雨影响，蔗糖分积累不够，且预计12月上旬前仍多阴雨天气，建议大范围砍收入榨期可延后半个月。有的企业马上根据建议首次出台了按砍收时间(按蔗糖分含量)确定收购价为12月10日前430元/t、1月1日以后490元/t。

第3章　柑橘气象服务

3.1　柑橘与气象

3.1.1　柑橘分布及产业发展

3.1.1.1　柑橘分布

柑橘是指橘、柑、橙、柚、枳等的总称。我国是世界上最早栽培柑橘的国家，柑橘栽培已经有4000多年的历史。据先秦文献《尚书·禹贡》记载，早在公元前21世纪，橘和柚就被列为大禹王的贡税之物。《周礼》记载的“橘逾淮北而为枳”和《吕氏春秋》描述的“江浦之橘，云梦之柚”，说明在2000多年前，柑橘已是家喻户晓、商品化程度较高的一种果树。到宋代，欧阳修等撰著的《新唐书·地理志》中列举了四川、贵州、湖北、湖南、广东、广西、福建、浙江、江西及安徽、河南、江苏、陕西的南部，向朝廷纳贡柑橘，柑橘产区分布基本与中国现代柑橘产区分布一致。

新中国成立后，特别是改革开放以后，我国柑橘种植规模迅速扩大，产业布局主要分布在北纬33°以南地区(陈尚谟 等，1988)。20世纪90年代，国家加大了对柑橘产业的宏观指导，在国家优势区域规划的引导下，我国柑橘产业分为浙南—闽西—粤东宽皮柑橘带、赣南—湘南—桂北脐橙带、湘西—鄂西宽皮柑橘带、长江中上游甜橙带(图3.1)。就省级行政区而言，广东、广西、湖南、湖北、四川、江西、福建和重庆柑橘生产在我国位列前八。2021年，广西、湖南、湖北、广东、四川、江西、福建和重庆柑橘产量分别为1607.4万t、643.2万t、540.8万t、523.0万t、522.3万t、444.5万t、419.3万t和342.7万t。

3.1.1.2　柑橘产业发展历程

新中国成立后，我国柑橘产业经历了先统后分的过程，由改革开放前以家庭联产承包责任制实行柑橘种植统一管理的生产模式发展到改革开放到21世纪初以农户为基本单元的分散生产模式。当前，为应对日益激烈的市场竞争，一批龙头企业和专业合作社不断出现，柑橘种植向有组织的方向转变。

新中国成立后，柑橘产业发展可分为四个阶段：一是初级发展阶段(1949—1984年)，其特点是在国家农业政策背景下，柑橘种植面积增长缓慢、产量水平低；二是自发发展阶段(1984—1997年)，表现为柑橘种植面积大幅度地、无规划地快速增长，产量出现结构性过剩，价格跌落；三是大调整阶段(1997—2000年)，在国家重大项目实施和区域规划指引下，柑橘在类型上扩大了甜橙而减小了宽皮橘的面积和产量比例，在熟制上扩大早熟和晚熟品种比例；四是稳步发展阶段(2000年至今)，即经过前一阶段的调整，我国柑橘面积和产量稳步增长，出口快速增加，成为人们日常生活不可缺少的水果(邓秀新 等，2013)。根据国家统计局统计资料，

2018年,我国柑橘产量达到4138.1万t,超过苹果成为我国第一大水果。到2022年,我国柑橘产量达6003.89万t,占全国水果总产近4成,是苹果产量的1.26倍,柑橘作为我国第一大水果的地位进一步稳固(图3.2)。

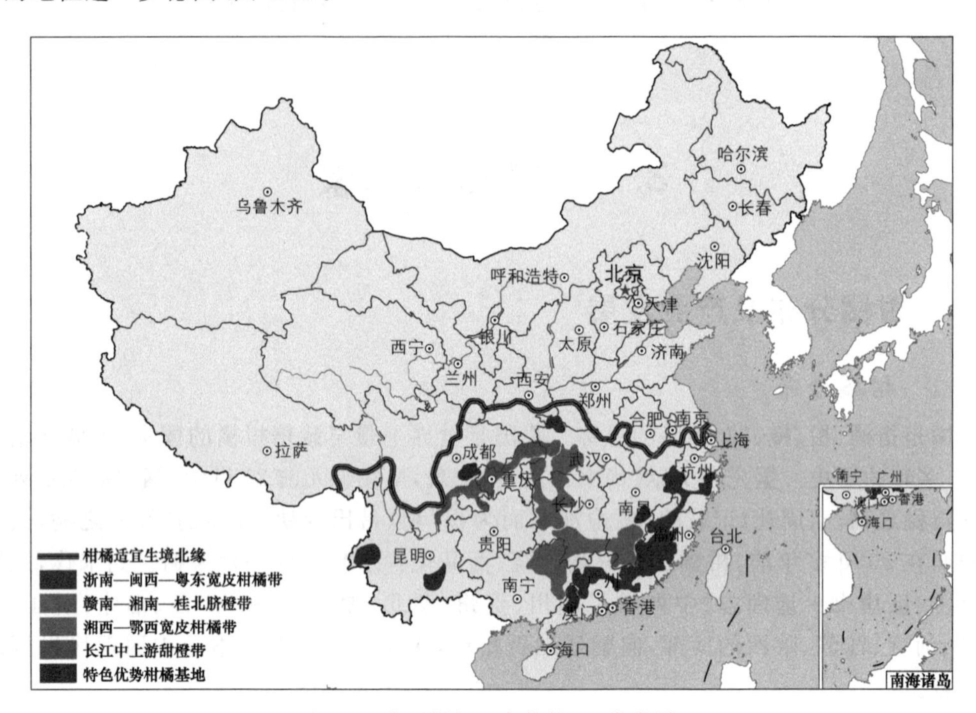

图3.1 我国柑橘生产优势区(附彩图)

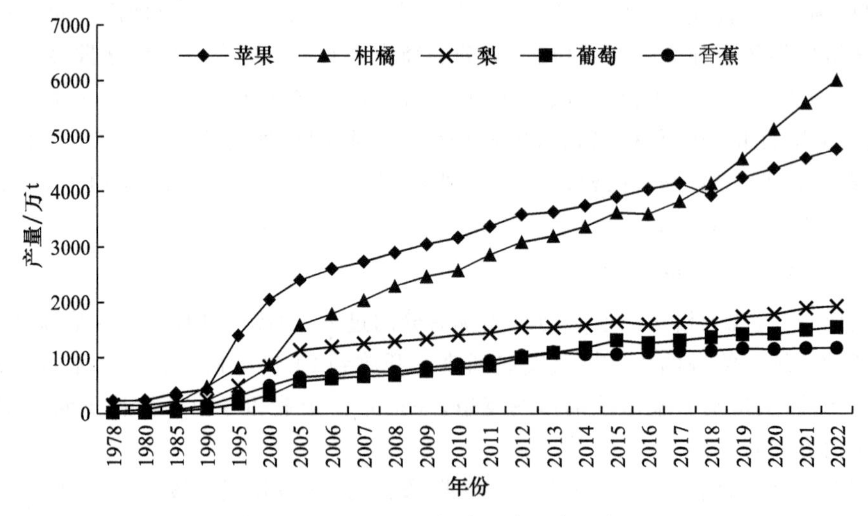

图3.2 1978—2022年我国主要水果产量

3.1.1.3 我国柑橘产业发展面临的问题及趋势

从全球范围看,自2007年起,我国柑橘种植面积和产量一直稳居世界首位。然而,与巴西、西班牙、美国、埃及、土耳其等国相比,我国柑橘在单产水平、果园基础设施及管理技术、商品化程度等方面仍有一定差距,主要表现为:一是果园基础设施不足,生产效率低。我国柑橘大多种植在丘陵山地，由于独特的地形地貌导致果园宜机化改造、水肥一体化建设、智能化装备等建设处于起步阶段，柑橘生产劳动强度大，生产成本高。调查显示，我国柑橘果园亩均生产成本为 3100 元，每千克柑橘生产成本超过 2 元，而美国等发达国家每千克柑橘生产成本仅 0.8 元，我国柑橘生产效率有很大提升空间。二是规模化集约化程度低，管理水平不高。柑橘生产过程需要水肥管理、病虫防治、整形修剪、疏花疏果等综合性技术。目前我国柑橘生产以家庭式小农分散经营为主，管理粗放，缺乏科学合理的栽培种植技术做指导，直接影响柑橘种植质量和规模的提升。三是柑橘建园缺乏科学指导，引种盲目。不同柑橘品种种植需要特定的土壤、气候等条件，除果业企业和专业合作社规模园或示范园在建园时经过科学选址外，我国大部分家庭果园在自家山地、林地进行种植，水源、道路、电力等基本要素无法得到保证，并且在品种选择上盲目引种经济效益高的品种，导致面临的灾害风险高（郭文武 等，2019）。

结合当前全球柑橘产业发展现状，未来我国柑橘产业的发展将是机遇与挑战并存，呈现如下发展趋势。第一，柑橘特色品种的优势将进一步凸显。未来一段时期，特色品种如‘砂糖橘’‘红肉脐橙’等仍维持较高价位，种植效益较好。同时，随着柑橘优势区划的继续实施，不同主产区品种特色化程度将明显增强。第二，果园管理整体水平将进一步提高。山地果园轻简化采运装备、新型喷雾装置、气（电）动式修剪机具等新产品的适应性、可靠性与安全性会有所提高，示范应用面积和范围也会不断扩大。第三，病虫害仍是产业健康发展的主要障碍。在气候变化的背景下，柑橘黄龙病、溃疡病和实蝇类虫害发生风险高，局部地区还有真菌性病害及螨类、蓟马为害（邓秀新 等，2013）。

作为露天作物，柑橘“靠天吃饭”的现状没有改变。结合柑橘产业发展趋势，从特色品种气象灾害监测预警指标及适用技术、种植区域气候可行性论证、果园小气候特征、病虫害发生风险等方面，提升柑橘气象监测、预报、服务水平，是柑橘产业健康可持续发展的重要保证。

3.1.2　柑橘的生物学特性及物候期

柑橘是多年生果树，其年生长周期始于春季萌芽抽梢，终于晚秋、冬季的花芽分化。柑橘年生长周期中进行的一系列生育活动和生理活动与一年中的季节变化相吻合的现象称为柑橘的物候期（陈尚谟 等，1988）。柑橘自然物候期的早晚除受品种影响外，还与不同产区气候条件有关，大致以发芽期、枝梢生长期、开花期、果实生长期、成熟期和花芽分化期为顺序，具有重演性（如枝梢可以多次生长、花可以多次开）和重叠性（如枝梢生长可与果实膨大同时进行）。

发芽期为芽体膨大伸出苞片时期，其有效温度为 10 ℃，因柑橘品种差异而略有区别，整体来看甜橙类比宽皮橘类早。

枝梢生长期按发生的季节可分为春梢、夏梢、秋梢和冬梢。春梢一般在 2—4 月底（立春前后至立夏前）发生，为一年中最重要的枝梢，是次年重要的结果母枝，少许也能成为当年的结果梢。夏梢一般在 5—7 月间抽发（立夏至立秋前），因处高温多雨季节，生长迅速，幼树夏梢可培养为骨干枝，成年树夏梢也可成为次年的结果母枝。秋梢一般在 8—10 月抽生，长势强于春梢、弱于夏梢，8 月发生的早秋梢是柑橘优良的结果母枝，9 月以后抽发的晚秋梢因温度低，易受冻害。冬梢一般在立冬前后抽发，主要出现在华南地区柑橘幼树，长江流域产区因气温较低，一般无冬梢抽发。

对于开花期，可分为现蕾期和开花期。现蕾期从柑橘发芽能辨认出花芽起，至花蕾由淡绿色转为白色。现蕾期多在2月下旬—3月下旬，柠檬四季开花，周年可见现蕾。花瓣开放至能见雌蕊、雄蕊时称为开花期，多数柑橘品种集中在3—4月开花。柑橘开花期按花量分为始花期（全树有5%的花量开放）、盛花期（全树有25%～75%的花量开放）和谢花期（95%以上花瓣脱落）。

谢花后10 d左右，果实子房开始膨大至果实成熟称为果实生长期。在果实生长初期，有两次生理落果期，带果梗落果为第一次生理落果，不带果梗的落果称为第二次生理落果。第二次生理落果一般在7月以前。生理落果结束后进入果实快速生长期，称为果实膨大期，是柑橘周年生长发育最长的一个时期，期间不良气候条件和树体营养直接影响果实的大小和品质。

果实成熟期是果皮开始转色直到最后达到固有色泽的时期。果实是否充分着色是我国柑橘的主要采收标准，一般要求果实充分膨大并保持一定时间20 ℃以下的气温。

花芽分化期从叶芽转变为花芽，直到花的器官分化完为止，一般从11月开始到次年3月或4月结束。

3.1.3 柑橘生长与气象的关系

柑橘是热带、亚热带果树，性喜温热，较耐阴，对温度比对光照敏感（沈兆敏，1989）。从柑橘种植气候适宜性指标来看，柑橘生长需要保证充足热量资源的同时，极端最低气温也是主要的限制性因子之一（柏秦凤 等，2019）。总体来看，甜橙类对热量资源的需求较高，但对低温的抗性最弱。主要柑橘品种的气候适宜性区划指标见表3.1、表3.2和表3.3。

表3.1 甜橙类气候适宜性区划指标

区划指标	最优区	次优区	适宜区	不宜区
≥10 ℃积温/(℃·d)	>6000	5750～6000	5500～5750	≤5500
极端最低气温/℃	>−3	−5～−3	−7～−5	≤−7
4—11月日照时数/h	>1300	1200～1300	1100～1200	≤1100
4—11月降水量/mm	>1200	1100～1200	1000～1100	≤1000

表3.2 宽皮橘类气候适宜性区划指标

区划指标	最优区	次优区	适宜区	不宜区
≥10 ℃积温/(℃·d)	>5500	5000～5500	4500～5000	≤4500
极端最低气温/℃	>−5	−7～−5	−9～−7	≤−9
10月气温日较差/℃	>11	9～11	8～9	≤8

表3.3 柚类气候适宜性区划指标

区划指标	最优区	次优区	适宜区	不宜区
≥10 ℃积温/(℃·d)	>5800	5500～5800	5200～5500	≤5200
极端最低气温/℃	>−5	−7～−5	−9～−7	≤−9

除了基本的气候资源条件对柑橘种植会造成影响外，不同物候期内气象要素的阶段性波

动也会影响柑橘生长、发育以及产量和品质的形成。柑橘生产过程中的主要气象灾害多为复合型气象灾害，具有明显的季节性特征，如花期高温热害、落花落果期高温低湿、果实膨大期高温热害、伏秋期高温干旱、越冬期低温冻害（分为旱冻和湿冻两类）等。

对于气温，23～34 ℃为柑橘的最适生长温度范围，气温在 13 ℃以下、39 ℃以上显著抑制柑橘生长（陈尚谟 等，1988）。但不同物候期对温度的需求有所差异。柑橘花芽分化要求气温低于 13 ℃，柑橘停止生长、进入相对休眠。现蕾开花期气温越高，现蕾开花越快，但超过一定温度范围会使花器发育不健全、结实率不良。在生理落果期，若平均气温超过 25 ℃、最高气温超过 30 ℃，并且空气相对湿度低于 50%，会引发高温低湿灾害，加剧柑橘落果，从而影响产量（胡安生 等，1993）。果实膨大期受气温波动的影响很大，当气温连续 3 d 超过 39 ℃，柑橘果树就会受到高温热害，使树体严重缺水、叶片萎蔫，果实停止生长，加剧落果；高温伴随强日照还会引起果实日灼，影响产量和品质。果实成熟期，气温逐渐下降，果皮中的叶绿素分解为类胡萝卜素，使果皮呈橙黄色；但叶绿素得不到一定时间的 20 ℃以下低温，无法分解为类胡萝卜素，会影响果皮转色，导致果实成熟后仍呈绿色。冬季，柑橘进入休眠期，低温冻害严重影响柑橘安全越冬。不同柑橘品种的耐寒性不同，甜橙类耐寒性最弱，其次是宽皮橘类，金橘类最强（陈尚谟 等，1988）。当最低气温低于－3 ℃，甜橙类叶片和部分枝梢就受冻，宽皮橘类仅叶片受冻，秋梢没有明显影响。当最低气温低于－5 ℃，甜橙类大部分叶片死亡，一年生枝梢大部分受冻；宽皮橘类部分叶片死亡，一年生枝梢部分受冻。当最低气温低于－7 ℃，甜橙类大部分叶片受冻脱落，一、二年生枝梢全部冻死；宽皮橘类一年生枝梢冻死；金橘类叶片出现受冻。当最低气温低于－9 ℃，甜橙类枝条大部分死亡，仅保留主干；宽皮橘类大部分枝梢死亡；金橘受冻明显。当最低气温低于－11 ℃，甜橙类全树死亡，宽皮橘类大部分枝条死亡，仅保存骨干，金橘类大部分枝条开始受冻。根据生产实际调查，果农普遍认为冬季低温冻害是柑橘生产面临的最严重环境威胁，是造成树死园毁的最可能因素。因此在柑橘种植区划过程中，冬季极端最低气温是重要的限制性因子之一。

日照是柑橘果树进行光合作用、制造有机物质不可缺少的气象要素。柑橘系短日照果树，喜漫射光，较耐阴，一般认为年日照 1200～1500 h 最宜，光照过强或过弱均不利。日照不足的密闭柑橘园会使柑橘叶片变平、变薄、变大，发芽率、发枝率降低，甚至梢、叶枯死。花期和幼果期光照不足会导致树体内有机质合成减少，出现幼叶转绿迟缓，与幼果争夺营养而加剧生理落果，使坐果率降低、果实变小。日照不足也会明显影响果品品质。在我国柑橘产区中，采收季节日照好的华南地区与阴雨多日照少的川渝地区相比，果实糖高、味甜，果皮色泽充足。日照过强的不利影响主要在夏季果实膨大期，会产生果实日灼病，造成品质和产量下降。

柑橘果树不但要求丰富的热量资源，对水分条件也有所要求。一般认为柑橘果树生长、结果，以年降水量 1000～1500 mm、空气相对湿度 75%、土壤相对含水量 60%～80%为宜。我国多数柑橘产地基本上都能达到上述要求，即使年降水量不足 1000 mm 的地区，也可通过人工灌溉得到满足。降水量对果树虽不如气温重要，但雨量的季节分配却至关重要。柑橘开花期至第二次生理落果期，如遇连绵阴雨，会影响授粉，降低坐果率。果实膨大期如遇夏秋连旱，会严重影响果实生长速度，造成果小、汁少、糖低、酸高。而冬季干旱，一方面造成无效花芽分化增加，花质降低，另一方面如遇寒潮天气，将明显加重低温冻害危害。同时，连绵阴雨，高温高湿是大多数柑橘病虫害发生的气象条件。

3.2 柑橘气象服务技术和方法

柑橘气象服务中心自成立以来，对标气象高质量发展要求，以提升柑橘气象服务质量为导向，守正创新，大力开展柑橘气象灾害监测预警技术、柑橘气候品质评价技术、柑橘气候区划技术和预估模型、柑橘高温热害喷水降温防御适用技术等服务技术的研发，为柑橘产业的气象保障服务提供了智力支撑。本节将对柑橘气象灾害监测预警技术及柑橘气候品质评价技术进行详细介绍。

3.2.1 柑橘气象灾害监测预警技术

3.2.1.1 柑橘高温热害监测预警指标

(1)高温热害对柑橘的影响

我国柑橘主要产区，尤其是长江中下游柑橘产区，地处亚热带气候，常遇持续性高温天气，导致柑橘在花期至幼果期出现异常落花落果，在果实膨大期出现果实日灼，甚或出现不可逆的树体损伤甚至死亡等灾害。柑橘高温热害在国内外柑橘产区都发生频繁，如美国加利福尼亚州 1917 年发生的高温热害使当年脐橙几乎绝收，我国 1982 年、1985 年和 1988 年发生 3 次高温热害严重影响了柑橘产量。

在柑橘花期和幼果期，气温偏高、湿度偏低易导致花、果与叶片之间的水分争夺加剧，引发花、果失水脱落，称为柑橘高温低湿灾害，又称“干热风”或“旱热害”(陈尚谟 等，1988)。黄寿波等(1993)指出，日平均气温以 28～31 ℃为临界值、日平均相对湿度以 60%～30%为临界值，当持续天数达到 1～4 d，落花落果数量明显增加，并且高温越早，幼果越小，其落果程度越严重。

柑橘高温危害的另一主要时段为果实膨大期。该时期是柑橘果实总糖增加而总酸转化降解期，期间受副热带高压影响，我国柑橘主要种植区域常遇持续性晴热高温天气，导致作物蒸腾量增加，果实水分下降，不利于有机酸稀释和转化，从而导致固酸比降低，口感风味下降(郭延平 等，2003)。以赣南脐橙为例，7—9 月日平均气温≥30 ℃日数越多、有害积热累积越大，固酸比下降愈明显，果实口感和风味变差(李翔翔 等，2022)。同时，高温对营养品质的形成亦不利，尤其是夜间高温对果实维生素 C 的形成不利。此外，单果重与日最高气温≥35 ℃日数的变化呈显著负相关，说明白天高温会使脐橙单果重下降，进而造成产量降低。

(2)柑橘花期高温热害监测预警指标

刘云鹏(1997)根据长江中下游历史时期柑橘花期高温热害的灾情资料，结合同期气象资料分析总结，以柑橘花期日平均气温(T)、日最高气温(T_{max})两项因子连续 2 d 以上为阈值，得到柑橘花期高温热害监测预警指标，详见表 3.4。

表 3.4 长江中下游柑橘花期高温热害监测预警指标

等级	日平均气温(T)/℃	日最高气温(T_{max})/℃	持续天数(t)/d
轻度	$T\geqslant25$	$T_{max}\geqslant30$	$t=2$
中度	$T\geqslant26$	$T_{max}\geqslant32$	
重度	$T\geqslant27$	$T_{max}\geqslant34$	
特重	$T\geqslant28$	$T_{max}\geqslant36$	

该指标考虑了柑橘花期日平均气温、日最高气温两项气温要素与其持续时间，对柑橘花期高温热害监测预警具有指导意义。

(3)脐橙落花落果期高温低湿灾害监测预警指标

脐橙高温低湿气象灾害监测预警指标，是针对在脐橙生理落花落果期间，因高温低湿天气引起的脐橙异常生理落果现象而制定的灾害监测预警指标。脐橙高温低湿气象灾害分轻度、中度、重度 3 个等级，详见表 3.5。

表 3.5　脐橙高温低湿气象灾害监测预警指标

等级	日平均气温(T)/℃	日最高气温(T_{max})/℃	14 时相对湿度(R_{14})/%	持续天数(t)/d
轻度	$T \geqslant 25$	$T_{max} \geqslant 30$	$R_{14} < 50$	$2 \leqslant t < 3$
中度	$T \geqslant 25$	$T_{max} \geqslant 30$	$R_{14} < 50$	$3 \leqslant t < 7$
重度	$T \geqslant 25$	$T_{max} \geqslant 30$	$R_{14} < 50$	$t \geqslant 7$

(4)柑橘果实膨大期高温热害监测预警指标

柑橘果实膨大期高温热害监测预警指标，是针对在柑橘果实膨大期间，因高温天气影响柑橘果实膨大、着色、糖分转化等而制定的灾害监测预警指标，指标分轻度、中度、重度 3 个等级，详见表 3.6。

表 3.6　柑橘果实膨大期高温热害监测预警指标

等级	日平均气温(T)/℃	日最高气温(T_{max})/℃	持续天数(t)/d
轻度	$T \geqslant 30$	$T_{max} \geqslant 35$	$3 \leqslant t < 5$
中度	$T \geqslant 30$	$T_{max} \geqslant 35$	$5 \leqslant t < 10$
重度	$T \geqslant 30$	$T_{max} \geqslant 35$	$t \geqslant 10$

(5)柑橘伏秋期高温干旱监测预警指标

柑橘伏秋期高温干旱监测预警指标是针对高温和干旱两种灾害同时发生，对柑橘产量和品质形成造成影响的监测预警指标详见表 3.7。

表 3.7　柑橘伏秋期高温干旱监测预警指标

等级	日平均气温(T)/℃	日最高气温(T_{max})/℃	累计降水量(R)/mm	土壤相对湿度(W)/%①
轻度	$T \geqslant 30$	$T_{max} \geqslant 35$	连续 20 d 降水量≤10 mm 且日降水量≤5 mm	$50 \leqslant W < 60$
中度	$T \geqslant 30$	$T_{max} \geqslant 35$	连续 20 d 降水量≤10 mm 且日降水量≤5 mm	$40 \leqslant W < 50$
重度	$T \geqslant 30$	$T_{max} \geqslant 35$	连续 30 d 降水量≤25 mm 且日降水量≤10 mm	$30 \leqslant W < 40$

注：①宜采用 0～40 cm 深度的土壤相对湿度作为旱情评估指标。

3.2.1.2　柑橘低温冻害监测预警评估技术

(1)低温冻害对柑橘生长发育的影响

低温冻害是影响柑橘生长和获得高产稳产的突出问题，也是影响柑橘种植界限和种植范围的关键气象灾害之一(陈尚模，1980；沈兆敏，1989)。柑橘植株在休眠或停止生长时，冻害能够使柑橘组织细胞间隙的自由水结冰，在细胞组织内形成冰粒，破坏细胞原生质结构和植物体内水分平衡(彭昌操 等，2000)。含水分较多的幼嫩组织，如叶、花、果和未停止生长的幼梢受害尤为严重。

柑橘冻害程度与众多因素相关。除了低温这一主要因素外，其他气象条件以及树体内在的抗寒能力也起着重要的作用。在同一次冻害的过程中，处于不同地段上的柑橘，由于小气候的不同，遭受冻害的轻重程度完全不一样。在植物学因子相同的条件下，温度越低，持续时间越长，冻害前久旱，土壤水分干燥或连续阴雨，地下水位太高，或受冻期间出现长时间的雨、雪、雨凇、雾凇等，都将使冻害加重（杨爱萍 等，2013）。良好的小气候有利于抵御冻害对柑橘的影响。

（2）柑橘低温冻害监测预警指标和技术

柑橘是典型的亚热带多年生喜温常绿果树。在我国柑橘种植区，越冬期冻害是柑橘生产的主要气象灾害之一。目前，柑橘低温冻害监测预警指标是采用历年的极端最低气温为关键气象要素（黄寿波，1980；江爱良 等，1983），详见表 3.8。

表 3.8　柑橘低温冻害监测预警指标

等级	极端最低气温（T_{min}）/℃
无	$T_{min}>-3$
轻度	$-5<T_{min}\leqslant-3$
中度	$-7<T_{min}\leqslant-5$
偏重	$-9<T_{min}\leqslant-7$
严重	$-11<T_{min}\leqslant-9$
特重	$T_{min}\leqslant-11$

根据柑橘低温冻害监测预警指标，应用地面气象观测资料和预报预测资料，结合柑橘主要品种的地理分布信息，制作发布柑橘低温冻害监测预警服务产品。其中，随着地面气象观测站点和数值预报模式的发展，柑橘低温冻害监测预警技术不断完善，精细化水平不断提高。目前，可在智能网格预报产品的支持下，制作发布 5 km×5 km 空间分辨率的柑橘低温冻害监测预警服务产品，服务时效为 1～10 d。

（3）柑橘低温冻害影响评估指标和技术

结合柑橘生产情况与越冬期干、湿程度等特征，柑橘低温冻害影响评估指标采用的是一组判识单站冻害与区域冻害的多气象要素柑橘冻害影响评估指标（杨爱萍 等，2013）。

首先是单站柑橘低温冻害影响评估指标。先分别计算旱冻指数和湿冻指数，判识某站某次柑橘低温冻害为旱冻还是湿冻灾害；然后取旱冻指数、湿冻指数的最大值，划分柑橘低温冻害影响评估等级。旱冻、湿冻指数计算式为

$$I_{dfi}=a_1\times Q(T_D)+a_2\times Q(R_a)+a_3\times Q(T_c) \tag{3.1}$$

$$I_{wfi}=a_1\times Q(T_D)+a_2\times Q(R_c)+a_3\times Q(T_c) \tag{3.2}$$

式中：I_{dfi} 和 I_{wfi} 分别为旱冻指数和湿冻指数；T_D 为入冬至冻害评估、预警当日的极端最低气温；R_a 为入冬至冻害评估、预警当日的降水距平百分率；R_c 为入冬至冻害评估、预警当日的最长持续降水日数；T_c 为入冬至冻害评估、预警当日的日最低气温≤－1.5 ℃的最长持续日数；$Q(\ )$ 为相应气象要素的分级，确定方法见表 3.9；a_1、a_2、a_3 为影响系数，分别为 6、1、3。

表 3.9 入冬至冻害评估、预警当日的柑橘冻害气象因子分级

分级 Q	极端最低气温 (T_D) /℃	降水距平百分率 (R_a) /%	最长持续降水日数 (R_c) /d	最低气温≤−1.5 ℃的最长持续日数 (T_c) /d
0	$T_D > -3$	$R_a > -30$	$R_c < 2$	$T_c < 2$
1	$-5 < T_D \leqslant -3$	$-40 < R_a \leqslant -30$	$2 \leqslant R_c < 5$	$2 \leqslant T_c < 4$
2	$-7 < T_D \leqslant -5$	$-50 < R_a \leqslant -40$	$5 \leqslant R_c < 10$	$4 \leqslant T_c < 6$
3	$-9 < T_D \leqslant -7$	$-60 < R_a \leqslant -50$	$10 \leqslant R_c < 15$	$6 \leqslant T_c < 8$
4	$-11 < T_D \leqslant -9$	$-70 < R_a \leqslant -60$	$15 \leqslant R_c < 20$	$8 \leqslant T_c < 10$
5	$T_D \leqslant -11$	$R_a \leqslant -70$	$R_c \geqslant 20$	$T_c \geqslant 10$

取旱冻指数 I_{dfi} 和湿冻指数 I_{wfi} 的最大值，对单站冻害影响等级进行评估

$$f = \max(I_{dfi}, I_{wfi}) \tag{3.3}$$

式中：f 为单站冻害影响等级指数，划分为 5 个等级，见表 3.10。各等级对应的冻害表现见表 3.11。

表 3.10 单站冻害影响等级划分和量化值

等级	等级指数 (f)	量化值 (y)
轻度	$6 \leqslant f < 11$	1
中度	$11 \leqslant f < 16$	2
偏重	$16 \leqslant f < 21$	3
严重	$21 \leqslant f < 26$	4
特重	$f \geqslant 26$	5

表 3.11 柑橘单站冻害的表现

冻害影响等级	冻害表现
轻度	甜橙类大部分叶片受冻，部分秋梢受冻，减产不到 10%；宽皮橘类部分叶片受冻，秋梢没有明显伤害
中度	甜橙类大部分叶片死亡，一年生枝梢大部分受到明显伤害，减产 10%～30%；宽皮橘类部分叶片死亡，一年生枝梢部分受冻，产量受到影响，但减产不明显
偏重	甜橙类绝大部分叶片受冻死亡或脱落，一、二年生枝梢全部冻死，减产 30%～60%；宽皮橘类一年生枝梢冻死，减产 20%～30%；金柑类叶片受冻
严重	甜橙类枝条大部分死亡，只保留主干、主枝、副主枝等骨干枝，基本绝收；宽皮橘类大部分枝梢死亡，减产 30%～50%；金柑类受冻明显
特重	甜橙类植株接穗部分或全树死亡；宽皮橘类大部分枝条死亡，只保留主干、主枝、副主枝等骨干枝，减产 50%以上，幼、老、病、结果较多及管理较差的果树死亡；金柑类大部分枝条受冻，减产 20%以上

注：减产百分比是将冻害年的柑橘单产与相邻年份中未出现冻害年份的柑橘单产进行比较。

柑橘区域冻害影响评估指标。以某区域内各站冻害影响等级的平均值计算区域冻害指数

$$F = \frac{1}{n}\sum_{i=1}^{n} y_i \tag{3.4}$$

式中：F 为区域冻害指数；n 为区域内的总站数；i 为站点序号；y_i 第 i 站柑橘冻害等级对应的量化值。

区域冻害影响评估指数 F 分为 5 个等级,见表 3.12。

表 3.12 柑橘区域低温冻害影响等级划分

等级	评估指数(F)
轻度	$1.0 \leqslant F < 2.0$
中度	$2.0 \leqslant F < 3.0$
偏重	$3.0 \leqslant F < 3.5$
严重	$3.5 \leqslant F < 4.0$
特重	$F \geqslant 4.0$

由于各地柑橘种植区栽培水平、品种不同,冻害程度存在差异,确定区域冻害等级时,可对区域冻害影响等级的阈值作适当调整。

在柑橘低温冻害影响前后,联合有关部门开展柑橘低温冻害灾情调查,结合柑橘低温冻害影响评估指标计算分析结果,分析研判低温冻害对柑橘产量和品质的影响,编发柑橘低温冻害影响评估报告并开展相关决策服务和公众服务。

3.2.2 柑橘气候品质评价技术

3.2.2.1 柑橘气候品质评价的基本要求

柑橘气候品质是指由天气气候条件决定的柑橘鲜果品质。柑橘气候品质评价则是指从气象学角度,评价分析天气气候条件对柑橘鲜果品质的影响,并对柑橘气候品质进行等级评定。开展柑橘气候品质评价应满足以下条件。

① 评价的柑橘应来源于申请评价的生产区域范围内鲜果,种植面积宜不小于 1 hm^2。

② 产地环境技术条件应符合农业行业标准 NY 5016—2001《无公害食品柑橘产地环境条件》中第 4 部分的规定;并且,需种植在适宜的光温区内,年降水量宜超过 1000 mm。

③ 柑橘等级规格应符合农业行业标准 NY/T 1190—2006《柑橘等级规格》中第 4 部分的规定;并且,柑橘采收应达到果实的成熟度。

④ 柑橘生产过程中不应受到严重的病虫害和气象灾害影响。

⑤ 评价所用气象资料应符合气象行业标准 QX/T 486—2019《农产品气候品质认证技术规范》中 3.2 的规定。

3.2.2.2 柑橘气候品质评价的工作流程

柑橘气候品质评价工作的开展分为三个阶段。

第一阶段是信息采集及核定阶段。主要是对评价区域和申请对象情况进行调查,确定是否具有开展柑橘气候品质评价服务的条件。具体包括以下几个方面。

① 评价委托人应具备的条件。取得国家工商行政管理部门或有关机构注册登记的法人资格;已取得相关法规规定的行政许可。

② 评价产品应具备的条件。有注册商标(品牌)及包装,生产技术和产品质量符合国家强制性技术规范和中华人民共和国相关法律、法规、安全卫生标准的要求。

③ 评价产品所在区域应具备的条件。具有固定的生产区域,在该区域附近已有或可新建

能够代表该区域气象条件、符合国家气象观测规范及监测质量标准要求的自动气象站或农田小气候站。

④ 评价申请时间。评价申请时间应在柑橘鲜果品质形成关键期之前。

⑤ 评价委托人应提交的文件和资料。包括以下材料。

(a)评价委托人的合法经营资质文件复印件，如营业执照、土地使用权证明及合同、生产区域分布图等。当评价委托人不是农产品的直接生产者时，评价委托人与农产品生产者签订的书面合同复印件；

(b)品牌商标证书或商标注册所有人授权书，已获得的资质、评价、荣誉的证明材料；

(c)评价委托人及其生产、加工的基本情况；

(d)评价委托人名称、地址、联系方式；当评价委托人不是农产品的直接生产者时，需提供直接生产者的名称、地址、联系方式；委托人生产经营类型、生产基地地址等；

(e)评价区域及小气候控制措施；

(f)评价农产品的名称、品牌、产量、产值、规格、规模；该柑橘品种典型特征特性描述；申请评价标志的数量和产品包装规格等；

(g)评价委托人承诺书：承诺守法诚信，接受行政监管部门及气候品质评价机构监督和检查，保证提供材料真实有效等声明。

第二阶段是数据采集阶段。主要是气象数据和关键生育期数据采集，并准确记录柑橘生长发育关键生育期及农事活动。数据来源按就近原则，选择距离服务区域最近、立地环境条件相似、符合国家气象观测规范及监测质量标准要求的自动气象站或农田小气候站的气象资料。服务区域内若没有农业小气候观测站，可在柑橘鲜果品质形成关键期前，新建能够代表该区域气象条件的农田小气候站或气象自动观测站进行观测，或者安装便携式的小气候观测设备进行观测。柑橘鲜果品质主要参照国家标准 GB/T 5009.7—2008《食品中还原糖的测定》、GB/T 8210—2011《柑桔鲜果检验方法》、GB/T 20355—2006《地理标志产品 赣南脐橙》等标准，检测可溶性固形物、总酸量、固酸比、可食率等指标。

第三阶段是评价报告制作阶段。主要是从企业介绍、产地环境、气候概况、农业气象灾害情况、影响柑橘鲜果品质的关键气象因子及其变化情况、柑橘气候品质等级评价结论等方面，详细论证该地区气象条件对柑橘气候品质的影响。

3.2.2.3 柑橘气候品质评价指标模型

柑橘气候品质评价模型参考气象行业标准 QX/T 592—2020《农产品气候品质评价 柑橘》进行，评价的气象要素包括：全年日最高气温≥35 ℃的最长持续天数(t)、6月下旬—10月下旬累计日照时数(S)、9月下旬—10月下旬气温日较差的平均值(ΔT)、4月下旬—10月下旬日平均气温≥10 ℃活动积温(A)及9—10月累计降水量(R)。柑橘气候品质评价指数计算方法为

$$I_Q = \sum_{i=1}^{5} a_i M_i \tag{3.5}$$

式中：I_Q 为柑橘气候品质评价指数；M_i 为第 i 个气象要素的分级赋值(表3.13)；a_i 为第 i 个气候品质指标的权重系数，各气象要素分别取0.10、0.20、0.25、0.20、0.25。

表 3.13　柑橘气候品质评价指标分级赋值

M_i	全年日最高气温≥35 ℃的最长持续天数(t)/d	6月下旬—10月下旬累计日照时数(S)/h	9月下旬—10月下旬气温日较差的平均值(ΔT)/℃	4月下旬—10月下旬日平均气温≥10 ℃活动积温(A)/℃·d	9—10月累计降水量(R)/mm
3	$t \leqslant 5$	$S \geqslant 850$	$\Delta T \geqslant 7.0$	$A \geqslant 4680$	$240 < R < 340$
2	$5 < t \leqslant 8$	$770 < S < 850$	$6.0 \leqslant \Delta T < 7.0$	$4500 \leqslant A < 4680$	$200 \leqslant R \leqslant 240$ 或 $340 \leqslant R \leqslant 090$
1	$8 < t \leqslant 10$	$600 < S \leqslant 770$	$5.0 \leqslant \Delta T < 6.0$	$4000 \leqslant A < 4500$	$150 \leqslant R < 200$ 或 $490 < R \leqslant 600$
0	$t > 10$	$S \leqslant 600$	$\Delta T < 5.0$	$A < 4000$	$R < 150$ 或 $R > 600$

按柑橘气候品质评价指数，将柑橘气候品质划分为特优、优、良、一般 4 个等级，等级划分与评价指数见表 3.14。

表 3.14　柑橘气候品质等级划分与评价指数

等级	气候品质评价指数(I_Q)	品质等级对应的可溶性固形物含量参考值(SS)/%
特优	$I_Q \geqslant 2.96$	SS≥12.0
优	$2.50 \leqslant I_Q < 2.96$	11.0≤SS<12.0
良	$2.00 \leqslant I_Q < 2.50$	10.0≤SS<11.0
一般	$I_Q < 2.00$	SS<10.0

3.3　柑橘气象服务中心组织管理经验及服务案例

3.3.1　柑橘气象服务中心组织管理经验

柑橘是我国产量和面积都居第一的水果，柑橘产业是我国南方地区乡村振兴的重要支柱产业之一。柑橘气象服务中心作为该产业的气象服务主体，经过了近 5 年的发展，逐步形成了以下组织管理经验。

3.3.1.1　健全协调机制

江西省气象局、省农业农村厅积极发挥管理职能，建立了由江西省气象局分管领导为组长的柑橘气象服务中心协调工作组，协调解决了柑橘气象服务中心年度建设中跨部门、跨地区的业务服务和管理问题。依托江西省气象局、江西省农业农村厅《关于调整柑橘气象服务中心协调推进工作组成员的通知》文件，持续深化两部门"六联合"运行。两部门还联合印发了实施《江西省农业气象灾害风险预警工作方案》，部署建立柑橘气象灾害风险预警服务业务，推动柑橘气象服务中心纵深发展。柑橘气象服务中心制定并不断完善管理办法，组织协调依托单位与成员单位之间定期或不定期就成员单位的业务服务产品制作、技术交流、数据收集、业务平台应用、满意度调查等方面开展沟通协作。江西省气象局职能处室充分发挥管理职能，不断强化省、市、县三级柑橘气象服务中心业务体系建设。

3.3.1.2 制定发展方案

在中国气象局、江西省气象局和上级业务单位的支持和指导下，深入贯彻落实中央一号文件精神，落实中国气象局乡村振兴气象保障服务工作要点的通知，认真总结经验，以服务需求为导向，逐年制定完善中心发展目标，编制完善中心业务发展与能力建设方案。其中，围绕柑橘气象灾害监测、预测预警、灾害防御、重要农事活动和农事季节气象服务等重点工作，开展柑橘生产全程气象服务，取得了明显的服务效益。

3.3.1.3 完善服务方案

为了落实精细化气象服务要求，柑橘气象服务中心加强了业务服务需求调查，通过走访有经验的种植户、技术服务人员以及与农业部门开展协商，针对"做示范、勇争先"要求，完善了相关服务方案，制定了《"做示范、勇争先"，柑橘特色农业气象服务示范周年服务方案》，部分成员单位制定了本地化的服务方案。根据风险预警网格化、产品种类、直通式手段、依托单位机构改革和成员单位变更等，组织完善了业务服务流程和会商交流制度。

3.3.1.4 修订管理办法

根据牵头单位和成员单位在柑橘气象中心建设和业务服务运行中存在的物候期观测、大数据建设、农情灾情调查、业务平台应用、业务产品本地服务等工作中沟通协调不及时、产品服务落地时间滞后等问题，结合年度考核任务和服务要求，对中心原有的运行管理办法进行了修订。为进一步规范柑橘气象服务中心两个野外基地的试验和示范行为，对前期制定的基地管理规范进行了修订。

3.3.2 服务案例

3.3.2.1 柑橘果实膨大期高温热害服务案例

(1)服务过程

2022年7—8月，我国柑橘主产区出现3次区域性高温热害过程，分别发生在7月7—18日(过程Ⅰ)，7月22—30日(过程Ⅱ)和8月1—30日(过程Ⅲ)，具有持续时间长、影响范围广、灾害程度罕见、过程间隔时间短等特点。

过程Ⅰ始于7月7日，浙江中部、四川东部以及重庆西部开始出现轻度柑橘高温热害(图3.3a)，至7月15日高温热害强度达到最大(图3.3b)，浙江大部、江西北部、福建北部、湖北东部、湖南北部、四川东部以及重庆西部出现中度以上高温热害。其中，浙江中部和四川东部达到重度等级。随后高温缓解，至7月18日本次高温热害过程基本结束(图3.3c)。

过程Ⅱ始于7月22日(图3.3d)，即过程Ⅰ结束4 d后，浙江大部、福建中北部以及江西中部和东北部出现轻度高温热害。7月28日，本次高温热害过程达到最强(图3.3e)，浙江中部、江西大部、广东中北部、福建北部和湖南中南部出现中度高温热害，广西东部出现轻度高温热害。7月30日，本次高温热害减退(图3.3f)，仅浙江中部部分站点出现轻—重度高温热害。

过程Ⅲ始于8月1日(图3.3g)，即过程Ⅱ结束1 d后，除浙江中部出现轻—重度高温热害外，四川东部和重庆西部出现轻度高温热害。8月22日，本次高温热害过程达到最强(图3.3h)，浙江大部、江西中北部、湖南大部、湖北东部、四川东部以及重庆西部普遍出现重度高温热害。8月30日，高温热害过程结束(图3.3i)。

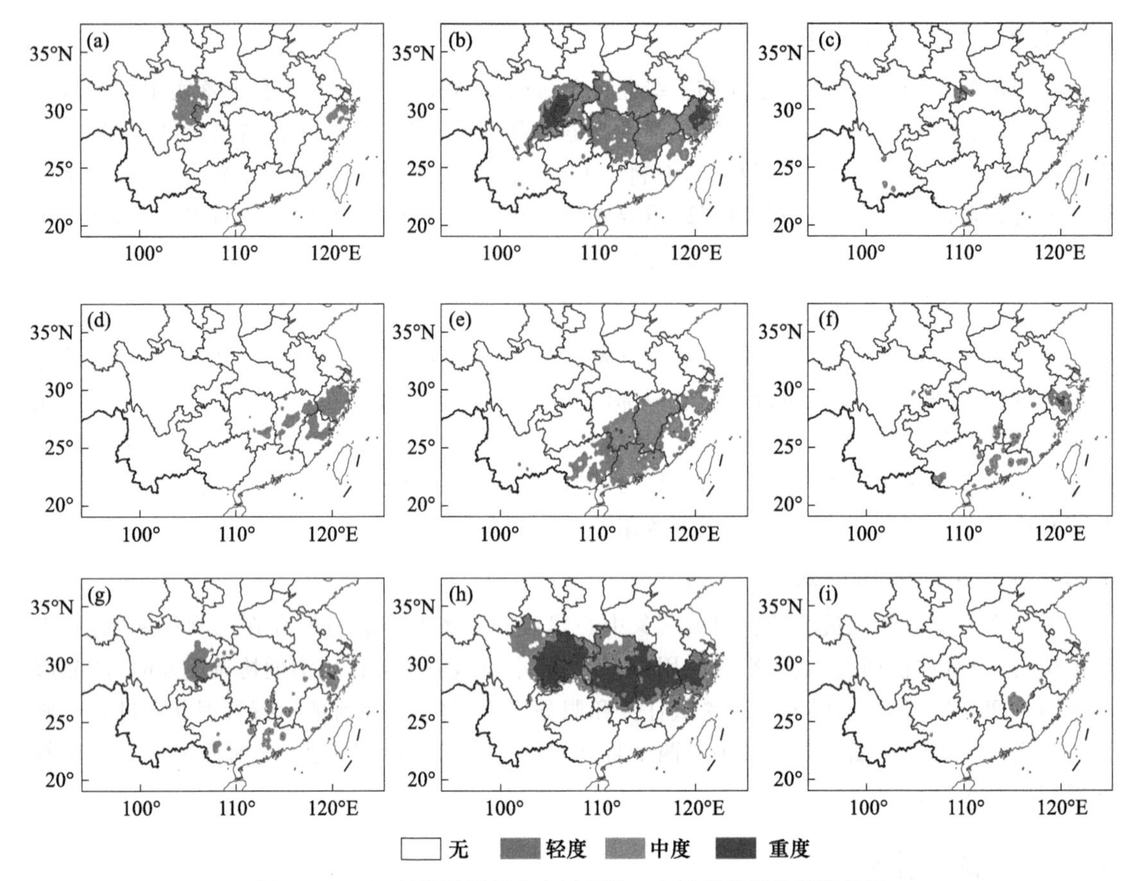

图 3.3　2022 年我国柑橘主产区遭遇 3 次过程高温热害演变图

(a、b、c 表示过程Ⅰ，d、e、f 表示过程Ⅱ，g、h、i 表示过程Ⅲ)(附彩图)

(a)7 月 7 日；(b)7 月 15 日；(c)7 月 18 日；(d)7 月 22 日；(e)7 月 28 日；(f)7 月 30 日；(g)8 月 1 日；(h)8 月 22 日；(i)8 月 30 日

(2)服务成效

针对高温热害发展、加重的演变过程，利用柑橘高温干旱监测预警指标，结合智能网格预报结果，自 7 月 1 日起累计发布灾害风险预警产品十余期，平均提前 4 d 对 3 次柑橘高温热害高峰日进行了预警，取得了显著服务成效。

一是政府认可。柑橘气象服务中心立足江西，服务全国，积极开展灾后影响评估。根据灾情调查结果，8 月 23 日，及时以气象呈阅件的形式，向江西省决策部门报送前期高温干旱对本省柑橘生产的影响，并指出柑橘高温热害影响仍将持续，受到省领导肯定性批示。9 月 2 日，依据柑橘主产省灾情分析资料，联合国家气象中心组织编写高温热害和干旱对全国主要柑橘产区的影响评估材料在中共中央办公厅和国务院办公厅刊物刊登，系统梳理了我国柑橘主产省份高温干旱的影响情况。

二是公众满意。本次服务过程积极探索了新模式新方法的应用，评估了持续高温热害对赣南脐橙品质的影响(图 3.4)，并对比了 2019 年高温热害对品质的影响差异(图 3.5)，得出了本次高温热害对品质的影响重于 2019 年的结论，得到了赣州市果业部门的认可，相关结果在“赣州市果业发展中心”微信公众号得到转载。同时，2022 年柑橘气象服务满意度调查结果显示，95.3%(共 95 份调查问卷)的果农对 2022 年罕见高温干旱的气象服务表示满意。

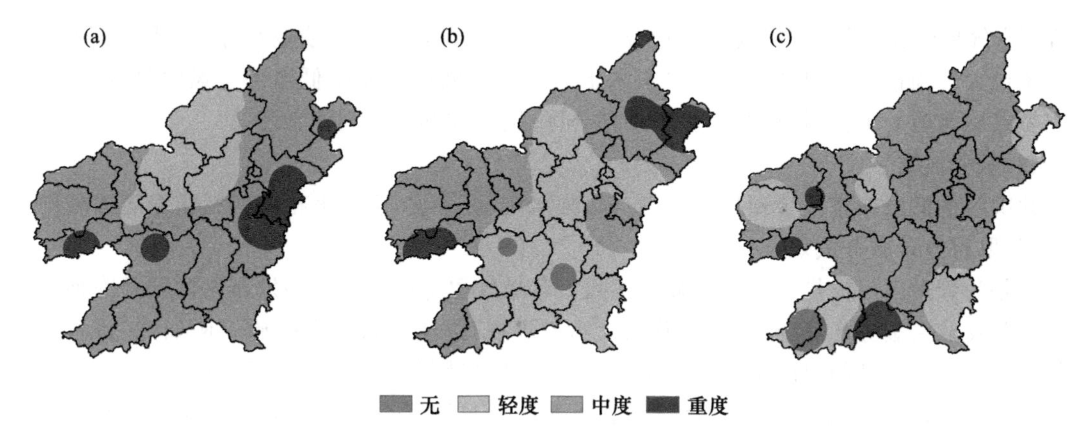

图 3.4　2022 年高温热害对赣南脐橙品质的影响(附彩图)

(a)对固酸比的影响;(b)对单果重的影响;(c)对维生素 C 含量的影响

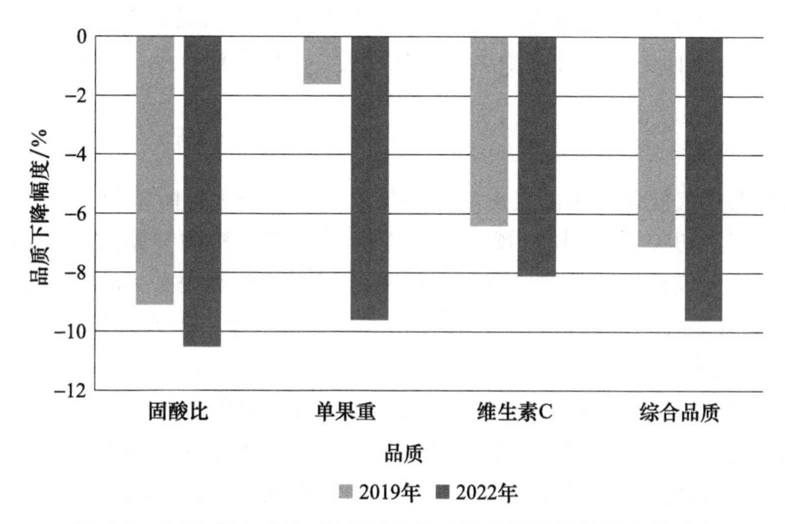

图 3.5　2022 年与 2019 年高温热害对赣南脐橙品质影响的对比

3.3.2.2　柑橘低温冻害预报预警服务案例

(1)服务过程

以 2023 年 12 月 15—25 日柑橘低温冻害为例,以国家气象中心下发的智能网格预报产品为主数据源,分析寒潮前后的柑橘低温冻害变化,并根据建立的柑橘冻害气象等级标准,对柑橘低温冻害受影响地区进行分析。基于柑橘冻害灾前、灾中、灾后影响评估服务结论,作为相关决策服务报告的部分内容,上报给中共中央办公厅、国务院办公厅及涉农部门。

12 月 15—25 日柑橘主产区出现寒潮天气过程。此次过程低温持续时间长,并伴有大风、雨雪、霜冻天气。根据柑橘冻害气象等级标准,本次过程江西、湖南、湖北、浙江等省出现中至重度低温冻害风险高,又恰逢上述地区主要柑橘品种集中采摘上市,冻害将严重影响果实销售价格和幼树安全越冬。

柑橘气象服务中心于 12 月 8 日发布《注意防范阴雨和低温霜冻天气对柑橘生产的影响》专报,提醒果农抢收柑橘,并及时开展销售或入库储藏,避免降水和气温下降造成损失。12 月 11 日、12 日、14 日、15 日、20 日、23 日连续发布冻害监测情况及预警信息。柑橘气象服务中心联合国家气象中心编发柑橘低温冻害预警产品先后多次在CCTV-17农业农村频道和CCTV-1中央气象台天气预报中播出，联合编写“未来十天我国柑橘产区发生低温冻害风险高 建议因地制宜做好冻害防御工作”材料在中共中央办公厅、国务院办公厅刊物刊登。

(2)服务成效

此次柑橘低温冻害预警预报准、发布早、频次密、服务实，为广大柑橘产区防寒防冻赢得宝贵时间，取得显著服务成效。

一是为管理部门提供了显著的减灾实效。各级气象部门高频滚动发布柑橘低温冻害预警信息和防灾减灾服务产品，相关部门及果农高度重视，提前采取防御措施。例如，江西省赣州市气象、农业、果业部门组织了防冻技术指导和脐橙采销督导组，深入田间地头和果园指导防冻工作，积极开拓脐橙销售渠道，赣州市县果业部门组织了102个脐橙防冻巡回技术指导小组，累计走访指导果园7969个。

二是为柑橘销售赢得了宝贵的市场时效。一方面今年上市推迟的早熟品种在寒潮来临前及时采摘，基本完成了80%鲜果采摘下树，采摘销售基本未受低温霜冻天气影响，整个销售进度与去年持平；另一方面中熟品种提前采摘入库保存，少量嫩梢有受冻症状，基本不影响来年柑橘生产。

3.3.2.3　服务经验

一是准确的天气气候预报预测是做好柑橘气象灾害预警服务的基础。柑橘气象灾害发生程度与地形地貌有密切关系。同时，预报预测提前量决定了柑橘气象灾害防御工作的成效。精细化的智能网格天气预报产品和气候预测产品的不断优化和完善，是做好柑橘灾害预警服务的基础。因此，气象部门应该进一步加强复杂地形下的气象灾害预报技术研究，以提高灾害落区、影响时段和强度的预报水平。

二是科学合理的预报预警信息是做好柑橘气象灾害应对服务的关键。预报预警信息是为防灾减灾提供依据，提高社会效益和联动效应，而不能单纯追求预报预警发布时间的提前量。因此，气象部门在进行防灾减灾气象服务中，要根据当地政府、相关部门的应急响应能力和联动速度，科学掌握预报预警发布的节奏和时机，使预报预警信息在政府和相关部门组织防灾减灾工作中发挥最大作用。

第4章　茶叶气象服务

茶者，南方之嘉木也。茶树原产于我国西南地区，距今栽培4700多年（杨亚军，2005）。目前，全国有20个省（自治区、直辖市）种植茶树，干毛茶亩平均产值达6000多元（中国茶叶流通协会，2023）。近年来，茶产业成为我国精准扶贫的重要抓手、乡村振兴的支柱产业。茶产业是生态高效的绿色产业，在国民经济发展中占有重要地位。茶树的适宜生长和茶叶的优质高效与气象条件密切相关。全球气候变化导致茶叶生产气象灾害风险加大，因此，加强茶叶气象智能监测精细精准预报服务成为必然。

4.1　茶叶与气象

4.1.1　茶业分布及产业发展

4.1.1.1　我国茶叶分布

我国是世界上茶树栽培历史最悠久的国家，种植规模大、适种范围广。自北纬18°的海南榆林到北纬37°的山东荣成，自东经94°的西藏米林到东经122°的台湾东岸，20个省（自治区、直辖市）1000多个市（县、区）种植茶树（金志凤 等，2017）。根据生态环境、气候资源、品种类型、茶类结构、生产特点、产茶历史等因素综合考虑，全国茶叶产区划分为四大茶区：西南茶区、华南茶区、江南茶区和江北茶区（杨亚军，2005）。

（1）西南茶区

西南茶区主要是贵州、四川、重庆、云南中北部和西藏的东南部。西南茶区主要为干湿季分明的季风气候。该区≥10 ℃的活动积温为4000～5800 ℃·d，无霜期240～340 d，年降水量约为1200 mm。该区是云雾最多、日照最少的地区，茶树生态类型多样。西南茶区气候变化具有典型的敏感性和复杂性。一方面，由于茶区位于南亚季风与东亚季风的交汇区域，因此，气候变化趋势和波动性比较复杂，属于典型的季风气候敏感区。同时，该区地形地貌复杂，局部气候波动性和变异性较大，极端天气事件频发。另一方面，该区是典型的高原农业区域，气候垂直地带性差异明显，导致高海拔地区的气候变化趋势更为显著。

（2）华南茶区

华南茶区主要是指福建和广东东南部、广西、云南南部以及海南和台湾地区。华南茶区主要为南亚热带气候。该区≥10 ℃的活动积温≥6500 ℃·d，无霜期300 d以上，年降水量为1200～2000 mm。该区高温多湿，是茶树生长发育气候条件最适宜的地区之一。华南茶区也是我国雨量最充沛且气象灾害频发的区域之一。汛期一般从4月开始直到9月甚至10月才结束。近年来，华南地区极端天气事件频发，持续性极端降水事件增多。华南茶区的降水量也存在明显的年际变化，有些年份降水范围广、强度大、持续时间长，造成茶园洪涝灾害，而有些年份降水却很少，造成旱灾，严重影响茶叶生产。

(3)江南茶区

江南茶区包括广东和广西的北部、福建的中北部、安徽长江以南、江苏、湖北、湖南、江西、浙江等广大种植区域。江南茶区属中亚热带气候。该区年平均气温 15～20 ℃,≥10 ℃的活动积温为 4800～6000 ℃·d,年日照时数 1200～2400 h,无霜期 230～280 d,年降水量为 1400～1600 mm。该区容易出现茶树高温干旱灾害。35 ℃以上高温日数由南向北递减,长江以南夏季热害发生频率和强度均大于长江以北,湘赣交界一带最易出现高温热害,最长持续天数达 30 d。此外,受东南季风影响,台风、暴雨等天气对江南茶区水分资源分布影响较大,空间分布特征比较明显,年降水量由东南向西北逐渐减少。此外,长江中下游广大茶区受梅雨等天气影响,3—10 月月平均降水量达 160 mm 以上。

(4)江北茶区

江北茶区包括安徽和江苏北部、山东东南部、河南南部、湖北北部、甘肃、陕西等。江北茶区属北亚热带气候区。该区≥10 ℃的活动积温为 4500～5200 ℃·d,无霜期 220～250 d,年降水量为 780～1200 mm。该区雨水较少,夏季湿热,冬季干冷,因此茶树容易发生冻害。江北茶区在茶树生长期 4—10 月的月平均气温和年平均气温均低于全国其他茶区,所以该区的茶叶形成同样的生物量所需时间长,叶片肥厚,持嫩性好。江北茶区的降水总量与全国其他茶区相比差不多,但无论是年降水量还是 4—9 月茶树生长旺盛月份的降水量均能满足茶树正常生长发育的需要,并且降水季节分配相对比较均匀,利于茶树的生长。

4.1.1.2 我国茶叶产业

从北纬 49°到南纬 33°,全世界有 60 多个国家和地区产茶(李倬 等,2005)。茶树是一种喜温常绿作物,主要分布在亚热带和热带地区。根据茶叶生产分布和气候等条件,世界茶区可分为东亚、东南亚、南亚、西亚、欧洲、东非和南美等。世界茶叶的 80%产在亚洲。中国、印度、斯里兰卡、肯尼亚和印度尼西亚五大产茶国的茶叶产量占世界茶叶总产量的 80%(中国茶叶流通协会,2023)。中国茶叶产量从 2000 年的 67.6 万 t 增长到 2005 年的 93.4 万 t,增长了 38.1%。茶叶产值从 2000 年的 90 亿元增长到 2005 年的 155 亿元,增长了 72.2%,是世界发展最快的国家,并且从 2005 年起,我国茶叶产量超过印度,成为全球第一产茶大国(金志凤 等,2017)。数据统计,2022 年,中国茶园面积为 333.03 万 hm^2,干毛茶总产量 318.10 万 t,分别占全球的 61.3%和 45.5%(中国茶叶流通协会,2023)。

新中国成立以后,中国茶叶生产迅速发展,成果显著。茶园面积、产量和产值均显著提高。新中国茶叶生产可分为四个时期:一是快速扩张期(1949—1969 年)。该时期以垦殖、扩大面积为主,茶园面积年均增长 7.3%,茶叶产量年均增长 5.9%。二是稳定发展期(1970—1979 年)。茶园面积稳定扩大,通过改善茶园结构提高茶园单产。三是效益提升期(1980—2002 年)。茶园面积基本稳定在 110 万 hm^2 左右,通过改善茶园结构和提高茶园单产使得茶叶总产量提高 1.3 倍。中国茶叶发展摆脱粗放型增长轨道,进入通过提高单产和开发名优茶叶增加茶叶效益的新时期。四是全面发展期(2003 年至今)。首先,茶叶种植和生产方式得到了改进和提升。传统的手工采摘和加工逐渐被机械化和自动化取代,茶叶生产的效率和质量得到了提高。同时,科学种植技术的应用,如有机种植、病虫害防治等,使得茶叶的产量和品质更加稳定。其次,茶叶的品种和品质得到了广泛的改良和提升。通过选择和培育优良的茶树品种,中国茶叶的品种多样性得到了增加。例如,龙井茶、碧螺春、普洱茶等名优茶得到了更好的保护和推广。茶叶的加工工艺和技术得到了改进,满足了不同消费者的口味需求。再次,茶叶的市场化运作和国际化发展取得了重要进展。中国茶叶逐渐走出国门,成为中国农产品的重要出口品之一。茶叶进出口贸易的规模不断扩大,中国茶叶品牌在国际市场上获得了更多的认可。同时,在国内市场,茶文化的复兴和茶叶消费的升级带动了茶叶市场的繁荣。茶叶消费的多元化和个性化需求得到了满足,茶叶产业的发展也逐渐向高端化、品牌化的方向发展。最后,茶叶产业的可持续发展和生态环境保护成为重要的议题。茶叶产业的发展要与环境保护和可持续性发展相结合,通过推广有机茶叶种植、生态茶园建设等方式,促进茶叶产业的绿色发展。

总的来说,中国茶叶产业经过70多年的发展,取得了长足的进步。茶叶种植和生产方式的改进、品种和品质的提升、市场化运作和国际化发展、可持续发展和生态环境保护等方面都取得了显著成就。茶叶产业的发展不仅促进了农村经济的增长和农民收入的提高,也推动了茶文化的传承和茶叶消费的升级。未来中国茶叶产业仍面临着挑战和机遇,需要进一步加强科技创新、品牌建设和市场拓展,为中国茶叶产业的可持续发展铺平道路。

4.1.2 茶叶的生物学特性与物候期

4.1.2.1 茶叶的生物学特性

茶树是典型的亚热带常绿植物(李倬 等,2005)。茶树生长发育与环境条件中的气象因子、土壤因子、地形地势因子等密切相关。

(1)气象因子与茶树生育

气象是茶树生长中极为重要的条件,其中,光、热、水等气象因子对茶树生育的影响尤其重要。

光照条件。茶树生物产量的90%～95%是叶片利用二氧化碳和水,通过光合作用合成的碳水化合物而构成。光对茶树生育影响,主要表现在光照强度、光照时间、光质(太阳光谱)3个方面,其不仅影响茶树代谢状况,而且会影响其他生理过程和发育阶段。

热量条件。热量是茶树生育不可缺少的条件之一,通常以温度来表示,影响茶树生育的主要是气温、地温和积温。茶树在每个阶段,都有3个主要温度界限,即最低温度、最适温度、最高温度。地温对茶树生育至关重要,14～20 ℃地温对于茶树新梢生育最适宜。多数品种茶树生长的适宜气温为15～30 ℃,有效积温在4000 ℃·d以上。

水分条件。水分既是茶树机体的重要组成部分,又是茶树生育过程中不可缺少的条件。据测定,茶树植株的含水量达到55%～60%,其中新梢的含水量高达70%～80%。水对茶树生育的影响,主要是降水量、空气湿度、土壤湿度等。茶树性喜湿润,适宜经济栽培茶树的地区,要求年降水量1000 mm以上、空气相对湿度约80%。

(2)土壤条件与茶树生育

土壤是茶树一生扎根立足的场所。茶树生育对土壤要求主要包括土壤酸碱度、土层深度、土壤类型、土壤质地等。茶叶生长适宜土壤pH值为4.5～5.5,过高或过低的pH值会影响茶叶的生长和品质。茶树栽培土层,一般要求1.5 m以上,以便茶树根系深入土层吸收养分和水分。土壤质地要求疏松透气,良好的通气性和保水能力,以壤土为理想。

(3)地形地势与茶树生育

地形地势包括海拔高度、坡向、坡度、纬度等,这些生态因子影响着茶树的生长和茶叶的品质。地形地势的影响实质是其对气象因子的影响。纬度不同,其光照强度、气温、降水等气象因子均不同。纬度越低的茶区,年平均气温越高,地表接收的日光辐射量越多,越有利于氮

(N)素代谢,对品质有重要作用的多酚类积累越多。海拔越高,气候因子存在差异性越大,气温和气压随着高度而下降,但空气湿度在一定高度范围内随着海拔的升高而增加,超过一定高度后下降。高山云雾出好茶,就是山区云雾弥漫,多漫射光和短波紫外光,加之昼夜温差大,使得新梢中的叶绿素、含氮化合物与香气结合,形成优质茶叶。

4.1.2.2　茶叶的物候期

茶树是多年生木本植物,其年生育期是指茶树在一年中的生长发育进程。茶树在一年中由于受到自身的生育特点和外界环境条件的双重影响,表现出在不同的季节具有不同的生育特点,就是通常讲的物候期。

根据茶树的生育进程,物候期划分为芽膨大期、鱼叶展开期、一芽一叶期、一芽二叶期、一芽三叶期、一芽四叶期、一芽五叶期、驻芽期、采摘期、开花期、果实成熟期、种子采摘期、休眠期(全国农业气象标准化技术委员会,2017)。其中,一芽三叶期、一芽四叶期、一芽五叶期、驻芽期、开花期、果实成熟期、种子采摘期作为农业气象可选择观测的项目。图 4.1 为茶芽萌动生长示意图。茶树各物候期的形态特征见表 4.1。

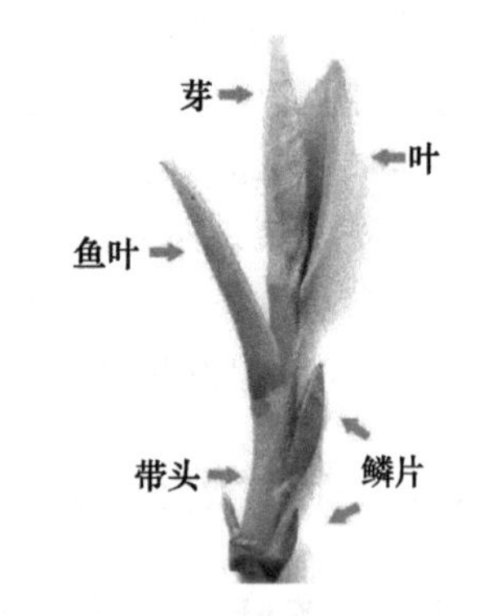

图 4.1　茶芽萌动生长示意图

表 4.1　茶树各物候期的形态特征

物候期	形态特征
芽膨大期	芽体膨大,鳞片分离,芽尖吐露
鱼叶展开期	鱼叶平展或与发育芽体分离成一定角度。鱼叶与鳞片相比,其叶脉明显,叶呈淡绿色,与真叶相比,其叶色淡、厚而脆,叶缘缺刻较少或全无,叶柄稍缺,宽而扁平,叶面积小于真叶
一芽一叶期	第一真叶平展或与芽体完全分离
一芽二叶期	第二真叶平展或与芽体完全分离
一芽三叶期	第三真叶平展或与芽体完全分离
一芽四叶期	第四真叶平展或与芽体完全分离
一芽五叶期	第五真叶平展或与芽体完全分离
驻芽期	被观测芽叶停止分离
采摘期	芽叶生育状态达到采摘标准,茶园实际采摘的日期
开花期	花瓣完全展开
果实成熟期	果实出现微小裂缝,种壳果壳硬脆呈中棕褐色
种子采摘期	种壳硬脆呈中棕褐色,籽粒饱满,茶园实际采摘种子的日期
休眠期	茶芽形成对夹叶(驻芽)

4.1.3　茶叶的生长与气象条件

茶树原产于中国西南地区。在多年生长过程中,形成了“喜酸怕碱、喜光怕晒、喜温怕寒、喜湿怕涝”的特点(杨亚军,2005)。茶树喜欢土质疏松、土层深厚、排水透气良好的微酸性土壤,以 pH 值在 4.5～5.5 为最佳。一般情况下,茶树生长要求年平均气温≥13 ℃、年内≥10 ℃ 的活动积温在 4000 ℃・d 以上、年降水量达 1300 mm 以上、空气相对湿度在 70%以上(金志凤 等,2011)。下面以灌木中小叶型品种为代表介绍茶树适宜生长的气象条件。

4.1.3.1 茶叶生长适宜气象条件

(1)茶叶生长热量条件

多年研究表明,春季当日平均气温稳定在 10 ℃(特早生品种茶树要求 8 ℃)左右时,茶树的茶芽就开始萌动。茶叶生长的气温范围为 10～35 ℃,最适宜生长气温为 18～25 ℃。在最适生长气温期,植株内各种酶活性最强,物质代谢快,芽叶不仅生长旺盛,且品质佳。当气温超过 35 ℃或低于 10 ℃(或者 8 ℃)时,茶树就停止生长。茶树对低温较敏感,早春当气温低于 4 ℃出现霜冻时,茶芽的萌动和生长停止;遇 0 ℃以下低温,叶芽就会受冻枯黄,春茶开采期推迟,影响茶叶产量和品质。越冬期,当最低气温低于－13 ℃(幼龄茶树低于－10 ℃)时,茶树枝叶受冻枯黄甚至死亡,茶树安全越冬受到危害。高温对茶树的生育不利,当日平均气温上升到 30 ℃以上或日最高气温≥35 ℃时,芽、叶的生长就会受到抑制。

(2)茶叶生长水分条件

水是茶树最重要的组成部分。茶树体内的水分约占树体总重量的 55%～60%,幼嫩芽叶和新梢含水率高达 70%～80%。茶树不断采叶,新梢不断生长,植株需要不停补充水分。因此,茶树种植地区要求年降水量在 1300 mm 以上,新梢生长期内(3—10 月)的月降水量在 100 mm 以上。如果连续几个月降水量不足 50 mm,同时在缺少灌溉的条件下,茶叶产量便会明显下降。茶树生长关键期,要求空气相对湿度以 80%～90%为宜,如低于 50%,新梢生长受阻;低于 40%,茶树生长就会受害。

(3)茶叶生长光照条件

茶树耐荫,但也需要一定的光照,尤喜漫射光,促进儿茶素和含氮化合物的形成,利于品质提高。俗话说"高山云雾出好茶",就是说高山茶园云雾多,空气湿度大,漫射光丰富;土壤理化性能好,有机质含量高。这些因素都有利于茶树鲜叶中含氮化合物和芳香物质的形成和积累,生长的茶叶中茶氨酸含量高、茶多酚含量低,酚氨比较低,茶叶更为鲜爽。同时,茶树纤维素合成速度较慢,鲜叶持嫩性增强,制成的茶叶品质更好。

4.1.3.2 茶叶生长主要气象灾害

茶叶在生长发育期间,由于异常的天气、气候造成芽、叶、枝等遭受伤害,导致品质下降、产量降低,严重的可使茶树地上部分全部枯黄或整株死亡。影响茶叶生产的主要气象灾害为春霜冻害、冬季冻害、高温热害、旱害、风灾、冰雹等(金志凤,2021)。

(1)春霜冻害

早春时节,受冷空气影响,近地面最低气温骤降到 4 ℃以下,处于萌芽期的茶芽受冻,轻的顶部变黄,重的整株焦枯。春霜冻害常常造成春茶开采期推迟,早春名优茶叶品质和产量下降,经济损失严重。春霜冻多出现在 3—4 月上旬。

(2)冬季冻害

越冬期(12 月一次年 2 月),当茶树处在－10 ℃(幼龄茶树处在－7 ℃)左右的低温条件下,成叶细胞开始结冰,受害叶呈赤枯状。严重低温下,土壤因结冰而拱起,茶苗根部松动,细根拉断,植株干枯死亡。

(3)高温热害

通常是指在夏季(6—8 月),受副热带高压控制,形成高温、少雨、干燥的伏旱天气。当日平均气温≥30 ℃、日最高气温≥35 ℃、日平均相对湿度≤60%,且持续时间在 3 d 以上。茶树冠层因强烈太阳辐射，引起叶片和枝条伤害。

(4)旱害

茶园干旱是指长时间降水偏少，造成空气干燥，土壤缺水，同期又缺乏灌溉条件，以致茶树因水分亏缺、生理代谢失调而遭受的危害。旱灾通常发生在秋冬季节，主要危害茶树的长势，造成次年茶叶的品质和产量下降。

(5)风灾

风灾是指因暴风、台风或飓风过境而造成的灾害。台风为江南茶区和华南茶区茶叶生产最主要的风灾。台风带来的狂风暴雨，不仅使茶树折枝伤根、叶片受损，而且植株的抗病力大幅度下降，各种病菌趁机侵入。短时间的强降水，可使茶园遭受水淹，危害茶树正常生长。

(6)冰雹

冰雹是在春夏季节，冷暖空气交汇激烈时，在强对流云中形成的一种坚硬的球状、锥状或形状不规则的固态降水，又称为雹子。通常情况下，降雹的范围比较小，一般宽度为几米到几千米，长度为 20～30 km，所以民间有“雹打一条线”的说法。冰雹影响范围有局地性，但危害较重。冰雹出现时，影响茶树的正常抽枝长叶，尤其是枝条和叶片较易受到损坏，枝条被砸折、断裂，叶片破损、掉落等。

4.1.3.3 气象条件对茶叶品质的影响

纬度、坡向、地形、地势海拔等因子都对气象因子产生重要的影响，从而综合地影响茶树生育和茶叶的品质。地理纬度不同，其日照强度、日照时间、气温、低温及降水量等气象因子均不同。一般而言，纬度较低的南方茶区，年平均气温较高，糖转化多酚类物质代谢加快，促进多酚含量增加。氨基酸和茶多酚是考核茶叶品质的两个显著指标。如果茶多酚的苦涩味过于收敛，绿茶的品质和口感会变差。因此，长期生长在南方的茶树品种，往往含有较多的茶多酚，适合制造红茶；而生长在纬度较高茶区的茶树，光、温、湿条件有利于含氮物质代谢，适合于制造绿茶。温度对茶树生育带来的变化也影响着茶叶品质的季节性变化。就绿茶而言，往往春茶品质最好，秋茶其次。另外，红、橙光照射下，茶树能迅速生长发育，对碳代谢、糖类的形成具有积极的作用；而蓝光对氮代谢、蛋白质形成有重大意义，有利于制造绿茶。

此外，茶园空气中的相对湿度也能促进茶叶氨基酸和茶多酚形成，茶多酚与氨基酸的比例与光照时间为正相关关系。空气湿度大时，一般新梢叶片大，节间长，新梢持嫩性强，叶质柔软，内含物丰富，因此茶叶品质好。

4.1.3.4 气候变化对茶叶生产的影响

茶叶生产离不开良好的生长环境。在全球气候变暖的背景下，极端天气如高温干旱、低温冻害和洪涝会有所增加，不仅直接导致茶叶减产，还会引起水土流失，导致茶园土壤有机质积累减少等，从而影响茶叶产量。大气二氧化碳浓度适当提高有利于光合产物的累积，为各种有机化合物，包括含氮化合物提供碳骨架，有利于茶叶中碳代谢产物的含量。另外，干旱气候也将对茶叶品质产生重要影响，主要表现为氨基酸、咖啡碱等成分下降，而具有苦涩感的茶多酚、粗纤维却上升，最终导致茶树芽叶持嫩性差，叶质变硬变脆，鲜叶品质下降(李鑫 等，2022)。可见，无论是气温升高、大气二氧化碳浓度增加还是干旱均会导致茶叶茶多酚含量增加、氨基酸含量减少，从而影响茶叶品质，特别是绿茶品质。

我国茶区分布广阔，气候复杂。近年来，全球气候变暖形势日益严峻，茶树易受到寒冻、高温、干旱、水涝、冰雹及强风等极端气象灾害的影响，轻则阻碍茶树生长，重则使茶树死亡，进而对我国广大茶区造成严重的经济损失。因此了解茶树被害状况，分析受害原因，提出防御措施进行灾后补救，使其对茶叶生产造成的损失降到最低，是茶树栽培过程中不可忽视的重要问题。

4.2　茶叶气象服务技术和方法

茶叶气象服务中心自成立以来，围绕乡村振兴战略总体要求，立足全国茶叶主产区茶叶种植、茶叶生产等对气象服务的实际需求，研发确立了茶叶农业气象指标体系，包括茶叶开采期指标等农用天气预报指标、茶叶气候品质指标和农业气象灾害指标，并在指标及技术的标准规范制定方面取得了很大的成效，发布了多个茶叶灾害指标和气候品质评价技术等气象行业标准，指导全国的茶叶生产。本节就茶叶气候品质评价技术及茶叶霜冻害识别技术进行详细介绍。

4.2.1　茶叶气候品质评价技术

农产品气候品质认证是用表征农产品品质的气候指标对农产品品质优劣等级所做的评定。茶叶是中国传统优势农产品，具有优质特性。茶叶品质形成是品种遗传特性和土壤、地形、生态、气候等环境条件综合作用的结果。在一定遗传基础上，环境因子作用至关重要。茶叶品质的优劣，可以通过色、香、味、形4个方面来评价，即看外形、色泽，闻香气，摸身骨，开汤品评。其中，茶汤的色泽、香气、口味等都与茶叶内在的理化指标密切相关。茶叶气候品质评价就是通过田间试验，获取茶叶品质指标数据，耦合茶叶品质指标和同期气象数据，建立茶叶气候品质指数评价模型，开展茶叶品质气象的定量化评价（金志凤 等，2015）。

4.2.1.1　资料要求与处理

（1）农产品要求

申请气候品质认证的农产品应是具有地方特色和一定的种植规模，且以常规方式种植的生产区域范围内的初级农产品。初级农产品是指未经过加工、生理生化指标未发生改变的种植业生产的产品。农产品品质应主要取决于独特的地理环境和气候条件。

（2）农产品资料

申请认证的农产品资料包括农产品的名称、品种、品质指标、生产基地、农业统计等信息。其中，品质指标主要包括内在生理生化指标和外观指标；生产基地信息包括基地名称、地址、生产规模、产地概况、环境条件等。

（3）气象资料

气象资料应是代表该农产品生产区域和影响该农产品生产的时间范围内的资料。

气象资料来源于气象观测站，以最能代表认证区域内气象条件的气象观测站为准，如认证区域内或周边区域的农田小气候观测站、区域自动气象站或基本气象站。

气象要素主要包括气温、降水量、空气相对湿度、日照时数、土壤温度、土壤相对湿度、太阳辐射等与认证农产品品质密切相关的关键气象因子。

4.2.1.2　茶叶气候品质评价方法

（1）获取茶叶品质数据

茶叶品质理化指标主要包括茶多酚、氨基酸、咖啡碱等。茶多酚分布于茶树的各个器官，但主要集中于嫩叶和芽中。茶多酚呈苦涩味,对人体有重要的生理活性。氨基酸分布于叶片中,是茶叶的鲜味物质,亦与茶叶香气和滋味密切相关,是构成绿茶品质的重要成分之一。氨基酸含量越高,茶叶越鲜爽。咖啡碱本身味苦,但是与多酚类物质及氧化产物形成络合物以后,可形成一种具有鲜爽滋味的物质,减轻苦味。

根据浙江省茶叶生产现状,选取茶叶四大主产区杭州(西湖区龙坞镇)、湖州(安吉县溪龙乡黄杜村)、绍兴(柯桥区富盛镇御茶村)和丽水(松阳县新兴镇大木行)茶园作为试验基地,在'龙井 43''白叶 1 号'和'鸠坑'等春茶采收期(3—4 月)每隔 5 d 动态取样,取样标准一芽二叶,每次鲜叶不少于 250 g。样品蒸青烘干后,委托农业农村部茶叶质量监督检验测试中心对茶叶中茶多酚、氨基酸、咖啡碱、水浸出物等指标检测,获取茶叶品质的理化指标数据。

茶叶品质理化指标茶多酚、氨基酸、水浸出物和水分含量检测严格参照国标进行,咖啡碱含量测定采用高效液相色谱法。茶多酚含量测定参照国家标准 GB/T 8313—2008《茶叶中茶多酚和儿茶素类含量的检测方法》。游离氨基酸含量测定参照国家标准 GB/T 8314—87《茶 游离氨基酸总量的测定》。水浸出物含量测定参照国家标准 GB/T 8305—87《茶 水浸出物含量的测定》。水分含量测定参照国家标准 GB/T 8304—87《茶 水分测定》。

(2)气象数据来源

气象资料来源于气象观测站,以最能代表评价区域内气象条件的气象观测站为准。如评价区域内或周边区域的农田小气候观测站、区域自动气象站或基本气象站。气象要素主要包括气温、降水量、空气相对湿度、日照时数、土壤温度、土壤相对湿度、太阳辐射等与认证农产品品质密切相关的关键气象因子。

(3)筛选茶叶气候品质指标

基于茶树的生物学特性,结合前人的研究成果,筛选出影响茶叶品质的气象指标为鲜叶采收前半个月的 3 个关键气象因子,分别是平均气温、平均相对湿度和日照时数(黄寿波,1984;胡振亮,1988)。

(4)气象数据预处理

影响茶叶品质的气象指标分别代表热量条件、水分条件和光照条件。考虑到 3 个气象要素(温度、降水和日照时数)的量级不同,采用无量纲化方法,对气象数据进行预处理。参照常规农业气象条件定量化等级评价标准,将 3 个气象指标统一划分为 4 个等级,分别赋予 0～3 的数值(金志凤 等,2015)。影响茶叶品质的气象指标的评价等级(M_i)划分标准为

$$M_i=\begin{cases}3 & T_{i,01}\leqslant X_i\leqslant T_{i,02}\\ 2 & T_{i,11}\leqslant X_i< T_{i,01} \quad 或 \quad T_{i,02}< X_i\leqslant T_{i,12}\\ 1 & T_{i,21}\leqslant X_i< T_{i,11} \quad 或 \quad T_{i,12}< X_i\leqslant T_{i,22}\\ 0 & X_i< T_{i,21} \quad 或 \quad X_i> T_{i,22}\end{cases} \tag{4.1}$$

式中:X_i 为气象指标的实际值;$T_{i,01}$、$T_{i,02}$ 分别表示茶叶品质最优的气象指标的下限值和上限值;$T_{i,11}$、$T_{i,12}$ 表示茶叶品质较优的气象指标的下限值和上限值;$T_{i,21}$、$T_{i,22}$ 表示茶叶品质良好的气象指标的下限值和上限值。如果气象指标低于 $T_{i,21}$ 或者高于 $T_{i,22}$,则茶叶品质较差。这里 $i=3$,表示 3 个气象指标。表 4.2 为江南茶区茶叶气候品质评价的平均气温、平均相对湿度和日照时数 3 个气象指标的分级赋值。

表 4.2　茶叶气候品质评价气象指标的分级赋值

M_i 赋值	平均气温(T_{avg})/℃	平均相对湿度(U)/%	日照时数(S)/h
3	$12.0 \leqslant T_{avg} \leqslant 18.0$	$U \geqslant 80.0$	$3.0 \leqslant S \leqslant 6.0$
2	$11.0 \leqslant T_{avg} < 12.0$ 或 $18.0 < T_{avg} \leqslant 20.0$	$70.0 \leqslant U < 80.0$	$1.5 \leqslant S < 3.0$ 或 $6.0 < S \leqslant 8.0$
1	$10.0 \leqslant T_{avg} < 11.0$ 或 $20.0 < T_{avg} \leqslant 25.0$	$60.0 \leqslant U < 70.0$	$0 < S < 1.5$ 或 $8.0 < S \leqslant 10.0$
0	$T_{avg} < 10.0$ 或 $T_{avg} > 25.0$	$U < 60.0$	$S = 0$ 或 $S > 10.0$

(5)建立气候品质指数模型

考虑到茶叶品质优劣是受多个气象要素的综合影响,因此,应用加权指数求和法构建茶叶气候品质指数模型(金志凤 等,2015)。计算公式为

$$I_{tea} = \sum_{i=1}^{n} a_i M_i \tag{4.2}$$

式中:I_{tea} 为茶叶气候品质评价指数;M_i 为影响茶叶品质的气象指标的评价等级;a_i 为气象指标的权重系数。其中,权重系数由最小二乘法迭代运算得到。

(6)制定气候品质等级划分

根据气候品质指数计算结果,结合茶叶生产实际,将茶叶气候品质等级标准统一划分为 4 级,按优劣顺序为:特优、优、良和一般。茶叶气候品质评价指数等级划分标准见表 4.3。

表 4.3　安吉白茶气候品质评价指数等级划分标准

等级	评价指数(I_{tea})	酚氨比(R_{PA})
特优	$I_{tea} \geqslant 2.5$	$R_{PA} < 2.5$
优	$1.5 \leqslant I_{tea} < 2.5$	$2.5 \leqslant R_{PA} < 5.0$
良	$0.5 \leqslant I_{tea} < 1.5$	$5.0 \leqslant R_{PA} < 7.5$
一般	$I_{tea} < 0.5$	$R_{PA} \geqslant 7.5$

4.2.2　茶叶霜冻识别技术

霜冻是茶叶生产最主要气象灾害之一,茶树结霜智能识别可为实时收集灾情、开展防灾救灾工作提供重要基础信息。通过采集的茶树关键生长期各种场景图像,按照茶树是否结霜进行分类;利用人工智能识别技术,建立茶树结霜智能识别模型,获得了理想的识别效果,可将茶树结霜与结露、积水、积雪以及无附着物、枯焦等进行有效识别,本地和异地验证效果理想(朱兰娟 等,2023)。

4.2.2.1　茶树图像来源与处理

(1)茶树图像来源

茶树图像主要来源于 2011—2019 年浙江省茶叶主产区 32 次茶树农情调查图片、杭州市气象局布设在杭州福海堂茶业有限公司茶叶基地 2014—2019 年的智能监测定时拍摄图片、2019 年 12 月 7 日和 9 日的杭州市西湖龙井茶茶区双峰村和龙井村的实地拍摄图片。

校验图像为样本地 2019—2021 年的监测、调查图像,杭州上城埭村监测点、丽水松阳监测点定时拍摄图像,浙江、江苏、安徽、贵州、湖北、陕西、河南等地 2018—2021 年的农情调查图像。

从所收集的图像中整理出不同时间、不同地点、不同角度、不同附着物的图像，使训练尽可能多地覆盖各种场景，使生成的模型具有更强的泛化能力。按照百度 AI 对图像字节大小的统一标准对图像进行处理，单张字节数不超过 4 M，图像长宽比小于 3∶1，最长边小于 4096 px，最短边大于 30 px。

将处理好的图像按照茶树表面有无白色冰晶划分为有霜和无霜两类，无霜图像包括积雪、结露、附着雨水、无附着物、枯焦等多种类别。

(2)茶树图像识别

百度 AI 开发平台是一个开放平台，基于飞桨(PaddlePaddle)框架，利用卷积神经网络等算法开发，其 EasyDL 定制化功能可自动得出训练模型，并对模型识别效果进行评价。选用百度 AI 开放平台建立茶树结霜识别模型，可以省去特征提取、特征映射、光栅化处理、多层感知器 MLP 全连接建立、Softmax 分类器分类等具体过程的处理及卷积神经网络等算法的掌握，只需按要求进行图像分类即可，方便快速建立模型。同时，百度 AI 开放平台本身具备旋转角度等功能，对图像数量的要求有所降低，达到每类图像 100 张以上时即可取得较理想的训练模型，因此选用该平台进行模型的建立。茶树结霜识别流程如图 4.2。

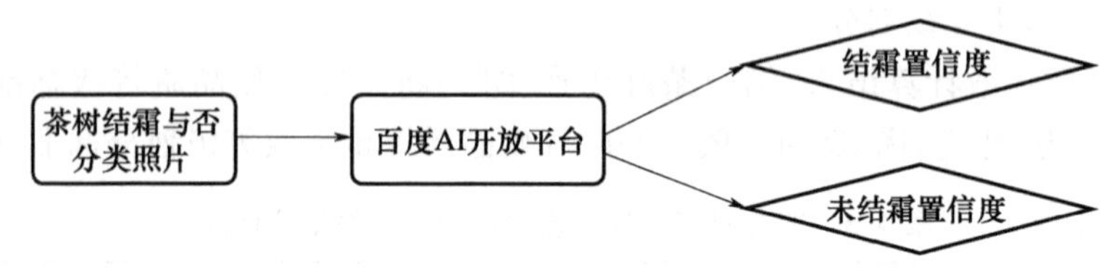

图 4.2　茶树结霜识别流程

4.2.2.2　模型建立

将茶树照片分为无霜和有霜两类。无霜是指茶树表面无白色冰晶。有霜是指茶树表面有白色冰晶。

将分类好的有霜和无霜数据库中分别选择差异明显的 1000 张无霜图像和 1000 张有霜图像，按分类放于不同文件夹，同时将所有文件夹压缩为 zip 格式后，上传到百度 AI 开放平台，进行样本训练，得出训练模型。茶树结霜识别模型的专利号为 2022SR0301255(基于图像识别技术的茶树结霜智能识别软件 V1.0)。

茶叶霜识别的模型效果优异、准确率 99.2%、F1-score99.2%、精确率 99.3%、召回率 99.1%。2000 个训练样本中随机抽取 596 张图像进行随机回代检验，592 张结果正确，4 张错误。其中，小场景、无杂物图像识别效果最理想，有霜、无霜均可能达到置信度 100%，且对图像清晰度的要求相对较低；大场景、杂物多且图像不够清晰时置信度较低，只有 50%～60%。图像清晰时，有杂物和背景较复杂时能取得满意的效果，置信度超过 90%。

茶树霜冻害模型建立后，新监测的图像可通过开发接口，进行实时自动识别，识别结果可以通过手机短信等告知用户，方便用户第一时间获取结霜信息，掌握监测点结霜情况，有针对性地防灾救灾，也可为灾情调查、保险理赔、开展茶园霜冻预报等提供基础数据支撑。

4.2.2.3　模型验证

(1)样本地结霜图像智能识别

样本地验证图像来源为杭州福海堂茶业有限公司茶叶基地 2020—2021 年监测的结霜图

像，2019 年 12 月 7 日和 9 日杭州双峰村、龙井村实地调查的非参与建模的结霜图像。

20 张结霜图像的结霜置信度为有 19 张超过 50%，平均识别置信度为 95.51%。其中，小场景的平均识别置信度为 99.14%、大场景的平均识别置信度为 92.54%(表 4.4)。

在图像为大场景且霜结构特征不明显的情况下未能有效识别，识别为霜的置信度为 48.73%(图 4.3a)；在大场景、图像结霜特征明显的情况下，可有效识别，结霜置信度为 100%(图 4.3b)；在小场景的情况下，虽图像的霜结构特征不明显，但仍能有效识别，结霜置信度为 98.66%(图 4.3c)。

表 4.4 样本地采集结霜图像验证结果

序号	时间	地点	备注	结霜置信度/%
1	2021-02-19	杭州福海堂有限公司茶叶基地	大场景、霜特征较明显	90.08
2	2021-01-30	杭州福海堂有限公司茶叶基地	大场景、霜特征较明显	99.92
3	2021-01-29	杭州福海堂有限公司茶叶基地	大场景、霜特征欠明显	48.73
4	2021-01-20	杭州福海堂有限公司茶叶基地	大场景、霜特征明显	100
5	2021-01-19	杭州福海堂有限公司茶叶基地	大场景、霜特征较明显	99.97
6	2021-01-17	杭州福海堂有限公司茶叶基地	大场景、霜特征较明显	79.37
7	2021-01-14	杭州福海堂有限公司茶叶基地	大场景、霜特征较明显	99.96
8	2021-01-03	杭州福海堂有限公司茶叶基地	大场景、霜特征明显	99.99
9	2021-01-02	杭州福海堂有限公司茶叶基地	大场景、霜特征明显	99.99
10	2020-01-20	杭州福海堂有限公司茶叶基地	大场景、霜特征较明显	99.92
11	2019-12-09	杭州市西湖名胜区龙井村茶叶基地	大场景、霜特征明显	100
12	2021-02-19	杭州福海堂有限公司茶叶基地	小场景、霜特征明显	100
13	2020-02-19	杭州福海堂有限公司茶叶基地	小场景、霜特征欠明显	98.66
14	2020-02-18	杭州福海堂有限公司茶叶基地	小场景、霜特征较明显	93.65
15	2020-02-01	杭州福海堂有限公司茶叶基地	小场景、霜特征较明显	99.98
16	2020-01-31	杭州福海堂有限公司茶叶基地	小场景、霜特征明显	100
17	2020-01-01	杭州福海堂有限公司茶叶基地	小场景、霜特征明显	99.99
18	2019-12-09	杭州市西湖名胜区龙井村茶叶基地	小场景、霜特征明显	100
19	2019-12-07	杭州市西湖名胜区双峰村茶叶基地	小场景、霜特征明显	100
20	2019-02-18	杭州福海堂有限公司茶叶基地	小场景、霜特征明显	100

图 4.3 部分建模样本地采集检验图像(附彩图)

(a)大场景且图像霜结构特征不明显；(b)大场景且图像结霜特征明显；(c)小场景且图像霜结构特征不明显

(2)非样本地结霜图像智能识别

非样本地图像来源为 2020 年 2 月中旬、2021 年 3 月 23 日低温霜冻过程江南茶区的结霜图像，2020 年 12 月 20 日和 2021 年 1 月 18 日杭州上城埭村监测点结霜过程不同时间拍摄，2021 年 2 月 19 日杭州双峰村一带调查以及丽水松阳监测点拍摄的结霜图像。80 张结霜图像的结霜置信度均超过 50%，平均图像识别置信度为 97.53%(表 4.5)。

丽水松阳监测点的5张结霜图像(序号1、2、3、5、6)均为小场景、清晰图像,平均识别置信度99.99%。杭州上城埭村监测点2020年12月20日、2021年1月18日的14张图像(序号26—39)的平均识别置信度为96.99%,不同时间拍摄的图像均能有效识别。2020年2月18—20日低温结霜天气,浙江杭州、丽水等地的16张调查图像(序号10—25)均能有效识别,平均识别置信度为99.52%。2021年2月19日杭州双峰村一带的16张调查图像(序号40—55),均能很好识别,识别置信度均为100%。2021年3月23日浙江、江苏、安徽等地的21张农情调查结霜图像(序号56—76),均能有效识别,平均识别置信度为93.65%。霜特征明显的图像,结霜置信度可达到或接近100%。

识别率较低的图像有2021年1月18日杭州上城埭村监测点结霜的大场景图像,识别为霜的置信度为67.84%(图4.4a);2021年3月23日安徽桐城山区结霜的大场景图像,识别为霜的置信度为60.86%(图4.4b);2021年3月23日江苏溧阳市乌峰茶园结霜的大场景图像,识别为霜的置信度为75.24%(图4.4c)。这3张均为大场景图像,其中2张图像曝光过度,1张为场景复杂。

表4.5 非样本地采集结霜图像验证结果

序号	时间	区域	结霜置信度/%	序号	时间	区域	结霜置信度/%
1	2016-02-17	浙江丽水	100	24	2020-02-19	浙江杭州	100
2	2016-02-21	浙江丽水	99.96	25	2020-02-20	浙江杭州	100
3	2016-03-26	浙江丽水	100	26	2020-12-20	浙江杭州	99.96
4	2017-01-21	浙江丽水	100	27	2020-12-20	浙江杭州	99.91
5	2018-01-13	浙江丽水	99.99	28	2020-12-20	浙江杭州	99.94
6	2018-02-12	浙江丽水	100	29	2020-12-20	浙江杭州	99.96
7	2018-04-07	陕西商洛	100	30	2020-12-20	浙江杭州	99.91
8	2018-04-08	安徽六安	100	31	2020-12-20	浙江杭州	99.87
9	2018-04-08	安徽宣城	100	32	2020-12-20	浙江杭州	99.87
10	2020-02-18	浙江杭州	99.87	33	2020-12-20	浙江杭州	99.82
11	2020-02-18	浙江杭州	99.97	34	2021-01-18	浙江杭州	96.59
12	2020-02-18	浙江丽水	93.75	35	2021-01-18	浙江杭州	99.76
13	2020-02-18	浙江丽水	98.84	36	2021-01-18	浙江杭州	99.54
14	2020-02-18	浙江丽水	99.91	37	2021-01-18	浙江杭州	96.72
15	2020-02-18	浙江丽水	100	38	2021-01-18	浙江杭州	98.21
16	2020-02-18	浙江丽水	99.99	39	2021-01-18	浙江杭州	67.84
17	2020-02-18	浙江丽水	100	40	2021-02-19	浙江杭州	100
18	2020-02-18	浙江丽水	100	41	2021-02-19	浙江杭州	100
19	2020-02-18	浙江丽水	99.99	42	2021-02-19	浙江杭州	100
20	2020-02-18	浙江丽水	99.94	43	2021-02-19	浙江杭州	100
21	2020-02-18	浙江丽水	100	44	2021-02-19	浙江杭州	100
22	2020-02-18	浙江丽水	100	45	2021-02-19	浙江杭州	100
23	2020-02-18	浙江丽水	100	46	2021-02-19	浙江杭州	100

续表

序号	时间	区域	结霜置信度/%	序号	时间	区域	结霜置信度/%
47	2021-02-19	浙江杭州	100	64	2021-03-23	浙江杭州	100
48	2021-02-19	浙江杭州	100	65	2021-03-23	浙江杭州	100
49	2021-02-19	浙江杭州	100	66	2021-03-23	浙江杭州	100
50	2021-02-19	浙江杭州	100	67	2021-03-23	浙江湖州	99.48
51	2021-02-19	浙江杭州	100	68	2021-03-23	浙江金华	100
52	2021-02-19	浙江杭州	100	69	2021-03-23	浙江宁波	90.47
53	2021-02-19	浙江杭州	100	70	2021-03-23	浙江宁波	98.53
54	2021-02-19	浙江杭州	100	71	2021-03-23	浙江宁波	100
55	2021-02-19	浙江杭州	100	72	2021-03-23	浙江绍兴	99.76
56	2021-03-23	安徽桐城	60.86	73	2021-03-23	浙江绍兴	99.93
57	2021-03-23	江苏溧阳	75.24	74	2021-03-23	浙江绍兴	89.83
58	2021-03-23	江苏南京	94.46	75	2021-03-23	浙江绍兴	99.99
59	2021-03-23	江苏南京	100	76	2021-03-23	浙江绍兴	79.41
60	2021-03-23	江苏镇江	98.69	77	2021-04-10	浙江绍兴	99.97
61	2021-03-23	浙江杭州	99.91	78	2021-04-10	浙江绍兴	88.82
62	2021-03-23	浙江杭州	80.07	79	2021-04-10	浙江绍兴	97.02
63	2021-03-23	浙江杭州	100	80	2021-04-10	浙江绍兴	99.93

图 4.4　部分非样本地采集结霜大场景图像(附彩图)
(a)2021 年 1 月 18 日杭州上城埭村;
(b)2021 年 3 月 23 日安徽桐城山区;(c)2021 年 3 月 23 日江苏溧阳市乌峰茶园

(3)样本地无霜图像智能识别

样本地的无霜验证图像来源为杭州福海堂茶业有限公司茶叶基地 2020 年 10 月—2021 年 9 月的各月 1 日 08 时 10 分的 12 张监测图像以及茶树旺盛生长阶段的附着雨水、结露、修剪等情况的 8 张监测图像。20 张图像的无霜置信度均超 50%,平均识别置信度为 99.99%。不同月份、不同附着物以及修剪后的茶树图像均能有效识别(表 4.6)。

表 4.6　样本地无霜图像验证结果

序号	附着物类型	时间	无霜置信度/%
1	积雪	2022-12-30	99.99
2	积雪	2022-12-30	99.85
3	露水	2021-03-23	100
4	无附着物	2021-09-01	100

续表

序号	附着物类型	时间	无霜置信度/%
5	无附着物	2021-08-01	100
6	无附着物	2021-07-01	100
7	无附着物	2021-05-01	100
8	无附着物	2021-04-01	100
9	无附着物	2021-03-01	100
10	无附着物	2021-01-01	100
11	无附着物	2020-12-01	100
12	无附着物	2020-11-01	100
13	无附着物	2020-10-01	99.99
14	修剪	2021-06-01	100
15	修剪	2021-05-01	100
16	雨水	2021-09-04	100
17	雨水	2021-08-14	100
18	雨水	2021-07-02	100
19	雨水	2021-04-01	100
20	雨水	2021-02-01	100

(4)非样本地无霜图像智能识别

非样本地无霜图像来源为2018—2020年浙江、江苏、安徽、河南、陕西、湖北、贵州等省的茶树生长农情调查图像。选取的80张验证图像包含无附着物、积雪、结露、附着雨水、枯焦等情况，识别结果为：77张图像的无霜置信度超50%，3张图像的无霜置信度低于50%，平均识别置信度为95.29%，各省份的无霜置信度接近(表4.7)。

3张误判图像为2019年2月23日，信阳市浉河港白龙潭山顶大山茶的图像未能有效与结霜相区别(图4.5a)，无霜的置信度为16.59%；2019年3月11日，宜昌市峡坝区王家垭的枯焦图像(图4.5b)误判为结霜，无霜置信度为36.97%；2020年4月14日，铜仁市石阡县茶园曝光过度图像识别为无霜，无霜置信度仅为7.38%(图4.5c)。3张误判图像均为白色比例高，识别为结霜置信度明显高于识别为无霜的置信度。

无霜置信度较低的图像有2020年3月28日，安康市平利县茶园积雪(图4.5d)，识别为无霜的无霜置信度为71.46%；2019年11月6日，安徽桐城枯焦图像(图4.5e)，无霜置信度为82.45%；2020年3月28日，安康市平利县茶园降温前覆盖茶树(图4.5f)，无霜置信度为79.40%。茶园积雪或背景复杂时，识别置信度较低。

表4.7　非样本地无霜图像验证结果

序号	附着物类型	时间	区域	无霜置信度/%	序号	附着物类型	时间	区域	无霜置信度/%
1	积雪	2020-03-28	安徽六安	100	4	积雪	2019-02-21	湖北宜昌	98.90
2	积雪	2020-03-29	安徽六安	98.60	5	积雪	2019-02-22	湖北宜昌	84.56
3	积雪	2019-02-23	河南信阳	16.59	6	积雪	2020-03-28	江苏南京	100

续表

序号	附着物类型	时间	区域	无霜置信度/%	序号	附着物类型	时间	区域	无霜置信度/%
7	积雪	2020-03-28	陕西安康	71.46	42	无附着物	2020-03-24	贵州黔南	99.47
8	积雪	2020-03-28	陕西安康	99.74	43	无附着物	2020-03-24	贵州黔南	99.76
9	积雪	2020-03-29	陕西商洛	100	44	无附着物	2020-04-07	贵州黔南	100
10	枯焦	2019-11-06	安徽安庆	87.29	45	无附着物	2020-04-14	贵州黔南	100
11	枯焦	2019-11-06	安徽桐城	99.93	46	无附着物	2020-04-27	贵州黔南	99.92
12	枯焦	2019-11-06	安徽桐城	82.45	47	无附着物	2020-05-04	贵州黔南	99.99
13	枯焦	2018-01-08	安徽宣城	95.97	48	无附着物	2020-03-19	贵州黔西南	99.83
14	枯焦	2018-01-08	安徽宣城	99.99	49	无附着物	2020-04-30	贵州黔西南	100
15	枯焦	2019-11-06	安徽宣城	100	50	无附着物	2020-03-17	贵州铜仁	100
16	枯焦	2019-03-25	贵州铜仁	100	51	无附着物	2020-04-10	贵州铜仁	91.97
17	枯焦	2019-03-18	河南信阳	100	52	无附着物	2020-04-14	贵州铜仁	7.38
18	枯焦	2019-04-08	河南信阳	100	53	无附着物	2019-03-25	贵州遵义	100
19	枯焦	2019-04-15	河南信阳	100	54	无附着物	2019-04-09	贵州遵义	100
20	枯焦	2019-03-11	湖北宜昌	100	55	无附着物	2020-03-17	贵州遵义	99.89
21	枯焦	2019-03-11	湖北宜昌	36.97	56	无附着物	2020-03-23	贵州遵义	100
22	枯焦	2020-08-07	江苏镇江	99.31	57	无附着物	2020-04-13	贵州遵义	99.98
23	枯叶	2020-04-07	贵州遵义	100	58	无附着物	2020-04-20	贵州遵义	99.78
24	露水	2019-03-15	福建福州	100	59	无附着物	2020-04-20	贵州遵义	100
25	霜冻害	2019-03-25	贵州黔东南	100	60	无附着物	2020-04-28	贵州遵义	100
26	无附着物	2018-04-08	安徽六安	100	61	无附着物	2019-03-25	贵州遵义	100
27	无附着物	2019-02-20	安徽宣城	100	62	无附着物	2020-05-06	贵州遵义	94.11
28	无附着物	2019-11-06	安徽宣城	90.55	63	无附着物	2019-03-04	河南信阳	100
29	无附着物	2019-11-06	安徽宣城	100	64	无附着物	2019-03-26	河南信阳	100
30	无附着物	2020-03-18	安徽宣城	99.94	65	无附着物	2019-03-11	河南信阳	93.62
31	无附着物	2019-04-08	贵州安顺	100	66	无附着物	2019-04-01	河南信阳	99.94
32	无附着物	2019-03-25	贵州毕节	100	67	无附着物	2019-03-18	河南信阳	100
33	无附着物	2019-03-25	贵州毕节	100	68	无附着物	2019-03-05	湖北宜昌	100
34	无附着物	2019-04-10	贵州贵阳	99.97	69	无附着物	2020-03-28	陕西陕南	79.4
35	无附着物	2020-04-02	贵州贵阳	100	70	无附着物	2020-07-23	江苏南京	100
36	无附着物	2020-04-08	贵州贵阳	99.99	71	修剪	2020-05-14	贵州贵阳	99.96
37	无附着物	2020-04-23	贵州贵阳	100	72	修剪	2020-05-05	贵州黔东南	96.58
38	无附着物	2019-04-10	贵州贵阳	100	73	修剪	2019-03-04	河南信阳	99.98
39	无附着物	2020-05-06	贵州贵阳	100	74	雨水	2019-03-25	贵州黔东南	99.98
40	无附着物	2020-03-25	贵州贵阳	99.95	75	雨水	2020-04-01	贵州铜仁	100
41	无附着物	2020-04-07	贵州黔东南	100	76	雨水	2020-04-21	贵州铜仁	100

续表

序号	附着物类型	时间	区域	无霜置信度/%	序号	附着物类型	时间	区域	无霜置信度/%
77	雨水	2019-03-25	贵州遵义	100	79	雨水	2020-02-26	江苏苏州	100
78	雨水	2019-02-21	湖北宜昌	99.82	80	雨水	2019-02-21	湖北宜昌	99.96

图 4.5　部分非样本地无霜图像(附彩图)

(a)2019 年 2 月 23 日信阳市浉河港白龙潭山顶大山茶;(b)2019 年 3 月 11 日宜昌市峡坝区王家垭茶园;
(c)2020 年 4 月 14 日铜仁市石阡县茶园;(d)2020 年 3 月 28 日安康市平利县茶园积雪;
(e)2019 年 11 月 6 日安徽桐城茶园;(f)2020 年 3 月 28 日安康市平利县茶园降温前覆盖茶树

4.3　茶叶气象服务中心组织管理经验及服务案例

4.3.1　茶叶气象服务中心组织管理经验

2017 年 12 月,中国气象局办公室和农业部办公厅联合印发《关于认定第一批特色农业气象服务中心的通知》(气办发〔2017〕36 号),标志着茶叶气象服务中心成立。茶叶气象服务中心由浙江省气象局和浙江省农业农村厅联合申报,依托单位为浙江省气候中心和浙江省农业技术推广中心,成员单位包括安徽省农村综合经济信息中心、福建省气象科学研究所、贵州省山地气候研究所、武汉区域气候中心、河南省气象科学研究所和陕西省农业遥感与经济作物气象服务中心,2020 年江苏省气候中心申请加入。

根据前述气办发〔2017〕36 号文件精神和茶叶气象服务中心建设运行的需要,浙江省气象局和浙江省农业农村厅联合印发《关于成立茶叶气象服务中心工作协调委员会的通知》(浙气发〔2018〕43 号),文件明确了协调委员会的组成成员和主要职责。

根据特色农业气象服务中心建设目标,茶叶气象服务中心由浙江省气候中心和浙江省农业技术推广中心牵头，联合各成员单位，组织编制了茶叶气象服务中心的建设方案、管理办法、业务流程和周年气象服务方案。根据气象和茶产业高质量发展需求，2023年10月，茶叶气象服务中心组织制定了《茶叶气象服务中心能力提升行动方案（2024—2025年）》，在分析茶产业发展现状需求和总体目标的基础上，提出了未来茶叶气象服务的五大项14条的重点任务及保障措施等。

茶叶气象服务中心组织制定了茶叶气象服务周年服务方案、会商交流制度和业务服务流程，并根据茶叶气象服务实际和存在的问题，对周年服务方案、会商交流制度、业务服务流程进行逐年修订完善。茶叶气象服务中心充分依托现有技术科学制定茶叶气象标准引领智慧茶叶气象服务。组织制定颁布了QX/T 410—2017《茶树霜冻害等级》、QX/T 411—2017《茶叶气候品质评价》、QX/T 486—2019《农产品气候品质认证技术规范》、QX/T 632—2021《农业气象观测规范 茶树》4个气象行业标准，DB33/T 995—2015《茶树霜冻等级》、DB41/T 2395—2023《春茶采摘气象指数》、DB6107/T 34—2022《汉中仙毫茶叶气候品质评价规范》3个地方标准，T/ZJMA 001—2023《茶树霜冻害和高温热害预警信号图标》1个省级气象团体标准和《茶园小气候自动观测规范》《茶叶霜冻害精细化监测预报技术指南》《茶叶气候品质评价技术指南》《浙江省农产品气候品质认证工作暂行规定》等多个业务技术规范。茶叶气象标准涉及茶叶农业气象观测、气象灾害监测、气候品质评价等多个方面，为茶叶气象服务中心开展茶叶气象智能监测精细预报靶向服务提供了重要的技术支撑。

4.3.2　服务案例

以2019年宁波市海曙区它山堰茶叶专业合作社的茶叶气候品质评价服务为例，以布设在茶园内的向阳舍农田小气候站观测（K2159）的气象数据为主，结合茶叶品质数据，应用气象行业标准《茶叶气候品质评价》（全国农业气象标准化委员会，2017）茶叶气候品质指数模型，开展它山堰茶叶气候品质等级评价。

4.3.2.1　生产区域和生产单位概况

它山堰茶叶专业合作社茶园位于宁波市海曙区西部四明山区，环境优美，气候条件良好，适于茶叶生长。合作社共拥有茶园面积7000亩，其中无性系良种约3300亩，早、中、晚品种搭配，错季种植，采摘时间长。下属茶场8家，名优茶加工厂房超过10000 m^2。

合作社生产的茶叶原料均选择一芽一叶或一芽二叶，经过杀青、烘干等加工后，绿茶产品外形扁平光滑、香气持久、滋味醇厚、汤色嫩绿明亮；白茶外形秀丽、香气鲜甜、滋味鲜醇，汤色嫩绿明亮；红茶外形细紧、清香明显、滋味甜醇，汤色橙红明亮。“它山堰”系列品牌茶叶连续获历届“中绿杯”金奖。

4.3.2.2　它山堰茶叶品质的特性

它山堰茶园主栽品种为‘御金香’和‘五龙香茗’等优质茶树。‘御金香’于2013年6月被认定为国家植物新品珍稀良种。‘御金香’干茶香高，有花果香，味醇厚、有回甘，耐冲泡。色泽突出“三黄”，即干茶亮黄、汤色嫩黄、叶底明黄。鲜爽度高，春茶氨基酸含量达6.4%，比同类茶叶高出29.2%。‘五龙香茗’绿茶，早熟品种，一般在惊蛰时节便可萌芽，春分之时便可采摘，具有发芽整齐、轮次分明、老嫩均匀、持嫩性强等特点。‘五龙香茗’制成干茶外形扁平光滑、挺秀、均齐，芽峰显露，微显毫，色泽嫩绿光润，内质叶底幼嫩肥壮，匀齐成朵，汤色清澈明亮，滋味甘醇爽口。春茶一芽二叶干样约含氨基酸4.2%，茶多酚17.6%，高于其他绿茶的理化指标。

4.3.2.3 主要(关键)天气气候条件分析

(1)茶叶生长气候条件

根据气候资料统计，它山堰茶叶生长期年平均气温17.2 ℃，极端最高气温42.1 ℃(2013年8月8日)，极端最低气温−7.1 ℃(1981年1月4日)，累计降水量1425.7 mm，平均空气相对湿度77%，累计日照时数1741.1 h。期间主要气象灾害为春霜冻、冬季冻害、低温雨雪冰冻、春季连阴雨、春季高温等，其中对茶叶品质影响最明显的农业气象灾害为春霜冻、冬季冻害、春季高温、春季连阴雨等。

(2)影响茶叶的主要气象灾害

春霜冻害：3月上半月日最低气温≤0 ℃，3月下半月日最低气温≤1 ℃，4月上半月日最低气温≤2 ℃，4月下半月日最低气温≤4 ℃，茶园可能遭受春霜冻影响，危害茶芽生长，造成产量和品质下降。

冬季冻害：越冬期(12月—次年2月)遭遇强冷空气，最低气温初冬时−7～−5 ℃，隆冬时节<−10 ℃的日最低气温，茶树受冻。

春季高温：春季茶芽生长期，遭遇日最高气温升至30 ℃以上时，嫩芽生长速度过快，叶片细长，茶叶品质生化成分积累不充分，影响品质形成。此外，茶叶长势快，采摘进程跟不上茶叶生长，造成高档茶产量受影响。

春季连阴雨：春季时常出现持续低温阴雨寡照天气，气温偏低，造成土壤过湿、肥料流失，延缓茶叶萌发生长，影响采摘，对茶叶的品质也不利。

(3)2019年茶叶生长期气象条件分析

2019年1月上旬—3月中旬，它山堰茶叶基地内阶段性天气气候特征明显(图4.6)。休眠期持续阴雨，偶有冷空气活动，但低温影响较轻，茶树安全越冬。萌动期先雨后晴，为茶树的生长提供充足的水分条件，气温偏高且变化平稳，有利于春茶萌动生长。采摘期以晴好天气为主，有利于茶叶品质形成。

休眠期(1月1日—2月2日)。2019年茶叶休眠期平均气温5.9 ℃，比常年偏高0.4 ℃；降水量96.5 mm，比常年偏多2成；日照时数83.4 h，比常年偏少3成。1月1—16日，阴雨寡照天气带来的降水，有效补充了土壤水分，气温偏高且无明显冷空气影响，有利于茶树安全越冬。

萌动期(2月3日—3月20日)。萌动期间平均气温8.9 ℃，比常年偏高0.7 ℃；降水量246.1 mm，比常年偏多6成；日照时数100.4 h，较常年偏少4成。2月2—25日出现阴雨天气，为春茶萌动生长提供了充足的水分条件，气温较高且变化较为平稳，加上3月上旬多晴好天气，有利于春茶芽萌动生长和品质形成。

采摘期(3月21日—4月20日)。据浙江省气候中心预测：3月下旬—4月中旬平均气温接近常年略偏高，降水量接近常年。可能有3次冷空气影响，分别在4月1—3日(较强)、4月6—10日(中等偏强)、4月13—15日(中等偏弱)。未来光、温水气象条件利于茶叶品质形成和有效采摘。

(4)评价结果和适用范围

茶叶品质优劣与茶芽生长期的平均气温、湿度、降水等气象条件密切相关，经过茶园现场

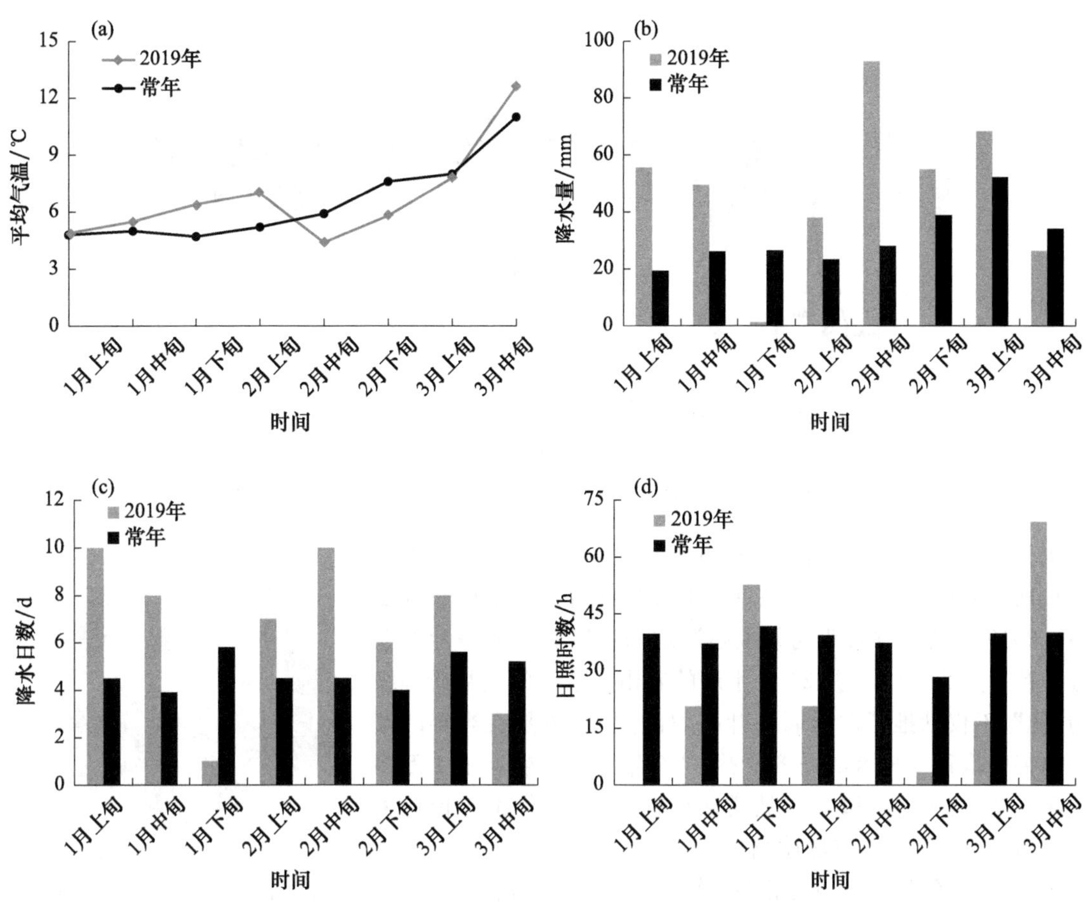

图 4.6　2019 年它山堰茶叶生长期旬气象要素变化趋势

(a)平均气温;(b)降水量;(c)降水日数;(d)日照时数

勘查,结合前期生长期气象条件,应用 2019 年气象行业标准《茶叶气候品质评价》中茶叶气候品质指数模型计算 3 月 1 日—4 月 20 日逐日茶叶气候品质指数。由模型结果可知,从 3 月 15 日开始,除了 3 月 22 日(指数 1.0)、3 月 31 日(指数 1.2)、4 月 7 日(指数 1.2)和 4 月 8 日(指数 1.4)茶叶气候品质指数低于 1.5 外,其他时间指数值均高于 1.5,大多介于 1.5～2.5,最高在 3 月 27 日,茶叶气候品质指数为 3.0(图 4.7)。为此,综合评定它山堰茶叶专业合作社在 2019 年 3 月 21 日—4 月 20 日生产的它山堰茶青气候品质等级为“优”(图 4.8)。

本次评价结果仅适用于宁波市海曙区它山堰茶叶基地在 2019 年评估时段(3 月 21 日—4 月 20 日)内生产的它山堰茶青。

(5)茶叶气候品质评价效益

一杯春露暂留客,两腋清风几欲仙。它山堰茶叶因其色泽“三黄”、春茶氨基酸含量高而广受欢迎。2019 年 1 月—4 月 20 日,气象条件较适宜茶树的生长和茶芽萌动茶叶品质形成。2019 年它山堰茶园面积 11000 多亩,干茶总产量 1.2 万斤①,茶叶销往全国各地。为了准确监测茶园小气候,海曙区气象局 2019 年在茶园内布设了 9 要素的农田小气候站,全天候监测土

①1 斤=500 g,下同。

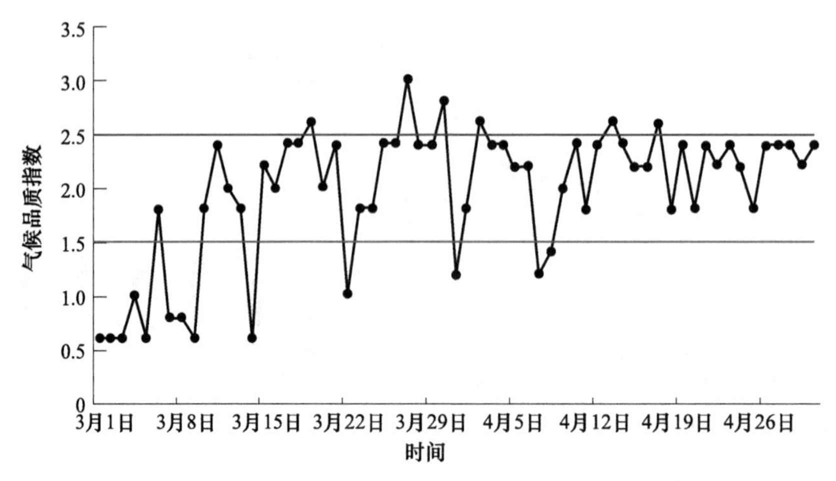

图 4.7　2019 年 3 月 1 日—4 月 20 日它山堰茶叶气候品质指数变化特征

壤水分、气温、茶树冠层温度、光照等气象要素，逐步建立茶叶生长期农业气象指标库，为茶叶气候品质评价提供基础数据支撑。2019 年浙江省农业气象中心评定海曙区它山堰茶叶专业合作社 3 月 21 日—4 月 20 日生产的它山堰茶青气候品质等级为"优"，不仅助推了它山堰茶叶品牌的建设，更是在当年的茶叶销售中取得了显著的经济效益。"今年合作社生产了 1 万多斤名优茶，有了'优'级气候品质认证标签后，名优茶定价比去年提高了 15%左右，市场反响很好，茶叶销量较去年增长 30%左右。这张'气候品质身份证'的作用不小啊，让咱们茶农的茶叶更具有市场竞争力。"合作社负责人说。

图 4.8　2019 年它山堰茶青气候品质评价标识

4.3.3　农产品气候品质评价技术广泛应用成效显著

经过十余年的科技探索，农产品气候品质评价技术已经在我国除台湾、香港和澳门以外的 31 个省(自治区、直辖市)得到推广应用，为各地开展优质农产品气候品质评价、中国气候好产品、中国气候生态优品等提供了重要的技术支撑。

据不完全统计，十余年的农产品气候品质评价使农产品附加值超过 10%，气象服务经济效益超过亿元。充分利用区域气候资源优势做大做强特色农产品，显著提升了我国特色优质农产品的国际竞争力(李秀香 等，2016)，真正实现了气象科学技术转化为生产力，社会经济生态效益显著。

第 5 章　棉花气象服务

5.1　棉花与气象

5.1.1　棉花产业发展及分布

棉花是世界上重要的经济作物之一，在世界经济发展中占有重要地位。中国是世界产棉和棉纺织大国，近些年棉花总产量占世界棉花总产量的 25%左右，一直保持在全球的前二位。目前，世界上主要栽培有陆地棉、海岛棉(长绒棉)、草棉、亚洲棉 4 个棉属种，中国种植的主要是陆地棉和海岛棉。

我国气候类型多样，能植棉范围广阔，曾遍及 28 个省(自治区、直辖市)，一般将棉花种植区划分为华南、黄河流域、长江流域、辽河流域和西北内陆五大一级棉区。受气候资源禀赋及变化、生产技术发展水平、农作物种植比较效益及政府政策导向等多重原因的影响，新中国成立 70 多年来，我国棉花生产取得了辉煌的成就，棉花的总产和单产均比 1949 年增长了 10 多倍，成为世界上棉花单产、总产都比较高的国家，特别是 2007 年棉花总产达到近 760 万 t，创造了世界最高产棉国的纪录。我国棉花种植分布也发生了三次结构性的调整和转移(中国农业科学院棉花研究所，2019)。在 20 世纪 70 年代之前的 30 年时间，呈现“南四(南方棉田的面积和总产占全国的 40%左右)北六(北方棉田包括西北内陆地区占 60%左右)”结构，全国棉花总产在 150 万～200 万 t。第一次调整在 20 世纪 80 年代，由于棉花供不应求矛盾尖锐和地膜植棉技术在北方地区的应用，全国棉花布局呈现“南三北七”结构，其中黄河流域比重提高到 60%，全国棉花生产能力提高到 400 万 t 的级别。第二次调整始于 20 世纪 90 年代初至 21 世纪前十年，1992—1993 年黄河流域棉区暴发了棉铃虫危害，加之新疆“矮、密、早、膜”植棉技术的逐渐成熟推广，推进棉区向西北内陆尤其是向新疆棉区的转移，到 20 世纪 90 年代末全国棉花布局呈现“南三北六西一”的过渡性结构；21 世纪前十年，随着优质商品棉基地建设不断推进、新疆“矮、密、早、膜”植棉技术大面积应用和棉花生产比较优势的加大及较大规模的开荒垦殖，全国棉花布局呈现黄河流域、长江流域和西北(新疆)内陆棉区“三足鼎立”的结构，全国棉花生产能力提高到 600 万 t 级别，2007 年甚至达到 760 万 t。第三次调整为近十多年，由于新疆气候比较明显的变暖变湿(毛树春 等，2022)、棉花生产比较优势、国家临时收储“高价棉”和棉花目标价格政策的实施及新疆“矮、密、早、膜、滴”机采棉技术的逐步成熟推广，新疆棉区保持棉花稳定发展壮大，全国棉区呈现“一家(新疆棉区)独大带两小(长江流域棉区、黄河流域棉区)”和“中国棉花看新疆”的格局，全国棉花生产能力保持在 550 万～650 万 t。根据国家统计局的数据，2022 年中国棉花单产 1992.2 kg/hm^2，总产 597.7 万 t，有天津、河北、山东、河南、浙江、江苏、安徽、湖北、湖南、江西、广西、甘肃、新疆等 13 个省(自治区、直辖市)种植棉花。其中，新疆棉花单产、总产创历史新高，单产皮棉 2158.9 kg/hm^2，总产 539.1 万 t(占全国棉花总产量的

90.2%)，种植面积249.69万 hm^2(占全国的83.2%)，种植面积、总产、单产已连续28年位居全国第一。就棉花总产而言，山东14.5万t，河北13.9万t，湖北10.3万t，湖南8.2万t，甘肃4.0万t，其余省(自治区、直辖市)都在2.6万t以下(国家统计局农村社会经济调查司，2023)。

对于目前全国最大的植棉区——新疆棉区，以植棉区所在的地形地貌把新疆棉区分成北疆棉区、东疆棉区和南疆棉区3个大棉区(姚源松，2004)。根据新疆棉区不同熟性棉花气候适宜性指标分区划分，把新疆棉区划分为中熟宜棉区、早中熟宜棉区、早熟宜棉区、特早熟宜棉区、不宜棉区(图5.1)。

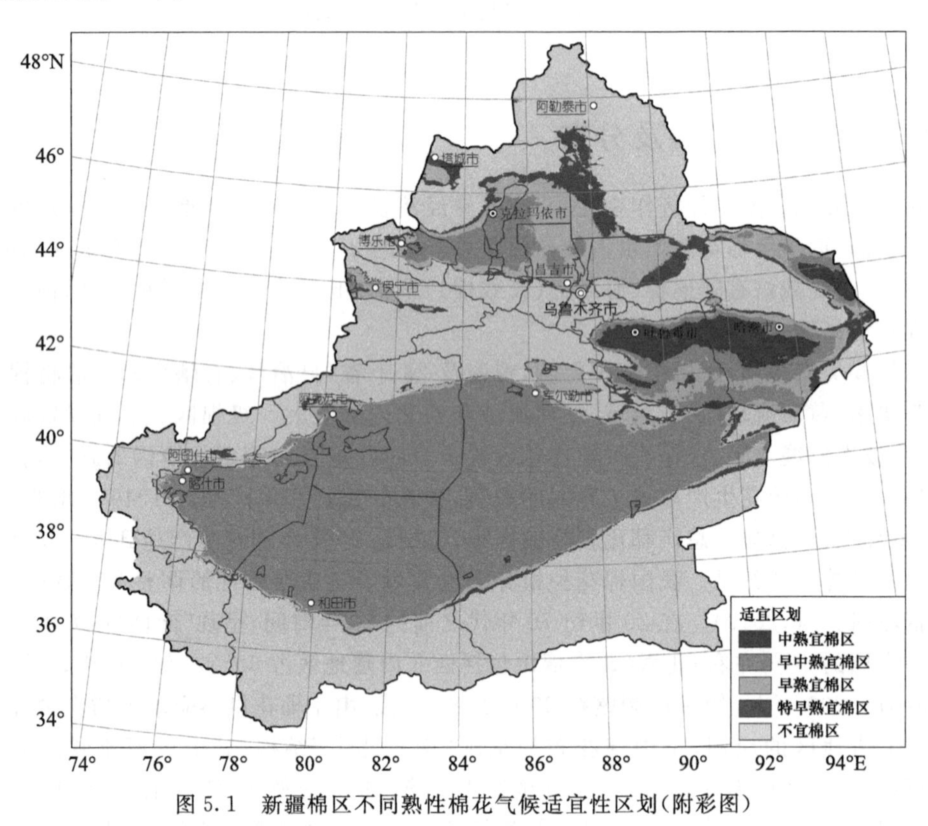

图5.1 新疆棉区不同熟性棉花气候适宜性区划(附彩图)

5.1.2 棉花的生物学特性及物候期

棉花是多年生植物，经长期种植驯化、人工选择和培育而演变为一年生作物，因此它既有一年生作物生长发育的普遍规律，又保留有多年生植物生长的习性。棉花有以下五大生长习性。

一是喜温好光性。棉花是喜温作物，其生长起点温度为10 ℃左右，最适温度为25～30 ℃。棉花对光照条件要求高，光照不足会限制光合作用，但光照过强又会引起光抑制，影响棉花的正常生长发育，造成大量蕾铃脱落，降低产量、品质。

二是无限生长习性。只要环境条件适宜，棉株的器官就能不断分化、无限生长，生长期也就不断延长。

三是营养生长与生殖生长的重叠并进性。棉花从2～3片真叶期开始花芽分化到停止生长，都是营养生长与生殖生长的并进阶段，约占整个生育期的80%。其中，开花以前以营养生长为主,开花以后转变为以生殖生长为主。

四是较强的自身调节性。棉株结铃具有很强的时空调节补偿能力,如前中期脱落多、结铃少时,后期结铃就会增多;内围结铃少的棉株,外围铃就会增多。

五是耐旱和盐碱特性。棉花根系发达,吸收能力强,长大以后的植株对旱涝和土壤盐碱具有很强的忍耐能力,因而棉花具有较强的抗逆性和广泛的适应性。

棉花从播种到停止生长的时期,叫全生长期。按照棉花外部形态特征或器官出现的顺序,开展播种、出苗、三真叶、五真叶、现蕾、开花、开花盛期、裂铃、吐絮、吐絮盛期、停止生长等棉花物候(发育)期的农业气象观测,并将全生长期划分为 5 个主要生育时段,即播种出苗期(播种—出苗)、苗期(出苗—现蕾)、蕾期(现蕾—开花)、花铃期(开花—裂铃)和裂铃吐絮期(裂铃—停止生长)。棉花各生育期的长短,随品种特性、环境条件及栽培方法的不同而存在差异。

5.1.3　棉花生长与气象的关系

5.1.3.1　棉花生长与光照

棉花是喜光作物,适宜在较充足的光照条件下生长。棉花的光补偿点和光饱和点都比较高,适宜的光照强度指标也较高。据测定,棉花单叶的光补偿点约为 750～1000 lx,光饱和点为 70000～80000 lx。一般情况下,棉花叶片对光强的适宜范围为 8000～70000 lx。当光照强度在 2000～8000 lx 时,光合强度随光照强度的增加而提高;若遇到长期阴雨,光合强度低于 1000～2000 lx 时,棉株光合作用制造的养分低于本身消耗所需的养分,棉株呈“饥饿”状态,造成蕾铃脱落。棉花生育后期,光照充足,有利于光合作用,可增加铃重,提高棉纤维品质;若秋雨连绵,光照不足,则会引起茎叶疯长,株铃易遭受病虫危害,使僵烂铃增加,成熟延迟,霜后花增加。

5.1.3.2　棉花生长与热量

棉花是喜温作物。一般情况下,长绒棉在 9～10 ℃开始发芽,陆地棉在 11～12 ℃开始发芽,此为棉花开始生长的下限温度。

棉花生长的最适合气温为日平均气温 20～25 ℃,呈“热量饱和”状态,这时棉花净光合生产率最高,棉花生长最快;在 28 ℃以上时,呈“热量过剩”状态,光合生产率下降,棉花生长速度明显减慢;在 20 ℃以下时,棉花生长处于“热量饥饿”状态。

当气温高达 36～37 ℃时,棉花生长受到抑制,处于停止发育状态,为棉花生物学上限温度。在炎热的夏季,棉花主要在夜间生长。当温度高于 46 ℃时,棉花花粉甚至失去活力,未受精的子房脱落,称为棉花花粉生命上限温度。

棉花生长各阶段的三基点温度详见表 5.1。

表 5.1　棉花生物学三基点温度　　单位:℃

发育阶段	适宜温度	最低温度	最高温度
发芽	15～30	10～12	36
出苗	18～22	15	37
现蕾	24～25	19	38
开花	24～25	15	35
吐絮	25～30	16	—

棉花在整个生育期中要求较多的热量。≥10 ℃积温在 3400～3600 ℃·d，适宜种植早熟陆地棉；≥10 ℃积温在 4000 ℃·d 以上，适宜种植中早熟陆地棉和中早熟海岛棉。

5.1.3.3 棉花各生育阶段生理需水要求

棉花生长需要从土壤中吸收水分。棉花需水量是指棉花生长发育期间田间消耗的水量，包括整个生育期内棉花自身所利用水分及植株蒸腾和棵间蒸发所消耗水量的总和。棉花各生育阶段生理需水要求如下。

① 播种至出苗期。0～20 cm 平均土壤相对湿度达 55%～75%、盐碱地的土壤湿度达 70%～85%为宜。

② 苗期。此阶段的需水量占全生育期总需水量的 15%以下，0～50 cm 土壤相对湿度达 55%～65%、盐碱地的土壤湿度达 75%左右为宜。

③ 蕾期。此阶段的需水量占全生育期总需水量的 12%～20%，0～50 cm 土壤相对湿度 60%～75%为宜，不能低于 50%。

④ 花铃期。此阶段的需水量占全生育期总需水量的 45%～65%，0～50 cm 土壤相对湿度达 70%～80%为宜。

⑤ 吐絮期。此阶段的需水量占全生育期总需水量的 10%～20%，土壤相对湿度保持在 55%～70%为宜。

5.1.3.4 棉花生长与风

棉田需要保持通风透光，棉花才能正常生长发育。不断有 4 级以下的风，对棉花植株的呼吸作用、光合作用等皆非常有利。此外，风还可以促进叶片的蒸腾作用，以调节植株的体温，减小叶面日温差，减轻低温与高温的危害。同时加强根系对水分和营养的吸收，保障植株正常的新陈代谢功能。风还降低植株之间的空气湿度，使植株生长健壮，减少病虫害。

5.1.4 棉花的主要气象灾害

5.1.4.1 苗前冷害

棉花在播种后出苗前遇低温阴雨天气发生烂种烂芽的现象称为苗前冷害。

5.1.4.2 苗前热害

苗前热害指的是由于膜内高温造成棉苗受害或死亡的现象。

5.1.4.3 霜冻害

包括春(终)霜冻与秋(初)霜冻两种。春霜冻分为两种，一是大风干旱型，指霜冻发生前的天气特点是以大风降温为主，空气较干燥，虽然辐射降温较强、低温强度较大，但由于棉苗已形成了较强的抗霜能力，一般对棉苗的生长危害不大。二是降雨湿润型，指霜前天气特点是以降温降水为主。霜冻出现前往往先结大量露水，然后结成冰霜。由于湿度大，棉苗抗霜能力弱，尽管此类霜冻辐射降温往往不强，低温强度不大，仍常常造成一定的危害。秋霜冻指的是秋季由于短暂 0 ℃以下地温造成棉花受伤或死亡的现象，也称初霜冻。秋霜冻是导致棉花停止生长的主要灾害之一。

5.1.4.4 低温冷害

低温冷害指的是温度>0 ℃的农作物生长期间，某一时期的温度低于作物发育的要求，引起农作物生育期延迟或使生殖器官的生理机能受到损害，从而造成农作物减产的现象(郑大玮等，2013)。从季节上低温冷害可分为春夏季低温冷害、夏秋季低温冷害以及春季或夏季或秋季低温冷害三类。从棉花生育进程上低温冷害可分为三种，一是延迟型冷害，主要表现为棉花生育期延迟，导致后期不能正常成熟而减产，主要发生在春、夏、秋季。二是障碍型冷害，主要发生在生殖生长阶段的花铃期，表现在器官发育不健全，造成蕾铃大量脱落而减产，主要发生在夏季。三是混合型冷害，两者兼之，主要发生在春、夏、秋季。

5.1.4.5 风沙灾害

风沙灾害是指因风沙活动或风沙现象造成农牧业受损的灾害。风沙灾害分为由扬沙引起的灾害和由沙尘暴引起的灾害。风力达到6级以上时，形成风灾。在棉花春季播种期危害较大，容易造成地膜破损，滴灌带被吹走或移位，给棉花出苗和后期管理造成不便，严重的甚至需要重新播种、铺膜。此外，大风还能把已出苗的棉苗叶片吹死，严重时把农田表土及棉苗一起吹掉(郑维 等，1992)。

5.1.4.6 冰雹灾害

冰雹灾害是强对流发展成积雨云后出现狂风、暴雨、冰雹造成作物受灾的现象。一年当中冰雹多发生在5—9月。5月的冰雹可造成棉田缺苗、机械损伤或改种。7—8月的冰雹可造成棉田绝收，危害最大。

5.1.4.7 夏季高温热害

夏季高温热害指气温达到35 ℃以上，棉花不能适应这种环境而导致减产的灾害现象。≥35 ℃高温天气，棉花的呼吸作用会增强，加剧植株内的养分消耗，导致蕾、铃的养分供应不足，使蕾铃脱落数量增加。此外，高温对棉叶光合作用产生不利影响，从而使植株体内养分的积累减少。

5.2 棉花气象服务技术和方法

棉花气象服务中心多年以来紧贴需求，不断推进现代植棉气象服务。以示范为引领，推进棉花观测技术和自动监测站网建设；通过开放合作，该中心与多部门共建棉花气象服务示范基地、现代农牧业示范园；借助科技攻关，现代棉业发展气象关键技术得到突破。不仅建立了完善的棉花冷害、高温热害、病害及喷药、喷施脱叶剂等系列气象指标，还研发了棉花自动化观测技术、棉花制种气象服务技术、棉花低温冷害和湿渍害等灾害的定量化影响预估方法。本节重点介绍棉花气象灾害监测预报技术和棉花脱叶剂适宜喷施期预报技术。

5.2.1 棉花气象灾害监测预报技术

5.2.1.1 棉花低温冷害格点化预报技术

(1)苗期低温冷害

苗期低温冷害是指棉花播种至出苗期间、出苗至第五真叶期持续低温导致棉花烂种、烂芽或发育停滞的低温灾害，随着日平均气温≤12 ℃低温强度的增强、低温日数增加，棉花苗前冷害加重。

棉花苗期(3月20日—5月20日)遭遇低温冷害的等级指标：3～4 d日平均气温≤12 ℃为轻度，5～6 d日平均气温≤12 ℃为中度，≥7 d日平均气温≤12 ℃为重度(表5.2)。

表5.2 苗期低温冷害气象灾害等级指标

灾害等级	日平均气温(T)/℃	持续天数(t)/d
轻度	$T\leqslant12$	$3\leqslant t\leqslant4$
中度	$T\leqslant12$	$5\leqslant t\leqslant6$
重度	$T\leqslant12$	$t\geqslant7$

采用5 km×5 km日尺度的格点化天气预报数据(每日上午中央气象台及新疆维吾尔自治区气象局订正后正式发布的08时次格点预报产品)，结合发育期监测和预报，融合新疆棉花适宜性种植区划、土地利用数据，根据棉花苗期低温冷害指标，对未来10 d苗期低温冷害进行预报，逐格点判别(即预报)目标日的低温冷害发生程度，不符合判别指标的预报为无冷害发生，在地图上将苗期低温冷害划分成无、轻度、中度、重度4个等级，制作生成新疆棉花苗期低温冷害等级格点服务产品(.img格式)和图片服务产品(.jpg格式)，详见图5.2。

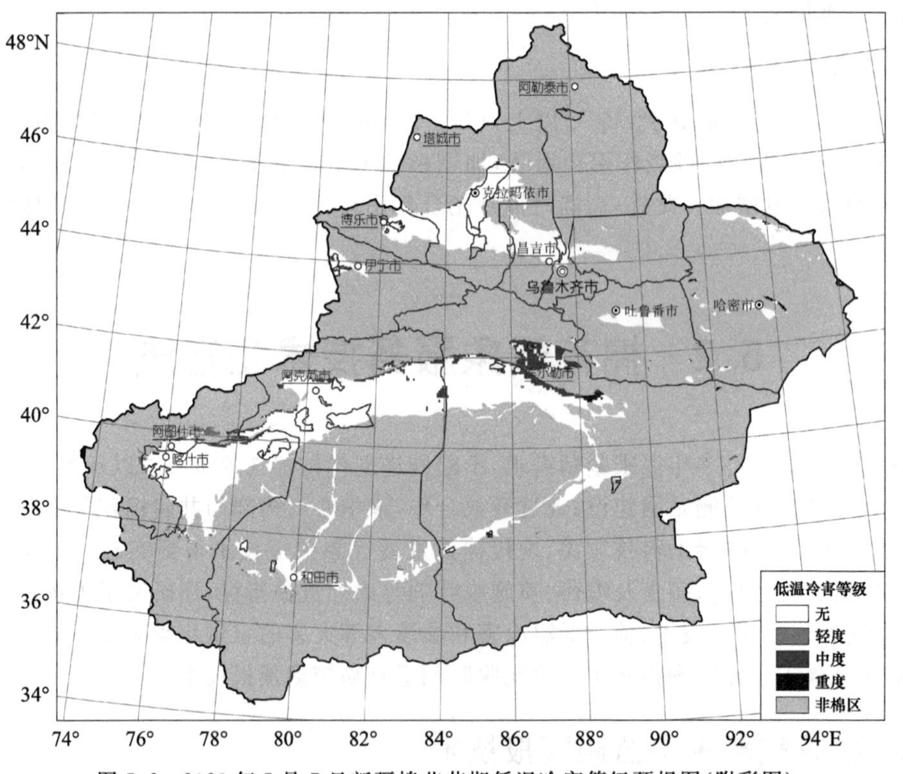

图5.2 2023年5月7日新疆棉花苗期低温冷害等级预报图(附彩图)

(2)障碍型冷害指标

障碍型冷害是棉花在生殖生长关键期，主要是花铃期遭遇短时强低温天气，使棉花生殖生长受到抑制而造成早衰减产。按发生时的天气特点，障碍型冷害又分为湿冷型和干冷型，湿冷型低温冷害为低温伴随阴雨、日照少，相对湿度大而气温日较差小，干冷型低温冷害为冷空气入侵后，天气晴朗，相对湿度小而气温日较差大。湿冷型低温冷害较干冷型对棉花生殖生长影响更大。

棉花花铃盛期(7 月 15 日—8 月 15 日)，遇到持续 3 d 以上的日平均气温≤20 ℃(或日最低气温≤15 ℃)的强降温天气，属中度障碍型冷害又称为干冷型障碍冷害。另外，若低温期间再有连续 2 d 以上的阴雨或无日照，属严重冷害，即湿冷型障碍冷害。

采用 5 km×5 km 日尺度的格点化天气预报数据(每日上午中央气象台及新疆维吾尔自治区气象局订正后正式发布的 08 时次格点预报产品)，结合发育期监测和预报，融合新疆棉花适宜性种植区划、土地利用数据，根据棉花障碍型冷害指标，对未来 10 d 低温冷害进行预报，逐格点判别(即预报)目标日障碍型冷害发生程度，不符合判别指标的预报为无冷害发生，在地图上将障碍型冷害划分成无冷害、干冷型、湿冷型 3 个类型，制作生成新疆棉花障碍型冷害类型的格点预报服务产品(.img 格式)和图片服务产品(.jpg 格式)，详见图 5.3。

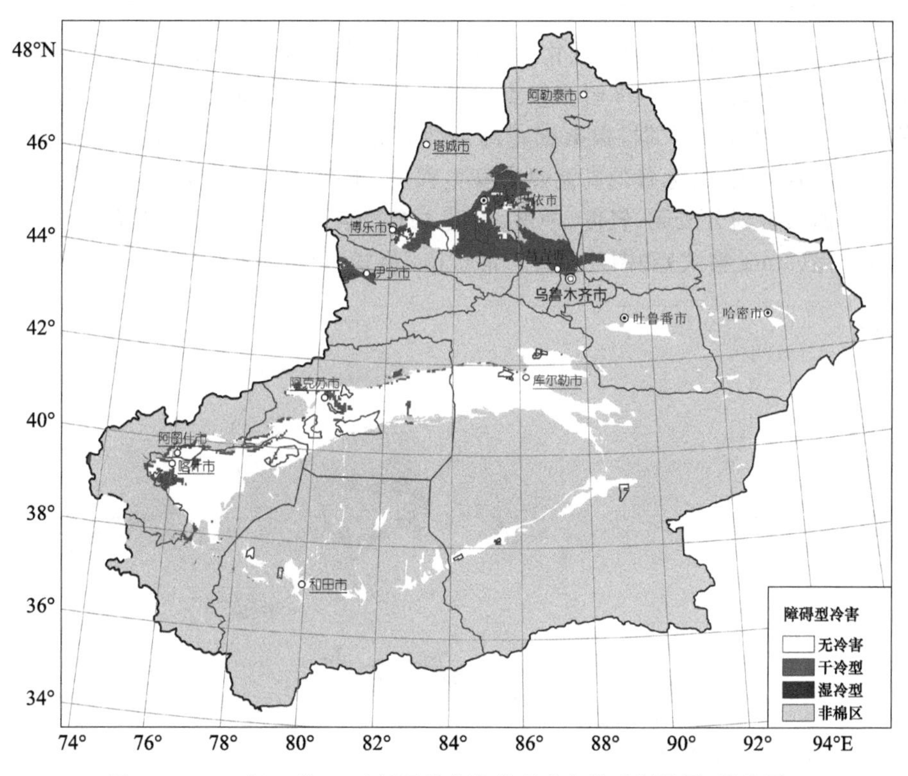

图 5.3 2023 年 8 月 17 日新疆棉花障碍型冷害类型预报图(附彩图)

5.2.1.2 棉花高温热害格点化预报技术

棉花高温热害是指由于高温超过棉花正常生长发育期的上限温度，而对棉花生长发育和产量及品质形成造成危害的一种农业气象灾害。新疆棉花高温热害的主要影响时段在蕾期、花铃期，其间高温持续期越长，蕾铃脱落率越高，并使绒长变短、马克隆值和纤维指数增加，对棉花的产量及纤维品质带来十分不利的影响，棉花高温热害等级指标如表 5.3 所示。

表 5.3　棉花高温热害气象等级指标

发育时段	级别分类	灾害等级	日最高气温(T)/℃	持续天数(t)/d
蕾期	轻度	1	$T \geqslant 35$	$3 \leqslant t \leqslant 4$
	中度	2	$T \geqslant 35$	$5 \leqslant t \leqslant 6$
			$T \geqslant 37$	$t \geqslant 3$
	重度	3	$T \geqslant 35$	$t \geqslant 7$
			$T \geqslant 40$	$t \geqslant 3$
花铃期	轻度	1	$T \geqslant 38$	$3 \leqslant t \leqslant 4$
	中度	2	$T \geqslant 38$	$5 \leqslant t \leqslant 6$
			$T \geqslant 40$	$3 \leqslant t \leqslant 4$
	重度	3	$T \geqslant 38$	$t \geqslant 7$
			$T \geqslant 40$	$t \geqslant 5$

采用 5 km×5 km 日尺度的格点化天气预报数据(每日上午中央气象台及新疆维吾尔自治区气象局订正后正式发布的 08 时次格点预报产品),结合发育期监测和预报,融合新疆棉花适宜性种植区划、土地利用数据,根据棉花高温热害指标,对未来 10 d 棉花高温热害进行预报,逐格点判别即(预报)目标日的高温热害发生程度,不符合判别指标的预报为无热害发生,在地图上将高温热害划分成无、轻度、中度、重度 4 个等级,制作生成新疆棉花高温热害等级格点预报服务产品(.img 格式)和图片服务产品(.jpg 格式),详见图 5.4。

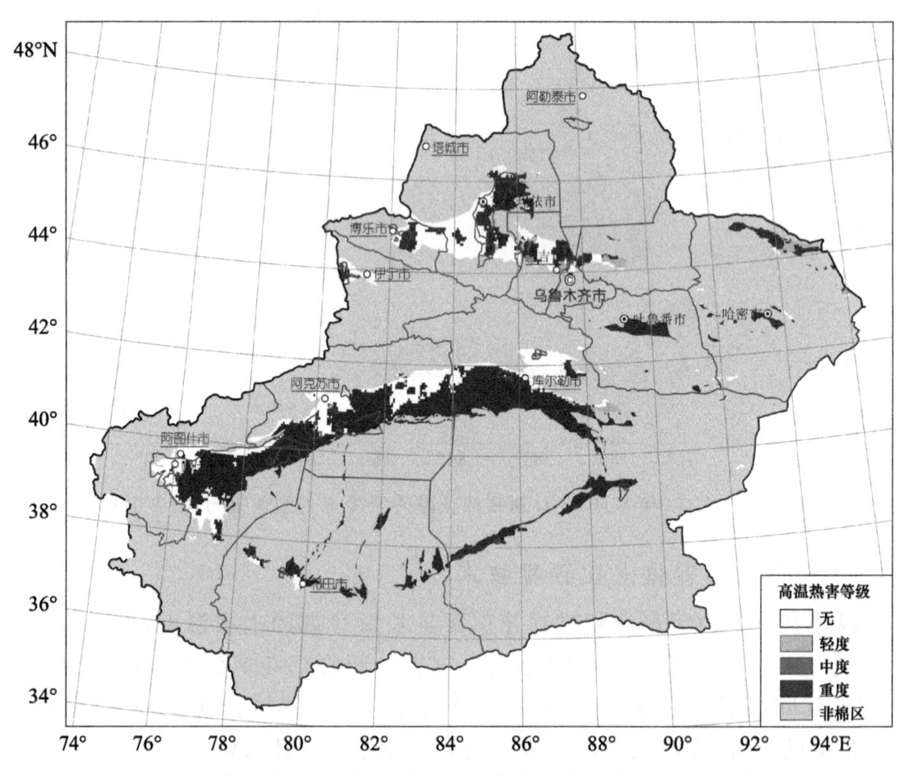

图 5.4　2023 年 7 月 20 日新疆棉花花铃期高温热害等级预报图(附彩图)

5.2.1.3　棉花霜冻灾害格点化预报技术

霜冻是新疆棉花生产中常见的一种农业气象灾害，多发生在春、秋两季，短时间内气温急剧下降至 0 ℃左右及以下，致使棉花受冻，严重时导致棉苗受冻死亡，或棉铃无法成熟、正常裂铃吐絮，棉花霜冻灾害等级指标详见表 5.4。

表 5.4　棉花霜冻灾害等级指标

灾害等级	日最低气温(T_{min})/℃
无	$T_{min}>2$
轻度	$0<T_{min}\leqslant 2$
重度	$-2<T_{min}\leqslant 0$

在每年的春季棉花出苗至第五真叶期(3 月 20 日—5 月 31 日)、秋季棉花裂铃吐絮期(9 月 1 日—10 月 31 日)，提前对霜冻灾害进行预报，指导棉农及时采取霜冻防御措施，避免或减轻霜冻灾害损失。

采用 5 km×5 km 日尺度的格点化天气预报数据(每日上午中央气象台及新疆维吾尔自治区气象局订正后正式发布的 08 时次格点预报产品)，结合发育期监测和预报，融合新疆棉花适宜性种植区划、土地利用数据，利用 GRB2 最低温度预报数据，根据棉花霜冻指标(日最低气温指标)，对未来 10 d 棉花霜冻灾害进行预报，判别(即预报)目标日的霜冻发生程度，不符合判别指标的预报为无霜冻，在地图上将霜冻灾害划分成无、轻度、重度 3 个等级，制作生成新疆棉花霜冻等级格点服务产品(.img 格式)和图片服务产品(.jpg 格式)，详见图 5.5。

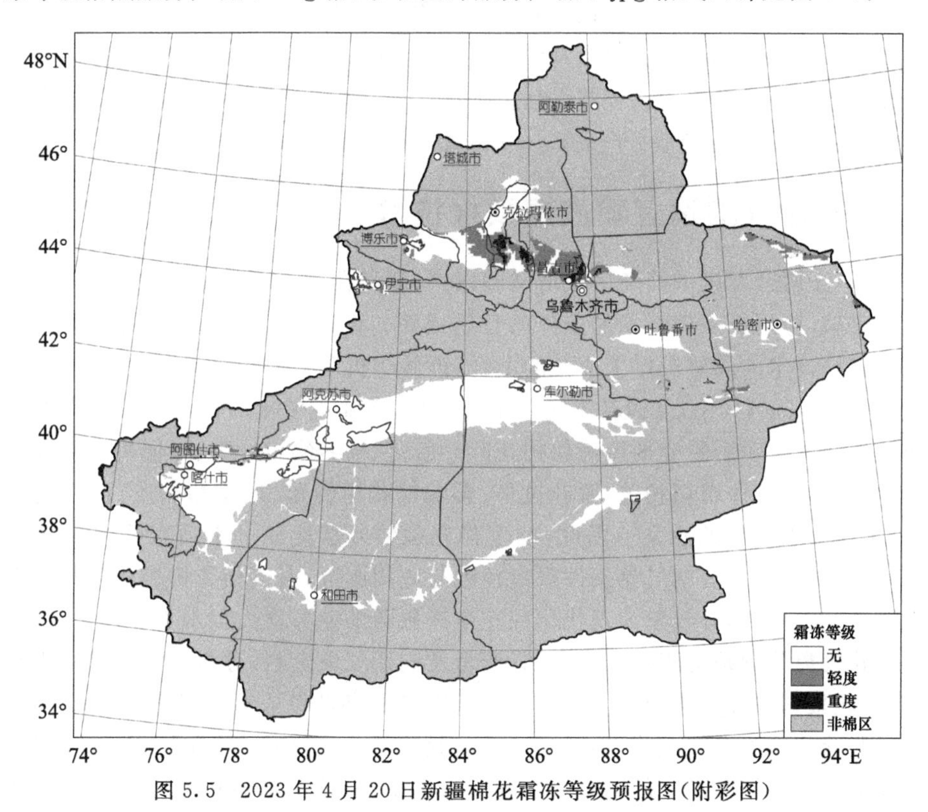

图 5.5　2023 年 4 月 20 日新疆棉花霜冻等级预报图(附彩图)

5.2.1.4 棉花立枯病格点化预报技术

棉花立枯病在新疆各棉区都有发生，为棉花苗期病害。春季播种过早或春寒天气持续时间长，容易发病。病害严重时，造成烂种，或种子幼芽腐烂而不能出苗；或刚出土(3 周内)棉苗受害造成缺苗、断垄。苗期病害症状是起初在棉苗的幼茎基部和根部，出现橘黄色至黄褐色的长形斑点，有时凹陷，使地上部分吸收水分和营养发生障碍，使棉苗枯死或倒伏，低温、高湿时间越长，发病越重，棉花立枯病发生发展气象等级指标详见表 5.5。

表 5.5 棉花立枯病发生发展气象等级指标

级别	平均气温(T)/℃	累计降水(R)/mm	持续天数(t)/d
无	$T \leqslant 12$	—	$t<3$
	$T>12$	—	—
轻度	$T \leqslant 12$	$R>12$	$3 \leqslant t<5$
中度	$T \leqslant 12$	$R>12$	$5 \leqslant t<7$
重度	$T \leqslant 12$	$R>12$	$t \geqslant 7$

棉花立枯病主要发生在棉花苗期生长阶段，在每年的春季棉花出苗至第五真叶期(3 月 20 日—5 月 31 日)，提前对棉花立枯病进行预报。

采用 5 km×5 km 日尺度的格点化天气预报数据(每日上午中央气象台及新疆维吾尔自治区气象局订正后正式发布的 08 时次格点预报产品)，结合发育期监测和预报，融合新疆棉花适宜性种植区划、土地利用数据，根据立枯病发生发展气象等级指标，对未来 10 d 棉花立枯病发生发展的致灾程度进行预报，逐格点判别预报目标日棉花立枯病发生发展程度，不符合判别指标的预报为无立枯病，在地图上将棉花立枯病划分成重度、中度、轻度、无 4 个等级，制作生成新疆棉花立枯病发生发展等级格点服务产品(.img 格式)和图片服务产品(.jpg 格式)，详见图 5.6。

5.2.2 棉花脱叶剂适宜喷施期预报技术

自 1988 年新疆开展机采棉高产栽培试验以来，新疆在机采棉种植、采收、加工等关键环节已取得重大突破，应用机采棉技术的条件已日趋成熟。由于机械化采收棉花成本低、效益高，随着机采棉栽培技术的成熟及用工成本的上升，近些年机采棉面积迅速扩大。目前，新疆机采棉比例达到 80%以上，其中，北疆基本实现全部机采，南疆机械化采收率在 60%左右。

棉花吐絮期适时喷洒脱叶剂可确保棉花叶片脱落、棉铃集中吐絮，以便机械采收。研究表明，脱叶效果与气象条件密切相关，脱叶过早，影响棉花单铃重、产量和品质；过晚则影响脱叶效果，失去了喷施脱叶剂的意义。因此，确定棉花裂铃吐絮期脱叶剂适宜喷施期气象服务指标，开展棉脱叶剂喷施关键期气象条件预报预测与应用服务，对于棉花机械化采收实现优质高产具有重要意义，也将提升气象为现代化棉花生产服务的业务能力与水平。

依据棉花气象监测站历年棉花发育期、产量及同期气象资料，分析气象条件对棉花吐絮期的影响，确定吐絮期关键气象因子。同时在沙湾市乌兰乌苏镇农业气象试验站开展棉花吐絮期不同时段脱叶剂喷施田间试验，结合农业部门脱叶剂喷施效果的大田数据，分析裂铃后脱叶剂喷施时间对棉花产量和品质的影响及脱叶效果的影响，确定新疆机采棉脱叶剂喷施适宜气象条件等级指标为：棉花进入吐絮期后，棉田棉桃吐絮率在 30%以上，棉株上部棉铃成熟度达

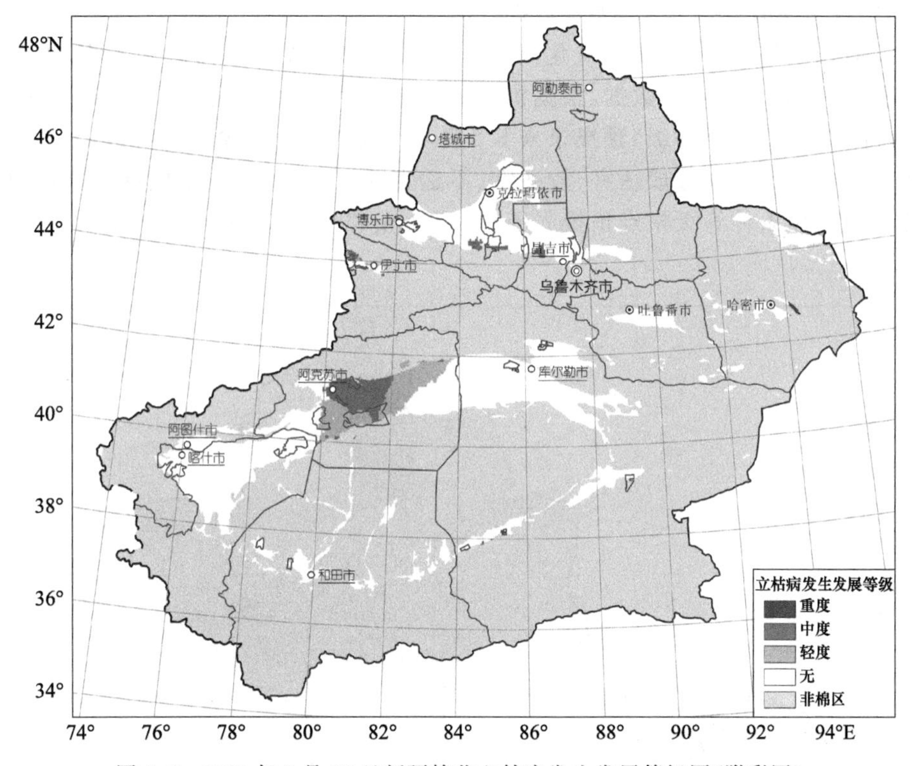

图 5.6　2021 年 5 月 17 日新疆棉花立枯病发生发展等级图(附彩图)

85%以上时,或铃期达到 35 d 以上,开始喷施脱叶剂。预报服务时段为 8 月底—9 月下旬,其中,北疆 8 月底—9 月上旬,南疆 9 月中旬—9 月下旬。

5.2.2.1　脱叶剂喷施气象等级指标

① 利用 08 时—次日 08 时气象格点预报上午制作完成未来 5 d(含当日)脱叶剂喷施适宜气象条件等级预报。

适宜指 08 时—次日 08 时无降水且 08—20 时最大风速<8 m/s,并且未来 5 d(含当日)的日平均气温(08 时—次日 08 时)≥16 ℃、日最低气温(08 时—次日 08 时)≥12 ℃。较适宜指其他不满足适宜和不适宜的情况。不适宜指当日日平均气温(08 时—次日 08 时)≤12 ℃或日降水量(08 时—次日 08 时)≥0.3 mm 或 08—20 时最大风速≥5 级(8 m/s)。

② 利用 20 时—次日 20 时气象格点预报下午制作完成未来 4 d 脱叶剂喷施适宜气象条件等级预报。

适宜指 08 时—次日 08 时无降水且 08—20 时最大风速≤4 级,并且未来 5 d(含当日)的日平均气温(20 时—次日 20 时)≥16 ℃和日最低气温(20 时—次日 20 时)≥12 ℃。较适宜指其他不满足适宜和不适宜的情况。不适宜指日平均气温(20 时—次日 20 时)≤12 ℃或日降水量(08 时—次日 08 时)≥0.3 mm 或 08—20 时最大风速≥5 级(8 m/s)。

5.2.2.2　产品模板

① 利用 08 时—次日 08 时气象格点预报上午制作完成未来 5 d(含当日)脱叶剂喷施适宜气象条件等级预报,模板日期应从当天开始往后推 5 d。

② 利用 20 时—次日 20 时气象格点预报下午制作完成未来 4 d 脱叶剂喷施适宜气象条件

等级预报，模板日期应从第 2 天开始往后推 5 d。

采用 5 km×5 km 日尺度的格点化天气预报数据，结合发育期监测和预报，融合新疆棉花适宜性种植区划、土地利用数据，根据机采棉脱叶剂喷施适宜气象条件等级指标，逐格点判别（即预报）目标日适宜等级，预报未来 5 d 脱叶剂喷施适宜气象条件等级，在地图上将脱叶剂喷施适宜气象条件划分成适宜、较适宜、不适宜 3 个等级，制作生成逐日新疆机采棉脱叶剂喷施适宜气象条件等级格点预报服务产品（.img 格式）和图片服务产品（.jpg 格式），详见图 5.7。

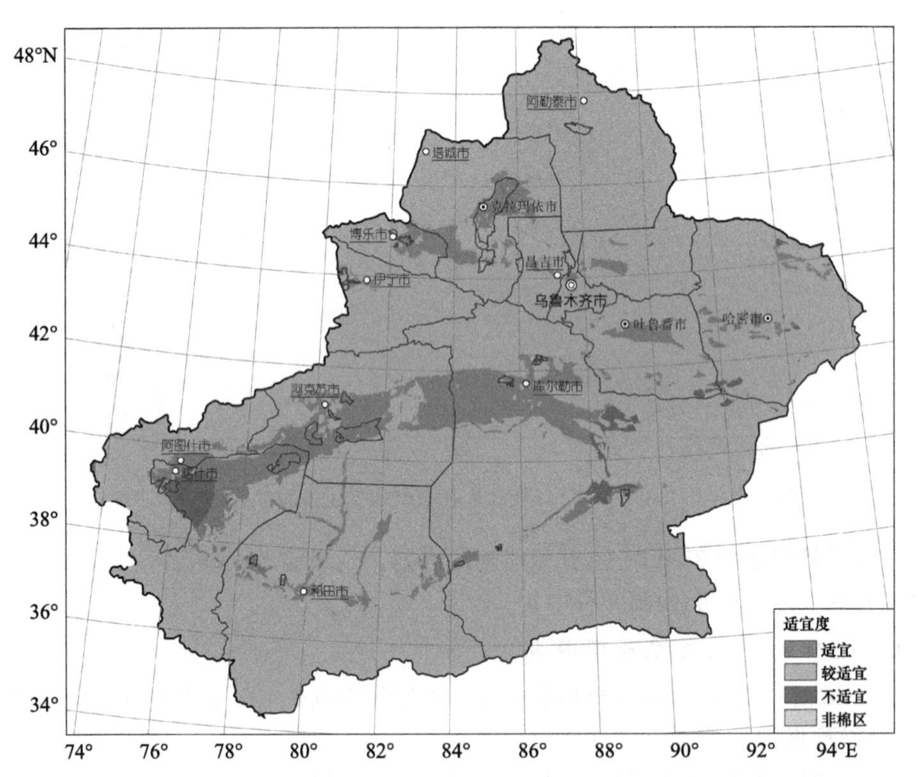

图 5.7　2022 年 9 月 21 日新疆机采棉脱叶剂喷施适宜气象等级预报图（附彩图）

5.3　棉花气象服务中心组织管理经验及服务案例

5.3.1　棉花气象服务中心组织管理经验

5.3.1.1　组织机构

棉花气象服务中心是 2017 年中国气象局和农业部联合认定的第一批特色农业气象服务中心，中心组成单位包含西北内陆、黄河流域、长江流域三大棉区中棉花产量全国排名前五的省（自治区）棉花业务技术单位、科研院所及新疆生产建设兵团的科研院所。中心依托单位为新疆维吾尔自治区农业气象台（新疆兴农网信息中心）和新疆维吾尔自治区农业技术推广总站，目前的成员单位有国家棉花工程技术研究中心、新疆农垦科学院棉花研究所、乌鲁木齐气象卫星地面站、山东省气候中心、河北省气象科学研究所、武汉区域气候中心、湖南省气象科学研究所、新疆的石河子气象局、阿克苏地区气象局等九家单位(图 5.8)。

图 5.8　棉花气象服务中心运行框架图

棉花气象服务中心主要任务，一是负责组织落实中国气象局关于棉花气象服务中心发展规划，组织完成中国气象局和棉花气象服务中心领导小组下达的有关任务；组织制定棉花气象服务中心运行管理办法、考核办法及成果转化和奖励办法，组织编制建设方案、周年服务方案及业务服务工作流程；牵头编制棉花气象服务技术规范和标准。二是编制棉花气象监测站网体系布局规划与建设，开展棉花气象服务大数据共享平台、业务支撑平台和服务平台的建设，组织棉花生产新技术的培训、交流和示范推广。三是牵头组织棉花气象服务技术重点科技项目的申报，组织与部门内外科研院所、企事业单位及中国棉花协会等单位的合作与联合共建。组织棉花气象社会化服务模式的探索。负责棉花气象服务中心的日常运转，组织棉花气象服务重大业务服务联合会商和农情灾情联合调查，全国棉花气象服务产品和决策气象服务材料的编写与上报。

2022 年棉花气象服务中心服务的棉花面积占全国棉花总面积的 96.9%以上，棉花产量占全国总产量的 98.0%以上。

5.3.1.2　运行机制

中国气象局、农业农村部是棉花气象服务中心的认定和考评单位，新疆维吾尔自治区气象局、新疆维吾尔自治区农业农村厅是中心的组织管理单位，国家气象中心和农业农村部信息中心是中心的技术指导单位。棉花气象服务中心设立了棉花气象服务工作协调委员会，委员会由新疆维吾尔自治区气象局副局长、新疆维吾尔自治区农业农村厅的副厅长任主任，5 个省(自治区)气象局的应急与减灾处、中心各单位及新疆维吾尔自治区植保站的有关负责人组成。棉花气象服务工作协调委员会下设办公室，办公室设主任由牵头单位新疆维吾尔自治区农业气象台(新疆兴农网信息中心)的分管领导(专家)担任，棉花气象服务骨干担任秘书。棉花气象服务中心组织制定了中心的建设方案、运行管理办法、业务服务流程、周年服务方案、业务会商规则等。

5.3.2 服务案例

5.3.2.1 “新疆次宜棉区退棉方案”决策气象服务案例

(1)服务需求

党中央和国务院近年来对国家粮食安全高度重视，要求“新疆引导次宜棉区有序退出棉花生产和进军全国粮食主产大省”，新疆作为我国粮食单产第二高的省级行政区，制定了“粮食区内有余，贡献国家”的方针，此时新疆维吾尔自治区和新疆生产建设兵团为优化棉花种植布局，迫切需要制定次宜棉区有序退出棉花生产的方案。

(2)重点服务内容

棉花气象服务中心依托多年积累的棉花种植气候适宜性精细化区划的技术，编写了不同熟性棉花种植气候适宜性划分指标、气候变化及对新疆棉花的影响、新疆整体及各植棉地(州、市)的次宜棉区精细化区划图等内容的决策服务产品。

(3)服务过程

棉花气象服务中心了解到服务需求后，组织专门团队几天内完成了有关服务产品的编写和图件的制作，参加了农业农村部门组织的专题研讨会，会后立即按专家有关要求完善补充服务材料和区划图并送交农业农村部门。

(4)服务成效

不同熟性棉花种植气候适宜性划分指标、新疆整体及各植棉地(州、市)的次宜棉区精细化区划图等成为新疆划定次宜棉区的最主要科学依据，用在了新疆维吾尔自治区农业农村厅印发的《关于优化棉花种植结构加快推进次宜棉区退棉生产的通知》(新农办种植〔2023〕23号)和新疆生产建设兵团印发的《引导次宜棉区退减棉花种植的指导意见》(兵农种发〔2023〕5号)等文件中，并在印发的《新疆生产建设兵团2023—2025年棉花目标价格政策实施方案》(新兵发〔2023〕17号)中再次明确，对2015年印发的《兵团棉花优势区域布局方案》进行修订，将6个团场调入植棉优势区，确定21个非优势棉区团场中的16个团场不再种植棉花、5个植棉团场植棉面积不能超过2020年的面积。

(5)服务经验

一是要及时了解当地党委、政府及农业农村部门的需求，二是要有良好的技术积累和专业技术团队，三是保持与涉农部门的密切联系和沟通。

5.3.2.2 2021年4月下旬北疆棉花霜冻和低温冷害的贯穿式全程服务案例

(1)服务需求

4月中、下旬是新疆棉花大面积播种的最关键时期，是否会有强冷空气、寒潮入侵对棉花的播种出苗影响甚大。鉴于2021年3月底北疆棉花播种期暨特色林果花期气象条件分析预测研讨会做出了“2021年北疆大部棉区棉花适宜播种期略晚于常年”的预测，4月中、下旬冷空气活动预测及其贯穿式全程服务就是要特别关注的重点。

(2)服务内容和过程

在4月17日天气会商初步确定下旬初有寒潮入侵的苗头后，18日上午，在确定天气形势没有发生变化后，立即制作了21—26日逐日的格点化棉花霜冻灾害等级预报图，发现“22—26日北疆大部棉区陆续出现不同程度的霜冻灾害”，并以《新疆农业气象灾害预警评估》材料的形式发布了棉花棉区棉花霜冻、低温冷害预警，提醒“加强冷害、霜冻和风沙灾害防御”。又依据制作的棉花播种气象条件适宜性格点化等级预报图预测的“4月19—24日棉花播种气象条件等级不利于北疆春播作物播种”的预报结果，编发《新疆春耕春播服务专报》，提出了“从20—24日停止棉花等喜温作物播种工作”的生产建议。21日，依据新的格点化预报数据，制作了未来一周逐日的格点化霜冻、冷害等级预报图，跟踪编发了“北疆大部棉区4月22—27日将出现不同程度霜冻及低温冷害 对棉花播种出苗不利 需加强防范”的《新疆农业气象灾害预警评估》材料。24日，根据霜冻预报，派遣技术骨干和记者前往新疆生产建设兵团第八师121团，和炮台气象站一同指导团场组织的霜冻联合防御工作。26日，依据4月26日—5月1日棉花播种气象条件等级预报，跟踪编发了“4月26日—5月1日适宜全疆棉花播种”的《春耕春播服务专报》。4月27—29日，组织新疆气象台、石河子气象局、兵团第六师农业科学研究所和第七师气象局专家成立联合调查小组，对兵团第六师、第七师、第八师的棉花、玉米、葡萄、桃等受灾情况进行实地调查，并编写了灾害调查报告。

棉花灾害服务的全程信息除通过政府文件交换、电子邮件等向中国气象局、新疆维吾尔自治区党委和政府及农口相关部门发送外，还通过新疆兴农网的网站及抖音、微信公众号等平台向公众发布，服务信息也被新疆知名的“丝路小棉袄”和“天山植保”等微信公众号引用转载。加强了服务宣传报道，在《中国气象报》刊发了《行动！在寒潮来临前》的宣传报道。

(3)服务成效

一是“棉花适宜播种晚于常年”的正确预测和提早3～4 d发布的棉花气象灾害格点化预报，为减轻或避免灾害影响取得了较好成效。首先，“北疆棉区棉花适宜播种期预报”中提出的“2021年北疆主要棉区棉花适宜播种期晚于常年”的正确预测，很大程度上促使北疆棉花种植者较往年推迟播种，为减轻4月下旬这场雨雪、大风及强降温天气的影响起到了重要作用。调查表明，凡是棉花播期保持明显晚于常年的，受霜冻、大风、持续低温影响很小或未受影响，棉花播期早于或接近常年的，受到霜冻、大风、持续低温影响较大，播期越早，受损就越大。其次，提前3～4 d发布的较为准确、精细、滚动的农业灾害预报为采取防灾减灾措施起到了很大的作用。比如，121团场根据灾害预报及早准备防霜组织工作，在气象部门的实地监测和预测指导下成功防御了霜冻灾害，取得了显著的经济效益，获两份服务效益证明和两封感谢信。二是加密的自动气象站网、格点化预报技术和及时灾情调查及评估，为救灾提供了科学依据。加密的自动气象站网和格点化预报技术为农业气象灾害发生范围和程度判识提供了较好的基础。多部门联合的及时田间灾害灾情调查及评估，不仅大大提高了科学救灾措施制定和实施效率，使得受灾地区的群众和领导能很快开展灾后补救工作，也促进了部门之间相互学习和服务技术水平的提高。三是借助新媒体传播提高了气象服务信息覆盖面和时效性。农业生产者借助新媒体手段了解信息比例越来越大，及时通过微信公众号、抖音等新媒体发布棉花气象灾害预警信息及防御措施，能产生良好的效果。新疆兴农网发布的该次寒潮天气引起的棉花气象灾害预报信息的浏览量达到近7000次。据调研，乌苏、沙湾、石河子、玛纳斯等市(县)的有些农民就是浏览新媒体的灾害预测与建议避免了较大的灾害损失。

(4)服务经验

一是要十分清楚棉花不同生育时段关键服务重点，二是要密切关注和把握对棉花生产有较大影响的天气变化，三是不断推进棉花气象监测和服务关键技术的研发和应用，四是树立棉花气象灾害的灾前、灾中、灾后贯穿式全程服务理念，五是充分借助新媒体提高气象服务信息的覆盖面和时效性。

第6章　花生气象服务

6.1　花生与气象

6.1.1　花生分布及产业发展

6.1.1.1　我国花生种植分布

花生在我国分布很广，从炎热的南方到寒冷的北方，各省（自治区、直辖市）都有种植。我国花生近10年面积433.6～480.5万 hm^2，单产3529～3810 kg/hm^2，总产1530.2万～1830.8万 t，居世界第一位。花生正常发育需要一定的气候条件，发芽所需的最低气温为12～13 ℃，生产所需最低气温为15 ℃，正常生产需要20 ℃以上，成熟期最适宜气温为31～33 ℃，最高气温为37～39 ℃。花生较耐旱，但要获得高产，也需要有足够的水分。最适宜花生生长的土壤是沙壤土。我国北纬40°以南年平均气温在11 ℃以上、生育期积温2800 ℃·d、年降水量500～700 mm的地区，其气候条件最适于花生的生长发育。

根据花生的生长规律，借鉴花生学术界划分方法，将我国花生生产区域划分为七大花生种植区域（万书波，2003；万书波 等，2020）。

（1）黄河流域花生区

黄河流域花生区是全国最大的花生生产区域。该区种植面积最大，总产最高。该区无论是气候条件还是土壤条件都比较适合花生生长，种植花生的土壤多为丘陵沙土和河流洪积冲积平原沙土。栽培制度为一年一熟、两年三熟或一年两熟制。该区域适宜种植普通型、中间型和珍珠豆型品种。

（2）长江流域花生区

该区是我国春、夏花生交作的产区，自然资源条件好，有利于花生生长发育。花生生育期积温为3500～5000 ℃·d；日照时数一般为1000～1400 h，最高达到1600 h，最低800 h；降水量一般在1000 mm，最高可达1400 mm，最低为700 mm。种植花生的土壤多为酸性土壤、黄壤、紫色土、沙土和沙砾。栽培制度，丘陵地和冲积沙土多为一年一熟和两年三熟制，以春花生为主，南部地区及肥沃地多为两年三熟和一年两熟制，以夏直播花生为主，南部地区有少量秋植花生。该区适宜种植普通型、中间型和珍珠豆型品种。

（3）东南沿海花生区

该区是我国最早种植花生，且能春、秋两作的主产区。花生主要种植在海拔50 m左右的地区，主要分布在东南沿海丘陵地区和沿海、河流冲积地区一带，广西的西北部和福建的戴云山等地分布较少。该区高温多雨，水热资源丰富，居全国之冠。种植花生的土壤多为丘陵红壤和黄壤，以及海、河流域的冲积沙土。栽培制度因气候、土壤、劳力等因素影响而比较复杂，以一年两熟、一年三熟、两年五熟的春、秋花生为主，海南可种植冬花生。该区适宜种植珍珠豆型品种。

(4)云贵高原花生区

该区为高原山地，地势西北高、东南低，高低悬殊。山高谷深，江河纵横，气候垂直差异明显。花生多种植于海拔1500 m以下的丘陵、平坝与半坡地带。土壤以红壤和黄壤为主，土质多为沙质土壤，酸性强。气候条件差异较大，花生生育期积温为3000～3250 ℃·d，日照时数为1100～2200 h，降水量为500～1400 mm。有干、湿季之分，以云南较为明显，降水多集中在5—10月。栽培制度以一年一熟制为主，部分为两年三熟或一年两熟制，元江、元谋、芒市、河口和西双版纳等地可种植春、秋两作花生。该区适宜种植珍珠豆型品种。

(5)黄土高原花生区

该区地势东南低、西北高，海拔高度为1000～1600 m，花生多分布于地势较低地区。土质多为粉沙，疏松多孔，水土流失严重。花生生育期积温为2300～3100 ℃·d，日照时数为1100～1300 h，降水量为250～550 mm，多集中在6—8月。栽培制度为一年一熟制。该区适宜种植珍珠豆型和多粒型品种。

(6)东北花生区

该区种植花生的地区多为海拔200 m以下的丘陵沙地和风沙地。花生生育期积温2300～3300 ℃·d，日照时数为900～1450 h，降水量为330～600 mm，东南多，西北少。栽培制度为一年一熟或两年三熟制。种植品种由南向北，依次为中间型、珍珠豆型、多粒型。

(7)西北花生区

该区在我国西北部，地处内陆，绝大部分地区属于干旱荒漠气候，温度、水分、光照、土壤资源配合有较大缺陷。种植花生的土壤多为沙土。区内气候差异较大，南疆、东疆南部和甘肃西北部花生生育期积温为3400～4200 ℃·d，日照时数为1300～1900 h，降水量仅为10～73 mm。甘肃东北部、宁夏中北部，新疆的北疆南部等地区花生生育期积温为2800～3100 ℃·d，日照时数为1400～1500 h，降水量为90～108 mm。甘肃河西走廊北部、新疆的北疆北部部分地区花生生育期积温为2300～2650 ℃·d，日照时数为1150～1350 h，降水量为61～123 mm。该区温光条件对花生生长发育有利，但雨量稀少，不能满足生长发育需要，必须有灌溉条件才能种植花生。栽培制度为一年一熟制的春花生。

6.1.1.2　我国花生产业发展现状

我国是世界上最大的花生生产和消费国，在总产约50%榨油的情况下，年产花生油近300万t，占国产植物油总产的四分之一，是国内最具有竞争力的大宗油料作物。进一步发展花生生产对于保障食用油供给安全和促进乡村振兴战略实施意义重大。目前我国花生产业发展呈现以下几个特点。

面积稳中有升。花生在全国各省都有种植，其中黄河流域花生区面积和产量均占全国的一半以上，东南沿海花生区和长江流域花生区次之。除上述传统三大主产区外，近十年来东北花生区发展较快，成为第四大产区。目前，全国有14个省(自治区、直辖市)面积超过6.7万 hm^2，花生总面积从2015年的438.5万 hm^2 增加到2020年的474万 hm^2(增长8.09%)，且在新疆次宜棉区、北方农牧交错带、风沙干旱区仍有潜力可挖。

产量水平持续提高。由于农业政策、科技进步和种植效益的拉动，全国花生单产持续提高，从2015年的3639 kg/hm^2 提高到2020年的3806 kg/hm^2，已跃居世界先进水平，是世界平均产量的2.3倍,仅次于美国。全国花生总产亦连续增长,2020年已达1799万t。同时,花生在国内油料作物(包括油菜、花生、向日葵、芝麻和胡麻,不含大豆)总产中的比例从46.3%提高到50.4%。目前我国花生单产居前五位的省级行政区是新疆、安徽、河南、山东、江苏,花生总产居前五位的省级行政区依次是河南、山东、河北、广东、辽宁。

种植效益总体较好。按近3年平均价格(荚果6.6元/kg)计算,全国花生种植业年产值1190亿元,在国内大宗粮棉油作物中仅次于三大粮食,而且单位面积收益跃居前列,比较效益优势明显。在一些种植特色花生、鲜食花生的地区,种植效益则更高,对增加农民收入、促进扶贫脱贫的作用十分突出。

技术进步较快。花生科技创新步伐加快,10年来8项成果获国家科技奖励,培育推广了一批优质、高产、抗病抗逆的优良新品种,高油酸品种开始规模化种植;栽培和植保绿色生产技术研发应用成效显著;机械化生产技术发展较快,综合机械化率约62%。

加工利用平稳发展。我国花生总产中约52%用于榨油,年产花生油近300万t,占国产植物油产量的25%,仅次于菜籽油。高油酸花生油已批量销售,市场价值凸显。花生多样化食用及食品加工合计占总产的约40%,鲜食消费不断上升。

市场价格波动上扬。2016—2020年全国花生价格呈现连续下降和连续上升的周期性波动,5年花生仁通货平均为8023.8元/t,其中2018年最低(6158元/t),2020年创历史最高(10370元/t),与同期中美经贸摩擦升级、大豆进口波动、新冠疫情下植物油进口下降等密切相关。

进出口贸易格局深刻变化。我国是世界传统花生出口大国,2005年前后出口量居世界首位并占全球贸易量的50%。近几年来,受国内花生成本上升、农产品市场需求和贸易政策的影响,花生出口波动较大。2016—2020年,出口量先升后降,5年平均为66.34万t,而同期进口则快速上升,其中,2016—2019年平均年进口101.18万t,进口量已稳超出口量。

花生在国内油料作物中的优势有:总产量最大,占油料总产的50%以上;单产最高,是其他油料的1倍以上;种植效益最好,单位面积效益高于其他油料;种植总产值最大,近1200亿元;产油效率最高,单位面积产油量是其他油料的1倍以上;国际竞争力相对最强,是出口最多、自给率最高的油料产品。

6.1.2 花生的生理特性和物候期

根据花生的生长发育特点,可将花生整个生长周期分为种子发芽出苗期、幼苗期、开花下针期、结荚期、饱果成熟期五个阶段。种子发芽出苗期和幼苗期又称苗期或前期,开花下针期和结荚期又称中期,饱果成熟期又称后期。

6.1.2.1 种子发芽出苗期

从花生播种到50%的幼苗出土,并展开第一片真叶,为发芽出苗期。发芽出苗期需要5～15 d,具体出苗时间跟气温有关,春播花生出苗期长,可能需要8～15 d,夏播花生出苗期则短很多,一般5～10 d即可出苗。这一时期花生的生长特点以生根、分枝、长叶等营养生长为主。

6.1.2.2 幼苗期

从50%种子出苗到50%植株第一朵花开放为幼苗期。幼苗期一般在20～35 d,具体时间因品种和种植季节差异比较大,春播幼苗期一般在25～35 d,夏播幼苗期在20～25 d,一些夏播早熟品种甚至只需要20 d。这一时期生长特点是营养生长为主，花芽开始分化，开始形成根瘤。

6.1.2.3 开花下针期

自50%植株开花到50%植株出现鸡头状幼果为开花下针期，简称花针期。开花下针期在15～35 d，根据种植季节和品种，差异很大，春播花生下针期在25～35 d，夏播的则在15～20 d。这一时期生长特点是营养生长与生殖生长并进，根瘤大量形成，固氮能力增强。

6.1.2.4 结荚期

从50%植株出现鸡头状幼果到50%植株出现饱果为结荚期。结荚期一般在20～40 d，春播在30～40 d，夏播在20～30 d。这一时期生长特点是大批果针入土形成幼果或秕果，营养生长达到最盛期，水肥消耗量耗水量达到最盛。

6.1.2.5 饱果成熟期

从50%植株出现饱果到大多数荚果饱满成熟为饱果成熟期，简称饱果期。春播花生饱果期在40～50 d，夏播则在30～40 d。这一时期生长特点是营养生长日渐衰退，以生殖生长为主，根瘤停止固氮。

6.1.3 花生生长与气象的关系

6.1.3.1 种子发芽出苗期

花生播种到土壤中，吸收本身重量50%左右的水分后，才能开始出苗。当土壤含水量为田间持水量的60%～70%时，发芽率最高，低于50%则出苗不齐，若少到40%以下时，种子基本不能发芽出苗。但土壤含水量达到田间持水量的80%～90%甚或更多，种子呼吸困难，发芽率反而下降。

花生种子发芽出苗，气温保持在15～35 ℃为最适宜。花生能发芽的最低气温，珍珠豆型、多粒型的品种是12 ℃，普通型、龙生型的品种为15 ℃。所以土温必须达到12～15 ℃以上，才能进行播种。温度低，将延长发芽出苗时间，会使种子养分大量消耗，影响出苗率，甚至出现缺苗断垄。温度过高也不利，当温度达到40 ℃时，发芽率下降，超过48 ℃不能发芽。春花生播种季节，气温较低，故出苗期常达10 d以上。夏秋季节气温高，播种到出苗只需7～11 d。

6.1.3.2 幼苗期

幼苗期适宜气温为20～27 ℃，此时植株矮壮、节密；气温低于15 ℃，幼苗生长缓慢，持续低于8 ℃就会出现寒害；在0～4 ℃下经过6 d就会致死。气温超过27 ℃，虽然加快幼苗生长速度，但容易形成弱苗。

幼苗期较耐旱，土壤含水量为田间持水量的50%～60%较适宜。即使田间持水量小于50%时，对幼苗生长影响也不大。土壤偏旱对花生扎根蹲苗壮长有利。土壤水分过多，超过田间持水量的70%时，又多阴雨，往往造成湿害，使花生植株根弱苗黄。当然，土壤过分干燥，对幼苗生长也不利，造成植株生长不良，花芽分化受抑制。幼苗期充足的光照可使植株节间短、分枝多、花期提前、开花多。所以在幼苗生长期晴天多，能使幼苗生长健壮。

6.1.3.3 开花下针期

开花下针期花生的茎、叶迅速生长，同时大量开花、下针。开花、下针数目的多少与气象条件关系很密切,适温为 23～28 ℃,在此范围内,温度越高,开花下针数就越多。当日平均气温低于 21 ℃或高于 30 ℃时,开花数显著减少,气温低于 19 ℃时,不能形成果针。

开花下针期内需要大量水分,以土壤含水量为田间持水量的 60%～70%为适宜。土壤干旱不仅影响开花,甚至使开花中断,但土壤含水量为田间持水量 80%以上时,会造成茎叶徒长,开花和下针少。充足的阳光,促进开花早、花多、花齐。天气阴雨,光照弱,花生主茎增长快,分枝少,植株瘦弱,盛花期延迟,无效花增加。故封行后,保持行间通风透气,才能多开花、多下针。

6.1.3.4 结荚期

结荚期需土壤湿润,土壤含水量为田间持水量的 60%较适宜。土壤缺水,子房停止生长,形成秕果,但土壤水分过多,导致通气不良,土壤缺氧,根系早衰,空果、秕果、烂果增多。荚果发育最适温度为 25～33 ℃,此时荚果发育快,增重高。大粒花生在气温低于 15 ℃、小粒花生在气温低于 12 ℃,荚果就逐渐停止增长,容易形成秕果。

6.1.3.5 饱果成熟期

饱果成熟期适宜土温为 25～30 ℃,土温高于 40 ℃,植株营养生长衰退过早、过快,干物质积累少,果仁增重不大;温度低于 20 ℃,植株贪青、干物质积累少,果仁增重不大。此期要求土壤湿润,有利于荚果增大和果仁油分积累;如土壤干燥,就会影响果仁饱满、含油量明显下降;土壤过湿,引起植株徒长,甚至果仁发芽烂果。此期要求晴朗温暖的天气,在充足光照下,才有利于荚果饱满和果仁增重。

6.2 花生气象服务技术和方法

2020 年 8 月中国气象局和农业农村部联合认定了花生气象服务中心,经过 3 年的建设,黄淮海地区花生气象服务体系已基本建成,为我国黄淮海主产区花生增产稳产提供了有效的气象保障。在服务技术的研发方面,围绕花生气象指标、花生气象灾害指标、花生气象灾害防御、花生作物模拟、花生气候资源分析、花生产量预报、花生遥感监测、花生碳循环 8 个方向,持续开展研究和预研究,形成了系列成果。本节就花生种植区域提取技术及花生主要气象灾害评估技术进行详细介绍。

6.2.1 花生种植区域提取技术

6.2.1.1 作物抽样

选定典型试验区,对典型试验区的双时相数据进行波段合成,基于其统计特征,用迭代自组织数据分析算法进行最大聚类。根据聚类结果,按类进行分层随机抽样,获得参考样本点。开展样本点实地调查,确定各样本点作物类型、地块范围坐标,并在影像上进行勾绘,得到样本地块信息。由于花生生长季作物分类较多,按各类作物 50%的比例随机分为训练样本和测试样本,训练样本用于作物分类和花生识别模型构建,测试样本独立于训练样本,用于测试模型的分类能力和泛化性能。

6.2.1.2　特征构建

用两个时相的 GF-1 和 GF-6 光谱波段，分别衍生植被指数，包括归一化植被指数、比值植被指数、绿度总和指数、花青素反射指数－2 及它们时相差值作为植被变化特征；纹理特征通过灰度共生矩阵计算，包括纹理均值、方差、协同性、对比度、相异性、信息熵、二阶矩、相关性及它们的时相差值作为纹理变化特征。通过合理的特征选择，去除分类贡献不大、相关性小的特征。分析发现，ReliefF 过滤式特征选择法适用于花生样本的分析。首先从所有训练样本中随机地取出一个样本 R，然后再从与 R 同类的样本组内取出 k 个近邻样本，在其他所有与 R 不同类的样本组，也分别取出 k 个近邻样本，最后计算同类和异类样本移动的最大距离，来确定特征的分类能力权重，权重越大，则其在分类中的作用越明显。

将优选的 15 个特征参量(表 6.1)按类型组合，构造成 4 种特征空间，A 为仅使用两时相光谱特征参量，即 S_1—S_8；B 为光谱和纹理类型的特征参量组合，即 S_1—S_8 和 T_1—T_3；C 为光谱和植被指数类型的特征参量组合，即 S_1—S_8 和 V_1—V_4；D 为所有入选特征参量组合，即 S_1—S_8、T_1—T_3 和 V_1—V_4。用 J-M 距离指数法，确定特征空间的地物类别(表 6.2)。

表 6.1　特征参量信息表

编码	特征参量	类型
S_1—S_4	2020 年 8 月 1 日时相的红、绿、蓝和近红外波段	光谱特征
S_5—S_8	2020 年 8 月 15 日时相的红、绿、蓝和近红外波段	
V_1	2020 年 8 月 1 日时相的归一化植被指数	植被指数特征
V_2	2020 年 8 月 1 日时相的绿度总和指数	
V_3	2020 年 8 月 1 日时相的比值植被指数	
V_4	2020 年 8 月 1 日和 2020 年 8 月 15 日两时相归一化植被指数差	
T_1	2020 年 8 月 1 日时相纹理平均值	纹理特征
T_2	2020 年 8 月 15 日时相纹理平均值	
T_3	2020 年 8 月 1 日和 2020 年 8 月 15 日两时相纹理均值差	

表 6.2　不同特征空间花生与大豆、水稻、玉米的 J-M 距离

作物	原始影像		构造的特征空间			
	2020 年 8 月 1 日	2020 年 8 月 15 日	A	B	C	D
大豆	1.9199	1.4455	1.9527	1.9564	1.9967	1.9970
水稻	1.9669	1.4921	1.9998	1.9999	2.0000	2.0000
玉米	1.7635	1.9935	1.8510	1.8616	1.9916	1.9922

6.2.1.3　分类模型及验证

利用“作物双时相遥感分类模型”(C-DRSC)对花生种植区进行提取。该模型继承了随机森林嵌入式特征选择方法，通过平均精度减少指标(mean decrease accuracy，MDA)评估特征的重要程度，在训练过程继续对特征空间调整，分类效率更高。

为进一步验证 C-DRSC 模型在大尺度空间上的泛化能力，选择黄淮海地区四个花生主产县，即河北省大名县、河南省延津县、河南省正阳县、山东省郓城县，开展花生种植区提取试验，用各乡镇花生统计面积进行效果验证。试验得到花生种植分布(图 6.1)及测算面积。大名县提取的花生总面积为 19615.1 hm²，较之统计面积少 724.3 hm²，相对误差－3.56%；延津县提取的花生总面积 29543.2 hm²，较之统计面积少 272.6 hm²，相对误差－0.91%；郓城县提取的花生总面积为 5024.6 hm²，较之统计面积少 1121.4 hm²，相对误差－18.25%；正阳县提取的花生总面积为 106891.0 hm²，较之统计面积少 5301.6 hm²，相对误差－4.73%。从相对误差的比较看，除郓城县外，各县花生面积遥感测算总体上取得了较高精度。从 4 个花生种植空间分布特征看，除正阳县的 2 个乡镇外，遥感提取的花生种植分布特征与乡镇统计面积的空间分布特征一致。从各乡镇的遥感面积与统计面积的散点图上看，两者具有较好的一致性，线性拟合斜率为 1.0359，接近 1∶1 线，决定系数达 0.9778（通过 $p<0.01$ 显著性检验）（图 6.2a）；从各乡镇的遥感面积与统计面积的相对误差概率密度看，误差主要集中在－20%～20%，平均相对误差为±16.25%（图 6.2b）。

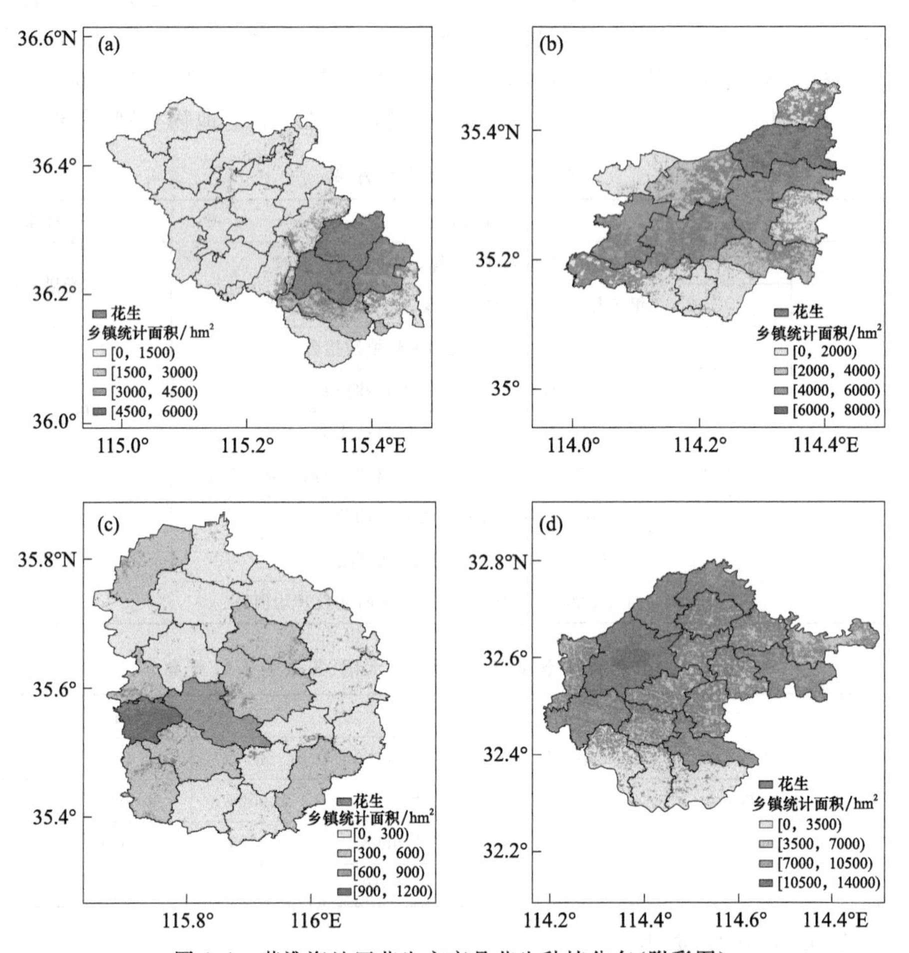

图 6.1 黄淮海地区花生主产县花生种植分布（附彩图）

（a）河北省大名县；（b）河南省延津县；（c）山东省郓城县；（d）河南省正阳县

6.2.2 花生叶面积指数监测技术

6.2.2.1 GF-1 多光谱卫星光谱反射率模拟

在花生生长季，按花生生育进程选择晴朗无云天气进行地面光谱观测。根据 GF-1 卫星

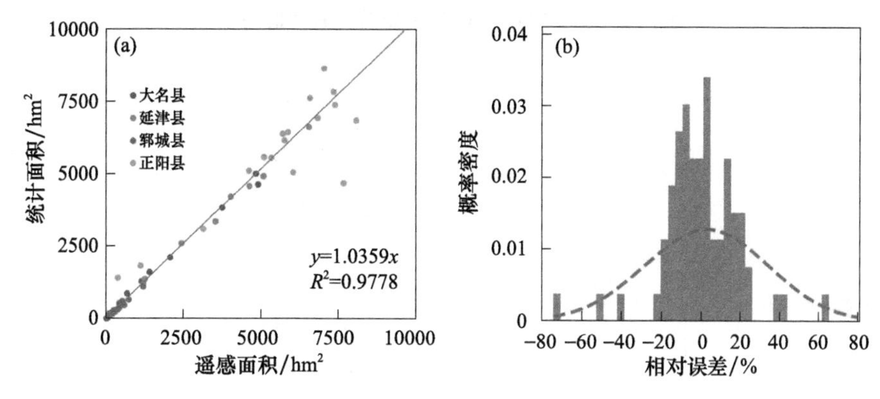

图 6.2 花生面积遥感提取的试验效果(附彩图)

(a)散点图;(b)相对误差

传感器的光谱响应函数,将地面实测高光谱反射率模拟为和 GF-1 蓝、绿、红和近红外波段相对应的光谱反射率,公式为

$$R=\frac{\sum_{\lambda=\lambda_{\min}}^{\lambda_{\max}} S(\lambda)R(\lambda)}{\sum_{\lambda=\lambda_{\min}}^{\lambda_{\max}} S(\lambda)} \tag{6.1}$$

式中:R 是模拟卫星宽波段的反射率;$\lambda_{\min}$ 和 $\lambda_{\max}$ 为卫星传感器光谱的起始和终止波长,单位为 nm;$S(\lambda)$为卫星传感器在 λ 波长的光谱响应函数值;$R(\lambda)$是花生冠层地面实测高光谱在 λ 波长的反射率。利用地面采集的卫星光谱数据构建宽波段光谱指数,包括归一化植被指数(NDVI)、比值植被指数(RVI)、可见光大气阻抗指数(VARI)、土壤调节植被指数(MSAVI2)、绿色比值植被指数(GRVI)、标准叶绿素指数(NPCI)、作物氮反应指数(NRI)、综合指数(TCARI、OSAVI)。

6.2.2.2 花生冠层光谱和叶面积指数关系分析

首先计算每个测点的光谱反射率。然后对原始光谱反射率进行倒数对数、一阶导数、二阶导数等不同形式变换,并进行高光谱特征变量的计算,选择基于高光谱面积变量、位置变量和植被指数变量 3 种类型的高光谱特征变量,并进行 LAI 和光谱相关参数的相关分析。选择出显著相关的光谱特征变量,利用这些变量建立 LAI 单变量估算模型;再利用这些光谱特征变量进行多元逐步回归分析,建立 LAI 的多元回归模型。

从 LAI 与各高光谱变量间的相关系数可以看出,LAI 与除蓝边位置、红边位置、绿峰反射率、SD_r/SD_y 外的所有高光谱变量间的相关系数均通过信度为 0.05 的显著性检验(表 6.3)。其中,LAI 与绿峰反射率和红谷反射率构成的植被指数 VI_1、VI_2、SD_y 的相关系数绝对值大于 0.7,除此之外,LAI 与蓝边幅值、黄边位置、红边幅值、绿峰位置、红谷反射率、蓝边面积、红边面积、VI_5、VI_6 之间的相关系数均通过信度为 0.01 的显著性检验。这表明可以通过光谱变量来估算 LAI,从而揭示花生的长势,故选取 D_b、λ_y、D_r、λ_g、R_r、SD_b、SD_y、SD_r、VI_1、VI_2、VI_5、VI_6 作为模型自变量。

表 6.3 花生冠层 LAI 与高光谱变量间的关系

光谱变量类型	变量	描述	相关系数
基于光谱位置变量	D_b	蓝边幅值	0.485**
	λ_b	蓝边位置	−0.097
	D_y	黄边幅值	−0.382*
	λ_y	黄边位置	0.462**
	D_r	红边幅值	0.439**
	λ_r	红边位置	−0.192
	R_g	绿峰反射率	−0.153
	λ_g	绿峰位置	−0.594**
	R_r	红谷反射率	−0.677**
	λ_{rv}	红谷位置	0.343*
基于光谱面积变量	SD_b	蓝边面积	0.442**
	SD_y	黄边面积	−0.708**
	SD_r	红边面积	0.669**
	SD_g	绿峰面积	0.366*
基于高光谱植被指数变量	VI_1	R_g/R_r	0.750**
	VI_2	$(R_g-R_r)/(R_g+R_r)$	0.751**
	VI_3	SD_r/SD_b	0.418*
	VI_4	SD_r/SD_y	−0.051
	VI_5	$(SDr-SD_b)/(SDr+SD_b)$	0.467**
	VI_6	$(SD_r-SD_y)/(SD_r+SD_y)$	0.460**

注:“*”“**”分别表示显著性水平达到 0.05 和 0.01。

6.2.2.3 基于地面高光谱遥感的花生叶面积指数反演模型

根据表 6.3 相关性分析,基于光谱指数和 LAI,选择除 NPCI 外的其余 7 种植被指数建模。利用线性、对数、二次、幂、指数函数模拟建立单变量 LAI 估算模型,模型均通过 0.01 水平的显著性检验,以 NDVI、VARI、MSAVI2、NRI、TCARI、OSAVI 为变量的指数模型与其他估算模型相比 R^2 最大,而以 RVI 和 GRVI 为变量的幂函数模型 R^2 最大,均大于 0.6,拟合程度最高。

综合光谱指数对 LAI 变化的响应能力、模型决定系数和模型均方根误差,认为基于 RVI 指数构建的模型是最优 LAI 估算模型的表达式,即

$$\mathrm{LAI}=0.481\mathrm{RVI}^{0.830} \tag{6.2}$$

模拟 GF-1 光谱反射率的 RVI 指数与 LAI 的相关性最高,适用性最强,在 ENVI5.2 下,选择 GF-1 卫星影像相关波段计算 RVI 指数,利用其最优估算模型 $\mathrm{LAI}=0.481\mathrm{RVI}^{0.830}$ 进行 LAI 估算,并以提取的花生种植区域作为掩膜,获取花生 LAI 遥感监测图。分析野外试验观测点模拟 LAI 与实测值关系表明,该模型对 LAI 具有较高的预测精度,因此根据同一天野外花生观测试验 LAI 分布范围,对遥感监测图进行分类,获得花生 LAI 遥感监测等级图,不同等

级代表不同的花生长势(图 6.3)。

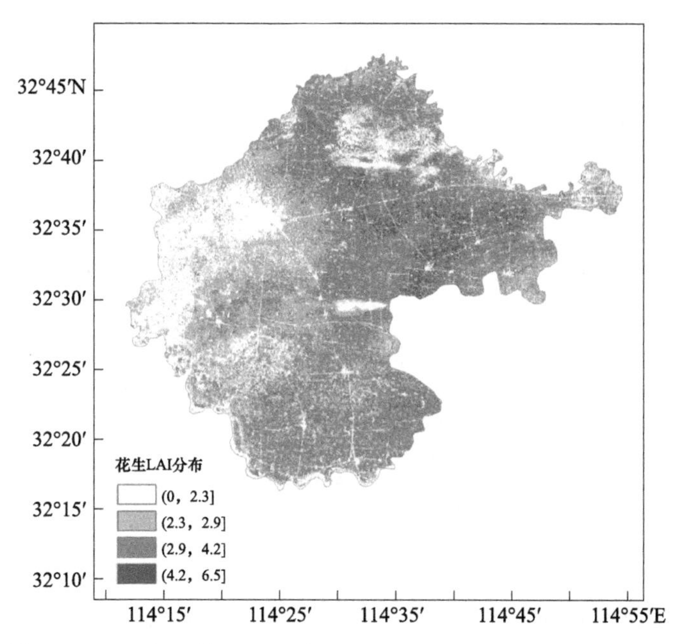

图 6.3　2019 年 8 月 19 日河南省正阳县花生 LAI 分布图(附彩图)

利用 GF-1 卫星传感器的光谱响应函数和地面实测高光谱数据，基于地面观测光谱数据构建多种宽波段光谱指数，建立了基于高光谱指数的花生 LAI 遥感估算模型。光谱指数和花生实测 LAI 的相关系数，除 NPCI 外，相关系数绝对值均在 0.6 以上，其中，RVI 和 TCARI、OSAVI 在 0.8 以上；利用线性、对数、二次、幂、指数函数模拟建立单变量花生 LAI 估算模型，以 RVI 和 GRVI 为变量的幂函数模型 R^2 最大，拟合程度最高；基于 RVI 指数建立的模型($LAI=0.481RVI^{0.830}$)是 LAI 估算的最佳模型，结果表明利用宽波段指数和 GF-1 卫星数据适用于花生 LAI 估算，对今后进行大面积花生长势监测有重要意义。

利用地面高光谱测量数据模拟 GF-1 宽波段光谱反射率，并提取了和地面实测点经纬度一致的、经过预处理的 GF-1 卫星光谱信息，对两者进行对比发现结果非常一致。因此，根据 GF-1 卫星 WFV 传感器的光谱响应函数，将地面高光谱反射率数据模拟为 GF-1 宽波段光谱反射率，进而构建光谱指数，利用实测高光谱反演的光 9 谱指数和实测的 LAI 建立 LAI 的估算模型，再应用到卫星尺度进行花生 LAI 估算。在这个过程中，实现了从地面观测样点到卫星尺度的转换。

6.2.3　花生主要气象灾害评估技术

6.2.3.1　花生干旱灾害影响评估

作物水分亏缺指数干旱等级指标是在土壤相对湿度指标的基础上，通过建立水分亏缺指数与土壤相对湿度二者之间的定量关系模型进行确定。由于水分亏缺指数是反映一段时间内的作物水分亏缺状况，其计算时段可以根据需求而定，以旬为单位，分 3 步计算夏花生不同生育阶段平均水分亏缺指数(I_{mean})。

第 1 步计算夏花生生育期内逐旬的水分亏缺指数 $I_{\text{CWD},j}$

$$
I_{\mathrm{CWD},j}=\begin{cases}\dfrac{\mathrm{ETC}_j-P_j-I_j}{\mathrm{ETC}_j\times 100\%} & \mathrm{ETC}_j\geqslant P_j+I_j\\ 0 & \mathrm{ETC}_j< P_j+I_j \text{ 且 } P_j+I_j\leqslant 2\overline{\mathrm{ET}}\\ C_j\times 100\% & P_j+I_j>2\overline{\mathrm{ET}}\end{cases} \tag{6.3}
$$

式中：$I_{\mathrm{CWD},j}$ 代表第 j 旬的水分亏缺指数，用百分率表示；ETC_j 代表第 j 旬的需水量，单位为 mm；P_j 代表第 j 旬的降水量，单位为 mm；I_j 代表第 j 旬的灌溉量，单位为 mm；$\overline{\mathrm{ET}}$ 代表当地花生旬需水基数，单位为 mm；C_j 代表降水和灌溉总量远大于需水量时的水分盈余系数，由下式计算

$$
C_j=\begin{cases}\dfrac{\overline{\mathrm{ET}}-P_j-I_j}{\overline{\mathrm{ET}}\times 100\%} & \overline{\mathrm{ET}}< P_j+I_j\leqslant 2\overline{\mathrm{ET}}\\ \dfrac{-(P_j+I_j)}{2\overline{\mathrm{ET}}} & 2\overline{\mathrm{ET}}< P_j+I_j\leqslant 3\overline{\mathrm{ET}}\\ -1.5 & P_j+I_j>3\overline{\mathrm{ET}}\end{cases} \tag{6.4}
$$

当旬降水量与灌溉量之和大于 $\overline{\mathrm{ET}}$ 且小于 2 倍 $\overline{\mathrm{ET}}$ 时，盈余效果好；当旬降水量与灌溉量之和大于 2 倍 $\overline{\mathrm{ET}}$ 时，盈余能力减弱；旬降水量与灌溉量之和大于 3 倍 $\overline{\mathrm{ET}}$ 时，多余水分基本成为径流流失，水分盈余稳定，$C_j=-1.5$。

旬需水量 ETC_j 可由下式计算

$$
\mathrm{ETC}_j=K_{c,j}\times \mathrm{ET0}_j \tag{6.5}
$$

式中：$\mathrm{ET0}_j$ 代表某旬参考作物蒸散量，单位为 mm，计算方法见参考文献；$K_{c,j}$ 代表夏花生生育期内某旬的作物系数(姬兴杰 等 2013；Allen et al.，1998)。

第 2 步在旬水分亏缺指数基础上，考虑到水分亏缺的累计效应及对后期作物生长发育的影响，再计算第 j 旬累计水分亏缺指数($I_{\mathrm{CWDS},j}$)，以该旬为基础向作物生长前期推 4 旬(共 5 旬)进行计算

$$
I_{\mathrm{CWDS},j}=a\times I_{\mathrm{CWD},j}+b\times I_{\mathrm{CWD},j-1}+c\times I_{\mathrm{CWD},j-2}+d\times I_{\mathrm{CWD},j-3}+e\times I_{\mathrm{CWD},j-4} \tag{6.6}
$$

式中：$I_{\mathrm{CWD},j}$、$I_{\mathrm{CWD},j\text{-}1}$、$I_{\mathrm{CWD},j\text{-}2}$、$I_{\mathrm{CWD},j\text{-}3}$ 和 $I_{\mathrm{CWD},j\text{-}4}$ 为第 j、j-1、j-2、j-3、j-4 旬的水分亏缺指数，用百分率表示；a、b、c、d、e 为权重系数，取值分别为 0.3、0.25、0.2、0.15、0.1。

第 3 步将各生育阶段内所有旬的累计水分亏缺指数进行平均，得到生育阶段平均水分亏缺指数 I_{mean}，即

$$
I_{\mathrm{mean}}=\frac{1}{n}\sum_{j=1}^{n} I_{\mathrm{CWDS},j} \tag{6.7}
$$

式中：I_{mean} 为夏花生某生育阶段平均水分亏缺指数，用百分率表示；$I_{\mathrm{CWDS},j}$ 为生育阶段内第 j 旬(不足整旬按整旬计算)的累计水分亏缺指数，用百分率表示；n 为某生育阶段内包含的总旬数。

通过计算水分亏缺指数，找到与之对应的产量损失率，从而进行花生干旱灾害影响评估(表 6.4)。

表 6.4　基于水分亏缺指数的花生干旱等级指标(水分亏缺百分率 I)　%

干旱等级	苗期（播种—开花）	花针期（开花—结荚）	结荚期（结荚—饱果）	饱果期（饱果—成熟）	对应产量损失率
无	$I<35$	$I<20$	$I<30$	$I<40$	0
轻旱	$35\leqslant I<45$	$20\leqslant I<30$	$30\leqslant I<40$	$40\leqslant I<55$	<10
中旱	$45\leqslant I<55$	$30\leqslant I<40$	$40\leqslant I<50$	$55\leqslant I<65$	10～20
重旱	$55\leqslant I<65$	$40\leqslant I<55$	$50\leqslant I<60$	$65\leqslant I<75$	20～30
特旱	$I\geqslant 65$	$I\geqslant 55$	$I\geqslant 60$	$I\geqslant 75$	$\geqslant 30$

6.2.3.2　花生涝渍灾害影响评估

以涝渍害指标等级为基础，在建立历史资料序列的基础上，结合花生生长发育、防灾减灾措施等情况，对涝渍害类型、发生范围、灾害等级及影响进行评估。

范围评估根据涝渍害发生范围百分率将涝渍害分为局部涝渍、区域涝渍害和大范围涝渍害 3 级。局部涝渍害评估区域内涝渍害发生面积占作物种植面积 20％以下；区域涝渍害评估区域内涝渍害发生面积占作物种植面积 20％～50％；大范围涝渍害评估区域内涝渍害发生面积占作物种植面积 50％以上。

涝渍灾害造成花生产量损失的估算方法为

$$Y_c=(R_s-R_c-R_j)\times Y_a\times 0.1+(R_c-R_j)\times Y_a\times 0.3+Y_a\times 0.7 \tag{6.8}$$

式中：Y_c 为区域内由涝渍害造成的花生总产的减产量，单位为 kg；R_s、R_c、R_j 分别为一个区域内受涝渍害影响的花生受灾面积、成灾面积和绝收面积，单位为 hm^2；Y_a 为当年该区域的花生趋势单产，单位为 kg/hm^2。花生涝渍害产量损失分级见表 6.5。

表 6.5　花生涝渍害产量损失等级　%

产量损失等级	一般损失	严重损失	重大损失	特别重大损失
花生涝渍害产量损失占评估区域内总产量的比率	2～5	5～10	10～15	>15

6.2.3.3　花生连阴雨灾害影响评估

花生连阴雨灾害通常是由于连阴雨和渍害等农业气象灾害共同影响造成的，为了单独将连阴雨引起的灾损提取出来，可利用拉格朗日插值法计算出期望产量。期望产量是指花生花期至成熟期未出现连阴雨灾害时的可能产量。在历史产量序列中筛选出基本无明显灾情年份 $x_1,x_2,\cdots,x_n$，提取出对应年份的花生单位面积产量 $y_1,y_2,\cdots,y_n$ 构成基本序列。根据拉格朗日插值原理，出现灾情的第 x 年，假设不受灾情影响的期望产量表示为

$$y_h(x)=\sum_{i=1}^{n}y_i\prod_{j=1}^{n}\frac{x-x_j}{x_i-x_j} \tag{6.9}$$

式中：$i,j=1,2,3,\cdots\cdots n$ 为基本无连阴雨灾害年的年份序列；$\prod\limits_{j=1}^{n}$ 表示乘积取遍 j 从 1 到 n 的全部数值，但去除 $j=i$ 的情况。最后，由期望产量和实际产量，便可得出因连阴雨灾害造成的灾损率

$$y_d=\frac{y_h-y_t}{y_h\times 100\%} \tag{6.10}$$

式中：y_h 为期望产量；y_t 为实际产量。当 $y_d<0$ 时，其数值表示连阴雨对作物产量影响较小；当 $y_d \geqslant 0$ 时，其数值表示连阴雨对作物产量造成损失率的大小。

考虑到花生生长期间光照不足和持续降水均会影响其生长发育和产量的形成，也可能会产生复合影响，可将灾损率划分为0～5%、5%～10%、10%～15%和>15%这4个等级，分别求算各级灾损率与连阴雨日数的相关程度。

6.3 花生气象服务中心组织管理经验及服务案例

花生气象服务是指运用气象科技手段将天气、气候、气候变化、花生生产与气候的关系等信息进行深加工，形成直观、鲜明、形象的产品，以保障花生气象防灾减灾、安全高效生产的一种服务模式。花生气象服务属于气象为农服务的重要内容，按功能可划分为四类，即保障功能、防灾减灾功能、指导生产消费功能与趋利避害功能。保障功能是保障花生生产管理、政府决策顺利进行有序开展；防灾减灾功能是提醒和指导生产者及时防范花生气象灾害，最大程度将灾害损失降到最低；指导生产消费功能是对花生产量和品质进行评价，为花生经营消费提供参考依据；趋利避害功能是挖掘利用气候资源，利用气象服务创造财富避免损失。

6.3.1 花生气象服务中心组织管理经验

为更好地服务花生生产，花生气象服务中心由中国气象局和农业农村部于2020年8月24日联合认定并授牌，为全国第二批特色作物气象服务中心。依托单位为河南省气象科学研究所、河南省经济作物推广总站，成立初期成员单位包括河南省农业科学研究院经济作物研究所、山东省气候中心、河北省气象科学研究所，2023年葫芦岛市气象局、辽宁省生态气象和卫星遥感中心先后加入花生气象服务中心。

目前，花生气象服务中心各成员单位共有12个花生气象观测点，同步利用卫星遥感、无人机监测和实景农田小气候站构成空—天—地一体化观测系统，从建立之初的重点服务黄淮海地区花生生产到逐步具备覆盖全国花生主产区的花生气象业务服务体系。建成花生气象服务指标体系，颁布行业标准1项，结合花生生产需求，形成关键生长期系列化服务产品7类；建成了跨区域的花生智慧农业气象业务服务平台，创建花生气象灾害风险预警业务体系，重要天气过程服务时效从1～3 d提前至5～10 d，常规产品空间分辨率5 km×5 km网格，专题产品精度16 m，气象灾害预警信息覆盖度达98%以上，花生气象服务时效性、针对性、精细度、覆盖度和影响力不断提升。

目前花生气象服务中心现拥有省部共建重点实验室、开封市重点实验室、驻马店市重点实验室、驻马店市花生种植气象服务工程技术研究中心4个创新平台，河南正阳、山东乳山、河北保定3个气象服务示范基地，3个劳模创新工作室，针对花生防灾减灾、花生农业气候资源利用、花生生长模拟等关键技术问题持续开展研究攻关。

6.3.2 服务案例

6.3.2.1 服务内容

花生气象服务中心的主要职责包括构建花生农田小气候观测网；完善花生农业气象业务

服务指标体系；优化花生农用天气预报、气象灾害影响预报等评价技术体系；制作发布花生农业气象监测、评价、预报与预警业务服务产品；开展花生农业气象服务技术研发；修订、制定相关规范和标准；组织科研成果业务转化、推广与培训及技术交流；探索开展花生农业保险服务，为发展特色优势农业、品牌农业和乡村振兴提供气象保障。

花生气象服务中心以花生关键生育期、重大气象灾害为重点服务内容，制作花生主产区春、夏花生适宜播种期预报、适宜收获期预报、关键生育期气象服务专题、农业气象灾害风险预警等气象服务产品，并通过国省级平台发布；省、市级成员单位围绕本地花生生产和管理，开展花生播期预报、收获期预报、重要天气过程预报、灾害影响评估、全生育期气象条件分析、产量预报等专题服务；县级针对需求企业实现服务落地，开展针对性服务。以2022年为例，花生气象服务中心发布主产区《花生气象服务专报》8期，农业气象灾害风险预警产品4期，农用天气预报3期，6期产品在CCTV-17《农业气象》节目和中央人民广播电台中国乡村之声播出；省、市级成员单位发布服务产品56期。探索开展了期货交易专题服务。主要服务专报在福达花生网等企业平台以及“河南气象”“山东气象”“锄禾问天”“河南气象微农”等手机应用程序或微信公众号同时发布。完成了《正阳县花生气候品质评价报告》，为新地农业公司和兰青家庭农场提供直通式服务信息152次。

6.3.2.2　典型案例

花生气象服务中心紧密围绕花生生产全过程需求，业务技术人员的花生气象防灾减灾服务能力、气象为农服务科研能力得到提升，在发挥抗灾夺丰收第一道防线作用方面效果明显。

案例一：2021年，河南郑州遭受“7・20”特大暴雨灾害，包括花生在内的秋作物遭遇历史罕见的涝渍灾害。灾害发生后，花生气象服务中心先后派出四个调查组奔赴灾区开展调查，并利用卫星、无人机遥感技术开展精细化灾害评估服务。同时依托花生气象指标体系及智能网格气象预报产品，编制《2021年夏花生灾后恢复生产气象服务指南》等服务材料指导灾后生产，并联合农业部门指导花生生产救灾工作。依托直通式气象服务，利用微信群、气象微农和天象App等软件指导新型农业生产主体和广大农户开展精细化防灾减灾工作，有效地减少了灾害损失。正阳新地农业公司，依据花生气象服务中心开展的农气服务进行万亩花生大田管理，有效地保障了花生的丰产丰收。豫东地区部分服务田块花生产量较常年有10％～15％的提升。

案例二：2022年，河南省夏花生播种期和花荚期先后遭遇了初夏旱及严重高温干旱影响。花生气象服务中心提早研判，科学预测，利用智能网格预报业务建设成效，于6月17日和8月19日先后发布两期花生干旱灾害风险预警，并在CCTV-13《农业气象》节目中发布，提醒中高风险地区要积极调度水源，做好抗旱保秋工作，其他地区要密切关注墒情变化，提早做好抗旱准备。同时，花生气象服务中心密切关注天气变化，编制13期抗旱气象服务材料，指导新型农业生产主体和广大农户做好抗旱工作。在持续农业干旱情况下，驻马店市当年花生单产增产约4 kg。据王大塘村新地种植专业合作社初步推算，花生当年单产较2021年显著增产20％～30％。

6.3.2.3　初步服务成效

(1)服务时效性针对性覆盖度显著提升

花生气象服务中心重要天气过程服务时效为1～10 d，常规产品空间分辨率5 km×5 km

网格，专题产品精度 16 m。各市、县均通过微信群、微博、乡村喇叭、电视天气预报等媒体矩阵，实现精准、定向、专业、便捷、智慧化信息推送和服务，省级气象微博关注人数达 310.9 万。

(2)决策服务获得政府认可

2022 年 5 月 28 日，胡春华副总理到西平县考察气象为农服务情况时，详细询问麦收和花生备播气象服务情况，对农业气象服务工作表示肯定。2022 年 6 月上旬报送的专题服务报告获河南省领导批示，8 月抗旱专题气象服务日报获河南省领导和农业部门高度关注。

(3)靶向服务公众满意度高

2022 年在持续高温干旱情况下，驻马店市花生单产增产约 4 kg。王大塘村新地种植专业合作社反馈，花生单产较 2021 年显著增产 20%～30%，实现增收 360 万元。借助农技推广力量，生产服务入户到田，群众认可度高。

(4)中心影响力不断提升

花生播种等重要农事活动组织召开新闻发布会 1 次，花生气象服务中心工作在中国气象局官网等主流宣传阵地报道 7 次，其他各类媒体报道十余次。相关产品被搜狐、网易、腾讯等知名媒体及《驻马店日报》、中原经济网等地方媒体广泛转载。

第7章　橡胶气象服务

7.1　橡胶与气象

7.1.1　橡胶树分布及产业发展

7.1.1.1　橡胶树分布

橡胶树为大戟科橡胶树属多年生异花授粉乔木，高可达 30 m，经济寿命长达 30～40 年，分泌的胶乳是重要的工业原料，世界上使用的天然橡胶，绝大部分由橡胶树生产。中国是世界天然橡胶研究起步较晚的区域之一，橡胶产区主要分布在海南、云南、广东、广西、福建 5 个省(自治区)，其中，福建和广西橡胶产量的总量仅占全国橡胶总产量的 0.06%左右。海南、云南和广东三省的主要橡胶树品种及地理分布如下(图 7.1)。

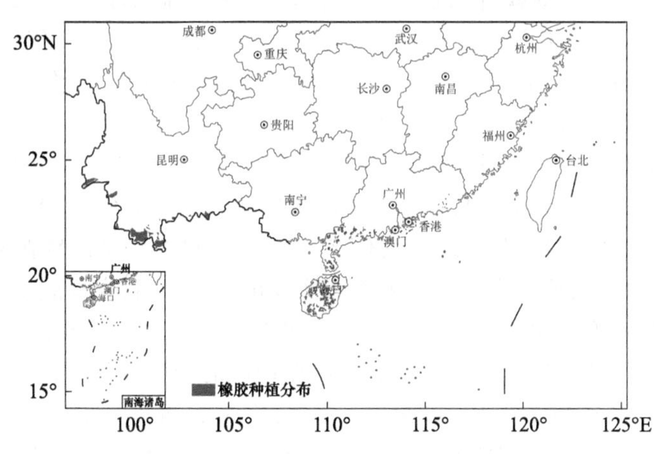

图 7.1　海南、云南和广东橡胶树种植空间分布图(附彩图)

(1)海南省橡胶区

海南省是国内大规模发展天然橡胶最早、产业基础最好的省份，海南省 18 个市、县(除三沙市)均可种植橡胶树。海南省自国外引进的橡胶树优良无性系大规模推广级品种主要有‘PR107’‘RRIM600’‘GT1’‘PB86’等。海南省自育大规模推广级品种主要有‘海垦 1’‘海垦 2’‘文昌 217’‘文昌 11’‘热研 7-33-97’‘大风 95’等，中规模推广级的优良品种主要有‘热研 7-20-59’‘热研 8-79’‘热研 88-13’‘文昌 33-24’‘保亭 155’等，小规模推广品种主要有‘热研 5-11’‘针选 1 号’等(王大鹏 等，2013)。

(2)云南省橡胶区

云南省植胶区位于北纬 21°09′—25°00′、东经 97°30′—105°08′，主要包括西双版纳、临沧、德宏、红河和普洱 5 个地州，文山和保山亦有少量种植。云南省自国外引进的大规模推广级橡胶树品种主要有‘PR107’‘GT1’。云南省自育大规模推广级品种主要有‘云研 77-2’‘云研 77-4’‘云研 277-5’等，中规模推广级品种主要有‘云研 73-46’等，小规模推广品种主要有‘云研 73-477’‘云研 75-11’等(位明明 等，2016)。

(3)广东省橡胶区

广东省植胶区主要分布在广东省西部和东部地区，其中粤西植胶区位于北纬 20°13′—22°44′、东经 109°35′—112°19′，主要包括徐闻、雷州、遂溪、廉江、电白、化州、高州、信宜、阳西、阳东和阳春等市(县)；粤东植胶区位于北纬 20°27′—23°28′、东经 114°54′—116°13′，主要包括揭阳、汕尾等局部地区。广东省自国外引进的大规模推广级橡胶树品种主要有‘PB86’‘GT1’。广东省自育大规模推广级品种主要有‘南华 1’‘93-114’等，中规模推广级品种主要有‘化 59-2’‘红星 1’等，小规模推广品种主要有‘化 1-285’等(位明明 等，2016)。

7.1.1.2 产业发展

我国的天然橡胶生产始于 1904 年，当时云南省干崖(今盈江县)傣族土司刀安仁先生从新加坡购进橡胶树苗 8000 余株，种植在今云南省德宏傣族景颇族自治州盈江县新城凤凰山 920 m 的东南坡，后由于管理不善，橡胶园被毁至今仅剩 1 株原始实生树幸存(宋艳红 等，2019)。新中国成立后，中国农垦科技工作者通过科学实践，克服了植胶区台风、低温、干旱等种种困难，打破了国外近百年来所谓北纬 15°以北是巴西橡胶树种植“禁区”的定论，成功地在北纬 18°～24°的广大地区大规模种植巴西橡胶树，并获得较高的产量。1949 年，我国橡胶树种植面积仅为 0.3 万 hm^2，年产干胶约 199 t。经过 70 年的发展，2019 年，中国橡胶树种植面积约 114 万 hm^2，橡胶产量为 80.9859 万 t，分别比 1949 年增加了 379 倍和 4068.6 倍。其中，海南省和云南省橡胶产量分别为 33.081 万 t 和 45.8486 万 t，分别占全国橡胶产量的 40.8%和 56.6%，二省的橡胶产量占全国比例高达 97.4%。广东省橡胶产量比例为 2.5%，广西和福建两地仅占 0.1%。受全球经济低迷等多种因素影响，2012 年至今，天然橡胶价格低迷，导致胶工、胶农弃胶改行，胶园推迟割胶、提前停产、弃管、弃割的现象比较普遍。受自然条件制约，国内天然橡胶自给率较低。为保证国内天然橡胶供给安全、稳定橡胶价格以及保护胶农利益，中共中央、国务院和橡胶主要种植省份出台了诸多天然橡胶扶持政策，如 2017 年颁布《国务院关于建立粮食生产功能区和重要农产品生产保护区的指导意见》指出“科学合理划定天然橡胶生产保护区，落实到田头地块，以海南、云南、广东为重点，划定天然橡胶生产保护区 1800 万亩”；2019 年中央一号文件《中共中央 国务院关于坚持农业农村优先发展做好“三农”工作的若干意见》提出“巩固天然橡胶生产能力”；2022 年，中央一号文件《中共中央 国务院关于做好 2022 年全面推进乡村振兴重点工作的意见》强调了“开展天然橡胶老旧胶园更新改造试点”。为积极贯彻新发展理念，2022 年海南省和云南省分别出台了关于天然橡胶发展的三年行动方案(2022—2024 年)，在加强胶园抚育管理、科学防治病虫害、建设绿色高效高产胶园等措施下，保障我国天然橡胶产量和产能，通过更新改造低产低质胶园、推广应用绿色加工新技术新工艺，为天然橡胶产业提质增效。2022 年，习近平总书记在海南省考察时强调“完善天然橡胶产业扶持政策”，2023 年中央一号文件《中共中央 国务院关于做好 2023 年全面推进乡村振兴重点工作的意见》再次指出“完善天然橡胶扶持政策”。天然橡胶资源的稀缺性、应用的广泛性，尤其在国防军工等特定领域的不可替代性，决定了天然橡胶的战略性。随着我国经济的不断发展，建筑、交通、国防军工、日用品行业规模的持续扩张，天然橡胶行业发展前景也十分广阔。

7.1.2 橡胶树生物学特性及物候期

7.1.2.1 橡胶树生物学年龄划分

橡胶树一生中，其生长、发育、产胶和抗逆力都发生一系列变化，表现出一定阶段性。这是橡胶树的习性和人工栽培共同作用的结果。

(1)苗期

从种子发芽到开始分枝，包括苗圃期和定植后约1.5～2年间。其特点是综合反苗木早期生长缓慢，但后期生长较快。主根和茎高生长占优势，主茎每年可抽5～7篷叶，区间长高2～3 m，保守性小，容易受外界因素的影响，抵御不良环境条件能力差，易遭风、寒、病、虫、兽和杂草危害。

(2)幼树期

从开始分枝到开割前的一段时间，约5～7年。特点是茎粗生长特别旺盛；根系的扩展和树冠的形成也很快，抵御不良环境条件的能力比苗期有较大增强，且随树龄增大而增长。

(3)初产期

从开割到产量趋于稳定，实生树约为8～10年，芽接树约为3～5年①，本阶段特点是：由于割胶影响，茎粗生长显著受到抑制；产胶量逐年上升；开花结果逐年增多；自然疏枝现象开始出现。由于树冠郁闭度较大，风害、叶病、割面病、根病、烂脚等的危害也日趋严重。

(4)旺产期

实生树从15～17龄起，芽接树从10～12龄起，至产量明显下降时止，约20年，这时生长缓慢，年增粗1 cm左右，一年只抽2～3篷叶，自然疏枝现象普遍发生，树冠郁闭度减少。产胶稳定，产胶潜力大。对实生树来说，在第一次再生皮上割胶，为橡胶树一生中最高产的时期。对芽接树来说，除迟熟品系外，一般开割3～5年后进入旺产期，割第二割面原生皮时是一生中最旺产时期，割第一次再生皮时有的品系可以保持旺产，此后一般都有下降趋势。

(5)降产衰老期

从30龄左右起至橡胶树失去经济价值为止的一段时间。其长短因割胶制度、品系、气候、土壤条件以及管理好坏等有很大差别。这时期生长相当缓慢，树皮再生能力差，在树干下部第二次再生皮上割胶，产量明显下降。因其树干大、分枝粗，在上部树干和粗大的分枝上尚可进行多割线割胶，获得一定产量。

7.1.2.2 橡胶树一年中的变化

在我国的条件下，橡胶树年周期变化可分为两个明显的时期：生长期和相对休眠期(即冬季落叶期)。生长期与相对休眠期的长短，因立地条件和品系而异，同一地区的同一品系也因年份间气候条件不同而异。橡胶树的物候期是橡胶树本身固有的特性和环境条件、农业措施的综合反映。因此，地区间、年份间存在着一定的差异。以海南岛为例，在全岛范围内，地区间的差异约在10 d左右，而年份间差异最大可达45 d。云南垦区地形复杂，地区间的差异更大。表7.1所列为橡胶树在主要植胶区的物候期。

---

①因为实生树原生皮产量不如第一次再生皮的产量高，而割完原生皮约需8～10年。芽接树则能较快地达到高产时期，而且第一次再生皮的产量不一定比原生皮高。

表 7.1 主要植胶区橡胶树"初产期—旺产期"物候期

物候期	海南(那大)	广东(高州)	云南(西双版纳)
第一篷叶抽发期	3 月上旬—4 月中旬	3 月中旬—4 月下旬	2 月下旬—4 月上旬
春花期	3 月中旬—4 月下旬	—	3—4 月
第二篷叶抽发期	5 月下旬—7 月上旬	5 月下旬—7 月上旬	5—7 月
夏花期	6 月上旬—7 月上旬	—	5—7 月
第三篷叶抽发期	8 月中旬—9 月上旬	7 月下旬—8 月下旬	8—9 月
秋果成熟期	8—10 月	—	9 月中旬—10 月下旬
冬果成熟期	12 月—次年 1 月	—	—
落叶始期	12 月	—	12 月
落叶盛期	1—2 月	1 月下旬	2 月

7.1.3 橡胶树生长与气象的关系

根据我国多年的生产实践和科学试验,影响橡胶树生长发育的气象条件主要有如下几方面。

7.1.3.1 温度

橡胶树是典型的热带作物,对于温度的要求比较严格。在原产地或纬度较低的植胶国家,温度条件均较优越,特别是没有低温出现,因而这些国家温度不是橡胶树的限制因子。当橡胶树北移栽培至中国植胶区后,由于纬度较高(北纬 18°～24°,个别地点到北纬 25°),冬季寒潮冷空气强烈,中国各植胶区都会受到不同程度的低温影响,所以温度条件的作用比较显著,直接影响到橡胶树的生长、发育、产胶以至生存,成为限制橡胶树地理分布的主要因素。中国南北各植胶区的年平均气温,以海南岛南部植胶区为最高,其次为海南岛北部,再其次为大陆植胶区。纬度愈低,年平均气温愈高,橡胶树生长也愈快。在海南岛南部植胶区的保亭县,抚育良好的橡胶树定植后 6～7 年,茎粗可达开割标准(树围 50 cm),而大陆植胶区的景洪和瑞丽则定植后需 8～10 年,茎粗才达开割标准。在适温范围内积温值越高,橡胶树的生长期及割胶期则越长,相应的物候期也会加快。以海南岛为例,南部气温比北部高,故南部橡胶树生长期比北部长,暖年又比冷年长,如落叶期南迟北早,叶蓬抽发期则是南早北迟,北部的萌动抽芽期比南部要迟 1 个月(高素华 等,1989)。平均气温 10 ℃时,橡胶树细胞可进行有丝分裂,15 ℃为橡胶树组织分化的临界温度,18 ℃为橡胶树正常生长的临界温度,20～30 ℃适宜橡胶树生长和产胶,其中,26～27 ℃时橡胶树生长最旺盛。以实际温度计量,＜10 ℃时,橡胶树的光合作用停止,对树体的新陈代谢产生有害影响;25～30 ℃为橡胶树光合作用最适温度;＞40 ℃时,橡胶树的呼吸作用超过光合作用,生长受抑制。橡胶树胶乳合成的气温指标,以平均气温计量,18～28 ℃均可合成,其中以 22～25 ℃最适宜产胶。橡胶树排胶的适宜气温以林间气温在 19～24 ℃、相对湿度＞80%为最适宜。林间气温在 18 ℃以下,排胶时间延长。＞27 ℃时,乳胶早凝,排胶时间缩短,产胶量较少。对橡胶树有害的温度方面,在冷锋或(和)静止锋控制下,日照不足、风寒交加、阴冷持久,日平均气温≤15 ℃且日照时数≤2 h 时,橡胶树会出现平流型寒害;冷锋过境后,在冷高压控制下,天气晴朗,夜间强辐射降温,林间日最低气温≤5 ℃时,橡胶树便会出现辐射型寒害,如'RRIM600'的植株有少量爆皮流胶,0 ℃ 时树梢和树干枯死,

＜−2 ℃时根部出现爆皮流胶现象，橡胶树出现严重寒害。当实际气温＞40 ℃时，除了造成呼吸作用增强、无效消耗多，不利于橡胶树生长产胶外，还直接杀伤胶树，造成芽嫩叶烧伤、幼苗干枯坏死、幼树树皮烧伤、强迫落叶等。

7.1.3.2　降水

橡胶树大都种植在没有灌溉条件的丘陵坡地上，因此，橡胶树种植属于雨养农业。在我国橡胶树种植区域，一年之中，月降水量越多，橡胶树生长量亦越多。根据海南省保亭热带作物研究所 1983—1984 年对 1981 年定植的'RRIM600'（近年来通用的高产品系）橡胶树进行观测的结果，其逐月茎围增粗量与月降水量的相关系数为 0.827。西双版纳橡胶树每年的生长量和月降水量的相关系数更高，为 0.947（高素华 等，1989）。橡胶树对干旱的适应能力较强。在年降水量不足 1500 mm、相对湿度＜70％的海南省东方市和年降水量只有 800 mm 的云南潞江地区，橡胶树仍然生长、产胶，但会受到不同程度的影响。橡胶树在遇到干旱时，会落花、落果或被迫落叶。此外，产量会降低而干胶含量可增至 40％以上。因干旱，刚定植的幼树会成片死亡。在特别干旱年份，也会发生较大的幼树、开割树整株死亡和 1～2 龄幼树提早开花的现象。土壤水分与橡胶树生长、产胶有直接的关系。据华南热带作物科学研究院试验，壤质土壤的含水量降低到田间最大持水量的 30％左右时，幼苗出现暂时凋萎现象，蒸腾、光合强度均降低，叶片细胞浓度提高，气孔开闭度降低；土壤含水量为田间最大持水量的 70％～80％时，橡胶幼苗生长正常。橡胶幼树（3～4 龄）最适宜生长的土壤含水量，是占最大田间持水量的 80％～100％。水分过多，地面积水对橡胶树生长发育亦不利。橡胶树是一种好气性强的植物，虽然有时在水淹条件下仍能生长相当长的一段时间，但水淹会使胶树的正常生理活动受到抑制，光合作用强度降低，叶片的气孔开度变小，这同缺水时的状况相似。在定期淹水或地下水位过高时，胶树生势弱，树皮灰白。总体而言，橡胶树是不耐淹的。

7.1.3.3　日照

橡胶树是一种耐阴性植物，但在全光照下生长良好。橡胶幼苗即使在 50％～80％的荫蔽度情况下也能正常生长，但随着树龄增长而逐渐要求更多的光照。通常在林段边缘的橡胶树，会趋光倾斜生长，而种植在谷地的橡胶树为了争得较多的阳光，植株长得较高。在密植情况下（1080 株/hm^2），植株间为争得充分的光照条件，高生长占优势，茎粗生长受到抑制，原生皮和再生皮生长缓慢，影响产胶量；而在疏植情况下（120 株/hm^2），光照条件充足，植株高度差异不明显，茎粗增长较快，有利于原生皮和再生皮的生长，其乳管列数相应增多，产胶能力强。但对橡胶树树皮生长来说，并不是光照越强越好，在暴晒情况下，树皮粗糙，石细胞多，乳管发育反而不良，因而不是越疏植越好。虽然单株产胶量以疏植的为高，然而为取得较高的单位面积产量，应当合理密植。橡胶树开花结果比生长对光照条件的要求更高。一般来说，光照条件好，开花结果多，孤立的植株或树冠向阳一侧和树冠顶部开花结果多。适宜的光照条件有利于橡胶树的抗逆力。以抗寒来讲，充足的光照有利于橡胶树进行糖的代谢和养分的积累，促进细胞木栓化，抗寒能力较强；光照不足时，植株机械组织发育不全，细胞壁较薄，木质化程度较差，抗寒能力差。橡胶树的光合作用强度随光照强度变化而增减。叶片的光合作用和呼吸作用达到平衡，光照强度在 500～40000 lx 范围内，光合作用强度随光照强度的增加而递增，光照强度＞40000 lx 时，光合强度反而随光照强度的增加而下降，光合物质的生产效率有所下降。我国橡胶树种植区夏半年晴天下的太阳辐射较强，中午的光照强度一般都超过光饱和点。晴天光照充分相比阴天光照弱更有利产胶。冬季我国植胶区日照显著减少，尤其是阴坡低谷，更显光照不足，对来年的产量有间接影响。

7.1.3.4　风

橡胶树性喜微风，惧怕强风。微风可调节胶林内空气，特别是促使空气交换，增大橡胶树冠层附近的二氧化碳浓度，有利其进行光合作用，但当风速超过一定限度时，就会吹皱叶片，加剧蒸腾，造成水分失调，使橡胶树不能正常生长。如过大的常风、冬季的寒潮风、沿海植胶区的台风和云南局部地区的阵性大风，都对橡胶树的生长和产胶有着不同程度的破坏和抑制作用，强风还会吹折、刮断橡胶树，造成严重损害。一般而言，微风对橡胶树生长有利。但当常风风速≥3.0 m/s 时，橡胶树就不能正常生长和产胶，造成树型矮小，树皮老化呈灰白色，在定向常风吹袭下，可形成偏形或旗状树冠。通常在早晨静风、凉爽时割胶，有利于排胶。割胶时风速＞2 m/s，则排胶时间缩短，产量受抑制。强风方面，8 级以下风（＜17.2 m/s）对橡胶树影响较小，橡胶树断倒较少，主要使橡胶树嫩叶皱缩或被撕破；8～10 级风（17.2～28.4 m/s），不抗风的橡胶树品系出现断干折枝；＞10 级风（＞24.5 m/s），橡胶树普遍出现折枝、断干、倒伏。橡胶林受强风影响的破坏程度，采用风害率表示，风害率＝风害株数÷总株数。研究结果表明，橡胶风害率随风力增大而增大。一般情况下，当风力＜8 级时，橡胶树断倒较少；风力 8～9 级（17.2～24.4 m/s）时，曲线平缓上升；风力达到 10 级（24.5～28.4 m/s）后，曲线急剧上升，断倒率达 13%；风力达 12 级时，断倒率达 35%；风力达到 15 级（46.2～50.9 m/s）时，断倒率达 69%；风力达 16 级（51.0～56.0 m/s）时，断倒率达 84%；风力达 17 级（≥56.1 m/s）时，断倒率达 100%。大风对橡胶树的损坏程度不仅与大风本身强度有关，还与地形下垫面和橡胶栽培技术等多种因素有关。当风的水平力和橡胶树本身重量产生的垂直重力作用于橡胶树时，会造成橡胶树严重受损。橡胶树风倒现象主要表现为连根拔起、主干折断、根部折断 3 种形式，同时遭受风力胁迫的橡胶树产量会下降、死皮会增加。

7.2　橡胶气象服务技术和方法

为促进橡胶产业持续发展，提高橡胶农业气象灾害监测预报预警水平，服务特色农业产品区域建设，橡胶特色气象服务中心（以下简称橡胶中心）为全面监测橡胶气象条件及其周年长势，有效防御寒害、干旱、台风和病虫危害，保障橡胶稳产增产，助力乡村振兴和精准扶贫提供优质气象服务。橡胶中心按照“需求牵引，科技推动，强化能力”的原则，积极进行橡胶气象服务的技术研发及应用，在橡胶产量预报技术、橡胶长势监测技术、橡胶气象灾害、病虫害监测预警及防御技术、橡胶农用天气预报技术、橡胶农业保险气象服务技术等服务技术的研发方面取得了系列成果。下面就基于植被指数的橡胶树台风影响评估技术和基于遥感的橡胶产量预报技术进行详细介绍。

7.2.1　基于植被指数的橡胶树台风影响评估技术

NDVI 是最常用的植被指数，是目前已有的 40 多种植被指数中应用最广的一种，NDVI 可以监测橡胶树生长状态、植被覆盖度，同时在橡胶树遭遇台风的前后，利用台风过境前后的

NDVI 对比，可以评估台风对橡胶树的影响。

利用台风登陆前、后的风云三号 A 星(FY-3A 卫星)晴空遥感数据，同时根据采用高分辨率遥感影像提取的海南岛橡胶分布面积，可以获取受损橡胶的分布信息，并根据台风登陆后 NDVI 减少程度，对橡胶的不同损失程度进行分级。对台风登陆前、后的 FY-3A 遥感图像进行预处理后，提取台风登陆前、后橡胶的 NDVI 值。提取 NDVI<0 的区域，即受损橡胶的分布区域，并根据建立的灾害损失等级标准，获得橡胶林台风灾害损失等级分布图，评价台风给橡胶林造成的影响，具体流程见图 7.2。

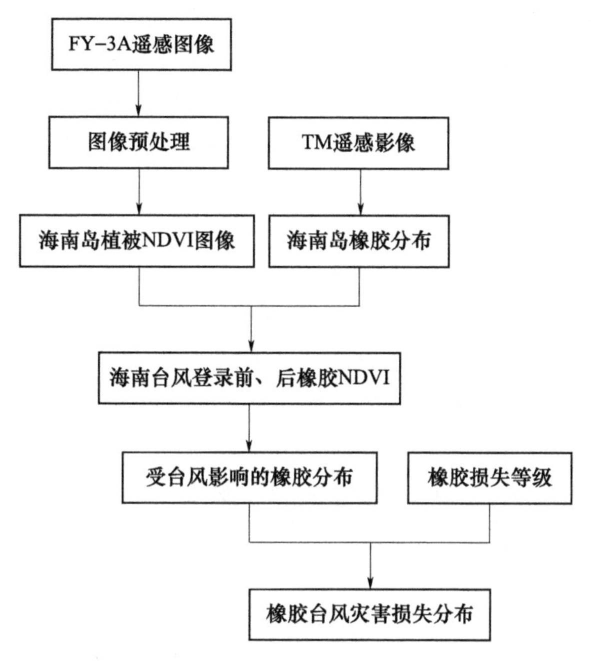

图 7.2 台风对橡胶林影响的分析流程

橡胶林台风灾害损失等级的划分，台风带来的大风和降水是风灾害过程中的主要致灾因子，对森林树木的损害形式表现为连根拔起、主干折断、枝条折断以及树叶大量掉落等，其中，树叶掉落是台风造成的最常见损害形式。NDVI 是选用对绿色植物强吸收的红色可见光通道和对绿色植物高反射和高透射的近红外通道的组合来设计的。对植被生长状况、生产率及其他生物物理、生物化学特征敏感，其数值大小能指示植被覆盖变化，并能消除大部分与仪器定标、太阳角、地形、云阴影和大气条件有关辐照度的变化，增强对植被的响应能力，因此可以利用橡胶植被指数的变化来分析台风对橡胶的影响。

风云三号是中国第二代极地轨道气象卫星系列，FY-3/MERSI 传感器共有通道数 20 个，光谱范围为 0.41～12.5 μm，其中，250 m 分辨率有 5 个波段，扫描宽度为±55.4°，量化等级为 12 bit，主要用于真彩色图像合成、云、植被、陆地覆盖类型、海色等监测。选择 FY-3/MERSI 通道 3 红光波段(0.600～0.700 μm)数据和通道 4 近红外波段(0.815～0.915 μm)数据计算 NDVI 值。根据 FY-3A 卫星 2009—2012 年的晴空遥感资料，采用最大合成法在 ENVI 中提取了海南岛橡胶的 NDVI 值。

标准方差是各数据偏离平均数的距离的平均数，能反映一个数据集的离散程度。对某一时段橡胶 NDVI 值的变化值与此时段橡胶 NDVI 值的变化值的标准方差进行比较，可判断此时段橡胶的生长变化情况，因此可依据此进行橡胶林台风灾害损失等级标准的划分。

$$I_{\mathrm{NDVI}_{p(j\text{-}i)}}=\sum_{k=1}^{n} I_{(j\text{-}i)k}/n \tag{7.1}$$

$$\Delta I_{\mathrm{NDVI}_{p(j\text{-}i)k}}=I_{(j\text{-}i)k}-I_{\mathrm{NDVI}_{p(j\text{-}i)}} \tag{7.2}$$

$$\sigma_{(j\text{-}i)}=\sqrt{\frac{1}{n-1}\sum_{k=1}^{n}\Delta I_{\mathrm{NDVI}_{p(j\text{-}i)k}}{}^{2}} \tag{7.3}$$

式中：$I_{\mathrm{NDVI}_{p(j\text{-}i)}}$ 为某一区域某一时段（$i\sim j$ 之间）NDVI 差值的多年平均值，即常年值；$I_{(j\text{-}i)k}$ 为某一区域某一时段（$i\sim j$ 之间）NDVI 差值的当年值；$\Delta I_{\mathrm{NDVI}_{p(j\text{-}i)k}}$ 为某区域某年某一时段橡胶 NDVI 变化值与对应时期 NDVI 变化值的常年值之差；σ 是标准方差；i 和 j 分别为时段开始和结束时期的代码；k 为对应年份识别号；n 为统计总年份；p 为区域代码。

橡胶林台风灾害等级标准，若 $0<I_{\mathrm{NDVI}_{p(j\text{-}i)}}$，则判断为零级，无损失；若 $-\sigma<I_{\mathrm{NDVI}_{p(j\text{-}i)}}\leqslant 0$，则判断为一级，损失较轻；若 $-2\sigma<I_{\mathrm{NDVI}_{p(j\text{-}i)}}\leqslant -\sigma$，则判断为二级，损失中等；若 $I_{\mathrm{NDVI}_{p(j\text{-}i)}}\leqslant -2\sigma$，则判断为三级，损失严重。

橡胶林台风灾害损失分布，利用 FY-3A 卫星 2009—2012 年晴空遥感数据采用最大合成法得到的海南岛橡胶 NDVI 值，由式（7.1）—式（7.3），计算可得在海南岛橡胶重点监测区域选取的 12 个监测点 2011 年 9—10 月橡胶 NDVI 的变化值，进而得到海南岛全岛 NDVI 变化值 $\Delta I_{\mathrm{NDVI}_{(10-9)}}=0.284$ 和标准差 $\sigma_{(10\text{-}9)}=0.138$，由此可得 9—10 月海南岛橡胶林台风灾害损失等级标准（表 7.2）。

表 7.2　9—10 月海南岛橡胶林台风灾害损失等级标准

时间	$\Delta I_{\mathrm{NDVI}_{(10\text{-}9)}}$ 常年值	指标范围（$\Delta I_{\mathrm{NDVI}_{(10\text{-}9)}}$）	灾害损失等级	损失程度
9—10 月	0.284	>0	零	无损失
		-0.138	一	轻
		$-0.276\sim-0.138$	二	中等
		<-0.276	三	严重

7.2.2　基于遥感的橡胶产量预报技术

7.2.2.1　植被指数

NDVI 可以用来分析橡胶长势，计算公式为

$$\mathrm{NDVI}=\frac{R_{\mathrm{nir}}-R_{\mathrm{red}}}{R_{\mathrm{nir}}+R_{\mathrm{red}}} \tag{7.4}$$

式中：NDVI 表示归一化植被指数；R_{nir} 表示近红外波段反照率；R_{red} 表示可见光波段（红光）反照率。

叶面积指数（leaf area index，LAI）又叫叶面积系数，是指单位土地面积上植物叶片总面积占土地面积的倍数，即：叶面积指数＝叶片总面积÷土地面积。LAI 作为植被冠层的重要结构参数之一，是许多生态系统生产力模型和全球气候、水文、生物地球化学和生态学模型的关键输入参数。叶面积指数的计算方法有直接方法（叶面积的测定、描形称重法、仪器测定法）和间接方法（点接触法、消光系数法、经验公式法、遥感方法）。本节通过 LAI 和 NDVI 统计关系，

计算得到如下回归方程，进行天然橡胶叶面积指数的反演。

$$LAI=7.82NDVI+0.781 \tag{7.5}$$

7.2.2.2 净初级生产力估算方法

在 CASA（卡内基-埃姆斯-斯坦福）模型中，植被 NPP（净初级生产力）主要由植被所吸收的光合有效辐射（APAR）与光能利用率（ε）两个变量来确定。橡胶林 NPP 估算公式可表示为

$$NPP(x,t)=APAR(x,t)\times\varepsilon(x,t) \tag{7.6}$$

式中：$NPP(x,t)$为像元 x 在 t 时间的天然橡胶林净初级生产力，单位为 $gC/(m^2/t)$；$APAR(x,t)$为像元 x 在 t 时间吸收的光合有效辐射，单位为 $MJ/(m^2/t)$；$\varepsilon(x,t)$为像元 x 在 t 时间的实际光能利用率，单位为 gC/MJ。

橡胶林吸收的光合有效辐射 APAR 取决于太阳总辐射和橡胶林对光合有效辐射的吸收比例，可表示为

$$APAR(x,t)=SOL(x,t)\times 0.5\times FPAR(x,t) \tag{7.7}$$

式中：$SOL(x,t)$代表像元 x 在 t 时间的太阳总辐射量，单位为 $MJ/(m^2/t)$；$FPAR(x,t)$代表植被层对入射光合有效辐射的吸收比例，取决于植被类型和植被覆盖状况，常数 0.5 表示植被所能利用的光合有效辐射（波长范围 0.4～0.7 μm）占太阳总辐射的比例。

在一定条件下，FPAR 与 NDVI 之间存在着一定的线性关系，该种关系可根据某植被类型 NDVI 的最大值和最小值分别所对应的 FPAR 最大值和最小值来确定，即

$$FPAR(x,t)=\frac{(NDVI(x,t)-NDVI_{i,min})\times(FPAR_{max}-FPAR_{min})}{(NDVI_{i,max}-NDVI_{i,min})}+FPAR_{min} \tag{7.8}$$

式中：$NDVI_{i,max}$ 和 $NDVI_{i,min}$ 分别对应第 i 种植被类型的 NDVI 最大值和最小值。$FPAR_{max}$ 和 $FPAR_{min}$ 的取值与植被类型无关，分别为 0.95 和 0.001。进一步的研究表明，FPAR 与 SR（比值植被指数）也存在较好的线性关系，可表示为

$$FPAR(x,t)=\frac{(SR(x,t)-SR_{i,min})\times(FPAR_{max}-FPAR_{min})}{(SR_{i,max}-SR_{i,min})}+FPAR_{min} \tag{7.9}$$

式中：$SR_{i,max}$ 和 $SR_{i,min}$ 分别对应第 i 种植被类型的 NDVI 的 95%和 5%下侧百分位数。$SR(x,t)$可由下式计算得到

$$SR(x,t)=\frac{1+NDVI(x,t)}{1-NDVI(x,t)} \tag{7.10}$$

分别利用 FPAR 与 NDVI、SR 的关系，将二者估算结果的比较发现，用 NDVI 估算的 FPAR 比实测值高，用 SR 估算的 FPAR 比实测值低，但误差小于用 NDVI 估算的结果。将这两种方法结合起来，取其平均值作为 FPAR 估算值，以使 FPAR 与实测值之间误差达到最小。将式(7.8)和式(7.9)结合起来估算 FPAR

$$FPAR(x,t)=\alpha FPAR_{NDVI}+(1-\alpha)FPAR_{SR} \tag{7.11}$$

式中：$FPAR_{NDVI}$ 为 FPAR 与 NDVI 的线性关系计算得到的结果；$FPAR_{SR}$ 为 SR 与 NDVI 的线性关系计算得到的结果；α 为调整系数，取值 0.5。

光能利用率是估算 NPP 模型中的重要参数，指植被层吸收入射光合有效辐射并将其转化为有机碳的效率，主要受气温、土壤水分情况和理想条件下植被的最大光能转化率等的影响，其计算公式为

$$\varepsilon(x,t)=T_{\varepsilon1}(x,t)T_{\varepsilon2}(x,t)W_{\varepsilon}(x,t)\varepsilon^{*} \tag{7.12}$$

式中：$T_{\varepsilon1}(x,t)$和$T_{\varepsilon2}(x,t)$为温度胁迫系数；$W_{\varepsilon}(x,t)$为水分胁迫系数，反映水分条件的影响；ε^*为理想条件下植被最大光能利用率。最大光能利用率的取值因不同的植被类型而有所不同，CASA 模型中采用的最大光能利用率 0.389 gC/MJ 并不适用于天然橡胶林，采用对落叶阔叶林的模拟结果 0.692 gC/MJ 作为天然橡胶林的最大光能利用率。

$T_{\varepsilon1}(x,t)$反映了低温或高温条件下植物内在的生化作用对光合作用的限制：

当月平均气温$T(x,t)\leqslant -10$ ℃时，认为光合生产为零，$T_{\varepsilon1}(x,t)=0$

当月平均气温$T(x,t)>-10$ ℃时，

$$T_{\varepsilon1}(x,t)=0.8+0.02T_{opt}(x)-0.0005(T_{opt}(x))^2 \tag{7.13}$$

式中：$T_{opt}(x,t)$表示一年内 NDVI 值达到最大值时所对应月份的平均气温；$T_{\varepsilon2}(x,t)$表示气温从最适宜温度$T_{opt}(x,t)$向高温和低温变化时植物对光能利用率的影响，这种条件下，光能利用率逐渐降低

$$T_{\varepsilon2}(x,t)=\frac{1.1814}{\{1+e^{0.2[T_{opt}(x)-10-T(x,t)]}\}}\times\frac{1}{\{1+e^{0.3[-T_{opt}(x)-10+T(x,t)]}\}} \tag{7.14}$$

当某月均温$T(x,t)$比最适宜温度$T_{opt}(x,t)$高 10 ℃或低 13 ℃时，该月的$T_{\varepsilon2}(x,t)$值等于月平均气温为最适宜温度$T_{opt}(x,t)$时的$T_{\varepsilon2}(x,t)$值的一半。

水分胁迫因子$W(x,t)$反映了植物所能利用的有效水分条件对光能利用率的影响，随着环境中有效水分的增加而逐渐增大，取值范围为 0.5～1（即从极端干旱到非常湿润），计算公式为

$$W_{\varepsilon}(x,t)=0.5+0.5\times\frac{E(x,t)}{E_p(x,t)} \tag{7.15}$$

式中：$E(x,t)$为实际蒸散量；$E_p(x,t)$为潜在蒸散量。

7.2.2.3 天然橡胶林产胶潜力计算公式

根据天然橡胶的产胶生理，橡胶的生物合成依赖于糖的供应，而糖是光合作用的产物，因此，胶树的产胶能力与胶树的光合作用、呼吸作用及干物质转化成橡胶的比率密切相关。干物质生产量也叫净生产量，也就是天然橡胶林的净初级生产力，是指橡胶树光合产量扣除呼吸消耗后的剩余产量，也就是积累下来的有机物质数量，包括根、茎、叶、花、果及脱落的枝叶和取走的胶乳等。干物质分配率又叫相对生产力，即干物质产量中分配于生产人们所需要的物质的器官部分的比率。对许多作物来说是干物质用于生产种子及果实等部分的比率，对橡胶树来说就是用于生产干胶的比率。橡胶树的分配率计算公式为

$$\text{分配率}=\frac{\text{年干胶产量}\times 2.5}{\text{地上部分年干重增长量}+\text{年干胶产量}\times 2.5}\times 100\% \tag{7.16}$$

由于燃烧 1 kg 橡胶所产生的热量相当于燃烧 2.25～2.5 kg 木柴的热量，因此 2.5 是一个转换热量的系数。橡胶树的干物质分配率随不同品系而有很大差别，根据马来西亚及华南热带作物科学研究院的测定成果取品系‘RRIM600’‘PR107’的分配率分别为 28.5%和 21.0%。

由公式（7.16）得到天然橡胶林产胶潜力估算模型

$$Y_p=\frac{NPP\times H_i}{2.5} \tag{7.17}$$

式中：Y_p表示橡胶林单位面积的产胶潜力，单位为 g/m^2；H_i表示橡胶树的干物质分配率，未开割橡胶林的H_i按 0 计算。

7.3　橡胶气象服务中心组织管理经验及服务案例

7.3.1　橡胶气象服务中心组织管理经验

7.3.1.1　组织机构

橡胶气象服务中心(以下简称橡胶中心)在 2017 年被中国气象局和农业部认定为第一批特色农业气象服务中心，依托单位为海南省气候中心和海南省天然橡胶质量检测站，成员单位包括云南省气候中心、广东省气候中心、海南橡胶气象台、中国热带农业科学院橡胶研究所、儋州市气象局，旨在为全面监测橡胶气象条件及其周年长势，有效防御寒害、干旱、台风和病虫危害，保障橡胶稳产增产，助力乡村振兴和精准扶贫提供优质气象服务。

7.3.1.2　服务机制

为更好建设橡胶中心，推进橡胶气象服务集约化和规模化发展，橡胶中心制定并逐年完善《橡胶气象服务中心运行管理办法》。为推动橡胶气象服务高质量发展，成立了橡胶气象服务技术专家组，成员来自海南省气候中心、中国热带农业科学院橡胶研究所、海南天然橡胶产业集团股份有限公司等单位。专家组开展橡胶气象服务相关技术交流和业务研讨，为全面做好橡胶气象服务工作提供科技支撑。海南省气象局联合海南省农业农村厅印发了《海南省气象为农服务提质增效实施方案》，联合推进橡胶中心建设，提升橡胶气象服务的针对性和精细化水平，增强橡胶气象技术核心能力，不断提升橡胶气象服务质量和效益，助力乡村产业振兴。为深入贯彻落实《中国气象局关于推进全国特色农业气象服务高质量发展的指导意见》(气发〔2023〕75 号)，加快推进橡胶气象服务高质量发展，组织制定并向中国气象局应急减灾与公共服务司报送了《橡胶气象服务中心"一中心一策"能力提升行动措施(2023—2025 年)》。通过上述措施，建立了橡胶中心运行长效发展机制，保证橡胶中心顺畅运行。

7.3.2　服务案例

以 2011 年登陆海南岛的 1117 号台风"纳沙"为例，以 FY-3A 卫星资料为主数据源，分析台风登陆前后海南岛橡胶 NDVI 指数的变化，并根据建立的橡胶林台风灾害等级标准，对橡胶林台风灾害损失进行分级。基于 NDVI 的橡胶台风影响评估服务结论，作为相关决策服务报告的部分内容，上报给政府及涉农部门。

1117 号强台风"纳沙"于 2011 年 9 月 24 日在西太平洋洋面生成，于 9 月 29 日 14 时在海南文昌登陆，29 日 21 时从澄迈出海进入北部湾继续西行，具有强度强、移速快、影响大等特点，登陆时台风中心附近最大风速达 42 m/s，7 级大风范围半径 380 km，10 级大风范围半径 140 km。台风"纳沙"是继 0518 号台风"达维"之后登陆海南岛的最强台风，给海南的社会经济和生态环境造成了严重损害。据统计，海南农垦未开割橡胶损失达 18.2 万株，损失率 8.75%；开割树损失达 354.5 万株，损失率 6.52%。

利用台风"纳沙"登陆前(2011 年 9 月中旬)、登陆后(2011 年 10 月下旬)的 FY-3A 卫星晴空遥感数据，根据海南岛橡胶林分布范围，提取 FY-3A 卫星数据上橡胶林的分布区域，对台风登陆前、登陆后橡胶 NDVI 图像进行相减运算，得到台风登陆后橡胶 NDVI 变化值，提取受台风影响的橡胶林分布区域($\Delta I_{NDVI}<0$ 的区域)并根据建立的橡胶林台风灾害损失等级(表 7.2)，得到橡胶林台风灾害损失的空间分布(图 7.3)。

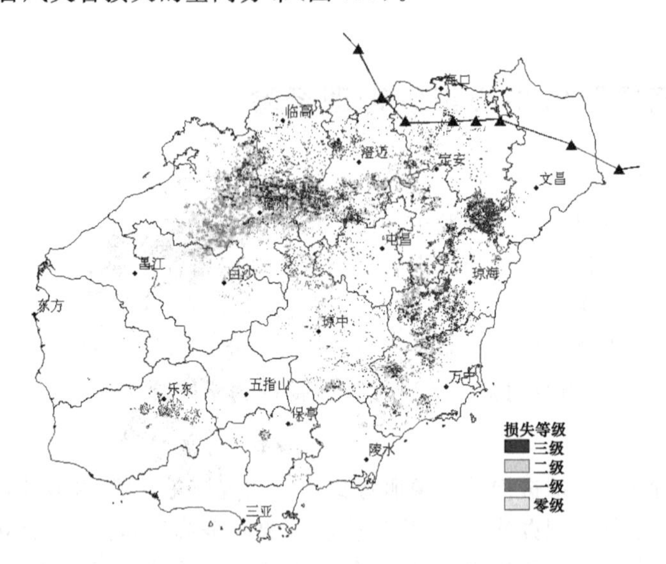

图 7.3　2011 年 9 月台风"纳沙"给海南岛橡胶林造成的损失分布(附彩图)

如图 7.3 所示，台风"纳沙"给海南岛橡胶林造成了巨大的损害，对所得结果进行统计分析可知，无损失和一、二、三级受损橡胶的单元格数分别为 24913、6269、8328、14789。也就是说，受"纳沙"影响，海南岛 51.1%的橡胶遭受损失($\Delta I_{NDVI}<0$)。在遭受损失的橡胶分布区中，有 50.3%的区域受损严重，灾害等级达到三级($\Delta I_{NDVI}<-0.2762$)，主要分布在万宁、琼海、文昌沿海，以及海口、澄迈南部、临高南部、儋州东部(与这些地区的橡胶种植面积较大有一定的关系)；有 28.4%的区域橡胶 NDVI 值在台风"纳沙"登陆后比登陆前减小了 0.138～0.276，灾害损失等级达到二级；21.3%的区域橡胶 NDVI 值在"纳沙"登陆后比登陆前减小了 0～0.138，灾害损失等级为一级。越靠近"纳沙"路径经过的区域，损失越重(东部和北部地区损失最重)，在损失较轻区域的也存在零星灾害损失较严重的区域。

海南天然橡胶产业集团股份有限公司(简称海南橡胶集团)在台风"纳沙"登陆后对其各分公司橡胶损失情况进行了实际调查。根据其调查数据，采用反距离差值法对调查的总报损株数、报损损失率进行插值，结果如图 7.4 和图 7.5。

从报损投保株数来看，儋州东部、临高西部、澄迈南部、琼中北部、琼海西部的橡胶种植区报损的橡胶投保株数最多，超过 30 万株(与此区域橡胶种植面积较大有关)；其次是临高东部、澄迈北部、海口、定安、文昌、琼海东部、儋州的部分地区，在 20 万～30 万株；白沙东部、琼中东部的部分地区在 10 万～20 万株；西部、中部和南部地区少于 10 万株(图 7.4)。从报损损失率(报损损失率＝报损株数÷报损投保株数)来看，琼海西北部、定安西南部、屯昌东部≥15%；儋州东部、琼中北部、屯昌大部、琼海、定安、文昌、海口、澄迈、临高为 10%～15%；儋州中部的部分地区、白沙东部、琼中东部为 5%～10%；其他地区<5%(图 7.5)。总体说来，东部和北部地区(琼海西北部、琼中北部、澄迈南部、临高南部、儋州东部)受灾最重；中部、西部和南部地区灾情较轻。

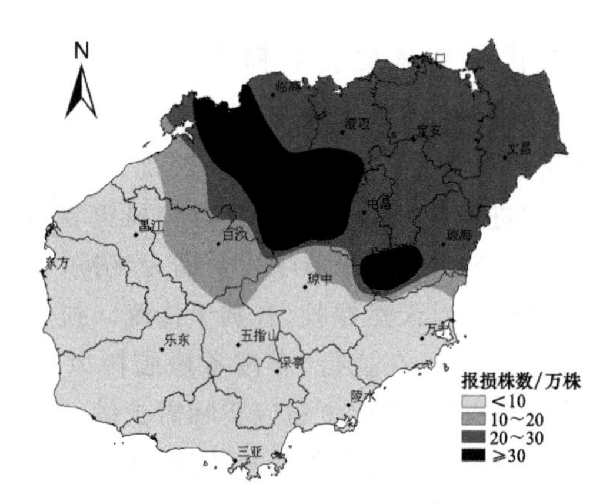

图7.4　2011年海南橡胶集团橡胶林遭遇台风“纳沙”后的报损株数(附彩图)

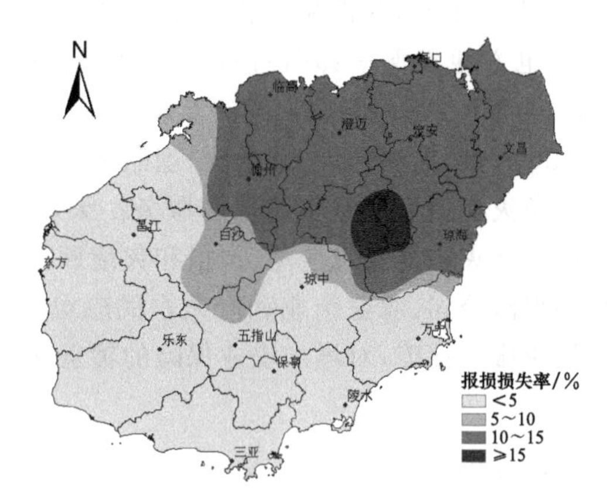

图7.5　2011年海南橡胶集团橡胶林遭遇台风“纳沙”后的报损损失率(附彩图)

遥感监测结果与以上灾情实际调查结果，总体趋势一致，即东部和北部地区受灾最为严重，向中部和西部地区灾情逐渐减轻。且遥感监测结果，可显示出灾害损失较轻区域中零星灾害损失较严重的区域。由此证明了遥感监测橡胶林台风灾害受灾分布及受灾程度分布，更为客观、精细和敏感，利用遥感技术能够更加客观、精细地对橡胶林台风灾害进行监测，能够快速直观地得到受损区域的分布及各区域的受灾程度。

橡胶产量预报方面，通过建立的橡胶树产胶能力模型，计算2016—2018年全国橡胶种植区橡胶树的产胶能力。结果表明，2016—2018年，云南、海南和广东省橡胶树年产胶能力分别为0.163～1.724 t/hm^2、0.157～1.682 t/hm^2 和0.158～1.640 t/hm^2；年平均值分别为1.054 t/hm^2、1.067 t/hm^2 和1.084 t/hm^2。模型计算结果与统计部门公布的中国天然橡胶产量平均约1.2 t/hm^2 的结果较为接近。全国主要橡胶种植区的产胶能力存在明显差异，云南橡胶的产胶能力整体高于海南，海南高于广东。根据产胶能力值判断，云南是单产最高的优质天然橡胶生产基地，海南次之，广东最低，与实际情况一致。2016—2018年橡胶树年产胶能力的分布，体现了不同气候条件下，不同区域橡胶树产胶能力会随着气候条件的变化而发生变化，如2016年云南橡胶树年产胶能力低于2017年、2018年，说明建立的模型能从气候角度客观、准确反映橡胶树产量的波动情况，克服了因橡胶价格低迷、割胶积极性不高等人为因素而导致的橡胶产量统计的偏差。通过2016—2018年橡胶单产预报结果来看，经过订正该方法能够较好反映出橡胶产量，平均误差<2%。

7.3.2.1 多部门联合开展橡胶树风灾指数保险

为有效应对橡胶气象灾害的影响，海南省农业农村厅、中国人民保险集团股份有限公司海南省分公司和海南省气象局联合签署了三方合作协议，明确了部门职责、行动指南、数据共享等内容，发挥出很好的协调和促进作用。特别是在应对台风灾害方面，海南气象部门联合农业、保险、高校等部门，以世界银行技术援助贷款项目资助为支持，学习借鉴国内外的天气指数保险研究及试点经验，共同研制出针对天然橡胶、有别于传统以损失为赔付标准的产品——橡胶树风灾指数保险(刘新立 等，2017)。在执行"海南省橡胶树风灾指数保险研究与试点"项目期间，争取海南省政府财政资金支持，建成了适应实际需求的气象探测网。在海南天然橡胶产业集团及保险试点农场的73个橡胶林气象监测站，密度达到3 km×3 km，可实时精准捕捉灾害影响程度和范围。同时，以地理、气象、农业、保险等数据融合分析为基础，研发了功能完备的橡胶树风灾指数保险气象服务平台，获得相关软件专利权4项。服务平台不仅支持保险公司利用内嵌模型快速计算，也方便投保户即时查询受损情况及赔付金额，PC端和移动端2种智慧服务方式实现了部门与部门、部门与农户间的互动交流。近六年来，海南省橡胶树风灾指数保险累计投保面积近20万亩，监测台风20余次，理赔金额200余万元。风灾指数保险客观、快速理赔为胶农防御气象灾害提供了坚实的保障服务。天气指数保险作为一种新颖的产品，有助于高效发挥气象信息在灾害性天气监测、预报和灾情评估、保险理赔中的作用，提高农业保险定损和理赔效率，为保险公司、农业企业和广大农民应对灾害事故风险、增强抵御风险能力、提高风险管理水平提供服务保障，对增加农业保险的覆盖面和客观性有强大的带动作用、示范效应和推广前景。

7.3.2.2 探索企业大户定制化服务

按照"需求牵引，科技推动，强化能力，资源共享"的原则，海南橡胶气象台自2012年起与海南橡胶集团签订橡胶气象有偿服务协议，每年专业气象服务费用在40万～80万元。海南橡胶气象台针对橡胶栽培管理施肥、喷药、割胶等重要农事活动，开展以旬、月报为主的割胶等农事天气预报，包括橡胶气象服务周报、橡胶气象服务月报、汛期天气趋势预报、冬春天气趋势预报等中、短、长期气象预报服务产品，指导科学安排农事活动；针对重大农业气象灾害和橡胶病虫害气象监测，制作重要橡胶气象信息专报等监测预警指导产品，为海南橡胶集团开展橡胶"两病"(白粉病和炭疽病)防治和趋利避害提供了科学依据和服务支撑。如2018年，在橡胶中心的专题服务指导下，橡胶"两病"防治及时有效，橡胶全面开割时间比2017年提前5 d，干胶产量有效提高。另外，橡胶气象台为胶农提供割胶(02—10时)临近预报服务。应用卫星云图、多普勒雷达和乡镇自动气象站资料对天气进行连续性监测，对降雨云团进行连续跟踪观测，通过手机短信把割胶降雨预报直接发给胶农，每年发送气象服务短信超过45万条，最大限度地避免和减少橡胶割胶"雨冲胶"的次数，从而提高了干胶产量。

7.3.2.3 橡胶气象服务效益

橡胶中心开展全球橡胶主产区面积提取和长势监测，为橡胶进出口提供依据；做出海南橡胶树种植气候适宜性分析报告，指导海南"十四五"橡胶种植规划；研发"天然橡胶技术服务"小程序，及时向胶农提供割胶预报、割胶适宜指数、台风预警、施肥配方、病虫害库、白粉病指数等服务，为橡胶产业防灾减灾提供了技术支撑。海南省气象部门研发了橡胶树风灾指数保险气象服务平台，支持保险公司利用内嵌模型快速计算，近几年来橡胶风灾指数保险给农户提供保障，出具了 20 余份灾情监测报告，共为农户减少 200 多万元损失。此外，面向企业大户的定制化服务效益显现。通过为海南橡胶集团提供卓有成效的专项橡胶气象服务，为海南橡胶集团提升效益 1 亿元以上。以 2018 年 6—9 月为例，海南降雨日数较往年偏多，对产胶旺季的割胶生产造成了严重影响，海南橡胶集团根据发布的《橡胶气象服务周报》《橡胶气象服务月报》《汛期橡胶气象服务专报》等中长期天气预报，掌握有利天气适时进行割胶补刀作业，争取最大的干胶产量。经调研，仅西联分公司 6—9 月就补刀作业 10 次，该分公司日产干胶 15～16 t，补刀作业增收干胶超过 150 t，若以当年干胶价格 1 万元/t 计算，可增产值 150 万元。

第8章 烤烟气象服务

8.1 烤烟与气象

烟草属一年生茄科烟草属植物，烤烟是烟叶收获后置于特设的烤房内以适宜的温湿度条件进行调制、烤干的烟叶，颜色黄，弹性较大，是香烟的主要原料，起源于美国的弗吉尼亚州，国际上又称弗吉尼亚烟草(Collins et al.，1995)。

8.1.1 烤烟种植分布

世界上烤烟种植分布范围较广，亚、欧、非、北美、南美、大洋洲六个大洲都有种植，生产烤烟的国家和地区数量众多，主要国家有中国、巴西、印度、津巴布韦、美国、孟加拉国、阿根廷等。最好的烤烟种植区的共性是相同的地理纬度，位于南北回归线黄金纬度带，总面积916.41万 km^2，占全球面积的1.80%，其中，中国(主要指云南)、美国(主要指北卡罗来纳州)、津巴布韦、巴西为四大黄金烤烟产区。我国烤烟种植范围广、跨度大，种植面积和总产量多年来都居世界第一位。

中国22个省(自治区、直辖市)的104个地市469个县(市、区、旗)种植烤烟，主要分布在中西部山地丘陵地区，南方烟区生产规模占比约89.4%，其中，云南(占比约42.8%)、贵州、四川、重庆等西南烟区规模约占65.7%，湖南、福建等东南烟区生产规模占比约18.9%；湖北、陕西等长江中上游烟区生产规模占比约4.8%；河南、山东等黄淮烟区生产规模占比约7.9%；黑龙江、吉林、辽宁等北方烟区生产规模占比约2.7%。

当前，我国烤烟的主栽品种有'云烟87''K326''红大''云烟97'，其中，云烟系列品种在生产上广泛推广，种植面积较大(孙计平 等，2016)。

8.1.2 产业发展

我国烤烟种植已有100多年历史，从最初在台湾试种成功到现在，大致经历了试种与推广阶段、规模性种植阶段、波动性阶段、发展阶段、稳健发展阶段5个阶段(吕凯 等，2011)。

新中国成立前，我国没有自己真正的卷烟工业，国外烟草公司为获得廉价的烟草原料，1900年首先在台湾地区引进种植，1910—1913年相继在山东威海、潍坊，河南襄城，安徽凤阳等地试种和推广发展，并先后建立了自己的原料基地。1914年以后，我国烤烟种植面积开始逐步增加，1916年产量达到1089 t，此后，烤烟产量开始激增，到1930年达到5.28万 t。此时，全国主要烤烟种植区为山东、河南和安徽。1937年以后，随着我国卷烟工业的发展，四川、云南、贵州、陕西等省也开始相继种植烤烟，烤烟生产已经初具规模，初步形成了我国烤烟种植的三大烟区：以山东、河南、安徽三省为主的黄淮烟区；以辽宁为主的东北烟区；以云南、贵州、四川为主的西南烟区。栽种品种多为国外引进品种，如‘大金元’‘特字 400 号’‘牛津 1 号’‘牛津 4 号’等。

新中国成立后，我国开始组建自己的卷烟企业，全国各地烤烟发展迅速。20 世纪 50 年代中期，全国烤烟面积达 500 多万亩，但是烤烟原料品质却大幅降低，烟叶内在化学成分不协调，香气质差，香气量不足，吃味变劣，严重影响了我国卷烟的质量。为了进一步提高烤烟生产的水平，提高原料的质量，农业部根据行政区划，结合生态条件，把我国烟草种植区划分为六大烟区：黄淮烟区、西南烟区、东北烟区、华南烟区、华中烟区、西北烟区。其中，黄淮烟区和西南烟区是我国烤烟种植的最主要产区。这也是我国烟草种植的第一次区划。

1958—1981 年，受历史及自然灾害等因素的影响，我国烤烟生产一度出现较大波动。1961 年，全国烤烟种植面积下降到 14.71 万 hm^2，产量仅为 9.6 万 t，比 1952 年减少 30.3 万 t，导致全国烟叶原料极其短缺。从 1962 年开始，全国烤烟种植又开始恢复，1962 年种植面积为 18.23 万 hm^2，产量 13.72 万 t。到 1967 年，种植面积达到 41.54 万 hm^2，产量 59.59 万 t。在 1966—1973 年期间，烤烟生产再次受到冲击。1970 年，全国烤烟种植面积已下降到 29.54 万 hm^2，产量为 39.9 万 t。随后，烟叶原料的供需矛盾开始出现，卷烟工业原料出现紧缺。在 1974—1978 年期间，全国烤烟种植面积和产量又稳步上升，1974 年的种植面积为 39.25 万 hm^2，产量 68.55 万 t，到 1978 年种植面积已达 61.45 万 hm^2，产量 102.38 万 t，这是历史上烤烟产量首次突破百万吨。至此，烤烟无论面积还是产量都已跃居世界首位，彻底解决了国内卷烟工业长期存在的原料紧缺问题，并逐步成为外销商品。

随着中国烟草总公司“良种化、规范化、区域化”技术的提出，中国烤烟生产进入了一个新的阶段。1982 年以后，中国烟草总公司开始注重烟草行业质与量的发展，把烤烟生产推向了高科技、高投入、高质量、高速度、高效益的阶段。与此同时，由于烟粮比价过高，一些地方政府盲目鼓励农民种烟以致烟叶产销矛盾进一步加大，烟叶生产过剩。国家烟草专卖局虽然采取了一系列措施予以调控，但是效果不明显。为了进一步稳定我国烟草行业的发展，中国农业科学院烟草研究所于 1985 年对中国烟区进行了一次新的划分，将全国烟区划分成 7 个一级烟区和 27 个二级烟区，相应的烤烟品种的引进和选育也有了很大的进展。此时，我国烤烟主要种植区域也发生了一些变化。以河南烟区为代表的黄淮烟区烤烟种植面积开始下降，所占比例明显下降，1986 年种植比例低于 40%；西南烟区成为我国最主要产区。在此期间，我国主栽烤烟品种为‘K326’‘NC89’‘云烟 85’‘云烟 87’等。

1998 年，国家烟草专卖局出台“双控”政策，即控制烟草种植面积和产量。在工业需求引导、稳定种植规模和产量的前提下，依靠科技进步和技术创新，提升中国烤烟生产的质效，使我国烟草种植走上了稳健发展的道路。

21 世纪以后，我国烤烟种植面积呈现出逐年下降趋势。2022 年我国烤烟种植面积从 2014 年的 1330150 hm^2 减少至 1000.52 hm^2。烤烟产量也随之下降，2022 年我国烤烟产量为 207.99 万 t，较 2014 年下降近 23%。

随着经济的不断发展和人民生活水平的提高，我国烤烟产业的发展呈现出一些新的特点（刘延平，2004）。第一，随着烟草消费观念的转变，中国的烟草消费需求也在发生变化。消费者对烟草品质和健康风险的关注度不断提高，对低焦油、低烟碱、低一氧化碳的烟草产品需求增加。新型烟叶制品以其降低有害成分释放量的显著优势逐渐成为烟草制品的重要发展方向和研发热点。第二，随着我国“一带一路”倡议的推进，新的市场机遇不断显现，我国的烟草企业也在不断改善生产流程、技术和营销策略，提高了产品的品质和竞争力，拓展了产品结构，提高了市场份额，从而加强了市场地位。第三，随着社会对环境保护意识的增强，烟草企业也在积极跟上环保发展的步伐。推动绿色种植，减少农药使用，提高烟叶质量；加强烟草生物技术和遗传工程研究，培育适应不同气候和环境条件的新品种，提高产量和质量；鼓励烟农转产、转业，引导农民发展多元农业，促进农村经济发展与农民收入增加。

8.1.3 烤烟的生理特性和物候期

烤烟属一年生茄科植物，原产于南美洲，世界各地均有栽培，是生长适应范围广、适宜性强的叶用经济作物。烟草生长发育喜光、喜温和湿润气候，要求土壤保持一定的湿度并排水良好。气温、光照、水分和土壤养分是烟草生长发育的重要因素。

烤烟在生产过程中分为苗期和大田生长期。苗期是指从烤烟播种到移栽的时期，一般为60～70 d；大田生长期是指烟苗移栽到烟叶采收完毕的时期，一般为 110～150 d，可分为还苗期、伸根期、旺长期和成熟期四个生育阶段。

8.1.4 烤烟不同物候期形态特征和管理要点

8.1.4.1 烤烟苗期形态特征和管理要点

烤烟从播种至移栽为苗期，一般在 60 d 左右。根据烟苗的形态和生长动态，一般分为四个时期：出苗期、十字期、生根期和成苗期(雷子渊 等，2005a)。

从播种到二片子叶出现称为出苗期。这个时期烟苗子叶展开变绿，进行正常的光合作用，进入完全自养阶段。该时段需注意保温保湿，增强光照，土壤应保持湿润状态，气温保持在25～28 ℃。

当烟苗已长出二片真叶，第三片真叶可见，二片真叶与二片子叶呈“十”字状时，烟苗进入十字期。这时幼苗完全进入自养阶段，侧根开始发生，尚无须根，主要靠胚根吸收水分、养料和子叶合成有机物供幼苗生长。该时段苗棚内温度不宜超过 30 ℃，以防止幼苗生长停滞甚至被高温灼伤，同时土壤湿度保持最大田间持水量的 60％以上。

当第三片真叶出生至第七片真叶出生时，烟苗根系生长迅速，称为生根期。此时烟苗根系生长十分活跃，侧根大量发生，主根也明显加粗，根的生长速度大于地上部分。该时段需适当控制水分，并适当开棚通风，促进根系生长。

第七片真叶出生至烟苗长成，适宜移栽的时期称为成苗期。此时烟苗叶片厚，叶面积较大，幼苗合成能力强大。成苗期的管理措施以“蹲苗”为主，促进幼苗敦实健壮。减少水肥供应，特别是控制苗床水分，降低幼苗含水量，增加幼苗内的有机物含量，使茎叶组织致密；增加光照时间使烟苗逐渐适应大田环境。

8.1.4.2 烤烟大田期形态特征和管理要点

烤烟大田期是指从烤烟移栽到成熟采收结束这段时期，一般为 120 d 左右。根据烤烟生长发育进程，可分为还苗期、伸根期、旺长期和成熟期。

烤烟从移栽到成活称为还苗期。还苗期是根系恢复生长、茎叶向正常生长过渡的时期。晴天中午烟苗不再萎蔫、新叶出现，标志着移栽的烟苗已经成活，还苗期结束。这段时期的管理要点是在苗全、苗齐的基础上促进烟苗成活，壮苗早发(雷子渊 等，2005b)。

烤烟从还苗到团棵称为伸根期。此时期一般需要25～30 d。烤烟团棵的标准是，叶片12～13片，叶片横向生长的宽度与纵向生长的高度比例约为2∶1，烟株地上部分形似半球状。烤烟伸根期的生长特点是烟株地上地下同步生长，但根系扩展更为迅速。此时的田间管理以蹲苗、壮株、促根为主，同时做好防病治虫工作(雷子渊 等，2005c)。

烤烟从团棵到现蕾称为旺长期，一般需要25～30 d。此时烤烟的生长特点是生长中心转移到地上部分。烟株茎秆迅速长高长粗，叶片迅速发生，叶面积扩大，烟株以营养生长为主。旺长期是烟株需水最多的时期，管理上需要在施足底肥的基础上重浇旺长水，以水调肥，以肥促长(雷子渊 等，2005 d)。

烤烟从现蕾到采收结束称为成熟期，一般需50～60 d。此时烤烟进入生殖生长时期，叶片制造的养分主要用于开花结果，因此现蕾后需要及时打顶，保证叶片的养分积累。这段时期的田间管理要重点做好打顶抹杈工作，避免花序生长过大或腋芽生长过长而降低烟叶品质；同时及时采烤脚叶，改善田间通风透光条件，促进烤烟叶片干物质积累和适时落黄成熟(雷子渊 等，2005e)。

8.1.5 烤烟生长与气象的关系

烤烟产量及品质均与气象条件密切相关。烤烟适产优质年，大田中后期温度持续偏高，无低温；雨量适中，分布均匀，多阵性降水；光照和煦，光、温、水条件匹配较好。烤烟歉产年或品质一般年，大田中后期温度偏低，雨量过多，光照不足或出现低温、连阴雨、寡照等气象灾害。

烤烟的生长与气温关系密切。烟草是喜温作物，对气温的反应比较敏感，不同的气温条件对烟草的品质、产量影响比较大。优质烟草在生育期内对气温的要求是前期较低、后期较高。日平均气温高于35 ℃时，烟株的生长受到抑制，叶片变粗、变硬，同时烟碱含量过高，品质变差。低温能促进烟株的提前发育，但不同品种对低温的反应有一定差异。对于所有类型烟草而言，温度低于13 ℃一般是不可取的，尤其在无光照的潮湿天气条件下。在光照充足、日平均气温27 ℃左右的良好生长条件下，烟草移栽后80～90 d成熟；在低温天气，成熟需要100～120 d。光照不足会导致烟草生长缓慢，烟叶几乎不能正常成熟，进而生产出劣质烟叶。大田生长中、后期，若日平均气温低于20 ℃，同化物质的转化和积累便受到抑制，妨碍烟叶正常成熟，气温愈低，形成的烟叶质量愈差，如生长后期早霜造成的霜冻叶就没有使用价值。但成熟期温度过高，也会造成灼伤烟叶，出现焦片、焦尖现象，烟叶内在质量变差。成熟期的热量状况对烟叶质量的影响最为显著，所以通常把烟叶成熟期的气温作为判断生态适宜状况的重要标志。一般对日照反应敏感的品种，对低温反应也比较敏感，所以在烟株生长的前、中期，如果遇到较长时间的低温寡照，将抑制营养生长，促进生殖器官发育，易导致烟株早花，影响烟叶产量、质量。把成熟期温度≥24 ℃持续30 d作为烟草产区的界限，持续60 d作为生产优质烟的必要条件(贺升华 等，2001)。

8.1.5.1 烤烟的生长与水分

水分对烟草十分重要。首先，烟草植株高大、叶面宽阔、叶面积系数大，蒸腾作用强烈，需要有较多的水分供应。其次，水分会影响肥料的有效性。再次，水分影响叶片的伸展。水分供应充足时，烟叶细胞膨压较大，能够充分伸展，烟叶叶片得以变长、变宽，结构疏松。又次，水分影响烟株体内的生理代谢方向。水分供应充足时，可促进烟株体内碳代谢，烟叶中糖分累积较多。最后，水分影响烟叶的成熟特性，进而影响烟叶的品质。优质烟叶生产需水规律一般是前期少，中、后期亦偏少。在移栽至旺长之前，烟株小，水量少，适当干旱能促进根系发育，有利于后期营养物质吸收，这段时间以月降水量 80～100 mm、土壤湿度为田间持水量的 50%～60% 较为理想。进入旺长期后，耗水量增大，需水量约占全生育期的 50%，为烟草生产的需水关键期，期间，月降水量需 100～200 mm，土壤湿度为田间持水量的 75%～80% 对烟草生长、干物质积累最为有利。如果这期间持续干旱，烟草的产量与质量将受到极大影响：成熟期月降水量在 100 mm 左右、土壤湿度为田间持水量的 60% 左右有利于烟叶适时落黄及优质烟叶的形成。成熟期降水的多少对烟叶质量影响最为显著，降水过少，烟叶厚而粗糙，烟碱、含氮化合物含量过高而含糖量降低，造成糖碱比失调，还可能造成旱烘假熟现象；成熟期多雨寡照，则烟叶薄、片大、色浅、含水量高，难以调制而香味平淡。

8.1.5.2 烤烟的生长与日照

烤烟是喜光作物，只有在充足的光照条件下才有利于进行光合作用，提高产量和品质。如果光照不足，植株生长纤弱、速度缓慢，干物质积累减慢，则会致使叶片薄而面积较大，内在品质变差。但在强烈日光下照射，烟叶主脉突出，叶肉变厚，形成所谓的"粗筋暴叶"，叶片的氮化物含量过高，影响品质。在栽培上，应该合理密植，让烤烟在适宜的光照条件下生长(贺升华 等，2001)。

在一般生产情况下，大田期间光照时数最好达到 500～700 h，光照百分率要达到 40% 以上，采收期间光照时数要达到 280～300 h，光照百分率要达到 30% 以上，才能生产出优质烟叶。若大田期间光照时数在 200 h 以下、光照百分率在 25% 以下，采收期间光照时数在 100 h 以下、光照百分率在 20% 以下，烟叶的品质就较差。

8.1.5.3 烤烟气象灾害

冰雹是一种局地性强、季节性明显、来势急、持续时间短、以机械性损伤为主、难以预测、难以防御的气象灾害，对烤烟生产影响最大(马宇 等，2009)。

短时间的暴雨和较长时间的持续阴雨对烤烟生长发育、产量、质量均有较大不利影响，且易诱发涝渍灾害。伴随阴雨的寡照、温度偏低、土壤水分过多等会导致烟株生长缓慢，病害多发，伸根期根系发育不良、早花，成熟期烟叶水分含量高、组织疏松、烟味淡、香气不足等(朱勇 等，2016)。

烤烟干旱是因长期无雨或少雨，土壤水分不能满足烤烟生长发育的需要而引起的产量下降、质量降低的现象。烤烟短时间内干旱缺水还能生长，若干旱时间过长，则易造成烟株矮小，叶片窄长，脚叶枯死，心叶变黄，组织紧密，成熟不一致，蛋白质、烟碱含量相对增加，提早现蕾开花等。严重缺水时，则出现烟叶凋萎、假熟，甚至造成烟株干枯死亡(朱勇 等，2016)。

烤烟幼苗期遭受倒春寒和晚霜冻灾害后，会因生理机能障碍而出现枯萎，甚至死亡。烤烟大田期的 4—8 月气温偏低，烤烟生长热量不足，生育延迟，对产量及质量均有不利影响，尤其加大了烟叶受后期低温危害的概率。烟叶成熟期出现的"八月低温"和秋季杀伤型低温对烟叶品质有较大不利影响。"八月低温"从 7 月下旬至 9 月下旬均会出现，日平均气温低于 17.0～18.0 ℃以下，是一种障碍型低温，能使烟叶光合作用减弱，严重的使烟叶内部细胞受损、化学成分改变、香气量减少、烟叶质量降低。关于秋季杀伤型低温，一种情况是烟叶成熟期遇较强冷空气影响，由于混合降温，极端最低气温降至 8.0～10.0 ℃以下，烟叶内部细胞遭受损害，烘烤后外观和内在质量降低；另一种情况是由于季节的转换，气温下降至烟叶受害的临界温度(约 17 ℃)以下，不再回升，气温低于临界温度后采摘的烟叶，烘烤后挂灰严重、质量低(贺升华 等，2001)。

8.2 烤烟气象服务技术和方法

烤烟气象服务中心成立以来，服务全国烤烟生产优势区发展，进行了烟田干旱、低温、渍涝、冰雹等气象灾害监测预警技术，烤烟发育期预报技术，烤烟采收、移栽等农用天气预报技术，烟区产量预报技术，病虫害发生规律，烤烟气候品质评价，烤烟防雹效益评估等气象服务关键技术研究。相关技术应用融入烟草公司数字智能化管理体系，推动了主产烟区精细到烟田地块的气象服务的发展。本节主要介绍烤烟冰雹灾害、涝渍、旱灾、低温冷害和阴雨寡照的监测技术（朱勇 等，2016）。

8.2.1 烤烟冰雹灾害监测技术

在烤烟气象服务中，总结了雹灾的气象指标。烤烟雹灾指标使用冰雹直径和持续时间，单位分别为 mm、min。按照冰雹直径和持续时间，将烤烟雹灾分为轻、中、重三级（表 8.1）。

表 8.1 烤烟雹灾等级划分

等级	冰雹直径(d)/mm	冰雹持续时间(t)/min	烤烟受害特征
轻	$d<5$	$t<3$	烟叶和茎秆表面有麻斑
中	$5\leqslant d\leqslant 10$	$3\leqslant t\leqslant 10$	烟叶残破，嫩茎折断
重	$d>10$	$t>10$	烟叶被打光，茎秆折断

注：当冰雹直径与冰雹持续时间两个评价指标评价等级不一致时，则取较高的一个评价等级。

8.2.2 烤烟涝渍灾害监测技术

烤烟涝渍指标使用连续 5 d 累计降水量、田间无积水时 20 cm 土壤相对湿度＞90%的持续日数和田间积水天数，单位分别为 mm、d、d。

按照连续 5 d 累计降水量(R_5)、田间无积水时 20 cm 土壤相对湿度＞90%的持续天数(d_{20})、田间积水天数(d_ω)，将烤烟涝渍灾害分为轻、中、重三级（表 8.2）。

表 8.2 烤烟涝渍灾害等级划分

等级	连续 5 d 累计降水量(R_5)/mm	20 cm 土壤相对湿度＞90%的持续天数(d_{20})/d	田间积水天数(d_ω)/d	烤烟受害特征
轻	$50<R_5\leqslant 100$	$5\leqslant d_{20}\leqslant 10$	$1\leqslant d_\omega\leqslant 2$	烟株、根系生长不良，株高降低，茎秆变细，叶片变小，现萎蔫，下部叶泛黄
中	$100<R_5\leqslant 200$	$10<d_{20}\leqslant 15$	$2<d_\omega\leqslant 4$	烟根多伸向表层或烟株发生底烘，烟叶出现生理性叶斑病或叶片普遍萎蔫且皱干泛黄，烟株普遍矮化，茎围缩小
重	$R_5>200$	$d_{20}>15$	$d_\omega>4$	烟株根系腐烂，早花、萎蔫，甚至枯死

注：指标评判结果不一致时，以评价结果等级较高的指标作为评价标准。

8.2.3 烤烟旱灾监测技术

烤烟旱灾指标使用烤烟自然水分亏缺率和 20～30 cm 深度平均土壤相对湿度，用百分率表示。按照烤烟生育阶段的自然水分亏缺率(D)及烟田 20～30 cm 深度平均土壤相对湿度(W)将烤烟旱灾分为轻、中、重三级(表 8.3)。

表 8.3 烤烟旱灾等级划分

等级	发育期	自然水分亏缺率(D)/%	土壤相对湿度(W)/%	烤烟受害特征
轻	移栽伸根期	$0<D\leqslant 20$	$50<W\leqslant 60$	烟叶出现暂时萎蔫，生长较慢
	旺长期	$0<D\leqslant 15$	$65<W\leqslant 75$	
	成熟采收期	$0<D\leqslant 30$	$45<W\leqslant 55$	
中	移栽伸根期	$20<D\leqslant 35$	$40<W\leqslant 50$	部分烟叶出现永久萎蔫，下部叶片发黄
	旺长期	$15<D\leqslant 25$	$55<W\leqslant 65$	
	成熟采收期	$30<D\leqslant 40$	$35<W\leqslant 45$	
重	移栽伸根期	$D>35$	$W\leqslant 40$	大部烟叶出现永久萎蔫，中部叶片发黄，出现整株枯死
	旺长期	$D>25$	$W\leqslant 55$	
	成熟采收期	$D>40$	$W\leqslant 35$	

表 8.3 中，烤烟自然水分亏缺率可以描述为烤烟生育期自然供水量与需水量的差值占需水量的百分比。烤烟自然水分亏缺率(D_w)计算式为

$$D_w=\frac{E-W}{E}\times 100\% \tag{8.1}$$

式中：D_w代表烤烟自然水分亏缺率，用百分率表示；E 代表烤烟生育期需水量，单位为 mm；W 代表烤烟生育期的自然供水量，单位为 mm。

烤烟生育期需水量(E)计算式为

$$E=K_C \mathrm{ET}_0 \tag{8.2}$$

式中：K_C 代表作物系数，移栽伸根期为 0.8～0.9，旺长期为 1.1～1.2，成熟采收期为 0.7～0.8；ET_0 代表参考作物蒸散量，单位为 mm，宜采用彭曼-蒙特斯公式计算，参见 QX/T 81—2007《小麦干旱灾害等级》附录 A。

烤烟某一生育期的自然供水量(W)计算式为

$$W=V+P \tag{8.3}$$

式中：V 代表土壤有效含水量，单位为 mm；P 代表实际降水量，单位为 mm。

烤烟生育期的土壤有效含水量(V)计算式为

$$V=(W_t-W_d)\times\rho\times h\times 0.1 \tag{8.4}$$

式中：W_t代表烤烟生育期开始时的某一土层厚度实际土壤湿度，用百分率表示；W_d 为凋萎湿度，用百分率表示；ρ 代表土壤容重，单位为 g/cm^3；h 代表土层厚度，单位为 cm，移栽伸根期采用 20 cm，其余发育期采用 30 cm。

8.2.4 烤烟低温冷害监测技术

烤烟冷害指标使用冷害过程的冷积温(T_{cl})，单位为℃·d，计算方法为

$$T_{cl}=\sum_{i=1}^{n}(T_1-T_i) \tag{8.5}$$

式中：T_{cl} 表示冷害过程的冷积温，单位为℃・d；n 表示冷害过程中持续天数，单位为 d；T_1 表示烤烟冷害临界温度，单位为℃，移栽伸根期为 13.0 ℃，旺长期为 13.0 ℃，成熟采收期为 17.0 ℃；T_i 表示冷害过程中逐日平均气温，单位为℃。

按照烤烟冷害过程的冷积温（T_{cl}）将烤烟冷害分为轻、中、重三级（表 8.4）。

表 8.4　烤烟冷害等级划分

等级	冷害过程的冷积温（T_{cl}）/（℃・d）	烤烟受害特征
轻	$0<T_{cl}\leqslant 15$	植株生长缓慢
中	$15<T_{cl}\leqslant 30$	植株出现早花
重	$T_{cl}>30$	植株畸形、矮化、停止生长

8.2.5　烤烟阴雨寡照灾害监测技术

烤烟阴雨寡照指标使用阴雨期间平均日降雨量、阴雨期间逐日日照时数、阴雨期间平均日照时数和持续阴雨日数，单位分别为 mm、h、h、d。

烤烟阴雨寡照灾害必要判定条件为阴雨期间平均日降雨量≥4.0 mm、平均日照时数≤3.0 h，逐日日照时数≤5.0 h、持续阴雨日数≥3 d。按照持续阴雨日数（R_d）将烤烟阴雨寡照灾害分为轻、中、重三级（表 8.5）。

表 8.5　烤烟阴雨寡照等级划分

等级	持续阴雨日数（R_d）/d	烤烟受害特征
轻	$3\leqslant R_d\leqslant 6$	烟株长势缓慢
中	$7\leqslant R_d\leqslant 14$	烟株徒长纤弱，叶片大而薄
重	$R_d>14$	出现早花或变黄甚至死亡

注：阴雨寡照天气过程中允许出现无降水或微量降水日，但该日日照时数应≤5 h。

8.3　烤烟气象服务中心组织管理经验及服务案例

8.3.1　烤烟气象服务中心组织管理经验

8.3.1.1　组织机构

烤烟气象服务中心在 2017 年被中国气象局和农业部认定为第一批特色农业气象服务中心，依托单位为云南省气候中心（云南省高原特色农业气象服务中心）、云南省农业信息中心、中国烟草总公司云南省公司烟叶管理处，成员单位为贵州省山地环境气候研究所、河南省气象科学研究所，组建了滇东、滇中两个分中心，许昌市气象局、平顶山气象局、洛阳市气象局、三门峡市气象局也成为稳定的交流合作单位，2022 年湖北省气象服务中心申请成为成员单位。烤烟气象服务中心旨在服务全国优势烟区建设，有效防御干旱、冰雹、渍涝等气象灾害和病虫害，服务烤烟生产全过程，提高烟草气象服务智慧化水平，助力当地乡村振兴。

8.3.1.2 服务机制

为保证烤烟特色气象服务中心正常运行，按照要求，建立了较为完善的烤烟气象服务中心运行长效发展机制，制定了烤烟气象服务中心运行管理办法、建设方案、周年服务方案和业务服务流程等规章制度。每年根据实际情况，对规章制度进行修订完善，确保了规章制度的科学性、合理性。2022 年，成立了“烤烟中心开放式研究基金”，制定了基金管理办法，多方筹措资金，每年资助科技人员面向全国主产烟区气象服务中的共性、关键性科学技术问题开展联合技术攻关，成果直接应用于业务服务。

8.3.2 服务案例

8.3.2.1 强化气象监测预警，开展精细到烟田地块的融入式气象服务，全力抗旱保丰收

2023 年烤烟特色气象服务中心主动融入云南省数字智能化烟草生产经营管理平台建设，融合云南烟草部门 1060 万个数字化烟田地块信息和 1 km×1 km 智能网格预报产品，应用 WebGIS“一张图”技术，融合气象实况、预报、预警以及灾害监测分析能力，建设智能网格＋烤烟指标算法的数字烟区智能化气象服务系统，建成跨部门融入式、面向生产主体的数字烟区智能化气象服务系统平台。实现了烟区气象监测、预报、预警的一张图呈现，为烤烟生产应对气象灾害、指导农事活动和防灾减灾提供决策依据，实现了从烤烟育苗到收获采烤，从省、市、县、乡镇到烟田地块的全生产链和全方位气象服务。2023 年云南雨季开始前(6 月 7 日)，全省平均气温为 1961 年以来同期最高，降水为同期最少，高温少雨造成云南省出现 1961 年以来同期平均强度最强、干旱日数最多、范围最广的气象干旱，对烤烟移栽成活及生长造成不利影响。为做好烤烟移栽期气象服务，结合旱情发展，烤烟特色气象服务中心及时发布《烤烟气象灾害风险预警》9 期、《烟区雨情日报》6 期，5 月中旬—6 月中旬滚动发布烟区逐日降水实况，通过数字烟区智能化气象服务系统，将烤烟气象灾害预警信息和服务产品实时推送到省、州(市)、县(区)烟草公司及烟站，覆盖云南省 880 个乡镇的 47.43 万户烟农。各烟站可通过电脑网页的一张图直观地了解到当前烟区降水实况、未来旱情趋势预测，干旱严重烟田红色闪烁预警，及时提醒广大烟农旱情发生发展情况，受旱烟区根据未来预测积极开展抗旱移栽、用水保障。广大烟农提早精准应对，尽量将损失降到最低。最终因绝大部分烟区抗旱保苗管理措施及时到位，2023 年云南省烤烟喜迎丰收年，全省烟叶收购总值、农民种烟收入、烟农户均收入、政府税收四个指标再创历史新高，烟叶质量水平进一步提升。

8.3.2.2 点“叶”成“金”，气象赋能烟叶“赶烤”路

2020 年 11 月，许昌市气象局成立河南省烤烟气象特色服务中心获得河南省气象局和河南省农业农村厅批准。2021 年，许昌市气象工会成立了李文峰创新工作室，打造了“一基地一中心一试验室”的研究型业务新模式(即河南省烤烟气象服务中心、许昌市烤烟气象服务重点实验室、襄城库庄许昌现代烟草产业园试验基地新服务格局)，促进科研成果落地，李文峰创新工作室获发明专利 1 项、实用新型专利 3 项、软件著作权 6 项，获批省部级课题 2 项、地厅级课题 5 项，科研经费达 320 万元。李文峰创新工作团队近三年深入田间地头调研 65 次，为烟农

和种植大户开展培训 8 次，结合烤烟移栽期、伸根期、旺长期、采烤收等关键时段开展烤烟气象直通式服务 30 次，制作发布烟田农用天气预报、灾害监测预警预报、气候影响评价等服务材料 20 期，通过门户网站、微信、微博、大屏幕等方式向公众宣传，年内开展人工影响天气作业 200 余点次，防御烤烟气象灾害，为筑牢烤烟生产防灾减灾第一道防线提供有力的气象保障，使烤烟生产降损达 12 亿元，取得了显著的社会效益和经济效益。

8.3.2.3　2022 年贵州气象抗旱救灾保烤烟生产

2022 年 7 月以来，贵州省受高温少雨天气影响，北部、东部干旱持续发展，继 2013 年之后再现大范围气象干旱。7 月 11 日、7 月 21 日，贵州省气象局分别向省委省政府领导及相关部门报送了第 8 期和第 10 期《重要气象信息专报》，指出了干旱的初现和发展，除 7 月，贵州省分别出现 2 次强降雨天气过程外，进入 8 月以后均无大范围的有效降雨。8 月 16 日，贵州省气象局及气象灾害应急指挥部启动了气象灾害（干旱）Ⅳ级应急响应。8 月 17 日，贵州气象局向省委省政府领导及部门报送第 11 期《重要气象信息专报》，指出"近期省之中东部干旱快速发展未来降水偏少干旱有加重趋势"。组织 3 次气象干旱服务会商，每日发布《气象干旱监测专报》，指导各级气象部门发布产品为各级政府和部门提供服务，共向贵州省委省政府和省应急、农业、林业等部门提供决策服务材料 123 期，向各市（州）、县气象局提供各类决策服务材料共 1985 期，通过国家突发事件预警信息发布系统发布预警信息 2116 条。通过"12379"手机短信平台服务各级应急责任人 416.94 万人次。组织开展空地协调、区域联动人工增雨作业，贵州省实施地面增雨作业 1645 次，使用人雨弹 18411 发、火箭弹 1820 枚，开展双机协同作业 37 架次，飞行 124 h，空地协同增雨量 10.9 亿 m^3，最大限度减轻了干旱灾害性天气造成的烤烟经济损失，气象服务效益显著。贵州省发展改革委在全省 8 个市（州）选取 18 个县作为烤烟生产成本收益调查点，共对 160 户烟农烤烟生产成本收益情况进行调查，结果显示：2022 年，国家烟草专卖局向贵州省下达烟叶种植面积 162.5 万亩的任务、收购计划 382.61 万担①，贵州省移栽烤烟种植面积 162.5 万亩，收购烟叶 447 万担，上等烟比例 73.2%。烤烟主产品产量为 127.21 kg/亩，较上年的 126.55 kg/亩，增加了 0.66 kg /亩，增幅 0.52%。在 18 个受调查县中，有 10 个受调查县增产，有 8 个受调查县在烤烟移栽期受雨水、中期受冰雹、生长期和采收期受天气持续干旱的影响，有所减产。

①1 担＝50 kg，下同。

第9章　油茶气象服务

9.1　油茶与气象

9.1.1　油茶分布与产业发展

油茶是山茶科山茶属常绿小乔木或乔木，树高一般为2～4 m，树龄在100～200年(庄瑞林，2008)，收获期长达百年以上，可榨油(茶油)供食用，故名"油茶"。

中国是油茶原产地和全球主产区，栽培油茶的历史达2300多年。虽然越南、缅甸、泰国、马来西亚及日本等国也有少量分布，但只有中国将其作为油料树种进行栽培。中国油茶主要分布在湖南、江西、广西、湖北、贵州等18个省(自治区、直辖市)。截至2022年，中国油茶种植面积为7084.5万亩，茶油年产量为100万t。中国油茶不但水平分布广，而且垂直分布的变化也很大。油茶垂直分布下限和上限由东向西逐渐增高。东部地区一般在海拔200～600 m的低山丘陵，中部地区大部分在800 m以下，个别地方达1000 m以上，西南地区(如云南、贵州)可在1000 m以上，但分布并不连续。油茶产量随海拔高度的增加而下降，一般在海拔300 m左右油茶可发挥最大产量潜力。从海拔400 m开始，随海拔高度的增加，油茶产量大幅下降。此外，油茶产量随坡度的增加而下降。

中国有一定栽培面积和栽培历史的油茶物种有普通油茶、红花油茶、小果油茶、越南油茶、攸县油茶等13种，其中，普通油茶栽培占绝大多数(庄瑞林，2008)。目前，全国主推普通油茶品种主要有'长林''湘林''华鑫''华金''华硕'等。

茶油是油质最好且耐储藏的食用油，其主要成分90%以上是以油酸和亚油酸为主的不饱和脂肪酸，不含芥酸和山俞酸，花生酸含量极低，食后易消化，没有胆固醇，不易引起人体血管硬化和血压增高。

主推油茶品种种仁含油率为20%～35%。油茶籽的利用率可达100%，茶籽榨油后副产品是茶饼，茶饼中含粗脂肪25%、皂素10%；脱脂去皂后的饼粕还有14%粗蛋白、5%的无氮浸出物和12%粗纤维；果壳中单宁含量高达50%左右，含糖醛率达18%以上，比棉籽壳、玉米秆等含量都高。茶油、皂素、粗蛋白、粗脂肪、单宁是医药、美容、制皂、农药等产业的重要工业原料，且可避免或减少人工合成化合物使用对环境的二次污染。

油茶还是优秀的常绿、长寿、深根、耐寒、耐贫瘠重要生态树种，一次种植、收获期长达百年以上，一般栽后7～8年郁闭成林，既能提供食用油，又可提高森林覆盖率，具有美化环境、保持水土、涵养水源、调节气候生态的效益。

发展木本油料作物是全世界的发展趋势，茶油在维护我国食用油安全中发挥着重要作用。油茶与油橄榄、椰子、油棕并称世界四大木本油料植物，与乌桕、油桐和核桃并称我国四大木本油料植物。我国油茶籽产量占木本油料总产量97%以上，且尚未受制于国外粮油巨头，因此发展油茶产业有维护国家粮油安全的战略意义。特别是2019年以来，随着国家政策持续利好，中国油茶种植业得到了快速发展，种植面积持续扩大，油茶低产低效林改造和管护加快推进，我国油茶生产形成初具规模的产业构架，且区域集中度较高。同时，发展油茶产业也是促进农民增收、实施乡村振兴战略的重要抓手。

9.1.2　油茶生理特性和物候期

油茶要求充足的阳光，喜温暖湿润气候，适宜在坡度25°以下的和缓、侵蚀作用弱的地方种植，适生于土层80 cm以上深厚、疏松的酸性土壤。

油茶的寿命很长，其生命周期一般划分为苗木阶段(营养生长期)、幼龄阶段(始果期)、成龄阶段(盛果期)和老龄阶段(衰老更新期)。苗木阶段约3年；幼龄阶段为苗木造林到盛果期前，树体以营养生长为主，树长高、分枝增多，部分少量结实；成龄阶段为第7—84年，进入盛果期，树体营养生长与生殖生长并进，以生殖生长为主，树既长高，也开花结果，收获油茶籽；老龄阶段为第85年以上，树体老化，结果量逐年减少直至衰老死亡。进入老龄阶段因管理水平存在较大差异，若管理水平高，100年以后仍然可获得较高产量。

油茶果实形成的一个完整过程，需用时1.5年左右，主要分为春梢生长期、花芽分化期、开花期、果实膨大高峰期和油脂转化积累高峰期等五个阶段。春梢生长期指春季从主枝一年生延长顶部营养芽(叶芽)萌动开始，至顶芽自枯、枝条停止生长。春梢在3月中旬开始生长，5月中旬基本结束。花芽分化期是枝梢上芽原基开始转化为花芽状态直至分化出花的各部分器官的全过程。5月开始，花芽在当年春梢上分化，花芽分化的迟早，因品种和树体营养条件、生态环境而不同。到开花期，10月上、中旬为初花期，10月下旬进入盛花期，11月下旬至12月初为末花期。开花期分开花始期、盛期和末期三个阶段。整株植株花苞开花比例达到5%～24%为始花期，达到25%～90%为盛花期，90%以上为末花期。果实膨大高峰期指果实的横径和纵径快速增大，果实大小快速增长的时期。油脂转化积累高峰期指果实成熟前，油茶果体积不再增加而重量增长、油脂快速积累的时期。

9.1.3　油茶生长与气象的关系

9.1.3.1　适宜油茶的气象条件

适宜油茶生长的年平均气温区间为14～21 ℃。油茶生长的极端最低气温为－21 ℃(吴明作 等，2007)，适宜油茶生长的极端最低气温下限为－10 ℃(许光耀 等，2015)，油茶主产区的湖南、江西、广西等地历年的极端最低气温基本高于－10 ℃，适宜油茶生长的最冷月平均气温下限为0 ℃；适宜油茶生长的极端最高气温上限为40 ℃。适宜油茶生长的最热月平均气温上限为31 ℃，8—9月≥35 ℃的高温日数少于20 d。适宜油茶生长的≥10 ℃的年活动积温为4000～7000 ℃·d。

年降水量是满足油茶生长发育的重要气象因子，是表征油茶生长发育的水分指标。在油茶生长发育过程中，特别是果实膨大过程中，不仅需要足够的水分供应，而且必须保持合理均衡的水分条件，才能满足其生理活动和物质合成转化的需要。适宜油茶生长的年降水量在1000～2200 mm(乔迺妮 等，2013)，年降水日数达到100 d以上有利于油茶的生长发育。

日照是光合作用的基础条件。日照时数和日照百分率越高，油茶进行光合作用的时间就越长，越有利于光合产物的合成和油茶生长，适宜油茶生长的年日照时数为1500～2200 h，日照百分率要求在35%以上。

9.1.3.2　油茶主要气象灾害

油茶主要气象灾害有低温连阴雨、高温干旱和冻害。

10—12月为中国普通油茶的开花期，若此阶段遭遇长时间低温阴雨天气，光合作用受到影响。同时，受到昆虫授粉影响，雨水淋洗花柱头液和花粉，也会造成授粉受精不能正常进行。长时间的连阴雨造成大量的落花落果，使坐果率降低，导致减产。油茶盛花期雨日多于13 d会影响产量。

作为油茶主产区的长江中下游地区冬季寒潮频发，经常出现冻害，花粉囊将不能正常开裂，花粉无法正常发育，油茶主要是靠昆虫为媒介进行异花授粉，当花期温度过低时，昆虫活动也受到抑制，因而严重影响授粉、受精。处在开花期的油茶如果遭遇冻害，下一年产量必然降低。王道藩(1983)研究表明，当油茶盛花期出现－3.5～－2.5 ℃的低温，会冻坏花蕾、冻死传粉的蜂，从而造成次年减产。袁小康等(2023)研究指出，油茶开花期轻度冻害指标为－6 ℃＜日最低气温≤－2 ℃，中度冻害指标为－8 ℃＜日最低气温≤－6 ℃，重度冻害指标为日最低气温≤－8 ℃。

作为中国油茶的主产区，长江中下游地区降水量大，但分布不均，常出现季节性干旱。7—9月常出现连续的晴热高温天气，蒸发量大，连续无降水日数多达1～2个月甚至更多(即使中途有降水，降水量也较少)，因而容易出现高温干旱。高温干旱抑制油茶光合作用及其他生理作用，进而影响油茶生长发育，降低油茶产量。特别是在油茶产量形成的关键生育期——果实膨大—油脂转化期(一般在7—9月)，需水量大，若降水量少，会导致叶片枯黄、卷曲，果实大量脱落，并严重影响果实膨大和油脂转化，导致果实变小、含油率降低。农谚中流传的"七月干果、八月干油"(指农历月)的说法，正是对干旱影响油茶产量的真实写照。谢佰承等(2021)研究指出，油茶果实膨大高峰期≥30 ℃热积温达到36.7 ℃或≥30 ℃高温日数达到26 d，以及油脂转化期≥30 ℃热积温达到13.6 ℃或≥30 ℃高温日数达到10 d，为高温干旱出现的阈值。

9.2　油茶气象服务技术和方法

9.2.1　油茶关键发育期水肥管理气象服务技术

影响油茶生长和产量的关键生长发育期主要有春梢生长期、花芽分化期、开花期、果实膨大高峰期、油脂转化积累高峰期等，传统粗放式栽培管理缺肥少水、营养不良，落花落蕾落果较为普遍。解决好这些生产问题，离不开气象服务。油茶关键生长发育期的水肥管理气象服务及克服油茶大小年现象等关键技术如下。

9.2.1.1　春梢生长期

2月中旬—5月中旬是油茶春梢生长期，需注意改良土壤、施促芽肥，防病虫害，加强春植、春剪、松土施肥等。建议关注天气预报，注意防御低温阴雨危害。若出现连续阴雨天气，将造成春梢生长缓慢，影响春梢健壮生长。

油茶春梢生长期连阴雨风险预警指标：日降水量≥25 mm为3～5 d时，发生轻度风险；日降水量≥25 mm为6～8 d时，发生中度风险；日降水量≥25 mm多于8 d时，发生高度风险。

油茶在此期间水肥管理的措施有：①出现持续的阴雨天气，林地及时清沟排水。②在气温回升、天气转好后及时追施复合肥，幼树建议每株施复合肥0.1～0.2 kg，以氮肥为主，适当补充磷钾肥；挂果树建议根据生长与挂果、立地条件等情况每株施复合肥0.3～0.5 kg，要求氮、磷、钾合理配比，并补充锌、硼等微量元素，以利新梢和幼果生长。③加强根腐病、软腐病等病害及油茶叶蜂等害虫监测防控。

9.2.1.2 花芽分化期

5月下旬—9月下旬为花芽分化期，需加强树盘覆盖、防高温、保墒抗旱、防病治虫。当出现≥35.0 ℃高温天气，将造成花芽分化受阻、分化速度减缓，影响花芽健壮生长。油茶成林花芽分化期的高温风险预警等级指标如下：出现日最高气温≥35.0 ℃且持续天数16～18 d时，具有轻度风险；出现日最高气温≥35.0 ℃且持续天数19～21 d时，具有中度风险；出现日最高气温≥35.0 ℃且持续天数多于21 d时，具有高度风险。

在此期间的水肥管理措施有：①灌溉。在有条件的地方布设滴灌或喷灌设施，在高温天气时段，早晚进行灌溉，灌溉时间宜清晨或傍晚，不宜在土温较高的中午或下午进行。②培蔸覆盖。5月下旬—6月下旬采用锄抚，铲除树冠范围内部杂草，靠近油茶树体的杂草用手拔除，防止松动或损伤油茶根系，并用草皮土倒覆盖在树蔸周围，基部外露时还从圈外铲些细土培于基部呈馒头状。提倡采用稻草、腐殖质、枯枝落叶等树蔸基部进行地表覆盖，保水保墒。覆盖面在60 cm×60 cm以上，覆盖厚度在2 cm以上，并在覆盖物上盖土。③避免高温时段抚育管理。一般7—9月不宜采取动土的抚育方式。

9.2.1.3 开花期

10月下旬—12月中旬为油茶开花期，要注意引水抗旱、覆草保水、清沟沥水、覆盖保温、培土壅根、引蜂授粉。需关注天气预报，注意防范阴雨寡照天气的危害。若出现阴雨寡照，将造成油茶大量落花、坐果率低。在此期间阴雨寡照灾害风险预警等级指标为：出现日降水量≥1.0 mm且阴雨日数为22～25 d时，具有轻度风险；出现日降水量≥1.0 mm且阴雨日数为26～29 d时，具有中度风险；出现日降水量≥1.0 mm且阴雨日数多于29 d时，具有高度风险。

在此期间的水肥管理措施为：①无人机喷施保花保果剂，引蜂授粉。②10月采果后及时加强修剪，培育开心形、自然圆头形、分层形等良好树体结构。③垦覆施肥（有机肥或充分腐熟农家肥）、中耕、修剪结合起来，做好水土保持，充分发挥肥料作用。

9.2.1.4 果实膨大高峰期

6月上旬—8月上旬为果实膨大高峰期，该时段降雨少，果实体积就不能正常膨大，易出现油茶“干果”现象，需早施壮果肥，引水抗旱、翻耕蓄水、覆草保水、防裂果、防病虫害。需关注天气预报，注意防病防虫防干旱。此期内干旱灾害风险等级指标为：出现日降水量≥1.0 mm且阴雨日数为9～10 d时，具有轻度风险；出现日降水量≥1.0 mm且阴雨日数为5～8 d时，具有中度风险；出现日降水量≥1.0 mm且无雨日数少于5 d时，具有高度风险。

在此期间的水肥管理措施有：①土壤改良。隔年对油茶林内土壤进行深翻改土，一般结合在3—4月或秋冬11月施肥时进行。在树冠投影外侧深翻40～60 cm；为避免过量伤根，也可分年度对角轮换进行，以2～3年完成一周期。深翻时要保护粗根。此项措施可以促进土壤熟化，改良土壤理化性状，满足树体对养分的大量需求，改善油茶根系环境，扩大根系分布和吸收范围，从而提高油茶抗旱、抗冻能力。②蔸部覆盖。一是在夏天旱季来临前中耕除草一次，并将铲下的草皮覆于树蔸周围的地表，给树基培蔸，或在油茶基部覆盖稻草，并用土覆盖压紧，用以减轻地表高温灼伤和旱害。二是覆盖生态保湿防草布。③挖竹节沟。在油茶林水平条带带面内侧，开挖沟底宽 50 cm、深 40 cm 的竹节沟，长度视油茶林株间距而定，能起到良好的拦水和蓄水作用。④浇水灌溉。在山顶和山腰修筑蓄水池，林间铺设水管，每隔一定距离留出水口，在旱季进行人工灌溉。有条件的安装水肥药一体化设施，实现智能灌溉。

9.2.1.5　油脂转化积累高峰期

8 月中旬—10 月中旬为油脂转化积累高峰期，此时段遭遇持续的大于 35 ℃高温会导致含油率下降，造成油茶果“干油”，需注意撑树保果、引水抗旱、覆草保水、防裂果、防病虫害。需关注天气预报，注意防病防虫防高温。此期间高温灾害预警风险等级指标为：出现日最高气温≥35.0 ℃的天数为 19～21 d 时，具有轻度风险；出现日最高气温≥35.0 ℃的天数为 22～25 d 时，出现中度风险；出现日最高气温≥35.0 ℃的天数多于 25 d，具有高度风险。

在此期间的水肥管理措施有：①灌溉。在有条件的地方布设滴灌或喷灌设施，在高温天气时段，早晚进行灌溉，灌溉时间宜清晨或傍晚，不宜在土温较高的中午或下午进行。浅层土壤相对湿度 65%可作为喷灌下限，即浅层土壤相对湿度为 65%时可开始喷灌。②培蔸覆盖。在干旱到来之前，采用稻草、腐殖质、枯枝落叶等对树蔸基部进行地表覆盖，保水保墒。覆盖面在 60 cm×60 cm 以上，覆盖厚度在 2 cm 以上，并在覆盖物上盖土，或采用生态覆盖垫、薄膜等覆盖保水。③避免高温时段抚育管理。8—9 月不宜采取动土的抚育方式。④做好炭疽病、软腐病、象甲虫等病虫害的监测防治。

9.2.1.6　油茶大小年成果与克服的技术措施

油茶结果出现“大小年”是由于栽培技术不良和自然灾害的影响，破坏油茶生长发育的正常关系，其主要原因包括营养不足、气候条件变化、环境条件不良以及自然灾害。其成因有：①水肥营养条件供给不足。在油茶结果大年，结果多，落果少，消耗树体的营养多，因而造成下一年结实所需的营养不足，又因为油茶是“抱子怀胎”，果实发育消耗营养多，留给花芽自然少，从而使得花芽分化、春梢发育差，导致第二年结果少。②气象灾害的影响。油茶花期一般是 10 月上旬—12 月，如果晴天多、雨水少，昆虫活动旺盛则授粉率高，同时幼果未遭受冻害、极端低温影响，则第二年的结果多；若花期遭遇连续阴雨，昆虫活动减弱，授粉率降低，或者授粉正常，但遭遇极端低温、冻害等影响，也会影响结果量。③管理不当。在油茶种植过程中，粗放式管理居多，油茶林密度大(有的每亩超过 120 株)，枝条过密影响光合作用，看似结果多，但病虫害也多，又不注重施有机肥，导致结果中后期营养不足，或病虫害造成落果多。

克服油茶大小年的技术措施有：①利用天气预报，在盛花期选择较稳定的晴好天气，对油茶喷施生长激素，也可加入磷酸二氢钾、芸苔素内酯等，使其晴天大量开花授粉，以提高结实率。②在油茶林内培养和释放地蜂，以提高授粉率。③合理施肥。春季多施氮肥，促发新梢；夏季多施磷肥，防止落果；秋季施氮磷钾混合肥，达到多含油、多开花；冬季多施钾肥，提高抗寒性，减少落花落果。④根据当地环境条件挑选适合当地的良种，科学培养树冠，一般大年重剪、小年轻剪，先剪下部、树冠内部枝，再剪中上部冠外枝。⑤加强病虫害防治。防治病虫害是提高油茶产量的重要措施，病虫害容易引发油茶落果，造成小年严重减产。

9.2.2 油茶农业气候区划技术

通过选择油茶种植气候适宜性区划指标，构建油茶种植区潜在分布的最大熵模型，并采用特征曲线的方法，对建立的最大熵模型模拟结果精度进行评价，为油茶产业发展布局提供技术支撑。

9.2.2.1 油茶种植气候适宜性区划指标

自1998年以来，许多学者基于油茶生长对环境条件的需求，在考虑气候、地形、土壤条件的基础上，选取了油茶种植适宜区划指标，主要有：①气候因子，包括10—12月平均温度、1月平均气温、7月平均气温、8—9月平均降水量、无霜期、最冷月平均气温、≥10 ℃积温、极端最低气温、最热月平均气温、年降水量、果实生长关键期降水量、盛花期降水量、盛花期降水日数、年平均相对湿度、年日照时数、年日照天数、11月至次年1月日照时数、11月至次年1月平均气温、11月至次年1月降水日数、8—9月降水量、5—6月旬平均气温、旬降水量、旬日照时数、气温日较差。②3个地形因子，包括海拔高度、坡度、坡向。③3个土壤因子，包括有机质、pH值、全氮。采用不同数理方法，建立油茶种植的综合区划。评估模型，进行了本区域油茶适宜性种植区划（林少韩 等，1988；黎丽，2009；付瑞滢 等，2015；黄志伟 等，2016a；黄志伟 等，2016b）。

9.2.2.2 油茶种植气候适宜性区划指标与区划模型

(1)潜在气候环境因子选取

依据前人相关研究文献，确立15个因子为我国油茶种植气候适宜性区划潜在因子，分别是：高程、1月平均气温、气温日较差、15 ℃以上积温、年降水量、年降水日数、年最长连续无降水日数、年日照时数、年有日照天数、年平均相对湿度、−7 ℃以下低温日数、35 ℃以上高温日数、37 ℃以上高温日数、39 ℃以上高温日数、40 ℃以上高温日数。

将15个潜在环境气候因子，整理成ASCII数据格式，数据精度为0.025°×0.025°格点数据，作为最大熵模型的环境变量层输入。将全国油茶种植区站点分布地理信息整理成CSV格式，作为最大熵模型的训练样本数据。

(2)模型适用性检验

选中create response curves选项，其他选项采用模型的默认设置，构建油茶种植区潜在分布的最大熵模型，并采用受试者工作特征曲线(receiver operating characteristic curve，ROC)的曲线下面积(area under curve，AUC)对建立的最大熵模型模拟结果精度进行评价。

通常选用的MaxEnt模型中精度检验，主要采用受试者操作特征曲线，来评估模型模拟的准确性。AUC值即ROC曲线所包含的面积，是以假阳性率(1−特异度)为横坐标、以真阳性率即灵敏度(1−遗漏率)为纵坐标绘制的ROC曲线，其AUC值越大，表明预测效果越好，反之，则模型预测结果较差，取值范围为0～1。给定的AUC值的评价标准为：0.5～0.6(差)、0.6～0.7(较差)、0.7～0.8(一般)、0.8～0.9(好)、0.9～1(非常好)。ROC曲线绘制及AUC具体计算有最大熵模型直接输出。

模型模拟结果表明：选取的15个潜在环境因子的最大熵模型的AUC值为0.952(图9.1)，参照模型的评判标准，模拟结果非常好，因此表明所建立的模型适用于全国油茶种植区潜在分布模拟。

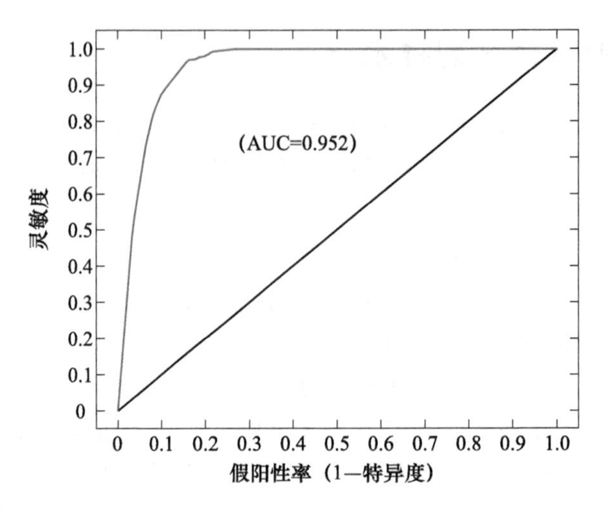

图 9.1 基于潜在气候因子的我国油茶种植分布模拟结果的 AUC 值

(3)主导因子筛选

影响作物生长发育是多个因子综合作用的结果，但在一定条件下，必有起关键作用的主导因子，因此通过 MaxEnt 模型提取影响油茶种植的主导气候因子，来揭示气候变化对油茶种植的影响。在筛选出主导气候因子的基础上，重建全国油茶种植区潜在分布的最大熵模型，并进行模拟结果精度评价。表 9.1 给出了 5 个气候环境因子对全国油茶种植区潜在分布的贡献率和累计贡献率。按照贡献率由大到小排序依次为 1 月平均气温(58.6%)、高程(11.9%)、−7 ℃以下低温日数(11.9%)、40 ℃以上的高温日数(5.4%)以及 35 ℃以上的高温日数(3.8%)。一般认为，累计贡献率超过 85%且其后某一因子的贡献率低于 5%时不再累计，累计因子反映了主导因子。因此，根据模型模拟的结果，可以认为 1 月平均气温、高程、−7 ℃以下低温日数、40 ℃以上的高温日数为油茶种植区潜在分布的主导气候环境因子。

表 9.1 影响油茶种植区的气候环境因子的贡献率 %

气候环境因子	贡献率	累计贡献率
1 月平均气温	58.6	58.6
高程	11.9	70.5
−7 ℃以下低温日数	11.9	82.4
40 ℃以上的高温日数	5.4	87.8
35 ℃以上的高温日数	3.8	—

根据确认的 4 个影响油茶种植分布的主导气候环境因子，通过 MaxEnt 模型，构建油茶种植潜在分布模拟模型(图 9.2)。模拟结果准确性达到非常好的标准，基于筛选的主导气候因子构建的模型可用于全国油茶种植潜在分布模拟。

(4)全国油茶种植气候适宜性分布

利用 MaxEnt 模型和影响全国油茶种植分布的 4 个主导因子，模拟出全国油茶种植气候适宜性区划结果(图 9.3)。

① 最适宜区：主要分布于湖南、江西大部分地区，湖北、安徽、广西、福建的部分地区。该区域地势平坦，降水充足，温度适宜，是最早种植油茶的地区，也是目前油茶的主产区，其最适

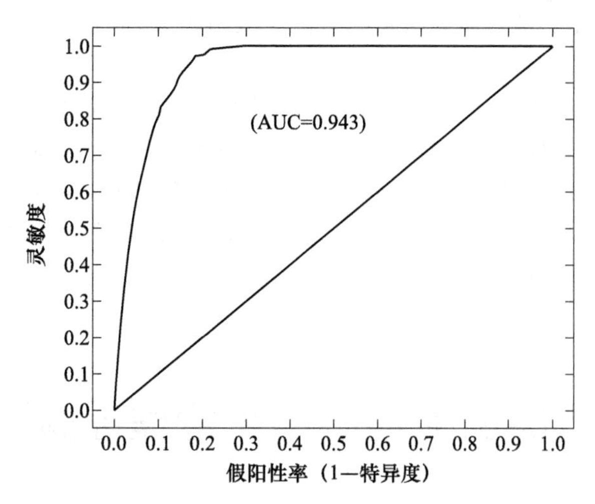

图 9.2　基于主导气候因子的我国油茶种植分布模拟结果的 AUC 值

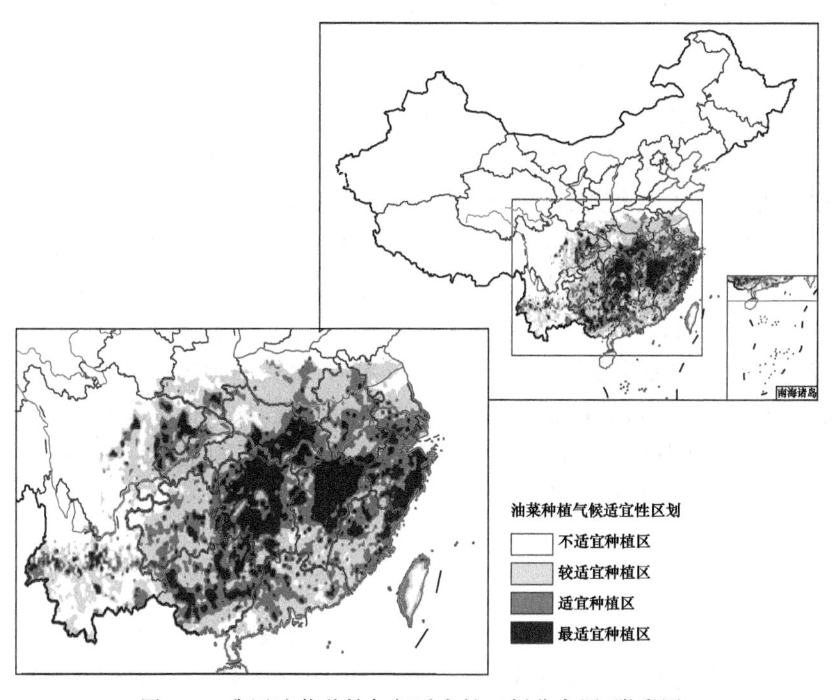

图 9.3　我国油茶种植气候适宜性区划分布图(附彩图)

宜面积约为 79400 万亩，占油茶最适宜区总面积的 66.54 %。

② 适宜区：分布在湖南、江西、贵州、安徽、云南、浙江、福建等低山丘陵地区、中低山峡谷、浙江中西丘陵地区。该区域受一些轻微限制因素的影响，通常相对湿度较低，地势起伏略大，但也是油茶产区的重要组成部分，其适宜区面积约为 90000 万亩，占油茶适宜区域总面积的 92.54%。

③ 较适宜区：分布于云南、河南、陕西南部、四川西北部等地区，较适宜面积约为 13600 万亩，占油茶较适宜区域总面积的 28.67%。同时在这一区域中，适宜和较适宜条件均存在，经对具体种植区域作进一步评价，是种植潜力较大和开发利用价值较高的区域。

④ 不适宜区：除以上三个区划之外的地区，分布于东北三省地区，新疆、西藏、内蒙古、北

京、河北、山东、山西等地。该区域各项指标条件受限制较大，油茶生长环境较差，均不适宜油茶种植。

核心发展区多低山丘陵、水热光条件好，是我国主要的油茶栽培区和茶油产区，包括湖南、江西、广西、湖北、广东、福建、浙江、贵州 8 个省（自治区）的近 600 个县，现有种植面积 6286 万亩，2023—2025 年计划新增油茶种植 1488.5 万亩、改造低产林 1110.6 万亩，分别占全国新增、改造任务的 77.6%、87.0%。重点拓展区自然条件适宜油茶栽培，扩面潜力大，包括云南、海南、河南、重庆、四川、安徽、陕西 7 个省（直辖市）的近 200 个县，分别占全国新增、改造任务的 22.4%、13.0%。

9.3 油茶气象服务中心组织管理经验及服务案例

9.3.1 油茶气象服务中心组织管理经验

9.3.1.1 油茶服务组织机构

油茶气象服务中心成立于 2020 年，以湖南省气象科学研究所和湖南省农业技术推广总站为依托，起步成员单位有湖南省林业科学院、江西省农业气象中心、湖南省气候中心、贵州省山地环境气候研究所、湖南大三湘茶油股份有限公司，开展全国油茶主产区域油茶气象监测预报预警服务、油茶气象科研成果业务转化和推广及示范等，提供油茶气象决策服务信息和针对性气象服务产品，编制油茶气象相关服务规范与标准，牵头组织申报特色农业气象业务科技项目工作。

2023 年，中国气象局、国家林业和草原局集聚国、省两级气象、林业领域专家技术力量，共同组建成立全国油茶气象专家联盟，挂靠湖南省气象局，接受中国气象局应急减灾与公共服务司、国家林业和草原局林业和草原改革发展司的指导和管理，共同推进油茶气象服务保障技术研发和工作交流，促进油茶产业高质量发展。全国油茶气象专家联盟设立委员会，为其决策机构；在油茶气象服务中心设立秘书处，负责日常管理。

9.3.1.2 油茶服务机制

（1）组织管理工作

油茶气象服务中心深入贯彻落实《气象高质量发展纲要（2022—2035 年）》（国发〔2022〕11 号），根据《气象为农服务提质增效行动方案》（气发〔2023〕5 号）、《科学绿化气象保障服务行动计划（2022—2025 年）》，按照《加快油茶产业发展三年行动方案（2023—2025 年）》（林改发〔2022〕130 号），制定《油茶气象服务中心运行管理办法》、周年服务方案和业务服务流程，明确了油茶观测站网建设和数据共享、油茶地理区划、气象灾害监测预警预报服务等方面服务重点工作，强化油茶特色产业气象服务，制定并颁布实施《油茶主要气象灾害定义及监测指标》《油茶花期低温灾害等级评定》《油茶农业气象观测规范》《油茶高温干旱等级》等地方标准，提升服务能力，加强人才培养和团队建设。

（2）业务服务工作

油茶气象服务中心高度重视油茶气象观测站网建设及数据共享。联合开展油茶种植地理气候区划，制作油茶分布区划图。在油茶春梢生长期、果实膨大期、油脂转化和积累期、果实采收期等关键服务期进行常态化的专题会商、联合调研和需求调查及技术交流，开展气象灾害监测预报评估预警服务。围绕造林、施肥、采收等油茶生产农事活动，开展气象适宜度预报服务。开发数字化、智慧化、网格化的区域油茶气象监测预警服务平台，构建油茶全生长周期精细化气象服务体系，及时主动向国家级业务单位提供有关决策和公共服务产品。

9.3.2 极端高温干旱背景下油茶气象服务案例

2022年，中国南方油茶主产区出现的历史性极端高温干旱灾害，对油茶造成了严重损失。高温干旱背景下，油茶气象服务中心积极作为，基于油茶气象服务技术积累，开展面向种植大户的针对性强的气象服务工作、面向政府和林业部门的决策气象服务，其中，重大决策服务材料《罕见极端高温与夏秋连旱对南方油茶的影响及后期生产建议》等呈报至国家林业主管部门和地方政府，并通过央视农业气象频道、湖南人民广播电台、今日头条、湖南省油茶协会官网、“天帮忙”App等权威媒体，公开向种植大户推广油茶抗旱保收举措，减轻灾害损失，筑牢气象防灾减灾第一道防线，成效显著，得到政府领导的认可和茶农的广泛好评。

9.3.2.1 案例背景

2022年，南方油茶主产区自雨季结束后，于7月上旬末至中旬初进入晴热高温时段，其中，湖南、江西、贵州、浙江等地极端气温、高温持续时间均为有完整气象记录以来历史同期之最。截至10月底，湖南、江西、浙江、福建大部地区日最高气温≥35 ℃高温日数达50～78 d，较常年偏多24 d(图9.4)；39 ℃以上极端高温天气持续时间长，其中，湖南西部及衡邵盆地、江西南部和东部、福建中部、浙江大部最高气温39 ℃以上日数超过10 d，局地达20～40 d，较常年偏多4～23 d。

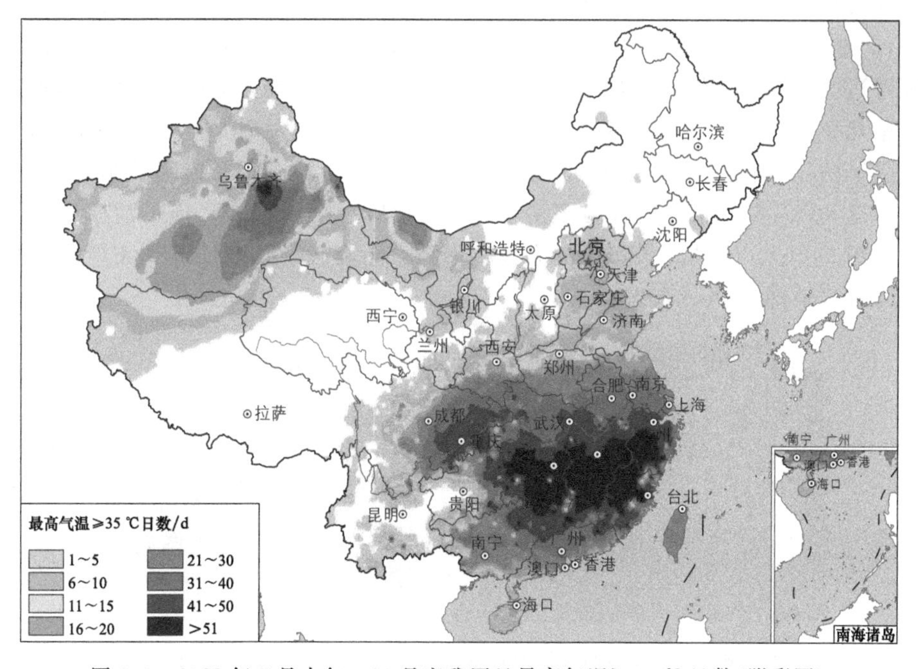

图9.4 2022年7月中旬—10月底我国日最高气温≥35 ℃日数(附彩图)

7月中旬以来，油茶主产区无明显降水过程，大部地区累计91～108 d无有效降雨（日降水量<10 mm，见图9.5）。截至10月底，湖南“特强”区域性干旱过程已持续102 d(7月21日—10月30日)，其中，10月5日98.6%的地区达到特旱，其他为重旱；江西“特强”区域性干旱过程已持续130 d(6月23日—10月30日)，94.6%的地区达到重旱及以上，72个县(市、区)达到特旱。

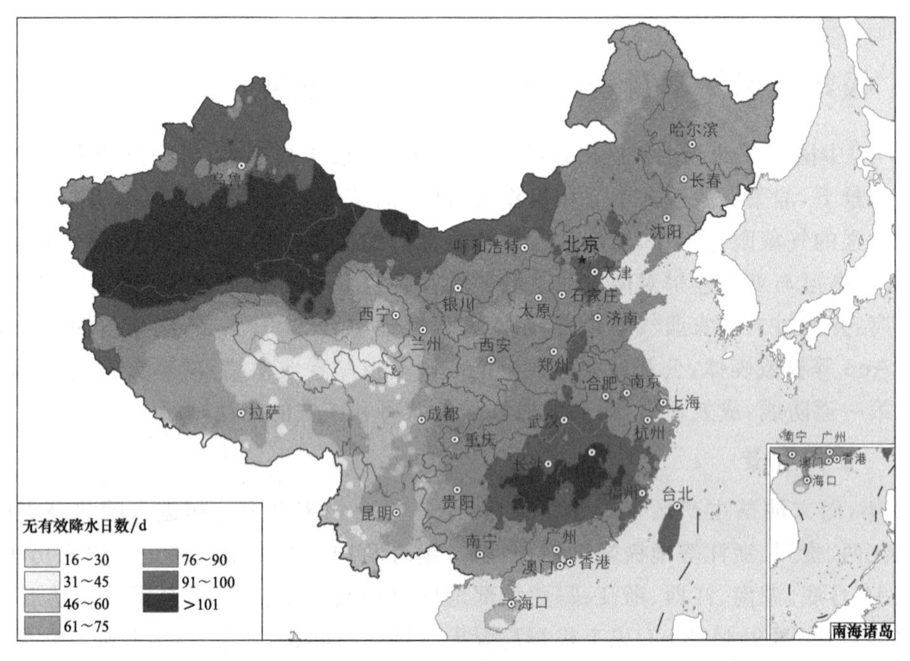

图9.5 2022年7月中旬—10月我国无有效降水日数(附彩图)

当年的极端夏秋高温干旱灾害对南方油茶造成严重影响，主要体现在：①茶果膨大和油脂转化受阻，严重影响当年产量。2022年长江中下游高温干旱造成小果、干果、裂果、落果现象。②花芽发育迟缓，基数不足，影响次年产量。因长期缺水、发育受阻，大量花芽干枯脱落。湖南常宁花芽枯死率为15%～30%，怀化油茶基地花芽枯死率约为10%～40%（图9.6a)。③部分油茶林因旱枯死，湖南西部土层较薄、缺水严重的山区30%～40%成年林枯死，湘赣地区新造林死亡率近90%，贵州东部旱区出现了苗圃、新造林成片死亡现象，连带油茶种苗大量生长延缓、死亡（图9.6b)。④油茶果实含油率大幅下降。湖南、江西、浙江等受灾严重地区的部分果实含油率普遍下降30%～70%。

图9.6 油茶基地油茶幼苗整株枯死(a)和成年油茶整株枯死(b)

9.3.2.2　服务举措

(1)油茶示范基地代表性气象监测准确

在湖南省常宁市西岭镇平安村湖南大三湘等油茶示范基地，连绵起伏的油茶林中，白色的气象观测站如同哨兵，时刻监测着气温、冠顶风向和风速、降雨量、光合辐射和各层土壤温度与湿度；同时，配备有实景观测系统，能对油茶生长情况进行实时监测。油茶气象灾害监测站网的实时观测数据接入湖南省、市、县一体化智慧为农气象业务系统，油茶气象服务中心业务服务人员可对各地油茶林气象条件和油茶生长状况进行实时实景监测。

(2)联合相关部门开展联动服务

油茶气象服务中心积极作为，基于油脂转化积累期相关气象条件阈值及气象要素区划分布情况，制作相关服务材料，并联合江西、贵州、浙江等油茶主产区开展面向种植大户的针对性服务及面向政府的决策气象服务，发布相关材料共计 14 期。其中，由油茶气象服务中心牵头，联合国家气象中心及多个单位制作的重大决策服务材料《罕见极端高温与夏秋连旱对南方油茶的影响及后期生产建议》，由中国气象局呈报至上级部门。油茶气象服务中心撰写的气象专题报告《气候变暖背景下极端高温干旱对油茶的影响及后期生产建议》，由湖南省气象局呈报至省领导及相关单位，并获有关省领导批示。高温干旱灾害过程中，面向南方油茶主产区发布相关油茶气象服务专报 3 期，面向湖南省发布相关油茶物候期气象服务专报 3 期、油茶气象服务专题 6 期(表 9.2)。

表 9.2　2022 年极端高温干旱过程油茶气象服务材料发布情况

材料类型	期数	发布时间
有关机构约稿	1	2022 年 11 月
气象专题报告	1	2022 年 11 月
油茶气象服务专报	3	2022 年 7 月、8 月
油茶物候期气象服务专报	3	2022 年 6 月、7 月、8 月
油茶气象服务专题	6	2022 年 9 月、10 月、12 月，2023 年 1 月、3 月

此外，在高温干旱灾害过程中，油茶气象服务中心联系相关媒体开展面向公众的防灾减灾气象服务。2022 年 7—8 月，CCTV-17 农业农村频道 3 次报道油茶高温干旱灾情实况及预警情况；高温干旱发生最重的 9 月和 10 月，《湖南科技报》、今日头条、湖南人民广播电台、潇湘之声等媒体 7 次报道油茶受灾情况及对应抗旱保收建议，为油茶防旱抗旱措施的实施打下了较好的科普宣传基础；11 月，湖南大部出现降雨，湖南人民广播电台第一时间宣传推广油茶生产应在降水后施肥、改善土壤的建议，在大灾年最大程度地挽回茶油产量。

油茶气象服务中心成员单位针对当地高温干旱，也开展了系列气象服务工作。如江西省农业气象中心发布相关油茶气象服务专项材料 11 份及油茶产量趋势预报 1 份；贵州省山地环境气候研究所面向省内发布专题服务材料《夏秋干旱对贵州省油茶生产的影响分析》，为当地油茶防旱抗旱工作提出了针对性建议。

9.3.2.3　服务效益

(1)经验总结

在总结“快、准、早”油茶特色气象服务经验基础上，建立多部门联合的油茶气象服务会商机制，并围绕气象服务技术难点、业务瓶颈和服务体系、管理机制开展调研和科学试验，共同解决生产中遇到的实际问题。在出现严重气象灾害前，需组织相关单位、科研院所的专家共同商讨应对极端气象灾害天气的措施，建立“专家问诊”机制。此外，还需将气象服务以直通式的方式提供给新型种植主体，减少信息传播的中间环节，为防灾减灾争取时间。

(2)社会效益

油茶抗旱保收气象服务获社会认可、获油茶种植企业好评。油茶气象服务中心通过油茶气象专题专报、新闻媒体播报等方式，在灾前预警、灾中应急、灾后恢复等环节开展系列服务，通过专题服务材料、湖南省油茶协会官网、相关媒体、“村村响”“天帮忙”App 等多个平台，持续向种植大户科普油茶抗旱保收举措，获得茶农广泛好评，问卷调查服务满意度达 97%。

油茶气象服务获得国家级、省级权威媒体关注和报道。针对 2022 年夏秋罕见高温干旱对油茶生产的影响，油茶气象服务中心为油茶生产提出的提前防御、加强覆草和灌溉等生产管理建议被中央电视台农业气象频道采用，向全国的油茶生产大户推广；科普宣传文章《高温干旱影响油脂积累，油茶可适当推迟采收》被湖南人民广播电台、今日头条等权威媒体播报，取得了较好的宣传效果，为油茶种植户减轻了灾害损失。

(3)经济效益

油茶气象服务促进油茶稳产减损和增产增效。针对旱情，油茶气象服务中心连续两年与湖南省林业科学院、中南林业科技大学、湖南省油茶产业协会等单位合作，发布油茶气象服务产品，提出了抗旱保墒、地表覆盖和推迟油茶果采收等建议，被湖南、江西、广西等周边产区采纳。2022 年是干旱年，茶农采纳推迟采收建议后，油茶种仁含油率提升超过 10%，从极端干旱灾情中挽回了相当一部分损失。

湖南衡阳和永州的油茶“水肥药一体化”智能喷(滴)灌示范基地，在气象服务保驾护航下，油茶生产稳产减损和增产增效效益显著。2022 年，油茶鲜果亩产实现了稳产，而未建设“水肥药”一体化的油茶林，亩产鲜果仅 20 多斤；2023 年，湖南衡阳、永州两市测产油茶亩产鲜果平均 1200 斤以上，“水肥药”一体化的示范区测产油茶亩产鲜果 2000 斤以上，油茶林鲜果产量得到大幅提升。2023 年湖南衡阳湖虹农林农民专业合作社 860 亩油茶示范基地产油 11 t 左右，年产值在 170 万～180 万元，在 2022 年的基础上翻了五番。在精细化气象服务的助力下，不仅油茶产量得到大幅提高，油茶果含油率也得到保障。2022 年，普通油茶林最低达到 12%的出油率，但通过“水肥药”一体化保障生产后，仍然可维持在正常出油率水平(25%)。

第10章 枸杞气象服务

10.1 枸杞与气象

10.1.1 枸杞的分布及产业发展

10.1.1.1 枸杞的分布

枸杞分布于我国宁夏、新疆、青海、甘肃、内蒙古、黑龙江、吉林、辽宁、河北、山西、陕西等省(自治区)及西藏日喀则等地,还广泛分布在西南、华中、华南和华东各地。其常生于山坡、荒地、丘陵地、盐碱地、路旁及村边宅旁。在我国,除野生枸杞外,各地枸杞也有作药用、蔬菜或绿化栽培。

(1)宁夏

宁夏作为枸杞的道地产区,所产枸杞史称“西枸杞”。原产地中宁县1961年被国务院确定为枸杞生产基地县,1995年被国务院命名为“中国枸杞之乡”。目前,宁夏枸杞已形成了“以卫宁平原老产区为主体,清水河流域和贺兰山东麓为两翼”的种植布局。2022年,宁夏枸杞种植面积为38万亩,核心产区中宁县枸杞种植面积达13.8万亩;全区枸杞干果产量6.5万t,仅中宁县年产干果就达2.6万t。

(2)内蒙古

内蒙古枸杞种植区主要集中在黄河后套地区,随后逐渐拓展到托克托县、杭锦后旗、乌拉特前旗、达拉特旗等地区,2022年全区枸杞种植面积约5万亩,年产干果0.16万t。

(3)新疆

新疆枸杞种植区主要集中在博尔塔拉蒙古自治州精河县,1998年该县被农业部命名为“中国枸杞之乡”。2022年精河县枸杞种植面积达10万亩以上,干果产量在2.4万t。种植枸杞品种以‘宁杞1号’和当地自然选优的‘精杞1号’‘精杞2号’为主。受地理、气候等因子的影响,果实多呈球状或椭球状。

(4)青海

青海枸杞种植区主要集中在柴达木盆地的诺木洪农场,当地枸杞被称为“柴杞”,大柴旦、德令哈、格尔木、小灶火、乌兰、都兰也有种植。青海引种‘宁杞1号’较多,2022年枸杞种植面积在50万亩左右,干果产量5.1万t。近年来,‘宁杞7号’在青海种植面积也逐步扩大,但栽培水平粗放,受当地气温冷凉影响,枸杞成熟期较长,果实颗粒大而丰满。

(5)甘肃

甘肃省枸杞主要种植区集中在酒泉玉门市、瓜州县、白银市靖远县、景泰县、武威市民勤县。2022年,甘肃省枸杞种植面积50万亩左右,仅玉门市枸杞生产基地种植面积就达39万亩,占全省枸杞种植面积的一半,年产干果 8 万 t。

10.1.1.2 枸杞的产业发展

枸杞是中国著名的药食同源中药材,同时又是国家卫生部公布的药食同源品种之一,在世界上已有 4000 年的历史,被誉为“东方神草”。宁夏是枸杞原产地,具有适合枸杞生长的土壤和气候,宁夏枸杞已有 600 多年栽培历史,是唯一载入《中国药典》的枸杞品种,在我国已有 2000 多年的用药历史。枸杞适应性强,特别适合盐碱地和退耕还林地种植,使其成为西北地区的重要经济作物,甚至是个别地方的支柱产业,产业开发前景十分广阔(曹有龙 等,2015)。自 20 世纪 60 年代后期,通过广泛引种栽培,逐步形成了宁夏、内蒙古、甘肃、青海、河北等枸杞种植区,同时也辐射到东北三省、华中、华南等地区。随着气候变化和栽培技术的改进,枸杞的道地产区范围有所扩大,截至 2022 年,全国枸杞种植面积在 150 万亩左右,年产枸杞干果 18.6 万 t,逐步形成以宁夏为道地产区的核心区,内蒙古、陕甘青新(即陕西、甘肃、青海、新疆)为两翼的大枸杞产区。

早期枸杞产品主要以销售干果为主,产品形式单一,价格受市场影响较大,产值规模相对较低。为更好地满足消费者需求,目前市场上已开发出药品、保健品、原浆、食品、饮品、化妆品、酒类等 10 大类 100 余种产品,枸杞产品多元化发展趋势强劲。其中,近些年来的锁鲜枸杞成为为干果爆款产品,枸杞原浆、枸杞功能饮料、枸杞酒、枸杞芽菜制品等也呈现产销两旺的态势。据统计,枸杞鲜果头茬和二茬的大果主要以生产锁鲜枸杞为主,其余夏果主要用于生产枸杞原浆。2023 年,仅宁夏全区枸杞鲜果用于锁鲜和生产原浆的就占 60%,用于生产普通干果的占 40%。

10.1.2 枸杞的生物学特性及物候期

宁夏枸杞,灌木,高 0.8~2.0 m,直径达 10~20 cm,分枝细密,野生时多开展而略斜升,树冠多呈圆形,灰白色或灰黄色,无毛而微有光泽,有不生叶的短荆棘和生叶、花的长荆棘。叶互生或簇生,披针形或长椭圆状披针形,顶端短渐尖或急尖,基部楔形,长 2~3 cm,宽 4~6 mm,略带肉质,叶脉不明显。花为无限花絮,在长枝上 1~2 朵生于叶腋,在短枝上 2~6 朵同叶簇生;花梗长 1~2 cm,向顶端渐增粗。花萼呈钟状,长 4~5 mm,通常 2 中裂,裂片有小尖头或顶端有 2~3 齿裂;花冠呈漏斗状,堇色,筒部长 8~10 mm,自下部向上渐扩大,卵形,顶端圆钝。浆果红色或栽培类型中也有橙黄色,果皮肉质,多汁液,形状及大小由于长期经人工培育或植株年龄、环境的不同而多变,长椭圆形、矩圆形、卵形或近球形,顶端有短尖头或平截,长 8~20 mm,直径 5~10 mm。种子常 20 余粒,略呈肾脏形,棕黄色,长约 2 mm。花果期较长,一般从 5 月到 10 月边开花边结果,采摘果实时成熟一批采摘一批。

枸杞发育期主要有芽开放期、展叶期、春梢生长期、老眼枝果实成熟期、夏果枝开花期、夏果成熟期、叶变色期、秋梢生长期、秋梢开花期、秋果成熟期和落叶期。各发育期特征及观测标准见表 10.1。

表 10.1 枸杞农业气象发育期观测内容

发育期	特征	观测标准
芽开放期	枝条变绿,芽孢伸长 0.5 cm 以上	50%枝条出现 1 个芽开放特征
展叶始期	展出第 1 片小叶	20%枝条出现第 1 片小叶

续表

发育期	特征	观测标准
展叶盛期	展出第 1 片小叶	50%枝条出现第 1 片小叶
春梢生长期	春梢伸长达到 2 cm 以上	50%枝条春梢伸长超过 2 cm
开花始期	果枝上花开放,颜色白	20%以上第 1 朵花开放
开花盛期	果枝上花开放,颜色白	50%以上第 1 朵花开放
果实形成期	青果长度超过 0.5 cm	50%以上果枝出现青果
果实成熟始期	青果迅速膨大,变成鲜红色,有光泽	20%以上青果变红
果实成熟盛期	青果迅速膨大,变成鲜红色,有光泽	50%以上青果变红
叶变色始期	夏果枝叶片变厚,色泽发生退行性改变,触碰容易掉落	夏果枝 20%以上叶片变色
叶变色盛期	夏果枝叶片变厚,色泽发生退行性改变,触碰容易掉落	夏果枝 50%以上叶片变色
秋梢生长期	与春梢相同	50%秋梢伸长超过 2 cm
秋梢开花期	与春梢相同	50%秋梢开花
秋果成熟期	与春梢相同	50%以上青果变红
秋季落叶始期	枝条上有叶片自然脱落	20%以上叶片脱落
秋季落叶盛期	枝条上有叶片自然脱落	50%以上叶片脱落

10.1.3　枸杞生长与气象的关系

10.1.3.1　枸杞生长与温度

从枸杞主要种植区的气温看,一般年平均在 5.6～12.6 ℃的地方均可栽培。春季根系在地温达到 8～14 ℃时生长迅速,20～25 ℃时根系生长稳定,但随着气温继续升高,根系生长逐渐停止。4 月上旬气温达到 5 ℃以上时,花芽开始分化,4 月中旬气温达到 10 ℃时开始展叶,15～20 ℃为春梢最适宜生长的温度条件。4 月下旬—6 月下旬,春梢均在生长,前期生长缓慢,中期适宜生长,后期逐渐停止生长。5 月上旬气温达到 16 ℃以上时开始开花,开花期温度以 20～22 ℃最适宜。果实生长发育的适宜温度在 16 ℃以上,20～25 ℃为最适宜。夏果幼果期不耐高温,易受干热风影响。秋季气温 21～24 ℃时,利于秋季芽的萌发和茎生长,气温下降到 11 ℃时,果实生长发育迟缓,体形小,品质降低。10 月底地温降到 10 ℃以下时根系基本停止生长(马力文 等,2018)。

10.1.3.2　枸杞生长与光照

枸杞是强光性长日照树种。光照的强弱和日照长短直接影响枸杞的生长发育。光照不足,植株发育不良,结果少;光照充足,则植株发育良好,产量高。树冠各部位因受光照强弱不一样,枝条坐果率也不一样,通常,树冠顶部枝条因受光照充足,坐果率比中、下部枝条坐果率高。在枸杞果熟盛期,晴朗的天气条件有利于果实生长及着色,阴雨天气影响枸杞品质,且不利于枸杞制干。

10.1.3.3　枸杞生长与降水

年降水量在 100～170 mm 区域,枸杞产量不受影响,年降水量＜100 mm,滴灌地枸杞的产量可能受阶段性干旱的影响而下降。春季土壤水分不足影响萌芽和枝叶生长；秋季干旱使枝条和根系生长提前停止；花果期尤其是果熟期缺水，就会抑制树体和果实生长发育，使树体生长慢，果实小，还会促使花柄和果柄离层形成，加重落花落果，降低产量。生长季若连续阴雨时间长，红熟果实会吸水破裂，造成裂果，也易诱发病害，降低果实质量。

10.1.3.4　枸杞生长与风

风向、风速、大风日数对枸杞生长发育均有影响，生育期内经常刮同一方向的风，枸杞树就会向一边倾斜，影响整体树冠培育，影响树形和机械作业，最终影响产量。枸杞花蕾及果实形成期，如果出现6级以上的大风天气，会造成短时间内落花、落果、落叶，如果大风日数多，会严重影响枸杞的生长及生产管理。

10.2　枸杞气象服务技术和方法

10.2.1　枸杞病虫害与农业气象灾害监测、预报、评估技术

枸杞是病虫害种类最多、危害最为严重、防治难度最大的作物之一。以"一病两虫"（分别指炭疽病、蚜虫和红瘿蚊）的危害尤为突出，严重影响着枸杞产量和品质的形成。"十二五""十三五"期间，宁夏农林科学院、气象局等多部门联合，建立了枸杞病虫害"五步法"绿色防控技术体系，有效地降低了枸杞病虫害的不利影响。另外，春季晚霜冻、夏季持续高温以及秋季连阴雨天气过程也是影响枸杞产业高质量发展的重要因素。本节重点介绍炭疽病、蚜虫、红瘿蚊以及晚霜冻对枸杞的影响及气象指标。

10.2.1.1　枸杞炭疽病

枸杞炭疽病（也称黑果病）是由胶孢炭疽菌引起的枸杞真菌病害，主要危害嫩枝、叶、蕾、花、果实等，是枸杞主要的病害之一。叶片染病时出现黑色斑点，严重者叶片褪色或枯萎；青果染病初在果面上生小黑点或不规则褐斑，遇连阴雨病斑不断扩大，直至整个青果变黑，干燥时果实缢缩；成熟红果会出现针尖状凹痕，湿度大时，病果上长出很多橘红色胶状小点，严重者凹痕底部有针尖状黑色霉点，直至整个红色果实变黑、变形（张宗山 等，2005）。

（1）枸杞炭疽病气象指标

枸杞炭疽病发生等级与气象指标见表10.2（张宗山 等，2006；赵日丰 等，1987，1994）。

表10.2　枸杞炭疽病发生等级与气象指标

等级	程度	判识指标			判识方法
		日平均气温（T）/℃	日降水量（R）/mm	连续降水时间（t）/h	
1	不发生	$T<16$ 或 $T>30$	$R<5$	$t\geqslant6$	3个指标满足其中1个
2	轻度	$16\leqslant T\leqslant30$	$R\geqslant5$	$t\geqslant6$	3个指标同时满足
3	中度	$18\leqslant T\leqslant30$	$R\geqslant10$	$t\geqslant8$	
4	偏重	$20\leqslant T\leqslant30$	$R\geqslant20$	$t\geqslant10$	
5	重度	$22\leqslant T\leqslant30$	$R\geqslant40$	$t\geqslant12$	

注：气象条件同时符合两个或两个以上级别时，应以其中最高级别为准。

(2)枸杞炭疽病与气象条件的关系

气温和空气湿度是诱发炭疽病菌落生长和孢子萌发的主要因素(张宗山 等,2006)。通常环境温度在 25 ℃条件下,炭疽病菌落生长最快,最适温度为 22 ℃～31 ℃,10 ℃以下、37 ℃以上均不产孢子。孢子萌发率与相对湿度呈正相关关系,即环境相对湿度越高,孢子萌发率越高;孢子萌发率与光照时常呈负相关关系(刘静 等,2008)。

一般情况下,降水量<5 mm 时,炭疽病不发生;降水量为 5～10 mm 时,青果、红果均表现出发病态势,约 1/4 果实受到侵染;降水量在 10～20 mm,炭疽病发病率 20%～50%;当降水量在 20～40 mm,80%的果实被侵染或变黑,部分枝条 100%成为黑果;降水量超过 40 mm,病果率达到最大值(马国飞 等,2007)。

10.2.1.2 枸杞蚜虫

枸杞蚜虫是危害枸杞生长的主要害虫之一,成虫分有翅蚜和无翅蚜两种。枸杞蚜虫常群集嫩梢、花蕾、幼果等汁液较多的幼嫩部位吸取汁液危害,造成受害枝梢曲缩,停滞生长,受害花蕾脱落(李云翔,2007);受害幼果成熟时不能正常膨大,严重时造成植株大量落叶、落花、落果和植株早衰,致使大幅度减产。

(1)枸杞蚜虫气象指标

枸杞蚜虫发生等级与气象指标见表 10.3。

表 10.3 枸杞蚜虫发生等级与气象指标

等级	程度	虫口密度/(头/m^2)	旬降水量/mm	旬日照时数/h	旬平均相对湿度/%
1	无害	<100	≥14.0	≤67.5	≥65.2
2	轻度	100～200	7.5～14.0	67.6～82.0	57.0～65.1
3	中度	200～300	4.0～7.4	82.1～96.0	48.8～56.9
4	重度	300～400	1.0～3.9	96.1～110.5	40.5～48.7
5	极重	≥400	<1.0	≥110.6	≤40.4

(2)枸杞蚜虫与气象条件的关系

枸杞蚜虫的发育速率与环境气温的关系如图 10.1 所示。随着气温的升高,枸杞蚜虫的发育逐渐加快,两者呈极显著的非线性关系。

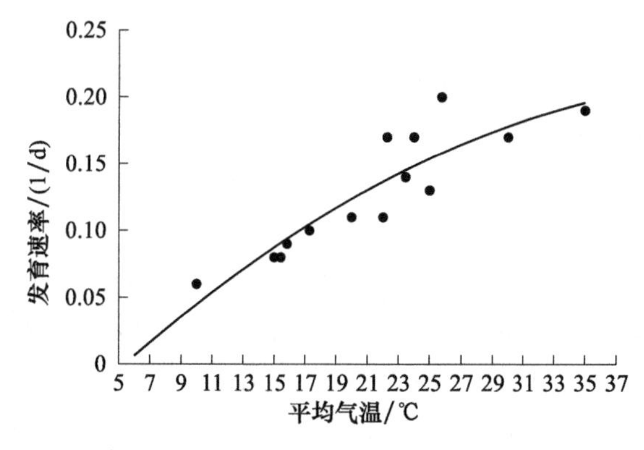

图 10.1 枸杞蚜虫发育速率与平均气温的关系(刘静 等,2015)

当发育速率为 0 时的温度为 5 ℃，即低于此温度枸杞蚜虫不能生长或停止生长，因此，以 5 ℃作为枸杞蚜虫发育的起点温度。

当气温在 21 ℃以下时，随着气温升高，虫口密度逐渐增加；当气温超过 21 ℃以后，随着气温升高，虫口密度逐渐降低。枸杞蚜虫密度与旬降水量呈极显著负相关，随着降水量的增加，虫口密度呈指数下降，说明降水可降低蚜虫基数。蚜虫虫口密度与旬日照时数呈极显著正相关，说明干旱少雨、晴热天气有利于蚜虫生长繁殖，随着旬日照时数的增加，枸杞蚜虫密度呈线性增加。蚜虫虫口密度与相对湿度呈极显著负相关，降雨天气增多导致相对湿度增加，抑制蚜虫发展，从而造成蚜虫密度下降。

10.2.1.3 枸杞红瘿蚊

(1)枸杞红瘿蚊气象指标

枸杞红瘿蚊发生等级与气象指标见表 10.4(马力文 等，2009b)。

表 10.4 枸杞红瘿蚊发生等级与气象指标

等级	程度	生物特征		羽化土壤水分条件		危害气象条件			
		羽化率/%	田间危害率/%	沙土湿度/%	土壤湿度/%	旬累计降水量/mm	旬平均气温/℃	日平均日照时数/h	旬平均相对湿度/%
1	轻度	＜25	＜10	＜9.0 或 ＞25.0	＜12.0 或 ＞23.0	＜0.5 或 ＞12.0	＜15.0 或 ＞26.0	＜8.2	＜27 或 ＞57
2	中度	25～50	10～30	9.1～12.5 或 22.1～24.9	12.1～14.0 或 18.1～23.0	0.5～2.5 或 10.9～12.0	15.1～20.0 或 23.1～25.9	8.3～10.7	28～36 或 47～56
3	重度	＞50	＞30	12.6～22.0	14.1～18.0	2.6～10.8	20.1～23.0	＞10.8	37～46

(2)枸杞红瘿蚊与气象条件的关系

气温低于 12 ℃，枸杞红瘿蚊不羽化危害。气温在 12～22 ℃范围内，危害率随气温的升高而加重。在平均气温超过 23 ℃，最高气温超过 30 ℃，危害率迅速减轻。

随着降水量的增加，表层土壤硬壳软化，便于红瘿蚊羽化出土，危害率增大；而降水量超过 6.5 mm，降水变成有效降水，特别是超过 10 mm 后，地表过湿，则有利于抑制红瘿蚊的危害。

枸杞红瘿蚊危害率与日平均日照时数表现出线性正相关。随着日照时数的增加，晴天增多，更加剧枸杞红瘿蚊的危害。

相对湿度低于 40%时，随着湿度的增加，枸杞红瘿蚊危害率增大；超过 40%，随着湿度的继续加大，枸杞红瘿蚊危害率下降。这表明枸杞红瘿蚊喜欢适宜的湿度环境，过干、过湿的环境都会抑制枸杞红瘿蚊的生长，与降水量对枸杞红瘿蚊的影响相呼应。

10.2.1.4 枸杞晚霜冻

霜冻是制约农业，尤其是特色林果业发展的最主要的气象灾害之一。气候变暖使我国北方无霜期延长，经济林果萌芽、展叶及开花等发育期提前，而春季冷空气活动频繁，造成经济林果花期遭受霜冻危害的风险加大，霜冻损失有加重的趋势。枸杞作为宁夏特色产业经济支柱之一，近些年来也面临着霜冻危害的风险，特别是气候变化背景下，春季发育期较以往提前 7～10 d，花期由 5 月上旬提前至 4 月中下旬左右出现，与春季晚霜冻发生时间高度重叠，从而极易导致处于花期的枸杞遭受霜冻灾害的影响。

(1)枸杞花蕾期、开花期霜冻气象指标

枸杞花蕾期、开花期霜冻气象指标分别见表 10.5、表 10.6。

表 10.5　枸杞花蕾期霜冻气象指标

霜冻等级	温度(T)/℃	持续时间(t)/h
轻度	$T=-2$	$2\leqslant t\leqslant 6$
	$-3\leqslant T<-2$	$1\leqslant t\leqslant 6$
	$-4\leqslant T<-3$	$1\leqslant t\leqslant 2$
中度	$-4\leqslant T<-3$	$2<t\leqslant 6$
	$-5\leqslant T<-4$	$1\leqslant t\leqslant 6$
	$-6\leqslant T<-5$	$1\leqslant t\leqslant 3$
	$-7\leqslant T<-6$	$1\leqslant t\leqslant 2$
重度	$-6\leqslant T<-5$	$t>3$
	$-7\leqslant T<-6$	$t>2$
	$T<-7$	$t\geqslant 1$

表 10.6　枸杞开花期霜冻气象指标

霜冻等级	温度(T)/℃	持续时间(t)/h
轻度	$T=-2$	$1\leqslant t\leqslant 5$
	$-3\leqslant T<-2$	$1\leqslant t\leqslant 3$
中度	$T=-2$	$5<t\leqslant 6$
	$-3\leqslant T<-2$	$3<t\leqslant 6$
	$-5\leqslant T<-3$	$1\leqslant t\leqslant 6$
	$-7\leqslant T<-5$	$1\leqslant t<2$
重度	$-7\leqslant T<-5$	$t\geqslant 2$
	$T<-7$	$t\geqslant 1$

(2)霜冻对枸杞花蕾期、花期的影响

枸杞花蕾、花序春季抗寒能力较弱,遇到强降温过程,往往导致受冻。枸杞霜冻与低温及其持续时间密切相关,温度越低、持续时间越长,霜冻越重。枸杞现蕾期抗冻性最强,初花期抗冻性明显较现蕾期弱,盛花期一定程度上较初花期弱(段晓凤 等,2020)。

枸杞花蕾期、花期在不同受冻程度下受冻症状见表 10.7。

表 10.7　枸杞花期各生长阶段受冻程度标准

花期	受冻程度	受冻症状
花蕾期	轻度	花蕾外皮颜色变深且有皱状;雄蕊梢部变浅褐色或 1～2 个雄蕊明显褐变且变形萎缩,雄蕊花药背面凹陷处稍褐变;花梗稍微变软,但切面颜色不变;叶缘变黑、干枯;叶柄轻微变软、颜色变深
	中度	全部雄蕊明显褐变;子房切面轻微褐变或子房芯明显褐变;叶片萎蔫,20%～40%左右变黑;花梗呈黑绿色且变软,切面褐变;叶柄明显变软、颜色变深
	重度	子房颜色变深或变黑;柱头全部或部分褐变、变形;叶片萎蔫,40%以上变黑、干枯;花梗根部变黑、明显变软、变细,有些一碰即掉;叶柄变细、变软,有些一碰即掉

续表

花期	受冻程度	受冻症状
开花期	轻度	紫色花瓣下部明显褐变；子房稍褐变；花梗稍微变软，但切面颜色不变；叶缘变黑、干枯；叶柄轻微变软、颜色变深
	中度	子房褐变；花梗呈黑绿色且变软，切面褐变；叶片萎蔫，20%～40%左右变黑；叶柄明显变软、颜色变深
	重度	将近凋谢的黄色花子房变黑，紫色花子房明显水渍；花梗根部变黑、明显变软、变细，有些一碰即掉；叶片萎蔫，40%以上变黑、干枯；叶柄变细、变软，有些一碰即掉

10.2.2 枸杞农业气候区划

枸杞在不同地区表现出的生态适应性不同，同一品种表现出不同的产量、品质和果型指数。为进一步提高枸杞品质和产量，为枸杞栽培种植、合理布局提供理论依据，在大量研究基础上，确定了枸杞气候种植区划指标。

第一阶段：20 世纪 80 年代，董永祥等(1986)利用宁夏中宁县 1956—1980 年枸杞产量和气象记录资料，通过相关分析和回归分析，建立了平均气温、积温与枸杞气候趋势产量的关系式，确定了宁夏枸杞气候区划指标，开创了宁夏枸杞气象研究的先例。

$$Y_w = Y - Y_t \tag{10.1}$$

$$Y_w = -1.142 - 9.267T_5 + 15.533T_9 \tag{10.2}$$

$$Y_w = 0.015X - 174.56 \tag{10.3}$$

式中：Y 为实际产量；Y_t 为趋势产量；Y_w 为气象产量；T_5 为 5 月平均气温；T_9 为 9 月平均气温；X 为 6 月以后≥15 ℃的活动积温。

区划中将宁夏枸杞气候适宜种植区划分为适宜气候区、可种气候区和不宜气候区三种类型，见表 10.8。

表 10.8 宁夏枸杞适宜种植区划

代号	名称	≥5 ℃积温/(℃·d)	年平均气温/℃	≥15 ℃积温/(℃·d)	包括地区
Ⅰ	适宜气候区	≥3500	8～9	≥2000	同心以北水地
Ⅱ	可种气候区	2500～3500	6～7	≥1000	固原、海原、西吉水地
Ⅲ	不宜气候区	<2500	5	<1000	隆德、泾源

第二阶段：2008 年，王连喜等(2008)通过研究枸杞相对气象产量与气象因子的关系发现，枸杞全生育期最适≥10 ℃积温为 3450 ℃·d。≥10 ℃积温在 3200～3700 ℃·d 范围内，枸杞一般能获得正常产量，热量不是枸杞限制因子；≥10 ℃积温在 3200 ℃·d 以下时，热量不足引起枸杞减产，而降水过多会引起枸杞炭疽病、裂果，降低产量和品质。因此，以≥10 ℃积温、年降水量作为枸杞气候区划参考指标，将枸杞种植区分为适宜种植区、次适宜种植区和不适宜种植区三个类型，见表 10.9(马力文 等，2009a)。

表 10.9 宁夏枸杞区划气候指标

名称	≥10 ℃积温/(℃·d)	年降水量/mm
适宜种植区	≥3200	≤200
次适宜种植区	2800～3200	200～250
不适宜种植区	≤2800	≥250

第三阶段:2022 年,随着气候变化和作物种植制度的调整,宁夏气象科学研究所张晓煜等(2022)撰写了《宁夏农业气候区划》一书。该书在前人研究基础上,重新确定了区划指标,确定了宁夏枸杞气候区划、枸杞炭疽病灾害风险区划、枸杞霜冻灾害风险区划。

主要选取影响枸杞生长发育与产量品质形成的关键气象因子即≥5 ℃积温、年降水量两个指标确定枸杞气候种植区划(表 10.10)(马力文 等,2009a)。通过 ArcGIS 软件采用小网格分析方法建立气候要素与站点经度、纬度、海拔等地理信息的数学模型推算了≥5 ℃积温和年降水量。具体划分依据见表 10.10,将宁夏地区分为适宜区、次适宜区、不适宜区和不可种植区(图 10.2)。

表 10.10 宁夏枸杞气候适宜性区划指标

名称	≥5 ℃积温/(℃·d)	年降水量/mm
	≥3600	≤200
气候次适宜区	3000～3600	200～360
气候不适宜气候区	2500～3000	>360
不可种植区	<2500	—

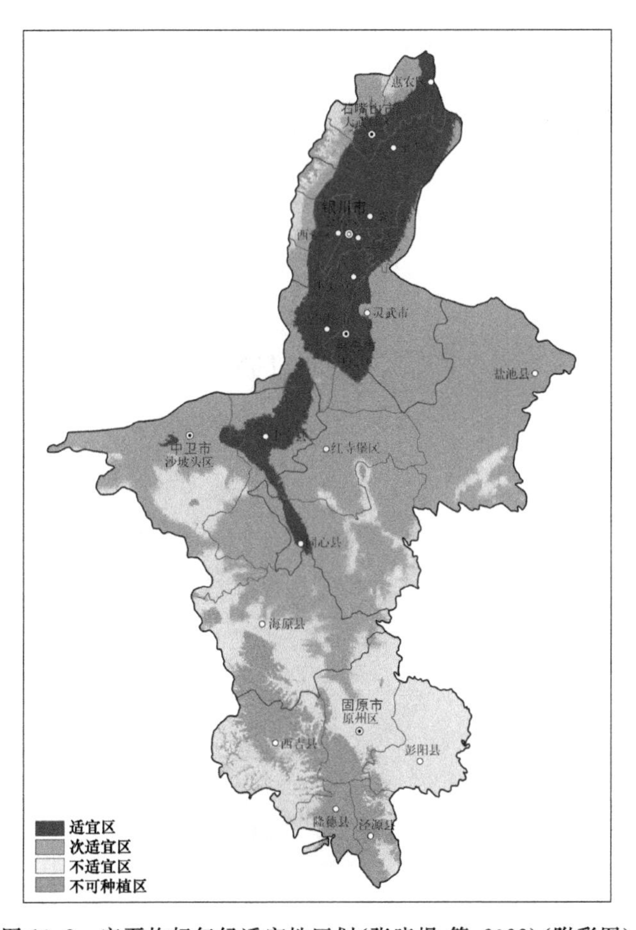

图 10.2 宁夏枸杞气候适宜性区划(张晓煜 等,2022)(附彩图)

10.2.3 枸杞灾害风险区划

10.2.3.1 枸杞炭疽病风险区划

以7—9月日平均气温、日降水量和日平均相对湿度作为灾害指标，建立枸杞炭疽病灾害等级的灾损系数(表10.11)，得出枸杞炭疽病灾害风险区划图(图10.3)，将枸杞可种植区的炭疽病风险划分为极高风险区、高风险区、中风险区和低风险区四个等级。

表10.11 宁夏枸杞炭疽病风险区划指标(统计时段为7—9月)

指标	统计时段	灾害等级	灾害指标	灾损系数
日平均气温	7—9月	轻	16.0～30.0 ℃	0.3
		中	18.0～30.0 ℃	0.5
		重	20.0～30.0 ℃	1.0
日降水量	7—9月	轻	5.0～10.0 mm	0.3
		中	10.0～20.0 mm	0.5
		重	≥20.0 mm	1.0
日平均相对湿度	7—9月	轻	≥60%	0.3
		中	≥70%	0.5
		重	≥75%	1.0

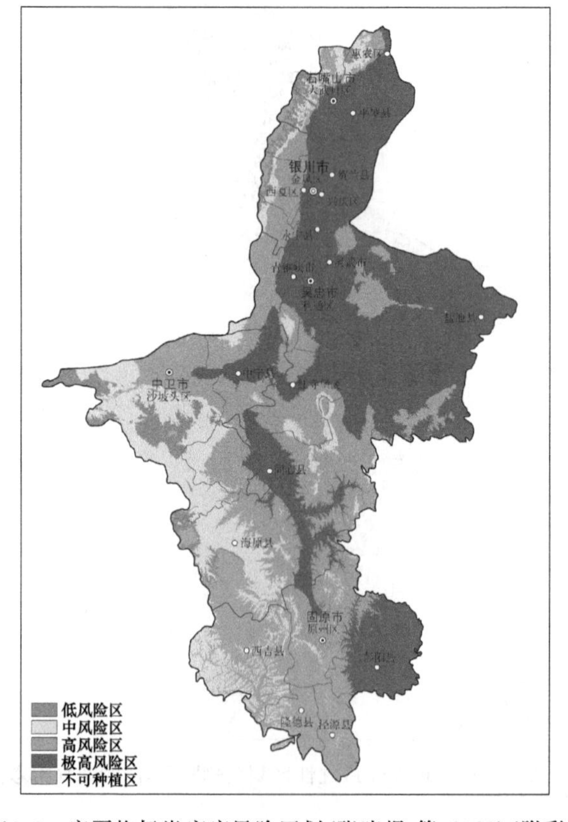

图10.3 宁夏枸杞炭疽病风险区划(张晓煜 等，2022)(附彩图)

10.2.3.2　枸杞晚霜冻风险区划

春季晚霜冻风险区划以 4—5 月日最低气温作为霜冻致灾因子，计算各灾害等级的灾损系数(表 10.12)，绘制出枸杞晚霜冻灾害风险区划图(图 10.4)，将枸杞可种植区的霜冻灾害风险划分为极高风险区、高风险区、中风险区和低风险区四个等级。

表 10.12　宁夏枸杞晚霜风险区划指标(统计时段为 4—5 月)

灾害等级	日最低气温(T_{min})/℃	灾损系数
轻	$-3.0 < T_{min} \leqslant -1.0$	0.3
中	$-5.0 < T_{min} \leqslant -3.0$	0.5
重	$T_{min} \leqslant -5.0$	1.0

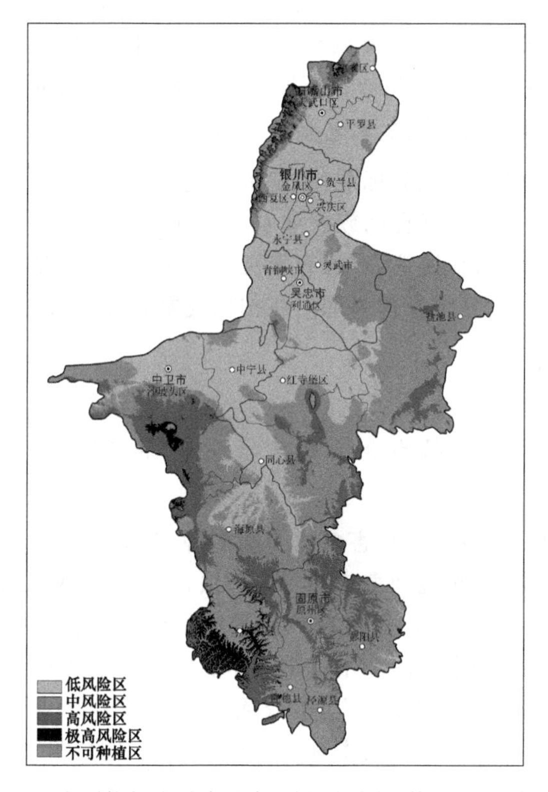

图 10.4　宁夏枸杞晚霜冻风险区划(张晓煜 等，2022)(附彩图)

10.3　枸杞气象服务中心组织管理经验及服务案例

10.3.1　枸杞气象服务中心组织管理经验

10.3.1.1　枸杞气象服务运行管理机制

枸杞气象服务中心自成立以来，每年组织召开全国枸杞气象服务协调会，对《枸杞气象服务中心运行管理办法》《枸杞气象服务中心运行方案》进行修订，印发《枸杞气象服务中心三年工作计划》，进一步完善各成员单位在枸杞业务、科研、服务等方面的任务与职责，为中心各项工作顺畅运行奠定制度保障。中心牵头制定交流、联合会商、野外调查等工作制度，对指导、提升各分中心开展相关工作具有重要意义。2022 年，宁夏回族自治区气象局和自治区农业农村厅成立农业气象服务专家组，为全面落实自治区党委和政府工作部署，推动全区农业气象服务高质量发展提供了重要技术支撑。甘肃省气象局、新疆维吾尔自治区气象局参照枸杞气象服务中心做法，先后与当地农业管理部门成立农业服务专家组。

10.3.1.2　枸杞气象服务业务运行机制

枸杞气象服务中心每年修订《全国枸杞气象服务周年方案》，指导各成员单位开展全年枸杞气象服务工作，同时制定了业务材料制作、数据共享、重大天气过程复盘总结等流程，进一步优化业务服务材料制作、发布工作细节，提升服务材料制作质量。枸杞气象服务中心与宁夏回族自治区林业和草原局联合印发《宁夏枸杞产业链气象服务 2022 年度工作方案》（宁气发〔2022〕59 号），为枸杞气象灾害防御和病虫害监测预报提供工作方向。

10.3.1.3　枸杞气象服务材料标准化制作机制

枸杞气象服务中心持续推进业务标准化、规范化建设，并统一服务产品制作格式标准，特别是 2022—2023 年，紧紧围绕与宁夏回族农业农村厅、国家卫星中心、宁夏回族自治区农业科学研究院等单位签署的战略合作协议，对发布服务产品的格式、制作、审核、签发、发布时间及范围等方面均做了具体要求，充分发挥各部门在枸杞气象服务中的作用。

10.3.2　服务案例

10.3.2.1　“四位一体”模式助力企业防灾减灾服务案例

(1)服务背景

在枸杞生长发育过程中，各类病虫害多达 100 多种，其中枸杞炭疽病、蚜虫和红瘿蚊是危害程度最重、暴发流行最快、影响范围最广的三大病虫害。“一病两虫”的发生发展与气象条件关系极为密切，基于气象预报的枸杞病虫害预报预测是枸杞绿色防控“五步法”的“牛鼻子”。从 2017 年开始，“一病两虫”预报预测技术就纳入宁夏回族自治区枸杞病虫害“五步法”绿色防控技术，成为病虫害绿色防控的“启动键”。2018 年在宁夏枸杞产业主管部门的统筹协调下，形成了农科院＋气象局＋县（区）林业技术推广站＋企业农户的“四位一体”联防联动机制。

(2)技术指标

枸杞炭疽病发生等级与气象指标见表 10.2。

(3)服务过程

2019 年 6 月 20—25 日，宁夏出现持续性降水过程，枸杞气象服务中心提前 5 d 组织林业、农业科学研究院专家开展联合会商，并根据枸杞头茬果采摘期预报结果，结合枸杞采摘劳务派遣用工，给出“建议提前安排劳务用工，各基地雨前抢摘”的服务建议。玺赞、杞鑫、杞泰、鑫阳等枸杞种植基地接到气象部门服务通知，提前完成枸杞头茬果采摘。仅杞泰枸杞基地一家就避免 1300 亩枸杞受灾，减少损失 1000 余万元。中宁县舟塔乡枸杞社会化服务公司依据枸杞气象服务中心提供的服务信息，合理安排枸杞采摘劳务用工，调度效率提升 60%，每年节约工作成本逾 60 万元。

10.3.2.2　多部门联合开展枸杞早霜冻气象服务案例

(1)服务背景

霜冻是枸杞气象服务的重点工作之一，经过多年的潜心研究，枸杞气象服务中心目前已摸清枸杞花蕾期、开花期霜冻指标，在业务应用上取得较好成效。近两年来，枸杞气象服务中心根据生产需求和枸杞秋果面临早霜危害的现状，联合国家枸杞工程研究所共同探索早霜冻对枸杞秋果影响，并初步确定气象指标和不同冻害等级果实受冻症状。

(2)技术指标

枸杞花蕾期、开花期霜冻气象指标及枸杞花期各生长阶段受冻程度标准，详见表 10.5、表 10.6、表 10.7。

(3)服务过程

2023 年 11 月 5—6 日，我国北方枸杞主产区迎来一次强降温过程，各地最低气温预测在－8～－4 ℃，枸杞气象服务中心与农业科学研究院服务专家针对影响进行预估，分析得出“早霜冻易造成枸杞果实出现水渍样冻害，果实颜色加深，商品率降低，失去采摘价值”的结论，提出宁夏、青海等地枸杞产区加紧采收收尾工作的服务建议。枸杞气象服务中心提前 4 d 制作发布预警服务材料，提醒广大枸杞种植企业和用户及时采摘(图 10.5)。宁夏枸杞产业发展中心针对枸杞气象服务中心发布的预警材料，联合多部门共同发布“关于切实加强秋果采收管理的通知”，督促各大生产基地、企业提前安排用工，及时采摘，有效地避免了因强降温带来的经济损失(图 10.6)。此次服务过程对枸杞早霜冻气象灾害的预警、监测、评估、防御等起到了良好的服务效果。

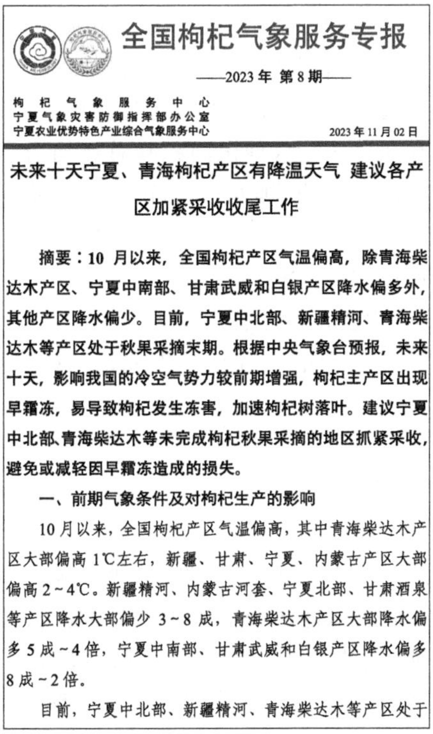

全国枸杞气象服务专报

——2023 年 第 8 期——

枸杞气象服务中心
宁夏气象灾害防御指挥部办公室
宁夏农业优势特色产业综合气象服务中心　　2023 年 11 月 02 日

未来十天宁夏、青海枸杞产区有降温天气　建议各产区加紧采收收尾工作

摘要：10 月以来，全国枸杞产区气温偏高，除青海柴达木产区、宁夏中南部、甘肃武威和白银产区降水偏多外，其他产区降水偏少。目前，宁夏中北部、新疆精河、青海柴达木等产区处于秋果采摘末期。根据中央气象台预报，未来十天，影响我国的冷空气势力较前期增强，枸杞主产区出现早霜冻，易导致枸杞发生冻害，加速枸杞树落叶。建议宁夏中北部、青海柴达木等未完成枸杞秋果采摘的地区抓紧采收，避免或减轻因早霜冻造成的损失。

一、前期气象条件及对枸杞生产的影响

10 月以来，全国枸杞产区气温偏高，其中青海柴达木产区大部偏高 1℃左右，新疆、甘肃、宁夏、内蒙古产区大部偏高 2～4℃。新疆精河、内蒙古河套、宁夏北部、甘肃酒泉等产区降水大部偏少 3～8 成，青海柴达木产区大部降水偏多 5 成～4 倍，宁夏中南部、甘肃武威和白银产区降水偏多 8 成～2 倍。

目前，宁夏中北部、新疆精河、青海柴达木等产区处于

图 10.5　枸杞气象服务中心专报

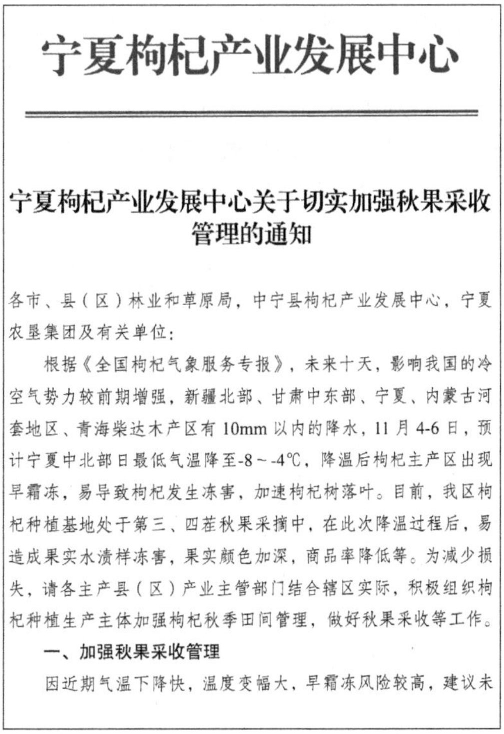

宁夏枸杞产业发展中心

宁夏枸杞产业发展中心关于切实加强秋果采收管理的通知

各市、县（区）林业和草原局，中宁县枸杞产业发展中心，宁夏农垦集团及有关单位：

根据《全国枸杞气象服务专报》，未来十天，影响我国的冷空气势力较前期增强，新疆北部、甘肃中东部、宁夏、内蒙古河套地区、青海柴达木产区有 10mm 以内的降水，11 月 4-6 日，预计宁夏中北部日最低气温降至-8～-4℃，降温后枸杞主产区出现早霜冻，易导致枸杞发生冻害，加速枸杞树落叶。目前，我区枸杞种植基地处于第三、四茬秋果采摘中，在此次降温过程后，易造成果实水渍样冻害，果实颜色加深，商品率降低等。为减少损失，请各主产县（区）产业主管部门结合辖区实际，积极组织枸杞种植生产主体加强枸杞秋季田间管理，做好秋果采收等工作。

一、加强秋果采收管理

因近期气温下降快，温度变幅大，早霜冻风险较高，建议未

图 10.6　宁夏枸杞产业发展中心通知

第11章　马铃薯气象服务

11.1　马铃薯与气象

11.1.1　马铃薯分布及产业发展

马铃薯是世界第四大粮食作物，中国马铃薯种植面积和总产量常年双双居全球第一。其中，播种面积在全球所占的比重维持在25%～27%，产量在21%～25%。近几年单产势头向好，不断攀升。中国马铃薯生产具有强烈的地域性，这种地域差异一方面是由于自然条件的地带性差异造成的，不同的自然条件决定了马铃薯的适宜生长范围和适宜生长程度，另一方面不同的社会经济条件影响农业资源的利用和农业的布局、结构、经营方式及生产水平等。

11.1.1.1　主要品种与地理分布

马铃薯，又称土豆、山药蛋、洋芋等，原产于南美洲安第斯山区的智利、秘鲁一带。我国马铃薯的栽培始于明朝万历年间（1573—1620年），由华侨从南洋群岛引入，主产区在东北、华北、西北和西南等地区，中原和东南沿海各地较少。目前，我国马铃薯主要种植分布在26个省（自治区、直辖市），种植面积和产量居于前列的省（自治区、直辖市）为贵州、四川、甘肃、云南、内蒙古、山东、重庆、河北、黑龙江、陕西等。其中，内蒙古地区处于东北及华北马铃薯优势区，从近10年统计数据来看，播种面积与总产量比重基本在10%以上，种植面积和总产均居全国前列。全国马铃薯气象服务中心服务区域包括内蒙古、甘肃、贵州、黑龙江、云南、宁夏、陕西榆林六省（自治区）一市，播种面积与总产量比重约达全国6成。

马铃薯品种的分类原则与其他作物相同，主要有以下几种分类。

① 根据生育期长短，主要划分为早熟品种、中熟品种、晚熟品种三大类。

② 根据不同品种所适用的用途，专用型品种又成为马铃薯的一种划分方式，如鲜薯及鲜薯出口类型、专用加工类型等。

③ 按皮色可分为白皮、黄皮、红皮和紫皮等品种。

④ 按块茎形状可分为圆形、椭圆、长筒和卵形等品种。

⑤ 按块茎休眠期的长短可分为无休眠期、短休眠期和长休眠期三种。

根据主粮化马铃薯品种信息数据库信息，从品种角度看，分布最广泛的是'费乌瑞它'，主要在内蒙古、山西、青海等8个省（自治区）种植，同时也是西南地区的适宜种植品种。从种植面积上来看，'克新1号'是种植面积最大的马铃薯品种，主要分布在黑龙江和陕西两省；'米拉''费乌瑞它'分列第二和第三，在西南和西北等地区均有种植。从省份角度来看，各省根据自身地理气候条件、栽培措施等不同选用的马铃薯品种差异较大；引进品种最多的省份是四川，共登记引育了15个品种；其次是黑龙江、湖北，登记了12个品种。

11.1.1.2　主要产区气候概况

(1)马铃薯主要种植区域

我国马铃薯种植区域化格局已基本形成,北方产区面积占比大,但南方潜力大;现有各区域马铃薯错季上市,相互补充,已基本满足我国马铃薯消费需求。根据气温、降水、土壤类型等自然条件的不同,我国马铃薯区域主要划分为北方一作区、中原二作区、西南混作区和南方冬作区(杨亚东,2018),具体区域分布情况见表 11.1。

表 11.1　中国马铃薯四大种植区域划分情况

分区	包含区域	面积占比及产区特点	种植时间	收获时间
北方一作区	黑龙江、吉林、内蒙古、宁夏、甘肃等省(自治区),以及青海和新疆两省(自治区)的东部,辽宁大部,河北、山西和陕西的北部	占总面积的 50%左右,种薯、鲜食和加工用商品薯生产的优势区域	春播:4 月—5 月中旬	9 月中旬—10 月中下旬
中原二作区	辽宁、河北、山西、陕西四省的南部,湖北、湖南两省的东部,河南、山东、江苏、浙江、安徽、江西等省	占总面积 8%左右。春播为主,秋播为辅,鲜食商品薯	春播:1—3 月	4—6 月
			秋播:8—9 月	11—12 月
西南混作区	云南省、贵州省、四川省、重庆市、西藏自治区等地及湖北西部、湖南西部、陕西南部	占总面积的 37%左右。周年生产特点突出,以一季作(大春作)为主,春秋作为辅,冬作发展迅速	小春:1 月上旬—2 月上旬	5 月中下旬—6 月中下旬
			大春:2 月下旬—4 月中旬	7 月中下旬—9 月上中旬,集中在 8 月
			秋播:平坝丘陵 8 月下旬—9 月上旬,山区为 7 月下旬—8 月上旬	11 月下旬—次年 1 月
			冬播:10 月下旬—12 月中下旬	2 月下旬—5 月上旬
南方冬作区	广东、广西、海南、福建、台湾等省级行政区	占总面积的 5%左右,面积扩大迅速。用于出口和早熟菜	冬播:10 月下旬—11 月中旬	次年 2—3 月

(2)马铃薯产区气候概况

北方一作区马铃薯生产为一年一熟。该区气候特点为无霜期短,一般多在 110～180 d,年平均温度≤10 ℃,最热月份平均气温≤24 ℃,最冷月份平均气温在－28～－8 ℃,≥5 ℃积温在 2000～3500 ℃·d,年降水量分布很不均匀,在 50～1000 mm。由于该区气候凉爽,日照充足,昼夜温差大,适宜马铃薯生长发育,可栽种早、中、晚熟品种,种植面积约占全国 50%,该区也是我国重要的种薯生产基地。

中原二作区为早熟菜用马铃薯生产区,通过推广普及早春地膜覆盖、小拱棚和大棚栽培等技术,促进了提早上市,显著地提高了马铃薯种植的经济效益。该区的气候特点是,无霜期较长,180～300 d,年平均气温在 10～18 ℃,最热月份平均温度在 22～28 ℃,最冷月份平均气温 1～4 ℃,年降水量在 500～1750 mm。

西南混作区的气候特点和种植条件复杂多样，种植分散，早、中、晚熟品种均有种植，是鲜薯、淀粉加工和种薯生产的优势区域，种薯生产主要在高海拔地区。种植面积及总产占全国的4成左右，其中，贵州和四川的种植面积超过1000万亩，云南和重庆的种植面积超过500万亩。主要气候特点是年平均气温为6～22 ℃，年降水量为500～1500 mm，无霜期为150～350 d，能够形成随海拔高度而变化的立体种植周年供应生产格局。

南方冬作区近年来马铃薯种植面积迅速扩大且有较大潜力。该区主要气候特点是最低月平均气温为12～16 ℃，全年无霜期为300～365 d，年降水量为1000～3000 mm。该区域马铃薯的生长周期短，能够利用水稻等传统作物收获后的冬闲田种植马铃薯。

11.1.1.3 马铃薯产业发展

马铃薯在我国既是重要的粮食作物，又可作为蔬菜，同时还可以作为饲料和工业原料。自20世纪60年代以来，中国马铃薯生产规模总体呈上升趋势，播种面积和产量均大幅增长。2008年，我国启动了马铃薯现代农业产业技术体系项目，至此，中国马铃薯产业进入了一个全面发展的新阶段。2014年我国将马铃薯列为第四大粮食作物，2015年我国提出马铃薯主粮化。2023年是马铃薯在中国“主粮化”推进的第9年，随着粮食安全引发全球关注，马铃薯作为第四主粮，《国家粮食安全中长期发展规划纲要》明确将马铃薯作为保障粮食安全的重点作物，摆在关系国民经济和“三农”稳定发展的重要地位。根据国家统计局数据显示，我国马铃薯产量持续增长，2016—2022年由1698.6万t增长至1851.6万t，其中2022年较2021年增加了20.7万t，同比增长了1.13%。随着栽培技术的不断提升，马铃薯单产持续攀升，2022年为4050.5 kg/hm^2，较2021年增加了81.4 kg/hm^2，同比增长了2.05%。目前，我国70%以上的马铃薯种植在脱贫地区，当地农民收入的1/3都来自马铃薯。小小的马铃薯“从救命薯变成温饱薯，从温饱薯变成致富薯，从致富薯变成健康薯”，为推动农业供给侧结构性改革、乡村振兴战略实施和“健康中国”建设发挥了重要作用。在我国得天独厚的自然条件和地理环境中，许多高海拔或高纬度地区都具备良好的马铃薯生产条件，马铃薯在国内及周边国家有着很好的市场发展空间。目前，餐饮、医药、饲用、印染、精细化工等多行业、多领域对马铃薯需求量较大，我国马铃薯产业也在进一步发展壮大。马铃薯的消费方式趋于多元化，新兴的马铃薯产品不断涌现，除了传统的加工品种如淀粉、粉丝(条)和粉皮外，还有薯条、薯片、薯泥和薯类膨化食品等，马铃薯的消费量也迅速增加，带动了马铃薯加工业的快速发展。我国虽是马铃薯大国，但不是贸易强国，80%以上都是小散企业。据中国马铃薯产业网和国家马铃薯产业技术体系的统计资料，我国现有规模化马铃薯深加工企业仅约150家，大多数马铃薯加工企业规模小，加之设备陈旧、技术滞后、管理水平和生产经营方式落后，产品质量参差不齐，缺乏市场竞争力。我国马铃薯消费以食用为主，加工消费比例较低，目前发达国家的马铃薯加工业70%是食品加工，我国还处于初级阶段。同时，马铃薯育种技术相对落后，以传统品种为主，优良品种、高端品种较少，且依然面临着气候变化等不利因素挑战。

11.1.2 马铃薯的生物学特性及物候期

马铃薯的品种众多，生长周期一般为60～120 d左右，在生长过程中主要形态结构由根部、茎部、叶子、果实与种子这几部分组成。马铃薯的一生会经过发芽期、出苗期、开花期、块茎膨大期、淀粉积累期、成熟期等阶段。

发芽期指马铃薯块茎播种后，芽眼处开始萌芽、抽生芽条直至幼苗出土这个过程，一般需要 20～30 d。

出苗期指马铃薯块茎从出苗到植株现蕾(出现花蕾)为止，亦称团棵期，这个阶段历时 15～25 d。

开花期持续 20 d 左右，这个时期也是地下马铃薯形成生长时期。

块茎膨大期指从开花历经盛花、收花，直到茎叶开始衰老为止，一般持续 15～22 d。

淀粉积累期指从终花开始至茎叶枯萎为止，一旦植株基部叶片开始衰老变黄，茎叶和块茎鲜重达到平衡，就标志着植株进入了干物质积累期，一般历时 15～25 d。

成熟期指当 50%的植株茎叶枯黄时，便进入成熟期，此时马铃薯地上、地下部分均已停止生长。

11.1.3 马铃薯生长与气象的关系

气象给我国农业生产带来了极大的便利，极大地促进了农业经济更快更好发展。一个良好、稳定的气象环境为农作物的生长提供生存环境、成长环境，物质资源和能源，为农作物提供了生长和发展离不开的必需品，如水、光、温、湿、风等气象条件(杨霏云 等，2015)。马铃薯生长发育对气象条件的依赖性极强，气象条件对其生长发育影响较大(宋学锋 等，2003；姚玉璧 等，2017；李巧珍 等，2019)。

11.1.3.1 热量条件对马铃薯生长发育的影响

温度对马铃薯各个器官的生长发育和产量形成有很大的影响，它关系到播种时期、种植密度、田间管理的安排措施等。马铃薯生长发育需要冷凉的气候条件，但经过长期选育的不同品种的耐寒、耐热性不同，对温度的反应也有差异。

种薯通过休眠后，在 4 ℃以上即可萌发。适宜的发芽温度是 15～25 ℃，而以 20 ℃发芽最好，30 ℃以上发芽缓慢，35 ℃发芽基本停止。在整个生育期内适宜温度为 18～20 ℃。白天气温＜10 ℃或＞30 ℃生长不良。茎叶生长最适温度为 21 ℃，薯块形成后期以 17～18 ℃最为适宜，＞25 ℃块茎变小。25 ℃以上地上茎节间伸长、叶片变小，块茎细小而呈畸形。29 ℃以上则块茎停止发育，产量降低，品质变劣。茎叶与块茎遇零下低温时即被冻死。马铃薯主产区相关的温度指标见表 11.2、表 11.3。

表 11.2 内蒙古马铃薯各生育期三基点温度指标 单位：℃

发育期	最低温度	适宜温度	最高温度
播种—出苗	4	7	20
出苗—分枝	7	19	25
分枝—开花	10	20	27
开花—可收	8	19	23

表 11.3 甘肃马铃薯各生育期三基点温度指标 单位：℃

发育期	最低温度	适宜温度	最高温度
播种—幼苗	5	13～18	30
苗期	7	16～20	30
花序形成—始花	10	18～21	25

续表

发育期	最低温度	适宜温度	最高温度
块茎膨大	10	18～21	30
淀粉积累	8	12～14	32

11.1.3.2 水分条件对马铃薯生长发育的影响

马铃薯适于栽培在排水良好的干燥地块。全生育期需降水 500～700 mm。花蕾形成期和开花期如果缺水，对产量有明显影响。块茎形成期，水分不足，则形成畸形薯块。在块茎形成前，要求土壤湿度保持田间持水量的 80%为宜。块茎形成期要求水分适量，结薯后期则以占田间持水量的 60%为宜。马铃薯主产区相关的水分指标见表 11.4、表 11.5 和表 11.6。

表 11.4 内蒙古马铃薯各生育期需水量指标 单位：mm

发育期	需水量
播种—出苗	30.0
出苗—分枝	70.0
分枝—开花	120.0
开花—可收	230.0

表 11.5 内蒙古马铃薯生长发育土壤相对含水率适宜阈值指标 %

苗期	块茎形成期	块茎增长期	淀粉积累至成熟期
60	70～80	约 70	约 65

表 11.6 甘肃马铃薯生长发育土壤相对含水率阈值指标 %

项目		播种	出苗—分枝	开花—块茎膨大期	可收期
土壤相对湿度	最高	＞85	＞90	＞90	＞80
	最适	60～70	55～65	70～80	60～70
	最低	＜45	＜45	＜50	＜45
空气相对湿度	最高	＞85	＞85	＞85	＞85
	最适	65～75	65～75	65～75	65～75
	最低	≤40	≤40	≤40	≤40

11.1.3.3 光照条件对马铃薯生长发育的影响

马铃薯是喜光作物，属长日照及中间型。营养器官在长日照下生育最好，但块茎在短日照下容易形成。马铃薯栽培品种根据其临界日照长度可划分为长日和短日两种类型，早熟品种日照为 16～18 h；中熟品种和晚熟品种为 13 h 左右。表 11.7 为马铃薯主产区相关的光照指标。

表 11.7 内蒙古马铃薯各生育期最适日照时数指标 单位：h

发育期	最适日照时数
播种—出苗	0
出苗—分枝	11

续表

发育期	最适日照时数
分枝—开花	9.5
开花—可收	9.6

11.2　马铃薯气象服务技术和方法

我国虽具备优良的马铃薯生长的气候、地理环境条件，但平均单产仅为 1.54 万 kg/hm^2，低于世界平均水平，其中一个重要制约因素是干旱、霜冻等气象灾害和晚疫病等次生灾害的危害。干旱是内蒙古地区最主要的气象灾害，发生范围广、频率高、程度重，持续时间长，马铃薯干旱的发生呈现出自西向东逐渐减少、东部沿大兴安岭向两侧逐渐增加的分布特点（王永利等，2017）；内蒙古马铃薯秋霜冻高风险区主要集中在乌兰察布市农区大部及呼伦贝尔市农区，为种植效益显著的主产区，且秋霜冻发生时期接近收获期，直接影响马铃薯品质和产量，严重时甚至造成绝收（杨丽桃，2019）。马铃薯晚疫病是一种典型的气候型流行性病害，一般造成减产率为 30%，我国西南地区较为严重，华北、西北和东北地区多雨年份危害较重。

马铃薯气象服务中心针对马铃薯产业提供气象保障服务，开发了基于站点及格点数据的面向全国主产区的马铃薯关键生长期的气象条件评估及干旱、霜冻、晚疫病等灾害和病虫害预报服务技术，完善了马铃薯全生育期、气候品质评价、农业气候区划等气象服务指标体系，开发了节水灌溉气象预报技术。当前气候变化导致极端天气气候事件频繁发生，开展马铃薯生长发育气象适宜的定量评价以及灾害预警研究对于增强马铃薯农业气象监测诊断预报服务能力具有重要的现实意义。本节就马铃薯节水灌溉气象预报技术和马铃薯气候适宜度定量评估技术进行详细介绍。

11.2.1　马铃薯节水灌溉气象预报技术

11.2.1.1　高时空分辨率土壤湿度监测和预报技术

从土壤—作物—大气连续体角度出发，在综合考虑气象、作物和土壤三方面相互作用的基础上，以水分平衡原理为基础，构建马铃薯根层土壤水分平衡模型，利用多源融合土壤湿度数据计算初始土壤水分贮存量，利用多源融合气象资料中的气温、辐射、空气湿度、气压等大气要素计算水分蒸散量，并考虑降水格点资料和农户反馈的实际灌溉量数据，推算逐时滚动的土壤湿度格点监测数据，实现对灌溉农区的土壤湿度实况监测，为用户提供精准的土壤墒情实况信息。同时，为了实现对土壤湿度的格点预报，满足未来田间作物灌溉日期和灌溉量的精准预报需求，以上述推算的土壤湿度格点数据为初始场，基于土壤水分平衡原理，利用智能网格预报数据计算未来水分蒸散量，并考虑降水格点预报资料，推算未来 7 d 田间土壤湿度，结合马铃薯不同发育期适宜灌溉指标和计划湿润层深度，计算基于格点数据的适宜灌溉日期和灌溉量，为未来 7 d 是否灌溉和明确灌溉定量提供格点数据支撑。

具体为拟以农田水量平衡原理为基础，以首次灌溉前的土壤湿度格点监测数据为土壤水分初始场，利用气温、风速、空气湿度、辐射等大气要素网格逐日资料，采用 FAO56-PM 公式计算参考作物蒸散量格点场，结合马铃薯不同生育期作物系数（Allen et al.，1998），推算逐日作物耗水量数据，考虑降水网格数据和用户反馈的实际灌溉量数据（灌溉时间、灌溉时长、灌溉量等），计算适用于灌溉农区的土壤湿度逐时网格监测产品。

智能网格实况产品为中国气象局陆面数据同化系统（China meteorological administration land data assimilation system，CLDAS）数据产品，利用数据融合与同化技术，对地面观测数据、卫星遥感资料和数值模式产品等多源数据进行融合同化，可以提供逐小时、空间分辨率为 0.0625°×0.0625°的温度、气压、湿度、风速、降水和辐射等气象要素，并驱动公用陆面模式（Community Land Model 3.5），从而获得土壤温度和湿度等陆面数据。

确定马铃薯适宜土壤水分下限指标（表 11.8）和上次灌溉后初始土壤水分含量，水分的消耗量主要取决于实际降水量、蒸散量以及补给或下渗量，这 3 个参数的计算是利用历史和实时气象资料，以候为时段，逐日滚动计算水分的输入和支出，逐步推算下次灌溉日期，同时利用未来 7 d 天气预报结果进行修正（王会肖 等，2000；肖晶晶，2011；肖俊夫 等，2008；张文君，2006）。此模型可达到滚动预报的效果，可以在实际的气象服务业务中使用，以指导农田合理灌溉。

表 11.8　内蒙古马铃薯灌溉参数　　%

生育期	播种期	出苗期	开花期	块茎形成期	块茎增长期	淀粉积累期
起灌含水量	70	70	75	70	70	65
目标含水量	90	90	90	90	90	90

根据农田土壤水分平衡原理，一般时段内土壤水分的消耗量可表示为（裴步祥 等，1990）

$$W_{t+1}-W_t=R+Q+G-\mathrm{ET_c}-B-T-L \tag{11.1}$$

式中：W_t、W_{t+1} 表示时段初、末作物根层土壤贮水量，单位为 mm；R 表示时段内降水量，单位为 mm（侯琼 等，2003）；Q 表示时段内灌溉量，单位为 mm（胡毓骐 等，1995）；G 表示时段内地下水补给量，单位为 mm；$\mathrm{ET_c}$ 表示时段内农田实际蒸散量，单位为 mm；B 表示时段内作物截留量，单位为 mm；T 表示时段内地表径流量，单位为 mm；L 表示渗漏量，单位为 mm。

由于内蒙古东北部降水量和平均降水强度较小，地势平坦，所以式（11.1）中的 B 和 T 可忽略不计。将式（11.1）中的 G 和 L 视作土层水分的补给和下渗量，用 W_P 表示，则当 W_P 为正值时表示水分补给，W_P 为负值时表示水分下渗，另外，Q 在预报灌溉前为 0。这样，简化后的式（11.1）可改写为

$$W_t-W_{t+1}+R-\mathrm{ET_c}+W_\mathrm{P}=0 \tag{11.2}$$

在已知 W_t 和 W_{t+1} 后，利用逐日实时气象资料滚动计算 R、$\mathrm{ET_c}$ 和 W_p 的累计值，当时段内允许消耗的水分等于 0 时，所对应的日期被视作预报灌溉日期。在实际生产中，为了提高该模型计算结果的实用性，以候为时间步长，提前 7 天做出预报，则式（11.2）可改写成

$$W_n=\sum_{i=1}^{n}R+\sum_{i=n+1}^{n+7}R+W_t-W_{t+1}-\sum_{i=1}^{n}\mathrm{ET_c}-\sum_{i=n+1}^{n+7}\mathrm{ET_c}+\sum_{i=1}^{n}W_\mathrm{P}+\sum_{i=n+1}^{n+7}W_\mathrm{P} \tag{11.3}$$

式中：W_n 表示时段内允许的水分消耗量，单位为 mm；$\sum_{i=1}^{n}R$、$\sum_{i=1}^{n}\mathrm{ET_c}$ 和 $\sum_{i=1}^{n}W_\mathrm{P}$ 分别表示时段内实际降水、蒸散量和补给或下渗量的累计值，单位为 mm；$\sum_{i=n+1}^{n+7}R$、$\sum_{i=n+1}^{n+7}\mathrm{ET_c}$ 和 $\sum_{i=n+1}^{n+7}W_\mathrm{P}$ 分别表

示未来 7 d 降水、蒸散量和补给或下渗量的累计值，单位为 mm，根据多年平均值和天气预报结果计算调整。当 W_n 等于或接近 0 时，所对应的日期即为预报灌溉日期。

11.2.1.2　基于移动端的马铃薯节水灌溉气象监测预报系统

以上述土壤水分监测诊断和预报技术为基础，开发了基于移动互联的马铃薯灌溉气象服务手机小程序，实现了根据位置的土壤墒情实况信息及灌溉日期和灌溉量的精准预报信息推送和展示（图 11.1）。

该系统中的节水灌溉预报子系统，能够利用当前土壤湿度监测和未来逐日智能网格预报数据，结合高标准农田马铃薯适宜灌溉指标和计划湿润层深度，给出节水灌溉气象预报，制定精细灌溉的决策作业方案，包括灌溉日期、灌溉开闸时间和关闸时间、灌溉面积与灌溉量等，在小程序上，还可以看到灌溉前后不同深度土壤相对含水量的变化曲线。而在灌溉模拟模块，用户可以根据自己的实际情况模拟不同灌溉方案下的土壤相对含水量，给予用户决策的自主性。

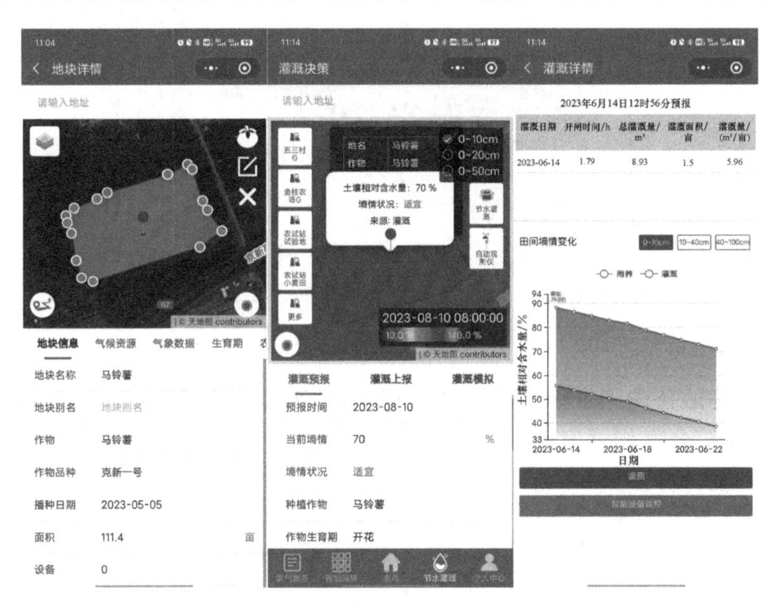

图 11.1　马铃薯灌溉气象服务手机小程序灌溉决策展示（附彩图）

11.2.2　马铃薯气候适宜度定量评估技术

气候适宜度近年来成为研究气候变化对作物生长发育影响的主要方法之一，该方法可综合考虑光、温、水三要素对作物生长发育的影响，能客观反映气候条件对作物生长发育的满足程度（侯英雨 等，2013）。

内蒙古农区大部位于农牧交错地带，参考内蒙古自治区农牧厅农业区资料及马铃薯实际种植情况，将内蒙古自治区划分为大兴安岭南麓区、大兴安岭北麓区、阴山南麓区、阴山北麓区、燕山丘陵区、西辽河灌区及河套灌区等 7 个生态区，具体见图 11.2（金林雪 等，2018）。

11.2.2.1　气候适宜度指数构建

综合考虑内蒙古马铃薯种植区在地理位置、农业气候资源等因素，结合全国马铃薯气象服务中心指标体系建设成果，确定内蒙古马铃薯各发育阶段的三基点温度、需水量及最适日照时

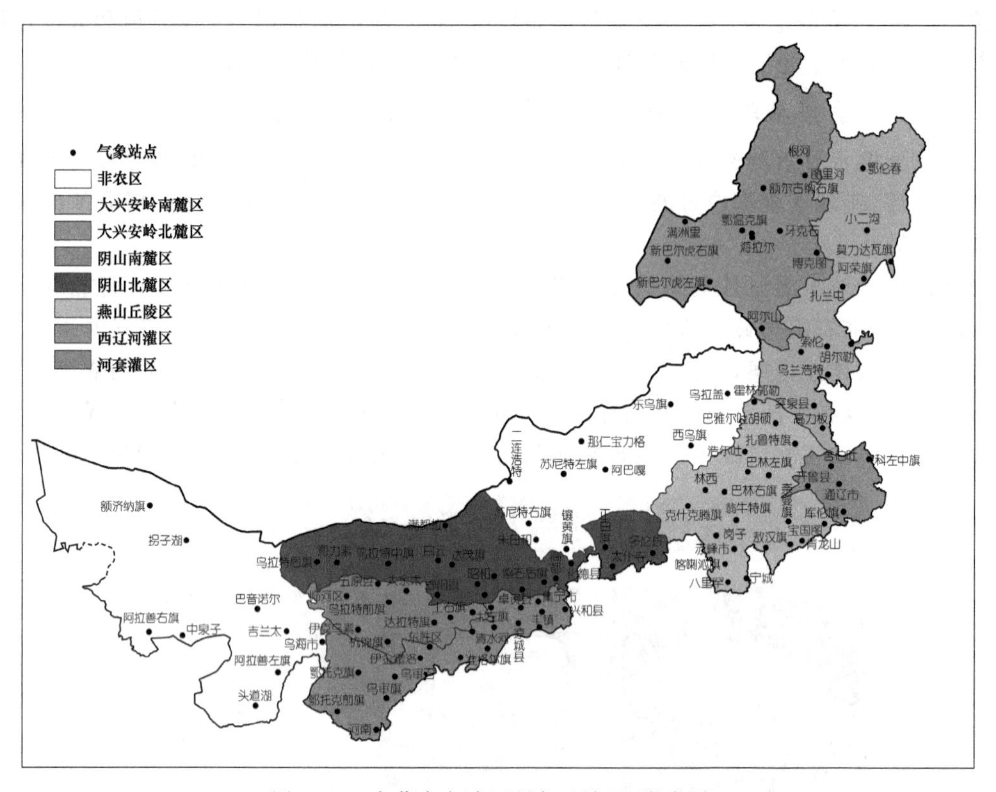

图 11.2 内蒙古自治区研究区域图(附彩图)

数等气象指标，构建适合内蒙古地区的温度适宜度、日照适宜度、降水适宜度指数，在此基础上采用加权方法构建综合气候适宜度。

(1)温度适宜度计算公式(马树庆，1994)

$$F(T_i)=\frac{(T_i-T_L)(T_H-T_i)^B}{(T_0-T_L)(T_i-T_0)^B} \tag{11.4}$$

其中

$$B=\frac{T_H-T_0}{T_0-T_L}$$

式中：$F(T_i)$为马铃薯生长发育期间逐旬温度适宜度；T_i 为马铃薯生长发育期间逐旬平均气温；T_L、T_H、T_0 分别为马铃薯不同发育期间的最低气温、最高气温、最适气温(表 11.9)。

表 11.9 马铃薯各生育期三基点温度及 *B* 值表

发育期	最低温度/℃	最适温度/℃	最高温度/℃	*B*
播种—出苗	4	7	20	4.3
出苗—分枝	7	19	25	0.5
分枝—开花	10	20	27	0.7
开花—可收	8	19	23	0.4

(2)日照适宜度计算公式(姜丽霞 等，2004)

$$F(S_i)=\begin{cases} e^{-\left(\frac{S_i-S_0}{b}\right)^2} & S_i<S_0 \\ 1 & S_i\geqslant S_0 \end{cases} \tag{11.5}$$

式中：$F(S_i)$为马铃薯生育期第 i 旬的日照适宜度；S_i 为实际日照时数；S_0 为适宜日照时数下限值；b 为常数，取值随发育日数而变化(表 11.10)。

表 11.10 马铃薯各生育期最适日照时数及 b 值表

发育期	最适日照时数/h	b
播种—出苗	0	0
出苗—分枝	11.0	4.93
分枝—开花	9.5	5.17
开花—可收	9.6	5.19

(3)降水适宜度

降水适宜度是作物各生长发育阶段内的降水量对作物适宜程度的量度。研究表明，用作物正常生长需水量作为作物生长的适宜水量标准是可行的(王连喜 等，2016)。马铃薯生育期降水适宜度计算方法(金林雪 等，2020)为

$$F(R_i)=\begin{cases}\dfrac{R_i}{R_0} & R_i<0.7R_0\\ 1 & 0.7R_0\leqslant R_i\leqslant 1.3R_0\\ \dfrac{R_0}{R_i} & R_i>1.3R_0\end{cases} \tag{11.6}$$

式中：$F(R_i)$为马铃薯生长发育期间逐旬降水适宜度；R_i 为马铃薯生育期间每旬累计降水量；R_0 为马铃薯生育期间每旬需水量(表 11.11)。

因内蒙古西部地区的河套灌区及东南部地区的西辽河灌区有较好的灌溉条件，在构建降水适宜度时上述灌区站点赋值为 1。

表 11.11 马铃薯各生育期需水量

发育期	需水量/mm	旬数	旬需水量/mm
播种—出苗	30.0	4	7.5
出苗—分枝	70.0	2	35.0
分枝—开花	120.0	2	60.0
开花—可收	230.0	5	46.0

(4)综合气候适宜度

根据加权平均法(李树岩 等，2013)建立每旬气候适宜度评价模型：

$$F(C_i)=aF(T_i)+bF(R_i)+cF(S_i) \tag{11.7}$$

式中：$F(T_i)$、$F(R_i)$、$F(S_i)$、$F(C_i)$分别为生育期第 i 旬温度、降水、日照、综合适宜度；a、b、c 分别为各生育期每旬温度、降水和日照适宜度对于气候适宜度的权重系数。

全生育期气候适宜度为各生育期平均气候适宜度的加权平均，公式为

$$F(C)=\sum_{i=1}^{5}m_iF(C_i) \tag{11.8}$$

式中：$F(C)$为全生育期气候适宜度。$F(C_i)$和 m_i 为各生育期气候适宜度及权重系数，其值见

表 11.12。

表 11.12　马铃薯各生育期气候适宜度权重系数

项目	m_i	a	b	c
播种—出苗	0.14	0.68	0.32	0
出苗—分枝	0.22	0.46	0.42	0.12
分枝—开花	0.32	0.34	0.51	0.15
开花—可收	0.32	0.33	0.37	0.3

11.2.2.2　气候适宜度定量评估

基于全国马铃薯气象服务中心研究成果，以内蒙古 1961—2020 年气候适宜度计算结果为例进行分析。由图 11.3 可以看出，温度适宜度高值区主要分布在乌兰察布市南部、东部偏南零星地区及大兴安岭南北麓北段，而西部偏西及通辽市大部温度适宜度略偏低；日照适宜度大部地区维持在 0.90，光照条件充沛；降水适宜度空间分布波动幅度较大，主要是由于内蒙古地区年降水量数值的跨度很大，东部大部年降水量达 400 mm 以上，而西部大部区域在 50～150 mm。以上 3 个因素的共同影响和空间分布上的差异，决定了内蒙古马铃薯全生育期气候适宜度空间分布格局：1961—2020 年，内蒙古马铃薯全生育期综合气候适宜度西部偏西地区偏低，河套灌区、

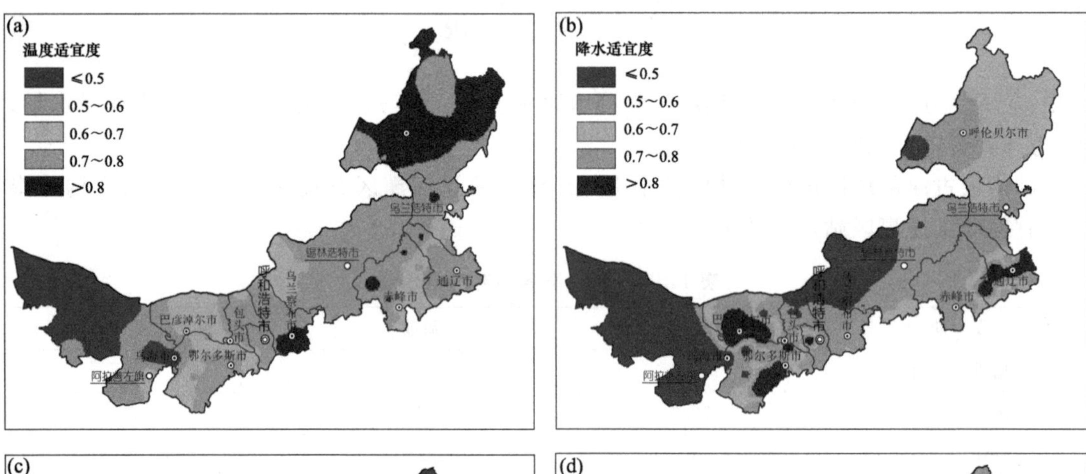

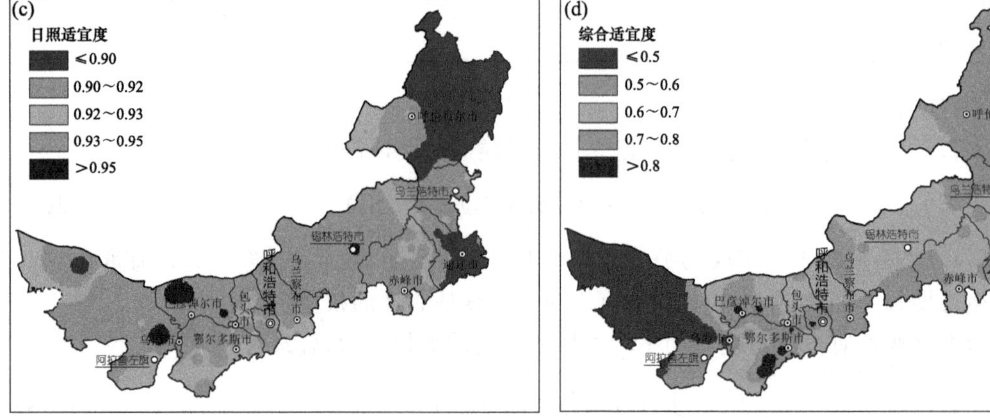

图 11.3　1961—2020 年内蒙古马铃薯全生育期温度(a)、降水(b)、日照(c)、综合气候适宜度(d)空间分布图(附彩图)

阴山南北麓大部、西辽河灌区、大兴安岭南北麓北段综合气候适宜度较高，具有适宜生产马铃薯的气候资源优势，这是由于精细的田间管理使得产业优势明显，且灌区灌溉条件良好，大兴安岭北麓农区降水较多。通过与全国马铃薯优势产区对比分析，内蒙古当前的马铃薯种植分布在中、高气候适宜值区域，说明基于气候适宜度的定量评价方法能够体现马铃薯实际种植情况。

开花—可收期是马铃薯块茎膨大、营养积累的重要时期，生育期天数约占全生育期天数的一半，是马铃薯产量形成的关键时期，而且该时期一般在 7—9 月，对气象条件变化较敏感。以内蒙古主产区为例分析，由图 11.4 可以看出，1961—2015 年马铃薯温度适宜度、日照适宜度均较高，分别在 0.85～0.93、0.84～0.96 波动，最大波动幅度分别为 0.08 和 0.12。降水适宜度均值(0.31)明显低于温度适宜度和日照适宜度，在 0.22～0.41 波动，波动幅度达 0.19。根据内蒙古地区近 30 年灾情资料分析，2002 年发生了大面积的干旱，2000 年、2007 年则发生严重干旱，对应年份的降水适宜度分别降至 0.228、0.225 和 0.216。综合气候适宜度在 0.55～0.69 波动，波动幅度为 0.14(图 11.4)。上述气候适宜度的定量分析结果表明，在马铃薯生长过程中，内蒙古产区光温资源较好，降水资源一定程度上限制马铃薯的生长，要加强田间水分条件的精准管理(金林雪 等，2018)。

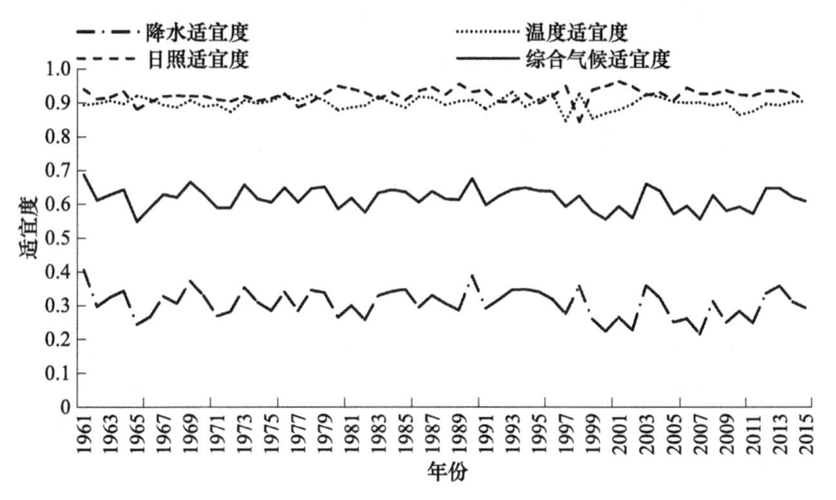

图 11.4　1961—2015 年内蒙古马铃薯开花—可收期气候适宜度年际变化

为了便于分析阶段性光、温、水条件的适宜程度，内蒙古气象部门将日照、温度、降水和综合气候适宜度进行分级，划分制定了马铃薯主产区各发育阶段气候适宜度分级指标，包括播种—出苗期、出苗—分枝期、分枝—开花期、开花—可收期以及全生育期(表 11.13)，为开展马铃薯定量监测评估相关科研及业务提供技术参考(杨丽桃 等，2017)。

表 11.13　马铃薯各发育阶段气候适宜度评价指标

气候条件	等级标准		
	Ⅰ	Ⅱ	Ⅲ
光照条件	＞0.75，充足	0.5～0.75，较足	＜0.5，不足
热量条件	＞0.9，适宜	0.8～0.9，较适宜	＜0.8，不适宜
水分条件	＞0.7，较好	0.5～0.7，一般	＜0.5，不足
综合条件	＞0.8，有利	0.6～0.8，利弊相当	＜0.6，不利

在业务中可根据综合气候适宜度的计算值与相应时段的评价指标进行对比给出定量评价结果，依托“全国马铃薯气象服务平台”绘制马铃薯不同生育期气候适宜度分布及与上一年和近5年对比图，并根据当前及近期天气形势变化给出趋利避害的生产建议，为定量化业务服务及产量预报结论提供技术参考，提升特色农业气象服务科技水平。

11.3 马铃薯气象服务中心组织管理经验及服务案例

11.3.1 马铃薯气象服务中心组织管理经验

11.3.1.1 组织机构

(1)马铃薯气象服务中心概况

根据《中国气象局办公室 农业农村部关于认定第二批特色农业气象服务中心的通知》(气办发〔2020〕33号)，2020年8月，中国气象局、农业农村部正式批复马铃薯气象服务中心为全国第二批特色农业气象服务中心；内蒙古自治区气象局、内蒙古自治区农牧厅为马铃薯气象服务中心组织管理单位，内蒙古自治区生态与农业气象中心、内蒙古自治区农业技术推广站(2021年更名为内蒙古自治区农牧业技术推广中心)为依托单位，黑龙江省气象科学研究所、兰州区域气候中心(甘肃)、贵州省山地环境气候研究所、云南省气候中心、宁夏回族自治区气象科学研究所、陕西省榆林市气象局为成员单位。

(2)人员组成

马铃薯气象服务中心共45人。其中，正高级工程师21人(约占47%)，高级工程师15人(约占33%)，工程师7人(约占16%)，助理工程师2人(约占4%)；博士8人(约占18%)，硕士24人(约占53%)，本科13人(约占29%)；30岁以下5人(约占11%)，31～40岁12人(约占27%)，41～50岁15人(约占33%)，50岁以上13人(约占29%)。中心主要研究方向为农业气象、气候变化、植物保护、作物模型、马铃薯病虫害防治及高效栽培技术推广等。

11.3.1.2 马铃薯气象服务机制

(1)协作管理机制

2021年，内蒙古自治区气象局与内蒙古自治区农牧厅联合发文成立了马铃薯气象服务中心工作协调委员会，协调解决中心建设中跨部门、跨地区的相关业务服务、管理等方面的问题。鉴于机构改革、人员变动情况及工作需要，2022年9月，内蒙古自治区气象局与内蒙古自治区农牧厅联合发布了《关于调整马铃薯气象服务工作协调委员会成员的通知》，确保马铃薯气象服务中心相关业务服务、管理等方面运行更为顺畅。同时，中心组织六省(自治区)一市修订完善了中心管理办法，共六章二十一条，明确了各依托单位和成员单位的职责和任务。

(2)业务流程

为助力农业防灾减灾、提质增效、乡村振兴战略和打赢脱贫攻坚战，提高马铃薯特色农业气象服务能力，根据《中国气象局办公室 农业农村部关于认定第二批特色农业气象服务中心的通知》(气办发〔2020〕33号)、《内蒙古自治区气象局 内蒙古自治区农牧厅关于成立马铃薯气象服务工作协调委员会成员的通知》(内气发〔2021〕110号)、《内蒙古自治区气象局 内蒙古自治区农牧厅关于调整马铃薯气象服务工作协调委员会成员的通知》(内气发〔2022〕77号)要求，结合马铃薯气象服务中心建设和业务发展需要，马铃薯气象服务中心制定了业务服务流程，主要包括资料的获取、传输及处理，产品制作、分发以及任务分工，图 11.5 为具体业务流程图。

(3)会商交流制度

马铃薯气象服务中心可根据马铃薯气象服务关键农时农事、重大农业气象灾害及核心业务攻关阶段等重要时期，组织开展线上或线下形式的全国马铃薯气象服务会商交流，并制定相应会商交流制度，内容包括会商时间与参加单位、会商流程及其他相关要求。

(4)服务产品制作标准

马铃薯气象服务中心持续推进业务标准化、规范化建设，并统一服务产品制作格式标准，对发布服务产品的格式、制作、审核、签发、发布时间及范围等方面均做了具体要求。

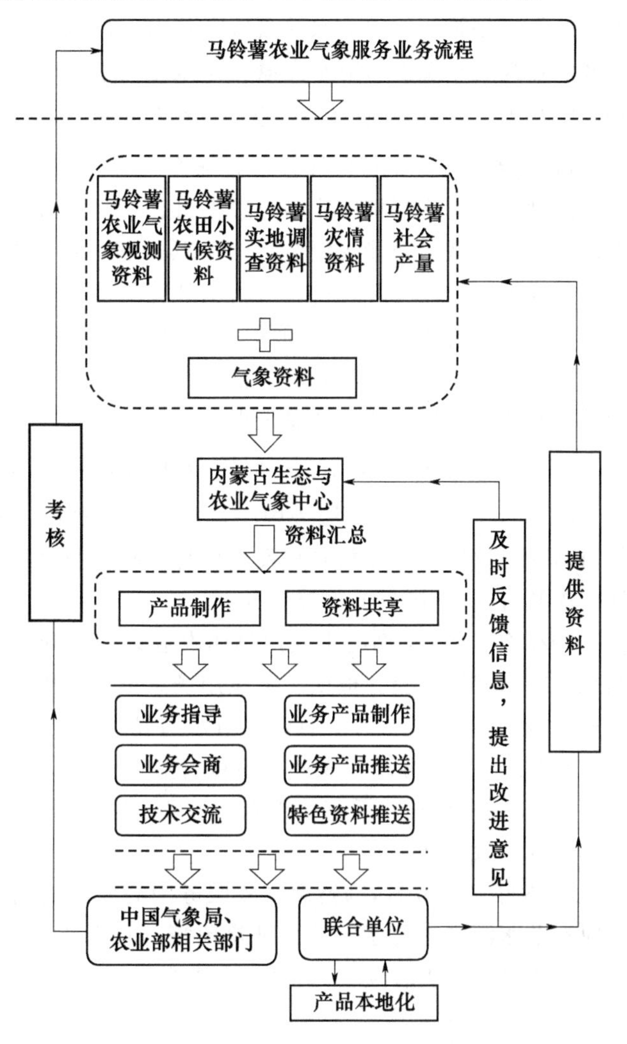

图 11.5　马铃薯气象服务中心业务流程

11.3.2　服务案例

内蒙古阴山北麓地区是我国重要的马铃薯主产区，马铃薯产业已成为当地农民收入的重要来源。据统计，内蒙古马铃薯生长季内多年平均有效降水量为 25～240 mm 左右，且空间分布差异大，多年平均蒸散量为 300～700 mm，仅靠降雨不能满足马铃薯对水分的需求，因此灌溉成为马铃薯高产稳产的基本保障(乌兰，2023)。2019 年以来，内蒙古自治区气象局针对农业生产中灌溉不及时影响稳产增收、雨前灌溉造成农田渍涝减产减收、过度灌溉浪费水资源增加成本等突出问题，坚持需求导向，强化系统观念，将农业数据与气象数据相融合、农业工程与气象技术相融合，研发马铃薯智能气象节水灌溉预报服务技术，打通了农业气象服务不能到地块的“痛点”，指导农户精准灌溉，实现稳产增收。

11.3.2.1　加强顶层设计，准确把握农业生产气象服务需求

内蒙古自治区党委政府深入实施“藏粮于地、藏粮于技”战略，大力推进现代农业高质量发展，对气象保障农业防灾减灾、粮食增产、农民增收提出更高要求。水资源匮乏是内蒙古马铃薯种植及旱区农业发展的一大瓶颈。马铃薯萌芽期块茎携带水分故需水量较小，而块茎膨大期需水量较大，马铃薯生长过程中需水与降水匹配度的波动较大，农户面临较大的种植风险。为此，农户需根据马铃薯生长的不同阶段进行精准灌溉，以确保马铃薯的均匀生长和高产。传

统农业气象多偏重面上服务，精准到户、到地块能力不足，内蒙古自治区气象局围绕农业节水增产增效迫切需求，充分发挥科技优势，着力解决农户和新型农业经营主体灌溉不精准“痛点”，统筹谋划智能气象节水灌溉服务技术，选派农业气象专家深入田间地头，调研各类灌溉方式和农业高质量发展对节水灌溉气象服务需求。

11.3.2.2　突出精细服务，智能推送节水灌溉服务信息

以智能气象节水灌溉气象预报服务技术为抓手，促进网格实况/智能网格预报、CLDAS 土壤湿度数据同化等精细化格点数据，以及马铃薯播期、品种、农户反馈生产数据深度融合，研发基于移动互联的智能气象节水灌溉预报服务系统和手机应用软件（App），构建农田土壤水分平衡模型，结合实际灌溉情况，科学计算具体地块灌溉建议，并结合机井参数智能推送基于位置的土壤墒情实况信息、灌溉时间逐日滚动服务产品，实现精细到具体地块。自动推送基于位置的土壤墒情实况及灌溉决策信息，为新型农业经营主体和广大农户提供精细化的干旱监测预报和科学合理的节水灌溉建议。

11.3.2.3　建立试验观测，开展节水灌溉气象服务技术示范应用

2021 年，马铃薯气象服务中心选择在乌兰察布瑞田现代农业园区开展技术培训和示范应用，构建推广微信群，收集农户反馈信息，为新型经营主体提供基于位置的土壤墒情监测和精细化灌溉日期、灌溉量的预报服务。

2022 年，于呼和浩特市武川旱作农业试验站开展了马铃薯水分控制和验证试验，对预报结果进行真实性检验。根据实际应用场景信息收集，改进节水灌溉预报算法，不断迭代和更新手机终端功能，有效提升了直通式节水灌溉气象服务的针对性和准确性。

2023 年，为服务现代农业高质量发展，马铃薯节水灌溉气象预报技术在马铃薯主产区进行推广，获得呼伦贝尔牙克石市森峰薯业、呼伦贝尔兴佳薯业基地及乌兰察布农林科学研究所等单位的一致好评。

2023 年 7 月 6 日，马铃薯气象服务中心监测到乌兰察布市有发生农田渍涝灾害的风险，及时在节水灌溉小程序上发布风险预警（图 11.6），并通知瑞田现代农业园区的工作人员，园区工作人员通过查看预警，结合节水灌溉小程序给出的灌溉决策，取消了原定在 7 月 6 日的灌溉任务，有效地防范了马铃薯农田渍涝灾害的发生，成功节约成本、减少损失。此次案例中，马铃薯气象服务中心在“早”上做文章，体现在农业气象灾害早预报、早服务、早防范，更好发挥气象防灾减灾先导性作用，做到防在未发之前、抗在第一时间、救在关键环节。

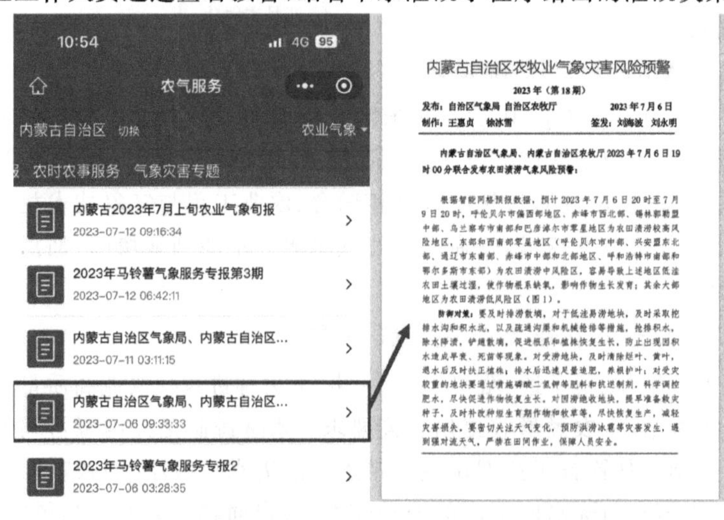

内蒙古自治区农牧业气象灾害风险预警

2023 年（第 18 期）

发布：自治区气象局 自治区农牧厅　　2023 年 7 月 6 日

制作：王惠贞　徐冰雪　　签发：刘海波　刘永明

内蒙古自治区气象局、内蒙古自治区农牧厅 2023 年 7 月 6 日 19 时 00 分联合发布农田渍涝气象风险预警：

根据智能网格预报数据，预计 2023 年 7 月 6 日 20 时至 7 月 9 日 20 时，呼伦贝尔市偏西部地区、赤峰市西北部、锡林郭勒盟中部、乌兰察布市南部和巴彦淖尔市零星地区为农田渍涝较高风险地区，东部和西南部零星地区（呼伦贝尔市中部、兴安盟东北部、通辽市东南部、赤峰市中部和北部地区、呼和浩特市南部和鄂尔多斯市东部）为农田渍涝中风险区，容易导致上述地区低洼农田土壤过湿，使作物根系缺氧，影响作物生长发育；其余大部地区为农田渍涝低风险区（图 1）。

防御对策：要及时排涝散墒，对于低洼易涝地块，及时采取挖排水沟和积水坑，以及疏通沟渠和机械抢排等措施，抢排积水，除水降渍，铲趟散墒，促进根系和植株恢复生长，防止出现因积水造成早衰、死苗等现象。对受涝地块，及时清除烂叶、黄叶，退水后及时扶正植株；排水后迅速足量追肥，养根护叶；对受灾较重的地块要通过喷施磷酸二氢钾等肥料和抗逆制剂，科学调控肥水，尽快促进作物恢复生长。对因涝绝收地块，提早准备救灾种子，及时补改种短生育期作物和牧草等，尽快恢复生产，减轻灾害损失。要密切关注天气变化，预防洪涝冰雹等灾害发生，遇到强对流天气，严禁在田间作业，保障人员安全。

图 11.6　2023 年 7 月 6 日乌兰察布农田渍涝气象灾害风险预警

第12章　热带水果气象服务

12.1　热带水果与气象

12.1.1　热带水果分布及产业发展

12.1.1.1　热带水果分布

中国是世界热带水果生产大国之一，热带水果产量约占世界热带水果总产量的28%，包括香蕉、芒果、青枣、百香果和火龙果等，主要分布在广东、广西、福建、海南、云南等地。

香蕉属芭蕉科芭蕉属果树，是热带、亚热带地区的重要经济和粮食作物，也是我国南方和西南各省(自治区)产销量均位居前列的优势水果，在区域经济中占有重要地位，主要分布在广东、广西、福建、云南，近年来贵州、四川、重庆也有少量栽培。

芒果，也称杧果、檬果、庵罗果，是漆树科杧果属常绿果树，因其诱人的香气、细腻饱满的口感和丰富的营养深受人们的喜爱，被称为"热带水果之王"。中国芒果产区主要分布在云南、广西、海南、四川、广东、台湾、贵州、福建等地。

青枣，学名毛叶枣，为鼠李科枣属植物。我国台湾1994年从印度引进毛叶枣原生栽种以来，以实生选种、芽变选种和国外引种等途径，不断更新换代，形成目前的以'高朗1号''脆蜜''大世界''天蜜''新世纪'等优良代表品种群，被认为是极具开发价值的热带、亚热带经济果树之一，在福建、广西、海南、云南等省区广泛引种。

百香果，学名鸡蛋果，西番莲科、西番莲属草质藤本植物，是果汁型热带水果。百香果产业已成为我国多地培育的优势特色新兴产业和脱贫攻坚帮扶产业，广西、福建、广东等正逐渐形成国内百香果商品化栽培的优势产区，此外，云南、海南、贵州、台湾等地各具优势，百香果产业发展潜力较大。

火龙果，又叫仙蜜果、红龙果、芝麻果，为仙人掌科量天尺属植物，原产地在中美洲的热带雨林及沙漠地带。中国最早种植火龙果的地区是台湾，产区主要集中在台湾、福建、广东、海南、广西、贵州、云南7个省(自治区)，经过30年的发展，已建立了桂中南、粤东—闽东南、海南—雷州半岛、滇南和云贵川干热河谷五大优势火龙果种植区。

12.1.1.2　热带水果产业发展

随着中国加入世界贸易组织以及中国—东盟自由贸易区的建立与推进，我国热带水果产业面临着国际更加开放的市场竞争环境。为增强我国热带水果产业的国际竞争力，近十余年，国家出台了一系列政策或相关文件鼓励热带水果产业发展。如2002年启动了"热带水果行动计划"；2006年在热作产业结构调整意见中指出，要发展莲雾等珍稀水果6.67万 hm^2；2010年又出台了《国务院办公厅关于促进我国热带作物产业发展的意见》(国办发〔2010〕45号)。青枣、芒果、火龙果、莲雾等新兴热带水果由于风味独特、市场需求量巨大、经济效益可观，在国家政策引导和地方政府的大力支持下，近年来经过引(扩)种成为我国重要特色热带水果，果树种植面积和产量迅速增加，在区域经济中日显重要，发展潜力巨大，已成为我国东南部地区农民脱贫致富的重要途径之一。

由于我国热带水果生产规模仍以传统小农户为主，销售模式仍以收购商田间收购为主，价格影响因素众多且易剧烈波动。而东盟热带水果的大量进口，将长久性地与国产热带水果进行市场份额分割，且由于其良好的自然资源、完善的产业运行模式及优质的果品品质，在补充中国热带水果消费市场的同时也使得国产热带水果的产业发展环境更加严峻(金琰 等，2022)。为此，中国热带水果产业应加强区域合作，实现产业共赢；关注东盟产业动态，借鉴先进发展经验；同时应提升自身竞争力，促进产业平稳发展，从多维度实现产业优化。

12.1.2 热带水果生物学特性及物候期

香蕉是重要的热带水果之一，大多数的栽培香蕉都是三倍体，具有高度的不育性，主要靠无性繁殖。外观呈长形，弯曲，形状像月牙，成长时果皮呈青色，成熟时果皮呈黄色，果肉为白色至黄色。香蕉的口感柔软、香甜，具有特殊的香气，并且富含多种营养成分，包括碳水化合物、蛋白质、纤维、维生素和矿物质等。其中，钾是香蕉中最丰富的矿物质，对维持人体正常的血压和心率至关重要。香蕉还含有丰富的维生素 C，有助于增强免疫力。春植蕉(反季节蕉)春季(3—4 月)定植，5—6 月营养生长，7 月花芽分化，8—9 月抽蕾，10 月—次年 1 月果实发育，次年仲春至初夏(2—5 月)收获；正造蕉(留芽蕉)5—6 月留芽，次年 5—7 月抽蕾、7—10 月果实膨大至采收。

芒果是热带植物，对低温比较敏感，也是呼吸跃变型水果。根系较发达，能够吸收土壤中的水分和养分，对土壤的通气性和排水性要求较高，叶片较大，能够进行光合作用和蒸腾作用，由于芒果的花序是圆锥花序，自中下部渐次向上开花，结果期有先后之分，因此，成熟期也不一致。果实成熟过程产生一系列变化，果皮先由绿转黄，果肉中胡萝卜素增加由白变黄；同时，果胶酶和纤维素酶活性提高，促使果肉中的淀粉和原果胶降解，于是糖分增加，果实变软变甜，并产生特有的香味。值得特别指出的是，随着果实成熟的生理生化变化，使果实的抗性大大减弱，微生物侵入迅速出现。芒果 1 月花芽分化期，早生花序萌发伸长；2 月花芽萌发，开花；3—4 月花序伸长，开花坐果；4—6 月落花、落果期，果实膨大，夏梢生长；7—8 月果实膨大，成熟采收；9—10 月秋梢抽生；11—12 月冬梢萌发，花芽分化。

青枣属于一种热带水果，具有多种益处，富含维生素 C、B 族维生素、矿物质和纤维素等营养成分，具有全年连续生长的习性，只要温度适合，顶芽即向前生长，并随之萌发侧枝。花芽当季(年)分化，分化快，花量大，花果同枝，花白天开放，早 06—08 时初开，08—11 时盛开，12 时后很少开放，为虫媒花、靠蝇类、蜜蜂等昆虫传粉，首年定植的 70 d 就能开花，一年能多次开花结果，自开花到果实成熟需 120 d 左右。青枣 11 月—次年 3 月为果实膨大至采收期，4 月采后修剪、萌芽抽梢；5—8 月为抽梢期，部分催花早熟树 7 月下旬开始进入花期；9—10 月为抽梢、开花和结果并进期。

百香果，叶形奇特，花色鲜艳，四季常青，其果实为椭圆形浆果，单果重 60～120 g，果汁澄黄，馨香味美，具有石榴、菠萝、草莓、柠檬、芒果、酸梅等十多种水果的浓郁香味，风味特殊，因而得名百香果。百香果含有丰富蛋白质、脂肪、碱酸，还有糖、维生素和磷、钙、铁、钾等多种化合物及17种氨基酸，营养丰富。百香果种籽含油量达25%，油质可与葵花油媲美，适于作食用油；果皮提取的果胶是食品加工的良好稳定剂和增稠剂；根、茎、叶均可入药，有消炎止痛、活血强身、降脂降压等疗效；百香果提取的香精是点心和酒类的良好添加剂。百香果1—2月为越冬期和育苗期，2月中下旬开始定植；3月为育苗期、定植期、藤蔓萌芽期、藤蔓生长期，一般3月中下旬枝条进入萌芽期、新植株定植期；4月为藤蔓生长期、开花期，一般4月上旬少量进入花芽萌发期，4月下旬进入始花期；5—9月上中旬为开花期、果实膨大期和成熟采收期；9月下旬—11月为果实膨大期、成熟采收期和育苗期，部分11月进行秋植；12月为成熟采收期和育苗期。

火龙果为浅根系作物，茎上气生根较发达，并以此攀附于支撑物上生长。绿色肉质茎发达，是光合作用的主要部位。经过长期的适应性进化，叶变态为针刺状，两性花，雌雄同花。火龙果能够一年多次结果，种植12个月左右，枝干长度达到1 m并且成熟后就可以开花结果。火龙果果实较大，通常为长圆形或卵圆形，表皮红色或紫红色，具卵状而顶端急尖的黄绿色鳞片，果皮较厚，并附有蜡质，可食率70%～72%。单果重常在0.5～1.0 kg，可溶性固形物含量在9%～11%，口感较淡。2—4月为火龙果的定植期和春梢期，5—11月为花果同期(多批次的花和果)，12月—次年1月为休眠期。

12.1.3 热带水果生长与气象的关系

12.1.3.1 香蕉

香蕉整个生长发育期要求高温高湿，年平均气温要求在21 ℃以上，生长温度20～35 ℃，最适宜温度24～32 ℃。香蕉怕低温霜冻，生长受抑制的临界温度为10 ℃，5 ℃时叶片受寒害变黄，1～2 ℃时叶片枯萎；当温度降至0 ℃以下，出现霜冻，叶片全部冻死，温度再降至－2 ℃，假茎也受冻害；果实若长时间处在5 ℃以下，也会受冻伤。整个发育期需要充足的水分供应，一般要求平均月降水量为100 mm，较理想的年降水量为1500～2000 mm。若月降水量低于50 mm会影响香蕉抽蕾，导致果指短、单产低；若果园积水或被淹，轻者叶片发黄，易诱发叶斑病，产量下降，重者根群窒息腐烂，植株死亡。香蕉是长日照植物，需要较长的日照时间，但光照强度不宜过强。光照不足，所结的果实一般瘦小，欠光泽；光照过于强烈，则易发生日烧。一般说来，生长期内3/5以上的天数得到日光照射即可正常生长。当风力4～6级时，香蕉叶片被吹裂；7～8级时，叶片被吹成破碎，植株倾斜；9～10级时，假茎被吹断，有的连根拔起；10级以上，香蕉会遭到毁灭性危害。

12.1.3.2 芒果

芒果在高温条件下生长结果良好，最适生长温度为25～30 ℃，低于20 ℃生长缓慢，低于10 ℃生长停止。一般认为，年平均气温在21 ℃以上且终年无霜的地区比较适宜芒果生产。芒果树是深根系果树，耐湿、耐旱能力均较强，在年降水量为250～2500 mm地区均能正常生长，最理想的条件是降雨季节性分布明显，尤其在花芽分化期、开花期和果实生长期降雨较少。但严重土壤干旱会抑制营养生长，妨碍有机营养的产生和积累，间接影响花芽分化和果实生长发育，因此需适量降雨。芒果是喜光果树，植株生长及良好的产量和优异的品质都要求充足的光照。芒果生长量大，生长速度快，商业果园极易封行，树冠郁闭，降低有效光合面积；光照不足也影响果实光合产物的积累，降低产量和品质。

12.1.3.3 青枣

青枣喜温忌寒，是典型的阳性热带果树，对温度适应性较强，在－4～40 ℃的温度范围内均能生存，冬季极端最低温度低于－4 ℃，持续 2 d 以上，致死率超过 60%。花期日平均气温 20～30 ℃最适宜，日平均气温低于 15 ℃，则极少萌芽抽梢，低于 18 ℃时，花延迟开放；果实生长发育期适宜温度为 20～25 ℃，果实成熟期适宜温度为 16～22 ℃，能耐 35 ℃高温，但 4～6 ℃的低温下会出现果实僵硬、色转淡黄等冷害症状。青枣生长和果实发育期对水分要求严格，水分过多或过少对青枣正常生长、光合生理生态特性、果实品质和产量都有影响，不同生育期需水量的多少取决于其生育期的长短和需水强度。青枣对光照的要求有两个方面，一个是光照强度，另一个是光照时长。在光照充足的地方，坐果率较高，果实发育良好；反之，坐果率较低，品质较差。同时台湾青枣枝干斜生，枝梢细长且脆，树冠大，结果多，不抗风害。

12.1.3.4 百香果

百香果最适宜的生长温度为 20～30 ℃，一般在不低于 0 ℃的气温下生长良好，到－3 ℃时植株会严重受害甚至死亡，年平均气温 18 ℃以上的地区最为适宜种植，下雪和霜冻连续 2 d 以上的地区要试种后再推广。百香果对降水量要求不严，一般年降水量在 1500～2000 mm 且分布均匀的条件下生长最好，但建议需要发展种植地区的年降水量不宜少于 1000 mm。百香果喜欢充足阳光，以促进枝蔓生长和营养积累，长日照条件有利于百香果开花，年日照时数 2300～2800 h 的地区，百香果营养生长好，养分积累多，枝蔓生长快，早结，丰产。

12.1.3.5 火龙果

火龙果植株最佳生长温度为 25～35 ℃，昼夜温差大、阳光强则植株与果实生长旺盛；喜温但不耐寒，如果长时间气温低于 5 ℃，叶片会受伤害，但并不影响生长；火龙果不耐霜冻，在高寒山区及霜冻经常发生的地区不宜露地种植，冬季气温低于 0 ℃的地区应采用大棚种植。火龙果耐旱怕湿，种植过程中应避免土壤长期积水，否则容易发生烂根死苗现象。久旱不雨时，火龙果靠露水不会死亡，但生长期不能缺水，保持土壤湿润透气有利其生长。火龙果为喜光植物，充足的光照有利于火龙果的生长发育和果实品质的提高，每年 4—11 月需要有充足的光照，特别是花芽形成期、开花期、果实成熟期。

12.2 热带水果气象服务技术和方法

热带水果气象服务中心推动业务智慧化、集约化、品牌化，通过不断完善热带水果气象观测与试验站网，推进试验基地、服务示范基地和实验室建设，建立起青枣、莲雾、芒果、百香果等特色果树的气候适应性指标、高温热害和低温寒冻害监测预警指标等，构建灾害监测预警和水果气候品质认证模型，研发了不同热带水果气候适宜性区划技术和主要灾害的风险区划技术，为做强福建“果盘子”提供了扎实有效的气象保障。本节主要介绍热带水果气候适宜性区划技术和灾害风险区划技术。

12.2.1 热带水果气候适宜性区划技术

我国总体气候条件优越，但由于地域辽阔、经纬度跨度大、地形条件复杂，各地气候资源状况差异大,发展热带水果生产的气候适宜程度不一,导致部分地区热带水果产量和品质不高。因此,为了进一步优化热带水果生产的区域布局和产业结构,促进我国热带水果优质高产,有必要开展热带水果气候适宜性区划。本节以芒果为例,结合优势产区的气候条件分析、种植实地调查资料等,综合考虑芒果种植所需的气候条件,筛选种植气候适宜性区划的指标,应用数理统计等方法,基于地理信息系统(geographic information system,GIS)技术开展芒果种植气候适宜性区划。

12.2.1.1 芒果种植气候适宜性区划指标分析

热量条件是决定芒果能否经济栽培的主要因素,也是影响其生长、发育、产量和品质的重要因子之一。芒果一年内完成一个生长周期要求日平均气温稳定通过 10 ℃的积温≥6500 ℃ · d,最适生长温度为 25～30 ℃。气温降至 0 ℃左右时,芒果幼苗地上部分会枯死,幼树和成龄树的花絮、嫩枝、树冠外围的叶片均会受冻;气温低于−2.5 ℃时,幼龄树死亡,大树也严重受冻。因此,年极端最低气温低于−2.5 ℃的地区不宜大面积种植芒果(李政 等,2017)。2010 年春季,福建、广东、广西三省(自治区)出现严重霜冻天气,部分地区芒果遭受严重冻害。福建、广东、广西三省(自治区)芒果产量的高低主要取决于挂果率,而挂果率的高低与花期、幼果期的气象条件关系十分密切。福建、广东、广西三省(自治区)芒果的花期一般在 3 月初至 4 月中旬,开花始期早的在 2 月中旬,迟的在 3 月下旬。花期温度较高、日照充足、开花至幼果期降雨稀少则有利于开花授粉和挂果。因此,以年平均气温、日平均气温稳定通过 10 ℃积温、90%保证率的年极端最低气温以及 2 月中旬—4 月下旬平均气温、3 月降水量、2 月下旬—3 月下旬日照时数等 6 个因子作为芒果引(扩)种的气候适宜性区划指标因子(孙朝锋 等,2022),各因子分区指标如表 12.1。

表 12.1 芒果种植气候适宜性区划指标

区划因子	最适宜区	适宜区	次适宜区	不适宜区
年平均气温/℃	≥20	20～19	19～18	<18
≥10 ℃活动积温/(℃ · d)	≥7000	7000～6500	6500～6000	<6000
90%保证率的年极端最低气温/℃	≥0.5	0.5～−1.0	−2.5～−1.0	<−2.5
2 月中旬—4 月下旬平均气温/℃	≥19.0	19.0～18.5	18.5～18.0	<18.0
3 月降水量/mm	<70	70～80	80～90	≥90
2 月下旬—3 月下旬日照时数/h	≥80	70～80	65～70	<65
建议总分值	76～80	71～76	62～71	20～71

12.2.1.2 芒果种植气候适宜性区划指标空间分析模型

福建、广东、广西三省(自治区)地形地貌较复杂,海拔高度差异明显,气候要素的空间分布差异很大。仅以每县一站的站点观测资料开展引(扩)种气候适宜性区划,无法满足果树生产发展需求。因此,采用 GIS 技术,结合小网格气候分析方法,将离散点的气候适宜性区划指标插值到网格点上,获取区划指标的小网格数据。

依据统计学原理,将纬度、经度、海拔高度、坡度、坡向等地理参数作为自变量因子,建立站点区划指标与站点地理信息的数理统计模型(杨凯 等,2019)。表达式为

$$Y=f(\varphi,\lambda,h,\beta,\theta)+\varepsilon \quad (12.1)$$

式中：Y 表示区划指标因子；函数 $f(\varphi,\lambda,h,\beta,\theta)$ 可称为区划指标的气候学方程，φ 为站点纬度，λ 为经度，h 为海拔高度，β 为坡向，θ 为坡度；ε 为余差项，称为综合地理残差。

$$\varepsilon = \text{区划指标实测值} - f(\varphi,\lambda,h,\beta,\theta) \tag{12.2}$$

利用三省（自治区）1971—2014 年 90 个气象站点的逐日地面观测资料，经统计计算求出各站点的气候适宜性区划指标值，并与对应站点的纬度、经度、海拔高度、坡度、坡向等地理因子进行相关分析，选择相关性好的地理因子，采用多元回归方法，建立芒果区划指标小网格空间分析模型（表 12.2）。

表 12.2 芒果种植气候适宜性区划指标小网格空间分析模型

区划指标因子	模型表达式	复相关系数	F 检验值
≥10 ℃活动积温（ΣT）/℃·d	$Y=37528.592-197.983\lambda-362.977\varphi-2.249h$	0.953	286.837*
年平均气温（T）/℃	$Y=72.162-0.310\lambda-0.709\varphi-0.005h$	0.965	394.641*
90%保证率年极端最低气温（T_d）/℃	$Y=69.386-0.393\lambda-1.093\varphi-0.005h$	0.888	108.426*
2 月中旬—4 月下旬平均气温（$T_{2\text{-}4}$）/℃	$Y=103.322-0.564\lambda-0.997\varphi-0.003h$	0.940	219.995*
3 月降水量（R）/mm	$Y=-1845.195+15.709\lambda+9.029\varphi-0.002h$	0.899	121.699*
2 月下旬—3 月下旬日照时数（S）/h	$Y=929.409-7.347\lambda-2.288\varphi+0.035h$	0.707	29.011*

注：表中 F 检验值均通过信度为 0.01 的显著性检验。

从表 12.2 可见，各模型的复相关系数为 0.707～0.965，F 值在 29.011～394.641，均通过了信度为 0.01 的显著性检验，模型具有良好的统计效果。

12.2.1.3 芒果种植气候适宜性区划图制作

利用表 12.2 中的区划指标小网格分析模型及各网格点的经度、纬度和海拔高度数据，进行区划指标小网格推算，获取小网格区划指标空间分布数据及其残差值。再采用反距离权重插值法，对模型计算获得的样本残差进行空间插值计算，得到网格点的残差栅格数据；将相同分辨率的模型推算结果与残差栅格数据进行叠加运算，得到残差订正后的区划指标栅格图像数据。

采用专家评判打分法，根据表 12.2 中的区划指标，按照最适宜、适宜、次适宜和不适宜的分级标准，给每个指标赋予一定的分值（即最适宜区赋值 20 分、适宜区赋值 15 分、次适宜区赋值 10 分、不适宜区赋值 5 分）。最后根据 5 个指标总分值的大小，对福建、广西、广东三省（自治区）芒果种植最适宜区、适宜区、次适宜区和不适宜区进行划分。

12.2.1.4 芒果种植气候适宜性区划结果

（1）最适宜区

由图 12.1 可见，芒果最适宜种植区主要分布在广西崇左市的凭祥、大新、江州区、宁明、扶绥，钦州市的钦北区、灵山、浦北，北海市的合浦、海城区、银海区、铁山港区，南宁市市辖区和百色市的田东、田阳、右江区等市（区、县）部分区域；广东湛江、茂名、阳江中南部、江门、中山、珠海、肇庆西南部、佛山、广州南部、东莞、深圳、惠州南部、汕尾、揭阳、汕头地区；福建漳州市的龙海市、漳浦县、东山县、云霄县和市区的部分区域，泉州市的晋江市南部部分区域，厦门市南部的部分区域。

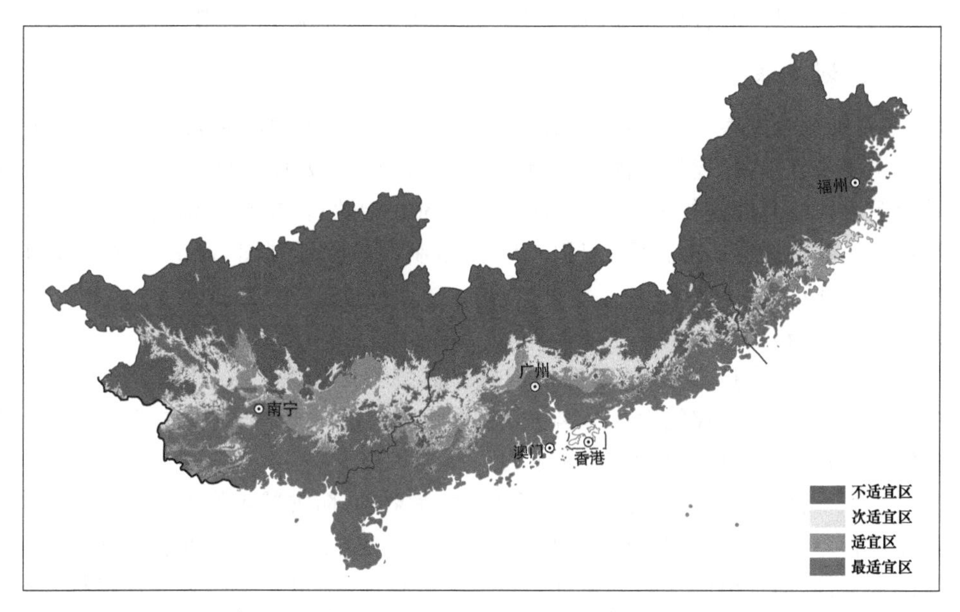

图 12.1　福建、广东、广西三省(自治区)芒果引(扩)种适宜性区划(附彩图)

(2)适宜区

由图 12.1 可见,芒果适宜种植区主要分布在广西的横县、贵港、玉林、陆川、北流、容县、岑溪、马山、武鸣、平果等市(区、县)的大部地区,那坡、田林、德保、巴马、大化、都安、河池市金城江区等市(区、县)的局部地区,田东、田阳、右江区的海拔较高地区;广东肇庆南部,云浮、茂名和阳江北部,惠州中部地区;福建漳州市的诏安、平和、南靖、长泰,漳州市区部分区域,泉州市的晋江、石狮、南安,泉州市区的部分区域,厦门市的部分区域。

(3)次适宜区

由图 12.1 可见,芒果次适宜种植区主要分布在广西的上林,来宾市兴宾区,武宣、桂平、平南、藤县、象州、柳州、柳城、宜州、忻城、河池市金城江区等市(区、县)的大部,马山、苍梧两县北部,鹿寨、环江、靖西等市(县)的南部;广东云浮北部、肇庆中部、清远北部小部地区、广州中部小部地区、惠州中部、河源西南小部地区和梅州西南小部地区;福建漳州市的平和、南靖、华安和长泰部分区域,泉州市的安溪、永春、南安和泉州市区的部分区域,厦门市小部区域,莆田市的仙游县小部区域,莆田市区部分区域,福州市福清市小部区域。

(4)不适宜区

不适宜种植区主要分布在广西的东北大部、北部高寒山区及百色市南北山区,广东清远市、韶关市、河源市和梅州市大部地区,福建中部和北部地区以及南部大部非沿海地区。

12.2.2　热带水果气象灾害风险区划技术

热带水果由于种植经济效益高,收益快,近年来被大量引种推广。但也存在不合理布局导致农业气象灾害频发,致使植株受冻、果实受害并影响产量。因此,开展热带水果引(扩)种的农业气象灾害风险区划,对实现新特优热带水果的安全引种和可持续发展至关重要。本节以台湾青枣为例,针对福建省引种过程中存在的最主要农业气象灾害即寒冻害风险,采用“多指标综合风险评估法”,构建风险区划指标体系和评估模型,对青枣引种的寒冻害风险进行分析和区划，以期为热带果树的合理布局、安全生产提供决策依据(陈家金 等,2013)。

12.2.2.1 区划方法

采用“多指标综合灾害风险指数法”对台湾青枣在福建省引种的寒冻害综合风险进行区划和评估。其主要步骤是:构建指标体系,并对指标进行归一化处理,消除量纲差异;对诸指标用主客观赋权等手段综合确定权重,计算评估单元的风险指数;根据权重构建评估模型,对计算出的区域风险指数值进行指标分级;应用 GIS 技术制作风险区划图,评估不同区域的风险大小(陈家金 等,2016)。

(1)指标体系构建方法

基于“自然灾害风险指数法”的思路构建风险区划指标体系。灾害风险受致灾因子危险性、承灾体脆弱性和防灾减灾能力 3 个因子共同影响,是这 3 个因子整体作用的结果。通常采用自然灾害风险指数表征风险程度,可表示为:

自然灾害风险指数 $= f$(危险性、脆弱性、防灾减灾能力)

通过分析青枣的生物学特性以及寒冻害受灾情况,确定青枣寒冻害危险性区划指标;分析果树自身的脆弱性,即种植的暴露性和对寒冻害的敏感性,确定青枣的脆弱性指标;分析青枣引种区防灾减灾能力情况,确定引种区防灾减灾能力大小的指标;构建出由寒冻害危险性、脆弱性以及引种区防寒防冻能力这 3 方面组成的风险区划指标体系(图 12.2)。

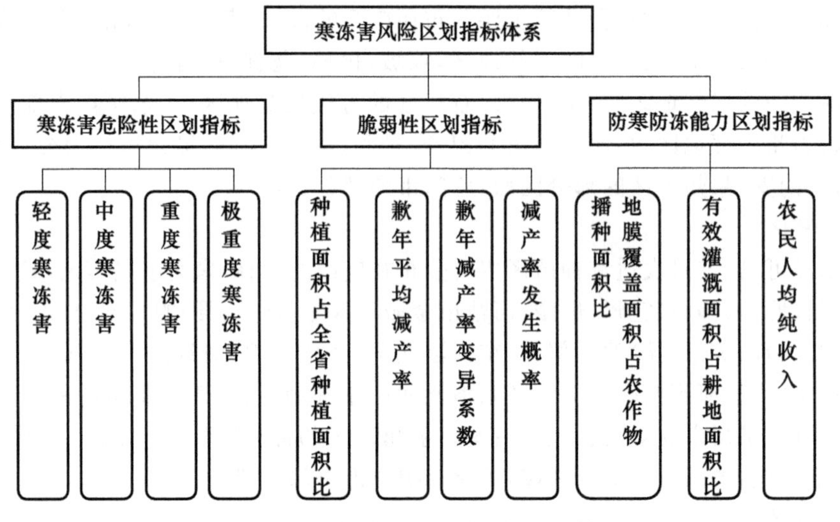

图 12.2 果树寒冻害风险区划指标体系

(2)指标权重确定方法

由于寒冻害风险指标体系中每个指标对最终风险构成的贡献率不同,因此,必须采取合适的指标赋权方法来反映每个指标的风险重要性。本节综合应用层次分析法、熵权系数法确定风险区划指标权重。层次分析法是一种对指标进行定性定量分析的方法。主要步骤有,构建风险区划指标体系框架;邀请不同领域的专家,按照 1～9 比例标度法进行打分,对所选指标进行重要性比较;构建判断矩阵;层次单排序及一致性检验;层次总排序及组合一致性检验;确定各指标的权重(ω_i)。

熵权系数法是一种基于分析各评价指标特征值之间变异程度的客观赋权方法。主要步骤有，构建区划指标特征值矩阵；对特征值进行标准化处理，使其值处于 0 和 1 之间，以消除量纲的影响；计算区划指标特征值比重；计算区划指标的熵权（α_i）。

将上述 2 种方法确定的主观权重和客观权重相融合得出主客观综合权重值，作为风险评估指标权重值（σ_i），则

$$\sigma_i = \frac{\alpha_i \omega_i}{\sum_{i=1}^{m} \alpha_i \omega_i} \tag{12.3}$$

式中：i 为评价指标；m 为评价指标个数；α_i 为第 i 个指标熵权；ω_i 为第 i 个指标层次分析权重。

(3)风险指数计算方法

采用加权综合评价法计算风险指数。该方法是依据评价指标对评价总目标影响的重要程度，预先分配一个相应的权重系数，然后与相应的被评价对象各指标的特征量化值相乘后再相加。计算公式为

$$\lambda_j = \sum_{i=1}^{m} \sigma_i P_{i,j} \tag{12.4}$$

式中：i 为评价指标；j 为评价单元，m 为评价指标个数；λ_j 为某评估单元计算得到的风险指数值；σ_i 为第 i 项指标的综合权重系数（$\sigma_i > 0$，$\sum_{i=1}^{m} \sigma_i = 1$）；$P_{i,j}$ 为每个指标 i 特征值所占比重（$0 \leqslant P_{i,j} \leqslant 1$）。

(4)寒冻害风险模型构建方法

一是地理模型构建。由于寒冻害危险性指标评估指数是基于评估单元（县）地面气象观测站单点观测值计算所得，属点状数据，未能反映评估单元（县）内其他点的风险情况。因此，通过建立寒冻害危险性指数与测站经度、纬度和海拔的多元回归模型，利用 GIS 技术对其进行地理插值推算，将点状数据转化为面状格网数据，解决无气象观测资料地区的风险指数计算问题，实现寒冻害危险性评估指数的空间连续分布；对与地理因子无关的青枣脆弱性，引种区防寒防冻能力的评估指标采用基本单元值计算，以面上数据代表评估单元内的任一点数据。

二是区划模型构建。按照加权综合评价法，对风险区划指标体系中各指标构成因子权重进行加权，得出青枣寒冻害危险性、青枣脆弱性、种植区防寒防冻能力和综合风险指数的区划模型。

12.2.2.2　区划结果

(1)寒冻害风险区划指标权重

采用层次分析法和熵权系数法，得出主客观权重值作为风险区划指标权重值。表 12.3—表 12.6 给出了青枣寒冻害风险区划指标的主观（层次分析权重）、客观（熵权重）及综合权重计算结果。

表 12.3　福建省青枣寒冻害危险性区划指标权重

指标（T_d）	层次分析权重（ω_i）	熵权重（α_i）	综合权重（σ_i）
轻度冻害（3.0 ℃$<T_d\leqslant$5.0 ℃）	0.0456	0.0685	0.0571
中度冻害（0.5 ℃$<T_d\leqslant$3.0 ℃）	0.0955	0.1345	0.1150
重度冻害（−2.5 ℃$<T_d\leqslant$0.5 ℃）	0.2045	0.2797	0.2421
极重冻害（$T_d\leqslant$−2.5 ℃）	0.6545	0.5173	0.5859

表 12.4　福建省青枣脆弱性区划指标权重

指标	层次分析权重（ω_i）	熵权重（α_i）	综合权重（σ_i）
种植面积占全省总种植面积比	0.1509	0.7593	0.4551
歉年平均减产率	0.3908	0.0412	0.2160
歉年减产率变异系数	0.0675	0.0466	0.0570
减产率(≤－5%)发生概率	0.3908	0.1529	0.2719

表 12.5　福建省青枣种植区防寒防冻能力区划指标权重

指标	层次分析权重（ω_i）	熵权重（α_i）	综合权重（σ_i）
地膜覆盖面积占农作物播种面积比	0.4545	0.4067	0.4306
有效灌溉面积占耕地面积比	0.4545	0.2424	0.3485
农民人均纯收入	0.0909	0.3509	0.2209

表 12.6　福建省青枣寒冻害综合风险区划指标权重

指标	层次分析权重（ω_i）	熵权重（α_i）	综合权重（σ_i）
寒冻害致灾危险性	0.7147	0.6801	0.6974
青枣脆弱性	0.2185	0.2228	0.2206
防寒防冻能力	0.0668	0.0971	0.0820

(2)评估单元风险指数

在确定各风险区划指标的权重后，根据式(12.4)计算各个评估单元的风险评估指数(λ_j)。表 12.7 列出了各评估单元青枣引种寒冻害风险指标归一化评估指数的计算结果。

表 12.7　福建省青枣寒冻害归一化综合风险评估指数

站点	寒冻害危险性(I_h)	青枣脆弱性(I_v)	防寒防冻能力(I_c)	综合风险(I)
宁德辖区	0.08	0.4600	0.6487	0.1419
霞浦	0.15	0.4141	0.3593	0.2726
闽侯	0.07	0.4868	0.4480	0.2269
连江	0.13	0.3462	0.6277	0.0950
永泰	0.20	0.4039	0.4958	0.1929
惠安	0.01	0.4067	0.5937	0.1260
永春	0.09	0.3868	0.5372	0.1272
漳州辖区	0.02	0.4713	0.5893	0.1326
云霄	0.01	0.4078	0.5456	0.1192
漳浦	0.02	0.6347	0.3772	0.2743
诏安	0.02	0.3943	0.5833	0.1048
长泰	0.03	0.3472	0.8336	0.0555
东山	0.00	0.6116	0.1833	0.0413

续表

站点	寒冻害危险性(I_h)	青枣脆弱性(I_v)	防寒防冻能力(I_c)	综合风险(I)
南靖	0.07	0.5689	1.0000	0.1432
平和	0.07	1.0000	0.9051	0.3441
龙岩辖区	0.15	0.4270	0.7088	0.2086
长汀	1.00	0.3507	0.8703	1.0000
永定	0.30	0.3441	0.9343	0.2251
上杭	0.20	0.3592	0.8878	0.1097
武平	0.42	0.5213	0.8004	0.4444
龙海	0.02	0.2597	0.8642	0.0487

(3)青枣寒冻害风险区划模型

① 寒冻害风险指数地理推算模型

应用多元回归建立寒冻害危险性指数和综合风险指数与地理因子(经度 X、纬度 Y、海拔 H)关系的地理模型,利用 GIS 技术按照模型制作风险指数分布图。表 12.8 中,I_h 代表寒冻害危险性指数,I 代表寒冻害综合风险指数;X 代表经度千米网 X 坐标值,单位为 m;Y 代表纬度千米网 Y 坐标值,单位为 m;H 代表海拔高度,单位为 m,D 代表离海距离,单位为 m。

表 12.8 福建省青枣寒冻害风险评估指数地理推算模型

评价指标	地理模型	复相关系数(R)	F 检验值
危险性指数(I_h)	$I_h=-1.586-5.310\times10^{-8}X+5.807\times10^{-7}Y+0.001H+1.904\times10^{-6}D$	0.890	37.162
综合风险指数(I)	$I=-3.090-1.553\times10^{-6}X+1.552\times10^{-6}Y-5.191\times10^{-5}H$	0.692	5.199

注:表中 F 检验值均通过信度为 0.05 的显著性检验。

与地理因子无关的风险评估指数(脆弱性指数和防寒防冻能力指数)按照最小评估单元的指标值来计算。

② 风险指数区划模型

分别将计算得出的寒冻害危险性、青枣脆弱性、种植区防寒防冻能力和综合风险的构成因子权重进行加权,得出表 12.9 的各风险指数区划模型。表 12.9 中 I_{if}、I_{mf}、I_{wf}、I_{sf} 分别代表青枣轻度、中度、重度和极重寒冻害评估指数;I_{pr}、I_{rr}、I_{vi}、I_{cp} 分别代表青枣种植面积占全省总种植面积比、歉年平均减产率、歉年减产率变异系数和减产率(即$\leqslant-5\%$)发生概率的评估指数;I_{mc}、I_{ir}、I_{fe} 分别代表地膜覆盖面积占农作物总播种面积比、有效灌溉面积占耕地面积比、农民人均纯收入的评估指数;I_h、I_v、I_c、I 分别代表寒冻害危险性、青枣脆弱性、种植区防寒防冻能力和综合风险的评估指数。

表 12.9 福建省青枣寒冻害风险指数区划模型

评价指标	评估模型
寒冻害危险性	$I_h=0.0571I_{if}+0.1150I_{mf}+0.2421I_{wf}+0.5859I_{sf}$
青枣脆弱性	$I_v=0.4551I_{pr}+0.2160I_{rr}+0.0570I_{vi}+0.2719I_{cp}$

续表

评价指标	评估模型
防寒防冻能力	$I_c=0.4306I_{mc}+0.3485I_{ir}+0.2209I_{fe}$
综合风险指数	$I=0.6974I_h+0.2206I_v-0.0820I_c$

(4)寒冻害风险等级指标

采用自然间断点法这一种不等值分级方法来分级，即通过范围内所有数据值与平均值之差的原则来寻找特征点，结合对青枣实地风险大小调查的情况，对各风险指标的归一化风险指数进行风险等级划分(表 12.10)。

表 12.10 福建省青枣寒冻害风险指标等级划分

分级指标	轻度(低)	中度(中)	重度(较高)	极重(高)
寒冻害危险性	$0\leqslant I_h<0.02$	$0.02\leqslant I_h<0.13$	$0.13\leqslant I_h<0.50$	$0.50\leqslant I_h\leqslant 1.00$
青枣脆弱性	$0\leqslant I_v<0.30$	$0.30\leqslant I_v<0.50$	$0.50\leqslant I_v<0.70$	$0.70\leqslant I_v\leqslant 1.00$
防寒防冻能力	$0\leqslant I_c<0.40$	$0.40\leqslant I_c<0.60$	$0.60\leqslant I_c<0.80$	$0.80\leqslant I_c\leqslant 1.00$
综合风险	$0\leqslant I<0.10$	$0.10\leqslant I<0.20$	$0.20\leqslant I<0.40$	$0.40\leqslant I\leqslant 1.00$

(5)寒冻害风险区划图

按照表 12.10 风险指标等级划分的标准，应用 GIS 技术将青枣寒冻害风险区划指标体系中各风险指标的风险指数分布图进行区划，制作青枣种植区各寒冻害风险指数高低的精细区划图，供风险评估分析使用。

根据表 12.9 列出的青枣寒冻害风险指数区划模型，按照青枣寒冻害风险评估指标体系，将寒冻害危险性、青枣脆弱性、种植区防寒防冻能力 3 张图(图 12.3、图 12.4、图 12.5)叠加，得到青枣寒冻害综合风险评估指数分布图(图 12.6)。

(6)青枣寒冻害风险评估

① 寒冻害危险性

(a)不同级别寒冻害发生频次

根据表 12.3 列出的青枣寒冻害分级指标，计算各评估单元不同级别寒冻害年平均发生频次，如表 12.11 所示。

表 12.11 福建省不同级别寒冻害年平均发生频次及危险归一化性评估指数

站点	轻度寒冻害频次	中度寒冻害频次	重度寒冻害频次	极重寒冻害频次	危险性指数
宁德辖区	10.09	4.87	0.65	0.00	0.08
霞浦	12.91	7.85	1.93	0.09	0.15
闽侯	9.33	5.13	0.57	0.00	0.07
连江	10.28	6.65	2.17	0.04	0.13
永泰	11.04	8.28	4.28	0.13	0.20
惠安	2.09	0.20	0.02	0.00	0.01
永春	7.72	4.98	1.28	0.02	0.09
漳州辖区	3.48	1.26	0.07	0.00	0.02

续表

站点	轻度寒冻害频次	中度寒冻害频次	重度寒冻害频次	极重寒冻害频次	危险性指数
云霄	2.67	0.59	0.02	0.00	0.01
漳浦	3.07	0.96	0.07	0.00	0.02
诏安	3.63	1.52	0.13	0.00	0.02
长泰	4.39	2.67	0.17	0.00	0.03
东山	0.11	0.02	0.00	0.00	0.00
南靖	7.11	4.39	0.78	0.02	0.07
平和	6.85	3.96	0.89	0.02	0.07
龙岩辖区	10.63	6.48	2.74	0.11	0.15
长汀	18.50	16.93	11.87	3.07	1.00
永定	12.13	9.54	4.59	0.52	0.30
上杭	14.52	8.85	3.59	0.11	0.20
武平	14.50	12.00	5.85	0.89	0.42
龙海	3.33	1.48	0.07	0.00	0.02
长乐	7.54	3.04	0.24	0.00	0.05
安溪	5.15	2.43	0.11	0.00	0.03
大田	13.02	10.87	7.30	1.46	0.54
德化	16.50	12.80	7.02	1.52	0.57
福安	13.43	10.02	4.17	0.17	0.23
福州	8.02	3.02	0.20	0.00	0.05
古田	15.04	12.67	7.85	1.30	0.54
华安	8.24	5.17	1.98	0.02	0.10
泉州	3.33	0.57	0.04	0.00	0.01
连城	16.59	15.07	7.33	1.07	0.51
罗源	10.85	6.57	2.04	0.07	0.13
闽清	11.50	7.54	4.00	0.15	0.20
南安	4.30	1.72	0.07	0.00	0.03
福清	5.50	1.54	0.07	0.00	0.03
平潭	2.30	0.15	0.00	0.00	0.01
莆田	4.85	1.57	0.13	0.00	0.03
厦门	1.76	0.26	0.02	0.00	0.01
同安	3.91	1.63	0.07	0.00	0.02
仙游	7.11	4.28	0.59	0.00	0.06
南平辖区	13.20	9.52	4.87	0.28	0.26
永安	13.26	11.24	5.87	1.11	0.45
尤溪	12.93	11.43	7.83	1.91	0.64
漳平	9.52	8.57	4.35	0.59	0.29

(b)寒冻害危险性指数

从福建省青枣寒冻害危险性归一化指数分布(表 12.11)来看,指数介于 0～1,其中,长汀、连城、大田、德化、古田、尤溪指数＞0.5,以长汀最大;宁德辖区、霞浦、闽侯、连江、惠安等 30 个站点指数＜0.02,以东山最小;其余 8 个站点指数介于 0.02～0.5。

(c)寒冻害致灾危险性区划

从福建省青枣寒冻害危险性区划分布图(图 12.3)来看,轻度危险区主要分布在东南沿海低海拔地区,包括平潭、福清南部、莆田南部、泉州中南部、同安南部、厦门、漳州辖区、龙海大部、漳浦中东部、云霄和诏安南部。中度危险区主要分布在霞浦、福安、宁德辖区东部、连江、长乐、闽侯、福清至平和南部一带较低海拔区。重度以上危险区主要分布在宁德辖区西北部、闽侯北部、德化、安溪、南靖中西部、平和北部一线以北的高海拔区域。

② 青枣脆弱性

从青枣的脆弱性归一化指数(表 12.7)和青枣脆弱性区划图(图 12.4)可以看出,种植区各县的脆弱性指数介于 0.2～1.0。

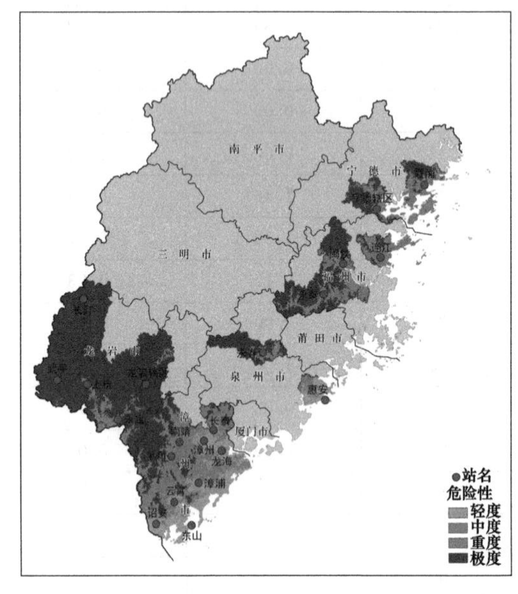

图 12.3 福建省青枣寒冻害危险性区划图(附彩图)

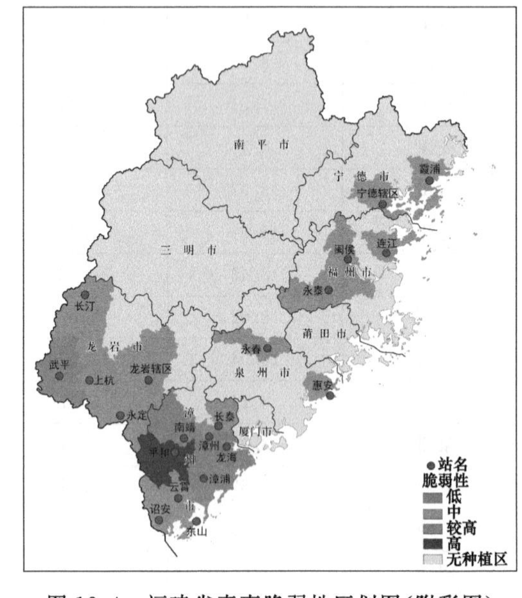

图 12.4 福建省青枣脆弱性区划图(附彩图)

③ 防寒防冻能力

从青枣种植区防寒防冻能力归一化指数可以看出,种植区各县的防寒防冻能力指数介于 0.3～1.0(表 12.7 和图 12.5)。

④ 青枣寒冻害综合风险

从青枣种植区寒冻害综合风险归一化指数分布(表 12.7)来看,指数介于 0.04～1。其中,指数＜0.1 的种植区包括连江、长泰、东山、龙海,以东山指数最小,为 0.0413;指数超过 0.2 的种植区有霞浦、闽侯、漳浦、平和、龙岩辖区、长汀、永定、武平,以长汀风险指数最大,为 1;其余站点指数介于 0.1～0.2。

图 12.6 显示了福建省青枣寒冻害综合风险区划。

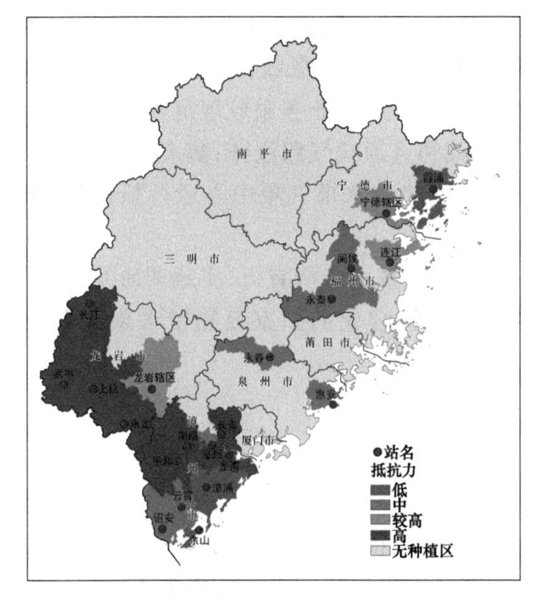

图 12.5　福建省青枣种植区防寒防冻能力区划图(附彩图)

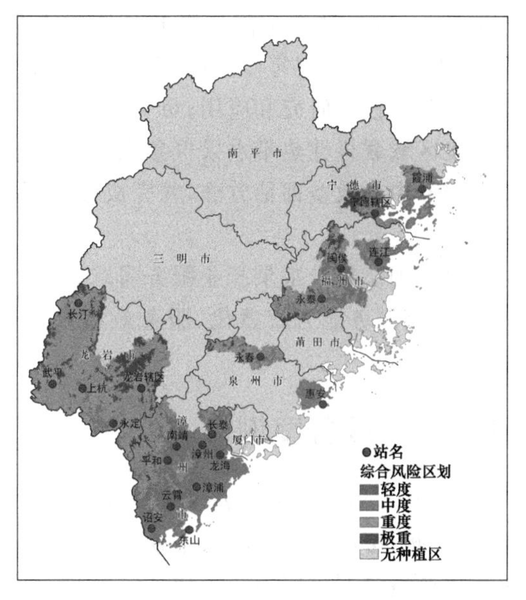

图 12.6　福建省青枣寒冻害综合风险区划图(附彩图)

轻度风险区主要分布在惠安县以南沿海的低海拔区域,包括漳州东南部沿海区域、惠安县。这些区域青枣寒冻害危险性较低,而危险性对综合风险起主导作用,从而导致寒冻害综合风险属轻度,适宜青枣的种植。

中度风险区主要分布在连江县以北沿海区域,闽侯、永泰、永春三县东部低平区域,漳州市内陆中低海拔区域。该区域有中度寒冻害危险性,脆弱性总体上也属于中等。因此,该区域属中度寒冻害风险区,可适度发展青枣种植。

重度以上风险区主要分布在龙岩市、漳州西北部以及永春、永泰、闽侯、连江、霞浦和宁德辖区共五县(区)的西部较高海拔区域。该区域有重度以上危险性,寒冻害脆弱性在中等以上,虽然防寒防冻能力较强,但防寒防冻能力权重较小,对综合风险的影响较小,因此,该区域属重度以上寒冻害风险区,不适宜种植青枣。

12.3　热带水果气象服务中心组织管理经验及服务案例

12.3.1　热带水果气象服务中心组织管理经验

热带水果气象服务中心建设的依托单位为福建省气象科学研究所和福建省种植业技术推广总站,成员单位为广西壮族自治区气象科学研究所、海南省气候中心、云南省气候中心和四川省攀枝花市气象局。

热带水果气象服务中心开展制度建设,组织制定中心建设方案、管理办法、业务服务流程、周年气象服务方案等;负责组织开展热带水果生育气象观测和果园小气候观测;负责热带水果气象试验、技术推广示范与服务基地的建设和运行管理；负责实施热带水果气象指标体系建设、重大农业气象灾害监测预警与影响评估、产量/生育期预报、气象条件适宜度评价、气候品质认证等的技术研究和应用；负责实施全国或区域性的热带水果业务服务规范和标准编制；负责编发区域联合性热带水果气象服务产品，并开展决策和直通式气象服务；负责制定热带水果气象服务中心效益评估方法，并完成效益评估；探索开展热带水果气象中心运行新机制、服务新模式。

紧紧围绕热带水果产业服务需求，建成管理制度规范、技术支持有力、实地调研及时、服务产品多样、服务能力智慧化、服务效益最大化、创新发展持续化的国家级热带水果气象服务中心。

12.3.2 服务案例

以 2016 年 1 月 22—26 日强寒潮天气过程为例，福建省受到 2010 年以来 1 月份最强寒潮袭击，福州、厦门两大中心城市跌破 1951 年以来本站历史日极端最低气温极值，对福建省热带果树生产造成严重影响。福建省气象科学研究所利用热带果树寒冻害指标体系和监测预警模型等研究成果，及时发布灾害预警信息、精准服务，开展部门协同、周密防御，将热带果树灾害损失降到最低程度。

2016 年 1 月 22—26 日，受强冷空气影响，福建省气温明显下降，过程降温幅度达 9～14 ℃，局部超过 15 ℃，南平、三明、龙岩三市的部分和宁德、漳州两市的局部共 31 个市(县)达到寒潮标准。22 日夜至 24 日凌晨，中北部地区和南部地区的高海拔山区先后出现雪、雨夹雪和冻雨天气，西部、北部的部分山区出现积雪。25 日，南平、三明两市和宁德、龙岩西北的部分市(县)最低气温已降至－5 ℃以下，以屏南－10.7 ℃为最低(高海拔山区降至－12 ℃以下，武夷山黄岗山 24 日达－19.8 ℃)；其余大部市(县)气温降至－3～1 ℃。厦门、福州、东山、屏南、长乐和安溪六市(县)最低气温破本站 1961 年以来历史极值；周宁、霞浦和晋江三市(县)与历史极值持平。全省各地极端最低气温异常偏低，除长乐偏低 3.5 ℃外，其余市(县)平均气温偏低 4 ℃以上，龙岩、三明大部、南平北部、漳州西部和泉州西部偏低 6 ℃以上。据灾情直报数据不完全统计：截至 1 月 28 日 09 时，南平、三明、宁德、龙岩、福州、莆田、泉州、厦门和漳州九市的部分地区农业经济损失共达 9.8 亿元。

针对强寒潮天气过程，省、市、县三级气象部门积极联动，结合热带果树寒冻害指标体系和监测预警模型研究成果，及时制作发布针对性、精细化的农业气象灾害预警服务产品(表 12.12)，如 1 月 18 日制作发布“强冷空气来袭，作物和果树要注意防寒防冻”、1 月 20 日制作发布“强寒潮天气将严重影响我省”、1 月 22 日制作发布“冷空气强度加强，热带南亚热带果树将遭遇较严重冻害”，1 月 26 日制作发布“抓住有利时机 做好强寒潮天气过后的农业生产恢复工作”等决策服务材料，同时，开展面向农业部门、种植大户的直通式服务，通过电话、短信、微信等方式提醒农业部门、种植大户适时采取防御措施应对低温灾害。

表 12.12 果树受影响预报

影响作物及果树	分布区域	寒冻害影响程度
香蕉	漳州大部、泉州南安市	严重
龙眼、荔枝	中南部地区	轻度以上

续表

影响作物及果树	分布区域	寒冻害影响程度
枇杷	莆田、福清市	中度以上
莲雾	漳州长泰区	严重
台湾青枣	平和县、南靖县、漳浦县	重度以上

省、市、县农业管理部门收到专题产品后及时布置防寒防冻措施，农业企业、农民收到信息后及时根据预警情况采取有效应对措施，有效节约成本和减少灾害损失，如南靖县青枣和长泰区莲雾种植大户，根据省气象科学研究所发送的预警服务产品，采取覆膜、套袋、灌水、熏烟等防御措施，有效地防御了此次低温过程。据福建省农垦与南亚热带作物经济技术中心统计，预警服务产品为福建省热带南亚热带果树减少寒冻害损失近 2000 万元。福建省种植业技术推广总站 2016—2020 年根据省气象科学研究所发布的寒冻害监测预警专题，及时部署果树提前做好防寒防冻措施，为福建省特色果树寒冻害减少损失约 6000 万元。热带水果寒冻害监测预警服务防灾减灾效益显著，有力保障了产业发展。

第 13 章　淡水养殖气象服务

13.1　淡水养殖与气象

13.1.1　淡水养殖分布及产业发展

13.1.1.1　淡水养殖分布

我国是农业大国，水产养殖业是我国农业的重要组成部分。由于水产品是优质蛋白的主要来源，我国人均总蛋白质需求的 8.5%来自于水产品(占动物蛋白总供应量的 21.2%)，仅次于猪肉。联合国粮农组织一直强调重视发展水产养殖与粮食安全的关系，始终将鱼类等水产品视为广义上的粮食。2023 年 4 月，习近平总书记在广东省考察时指出："解决好吃饭问题、保障粮食安全，要树立大食物观，既向陆地要食物，也向海洋要食物，耕海牧渔，建设海上牧场，'蓝色粮仓'。"我国是水产养殖大国，特别是淡水养殖业规模长期位居全世界首位。根据《2022 中国渔业统计年鉴》数据，2021 年全国水产养殖面积 700.938 万 hm^2，水产品总产量 6690.29 万 t。其中，淡水养殖面积 498.387 万 hm^2，淡水产品产量 3303.05 万 t。

淡水养殖按养殖对象可分为鱼类、甲壳类、贝类等，其中，鱼类产品的养殖产量最多，其次是甲壳类产品和贝类产品，藻类和其他类产品在淡水养殖中的占比极小。以 2021 年为例，鱼类产品产量为 2640.3 万 t，占淡水养殖产量的 82.9%。其中，草鱼产量 553.3 万 t，居我国鱼类养殖品种之首；鲢鱼、鳙鱼、鲤鱼、鲫鱼、青鱼、鳊鱼产量分别 381.0 万 t、310.2 万 t、288.5 万 t、275.6 万 t、76.3 万 t、68.0 万 t。甲壳类产品产量为 458.4 万 t，占比 14.%。其中，小龙虾产量 263.5 万 t，已成为我国排名前 6 位的主要淡水养殖品种。淡水养殖贝类产品产量 19.6 万 t，占比 0.6%。

淡水养殖按养殖水面类型可分为池塘养殖、稻田养殖、河沟养殖、水库养殖、湖泊养殖及其他养殖。池塘养殖是淡水养殖最主要的组成部分，2021 年池塘养殖面积为 2350.8 万亩，占全国淡水养殖面积的 73.85%(图 13.1)。近年来，以稻田养虾为主要类型的稻渔综合种养发展迅速。根据《中国稻渔综合种养产业发展报告(2022)》(于秀娟 等，2023)，截至 2021 年，我国稻渔种养面积达到 3966.1 万亩，覆盖除北京、甘肃、西藏、青海、海南 5 省(自治区)的全国 26 个省份，水产品产量达到 355.7 万 t，相当于全国淡水养殖水产品总产量的 11.2%。其中，稻—虾、稻—鱼面积分别达到 2100 万亩和 1500 万亩，占稻渔种养总面积的 90.8%，处于绝对主导地位。

从地域分布看，淡水养殖主产地区有湖北、广东、江苏、江西、湖南、安徽、四川、广西、浙江、山东，淡水养殖总产量在 100 万 t 以上，其中，大宗淡水鱼的主产地在湖北、江苏、广东、湖南、江西、安徽、四川、广西、山东、河南、辽宁等省份，根据渔业统计年鉴结果(图 13.2)，以上省(自治区)2021 年大宗淡水鱼产量均在 60 万 t 以上，总产量占全国大宗淡水鱼养殖产量的 80%以上。湖北、安徽、湖南、江苏、江西等长江中下游省份的小龙虾养殖规模在全国占据绝对主导地位，这 5 个省 2021 年小龙虾养殖总产量 218.7 万 t，占全国小龙虾养殖总产量的 91.6%；第 6 位到第 10 位依次为河南、山东、四川、浙江、重庆，养殖总产量 19.3 万 t，占全国小龙虾养殖总产量的 8.1%。河蟹养殖主要集中在华东、华中及东北地区，其中，江苏、湖北、安徽、辽宁等省养殖规模最大，其中尤以江苏养殖产量最大，2021 年全国河蟹养殖产量 80.83 万 t，其中，江苏省 37.76 万 t，占全国总量的近一半；湖北、安徽产量分别达到 15.5 万 t、10.4 万 t (图 13.3)。

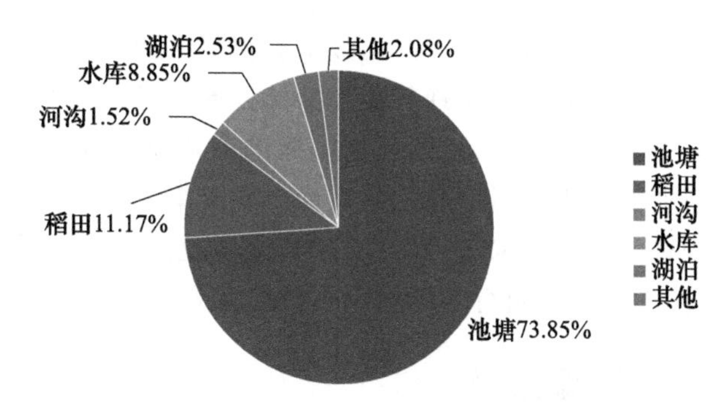

图 13.1　2021 年我国淡水养殖面积占比(附彩图)

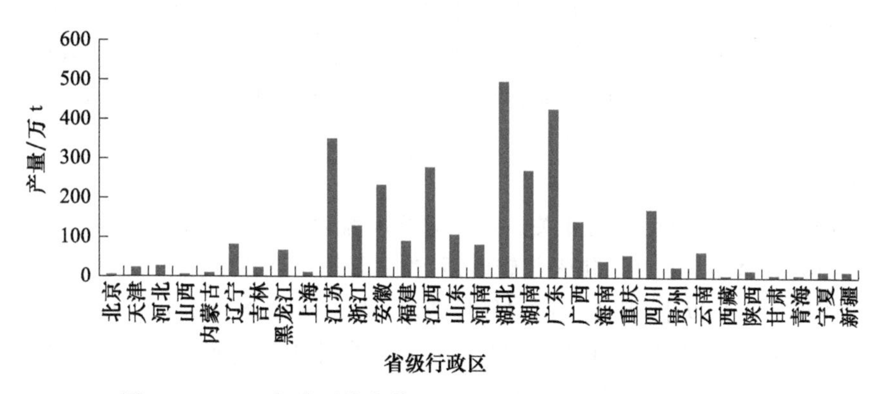

图 13.2　2021 年我国淡水养殖总产量分布图(2021 年)(附彩图)

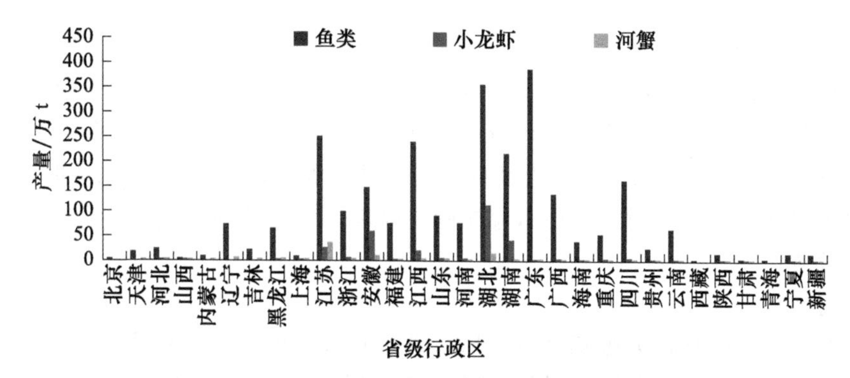

图 13.3　2021 年我国各类淡水养殖产量分布图(附彩图)

13.1.1.2 淡水养殖产业发展

近年来，随着我国水产养殖技术及效率的不断提升，从技术改造、技术改良、技术引进，到先进的技术设备，全面推进了水产养殖规模化、科技化、现代化，提高了水产养殖的产量和品质，水产养殖技术水平和效能不断提升，虽然自 2015 年以来，全国总淡水养殖面积呈现平稳略降的走势，但产量和产值却保持稳定的增速不断提高。

此外，我国政府出台了一系列政策，一方面，鼓励水产养殖经营，支持水产养殖企业的发展，促进水产养殖产业的国际化，为我国水产养殖发展创造了良好的政策环境，未来我国水产养殖发展前景广阔，随着经济的发展，以及水产养殖技术的不断改进和发展，从全球贸易角度看，水产养殖技术可以被进一步拓展并在国际市场上获得更多的投资机会，下一代养殖技术将能够为行业带来更多的竞争优势，从而实现行业的持续发展。另一方面，水产养殖行业可以更好地杠杆化和行业化，随着养殖技术的发展，更多高效的商业化的水产养殖、流通及加工业务也将开展，使水产养殖行业部署更高、投资更多，从而形成更集约化的经营模式，吸引更多的资本投入，从而实现更大规模的生产。未来，水产养殖行业将进一步强化政策支持，加强技术创新，实现行业跨越发展，实现水产养殖行业的健康可持续发展。

13.1.2 渔事活动与气象条件

水产养殖对水温、浑浊度、含氧量、pH 值以及水体流速等水环境要求高。水产养殖基本上是露天作业，气象条件与水产养殖关系密切，不仅决定养殖对象生长速度、繁殖时间、成活率、病害情况和摄食等，还决定投苗、饲料投放时间及投放量、捕捞上市时间和产品运输方式等，从而影响到水产养殖丰歉、品质优劣和成本的高低。

(1)催产与孵化

鱼苗的催产和孵化与温度密切相关。催产需要水温达到适宜温度，一般鲤鱼、鲫鱼在水温达 16～18 ℃时开始繁殖。4 月下旬天气转暖后，达到最适孵化水温 18～22 ℃，且早晨最低水温连续 3 d 稳定在 18 ℃以上，又无强冷空气侵袭时，适合鲤鱼、鲫鱼孵化。小龙虾一般在水温升至 20 ℃以上产卵，孵化的适宜水温为 22～27 ℃。当低于适宜温度时，会导致产卵成活率低，需要采取孵化池增温的方式，提高水温。

(2)种苗投放

常规鱼虾蟹种的最佳投放季节为 2—3 月。水温达到 10 ℃，有 3 d 以上晴好天气，最适宜投放，使其更容易适应环境，减少应激。不同品种投放时间随天气气候条件不同。如罗非鱼苗应在 4 月上中旬，水温达 15～18 ℃、有 3 d 以上晴好天气时投放鱼苗；淡水白鲳应在 4 月底到 5 月上旬，水温达到 18 ℃且有 3 d 以上晴好天气时投放等。鱼苗、蟹苗等入池时，池水温度不能低于运输水温 3 ℃，若水温相差过大，应先调整温差，“缓苗”后再入池，高温季节不可在中午太阳暴晒时放苗。

(3)饲料投喂

鱼虾蟹等对天气变化较为敏感，温度异常、含氧量较低时会影响进食(刘襄河 等，2022)。一般鱼类在水温为 10 ℃时开始摄食增重；15～20 ℃时摄食量增加；20～30 ℃时食欲旺盛，生长最快；水温低于 10 ℃，鱼逐渐休眠。其他养殖对象适宜投饲的温度有一定差别，如南美白对虾在水温低于 18 ℃或高于 32 ℃时摄食减少，此时应少喂或停喂；当水温为 18～32 ℃时，虾吃食最旺，可逐步增加投饲量(李金枝 等，2020)。一般来说，天气晴好时，可适当多喂；当出现雷阵雨、暴雨、寒潮降温或连阴雨寡照时，溶解氧含量低，易出现应激，此时要少喂或停喂。要根据天气合理调整饲料投喂量，如投喂过剩，残存饵料会污染水质，加重病菌繁殖。此外需注意的是，越冬后的鱼体质较弱，水温刚回升时，不可急于投喂，避免塘底鱼群因上浮摄食导致冻伤。春季水温逐渐回升后细菌繁殖加快，较易患病，应加强预防工作，可适当在饲料中添加维生素和免疫增强药。

(4)捕捞和运输

冬季鱼的新陈代谢强度低，耗氧较少，鳞片较紧，捕捞等操作不易伤鱼，有利于运输。一般水温在8～10 ℃时适宜运输，低于0 ℃时不适宜运输，22 ℃以上时应用深井水加冰块降温运输。对虾和沼虾，收获期水温低于20 ℃时，即日平均气温低于18 ℃时，虾生长相对缓慢，日增长速度降低，以气温稳定低于18 ℃以下可作为收虾的安全下限；水温低于18 ℃时，即日平均气温低于15 ℃时，虾蟹会批量进洞，减少外出活动与摄食，气温稳定低于15 ℃以下可作为收虾蟹的安全下限。

(5)开增氧机

一般夏秋高温时期鱼塘容易缺氧，如在肥水性、深水以及死水鱼塘，鱼种密度较大，冬季也要适当采取增氧措施以防缺氧死鱼。当水中气体过饱和(强光照射，作物和藻类光合作用强烈，水中溶解氧过量；浮游生物多且肥料过剩产生甲烷、硫化氢等气体)，如被鱼吸入，容易引发气泡病，尤其是对于稻花鱼等混养鱼类。这时候要注意采取换水或开增氧机等措施，增加水体和空气的气体交换。如遇到闷热天气，尤其是早晨，容易引起鱼群缺氧，也应采取灌溉新鲜水源、开增氧机的措施来防止缺氧浮头死亡(邓涛，2019)。开启增氧机或水泵的时机需要参考天气状况，规律是：有晴天中午开，傍晚不开；阴天清晨开，白天不开；浮头以前开，连绵阴雨天半夜开。春季气温回暖过程中，由冷空气造成气温骤降或气温日较差增大会引起危害，特别是对热带鱼。这时应尽量不开增氧机，以减少池塘水上下对流，从而减慢池底水温下降速度，达到防寒目的。

(6)鱼病与洪涝灾害防御

在汛期，暴雨和短时强降水频发，容易造成漫塘、活鱼逃逸造成经济损失，需要及时根据天气预报适当降低水位，防止漫塘。水温不断升高时，应逐步提高池塘水位，加深池水，增加鱼类活动的空间。发生强降温或气温日较差增大时，除了加强巡塘和对越冬设施的管理，可采取抽取地下水，或者是其他水温较鱼池高的水源来加深池塘水的方法防寒，但进水时应缓慢少量，不宜一次性大量进水，避免引起急速对流而使鱼群产生应激反应。鱼塘病虫害的发生防治与天气具有密切联系。强降水会导致鱼塘水质变浑浊，流入大量泥浆，水体浑浊，透明度低，极易导致细菌、寄生虫、病毒等有害生物的迅速滋生繁衍，导致鱼病暴发流行，要及时进行巡塘、做消毒处理。温度的变化也会导致鱼塘病菌的繁衍，要及时预防。

13.2 淡水养殖气象服务技术和方法

淡水养殖气象服务中心为加快淡水养殖产业绿色发展，发挥气象服务在淡水养殖中的趋利避害作用，针对不同品种、不同养殖模式的气象服务需求，研究确定了相应气象服务指标和服务技术，包括渔用天气预报技术、淡水养殖气象灾害预警评估、基于气象要素的养殖水体溶氧、水温等生态因子的预报技术、鱼类病害预报技术等，并开展了淡水养殖气象适用技术研发及应用。本节就水体生态要素预报预测和主要水产气象灾害预报技术作重点介绍。

13.2.1 水体生态要素预报预测

13.2.1.1 水温预报预测方法

（1）水温基本变化规律

水温的主要影响因素为气温，据水温观测规律分析，水温与气温有很好的一致性，但水温日变幅相比气温要明显偏小，一般水温最高值比气温偏低，最低值比气温偏高，且日最高、最低水温出现时间均比气温略滞后。不同天气条件下，水温的变化幅度也有所不同，晴天水温日变幅较大，而阴雨天水温变化较小，多云天气居中。不同季节不同水层水温对气温的响应也有所不同，水温随深度增加而降低的速率在春季为最高，其次在夏季、秋季，冬季较深的水体中，可反映出随深度增加呈降—升—降的分布形式（孟翠丽 等，2015）。不同养殖面积水体水温日较差表现的规律有所差异，如虾稻虾沟的水温日较差在春季最大，其次为夏季，冬季，秋季最小（徐琼芳 等，2020）。不同深度水层水温变化幅度也有不同，一般表层水温日变幅最大，对气温响应最快，而深层水温日变化最小，对气温的响应也最慢，水层越深，滞后时间越长。

（2）水温预报模型

在常规气象服务中，一般以统计模型建立的水温预报模型为主，用于开展气象服务。不少学者针对不同的养殖水体类型、养殖池塘面积、深度等，分别建立水温预报模型。一般通过交叉相关分析法，分析各层平均水温、最低气温、最高水温与当日平均气温、前期（如前 1～3 日）平均气温、最高气温、最低气温的相关性，利用逐步回归法筛选与平均水温、最低水温、最高水温相关性较好的要素，作为水温模型的预报因子。也有学者以前期（如前 1 日）水温与当日平均气温、最低气温、最高气温为预报因子建立的水温预报模型。

① 中小型养殖鱼塘水温预报模型

杨文刚等（2013a）建立了不同天气状况下水域面积在 5～15 亩、水深 1.5 m 的养殖鱼塘的分层水温预报模型。该模型是通过分析池塘各水层最高水温、最低水温、日平均水温与预测当天和前一日的最高气温、最低气温、日平均气温之间的关系，通过多元逐步回归分析法建立的。

以 30 cm 为例，该水层的最高水温、最低水温、平均水温预报模型分别如下。

最高水温

$$T_{x,30} = -0.5973 + 0.3561T_x + 0.6574T_{x,30\_1}$$
$$R^2 = 0.9523 \tag{13.1}$$

最低水温

$$T_{n,30} = 2.47 + 0.2467T_n + 0.6982T_{n,30\_1}$$
$$R^2 = 0.9721 \tag{13.2}$$

平均水温

$$T_{30} = 1.67 + 0.3846T + 0.6018T_{30\_1}$$
$$R^2 = 0.9728 \tag{13.3}$$

式中：T_x 为预报日最高气温；T_n 为预报日最低气温；T 为预报日平均气温；$T_{x,30\_1}$ 为 30 cm 水层的前 1 日最高水温；T_{30_1} 为 30 cm 水层的前 1 日平均水温，$T_{n,30\_1}$ 为 30 cm 水层的前

1日最低水温；60 cm、100 cm、150 cm水层水温。依此类推。

② 大型鱼塘水温预报模型

邓爱娟等(2013)建立了水域面积20亩、水深1.2～1.3 m的大池塘的春夏季分层水温预报模型，该模型以当日和前1～3日的日平均气温、最高气温和最低气温作为预报因子，建立春夏季平均水温预报模型、春季最低水温预报模型、夏季最高水温预报模型。

以30 cm水温为例，春夏季平均水温、春季最低水温、夏季最高水温预报模型分别如下。

春夏季平均水温预报模型

$$T_{30}=2.21+0.171T_x+0.146T_n+0.229T_{1x}+0.149T_{1n}+0.092T_{2n}+0.06T_{3x}+0.143T_{3n}$$
$$R^2=0.974 \quad (13.4)$$

春季最低水温预报模型

$$T_{n,30}=2.316+0.256T+0.292T_n+0.197T_2-0.118T_{2x}+0.181T_3$$
$$R^2=0.974 \quad (13.5)$$

夏季最高水温预报模型

$$T_{x,30}=5.923-0.2T+0.572T_x+0.22T_{1x}+0.117T_{2x}+0.097T_{3n}$$
$$R^2=0.85 \quad (13.6)$$

式中：T_{30}为30 cm平均水温；$T_{x,30}$为30 cm最高水温；$T_{n,30}$为30 cm最低水温；T为当日平均气温；T_x为当日最高气温；T_n为当日最低气温；T_1为前一日平均气温；T_{1x}为前一日最高气温；T_{1n}为前一日最低气温。其余类推。

③ 虾稻共作虾沟水温预报模型

徐琼芳等(2020)建立标准虾稻共作(稻田面积50亩，梯形围沟宽5 m、深1.5 m)虾沟30 cm水温预报模型，该模型主要以当日气温、前1～2日气温为预报因子，建立春夏秋平均水温、最高水温、最低水温预报模型。

以春季30 cm水温为例，春季日平均水温、最高水温、最低水温预报模型分别如下。

春季日平均水温预报模型

$$T=0.612T_0-0.032T_1+0.283T_2+0.075T_{0,\min}+0.151T_{2,\min}+0.347$$
$$R^2=0.965 \quad (13.7)$$

春季日最高水温预报模型

$$T_m=1.072T_0+0.244T_1-0.214T_{0,\max}-0.331T_{0,\min}+0.205T_{1,\min}+3.76$$
$$R^2=0.972 \quad (13.8)$$

春季日最低水温公式

$$T_n=0.523T_0-0.084T_1+0.311T_2+0.228T_{0,\min}+0.164T_{1,\min}-1.422$$
$$R^2=0.962 \quad (13.9)$$

式中：T_0为当时平均气温；$T_{0,\min}$为当日最低气温；$T_{0,\max}$为当日最高气温。其余类推，其他季节类似。

13.2.1.2　溶解氧预测预报方法

(1)鱼塘水体溶解氧基本变化规律

水体溶解氧有明显的日变化规律，夜间较低，白天均高于夜间，一般晴好天气条件下约在清晨 06—07 时出现最低值，之后迅速上升，至午后 16—17 时达到最高值，随后呈下降趋势，直至清晨最低。

不同天气条件下，水体溶解氧的变化有一定的差异，多云（总云量 3～8）或阴雨天气（总云量 8～10）的溶氧明显低于晴天（总云量 0～3），溶氧日变幅也明显偏小，且在夜间的最低值也往往低于晴天，从而可能导致鱼池发生浮头或泛塘现象。

日最小溶解氧有明显的月平均值分布规律，日最低溶解氧一般在 1—2 月最高，在 5—9 月较低，其中 7 月最低，且泛塘灾害一般发生在 5—9 月（杨文刚 等，2013b），基本与溶氧低水平月份出现时间一致。

（2）水体溶氧与气象要素的关系

利用 2011—2012 年 3—10 月逐时溶氧含量、水温及各项气象要素的观测数据，分析了水体溶氧与各项气象要素之间的关系。

根据水温与溶氧关系（图 13.4），可知日平均溶解氧含量与日平均水温呈现显著负相关，主要表现为在春秋两季，水温较低，鱼类活动少，溶解氧消耗少，水体溶解氧含量整体偏高；夏季水温在 25～35 ℃时，日平均溶解氧含量分布规律不明显，说明水温较高时，溶解氧含量受水体环境的影响更大。

日平均溶解氧含量与日总辐射量呈显著正相关（图 13.5）。日总辐射量越大，水生生物的光合作用也越强，日平均溶解氧含量就越高。相反，阴雨天气，日平均溶解氧含量一般在 6 mg/L 以下，易出现泛塘现象。

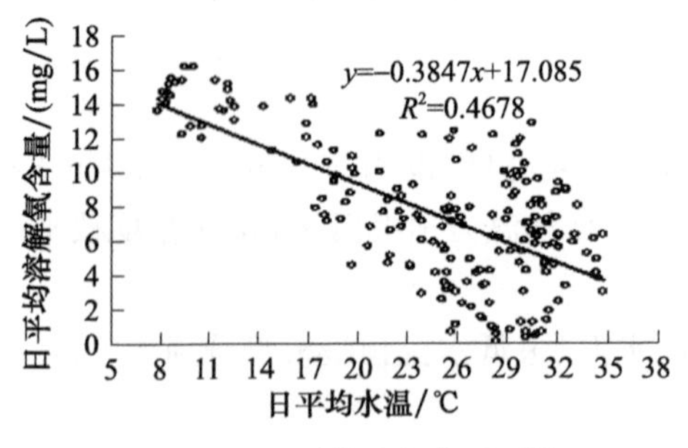

图 13.4　日平均水温与日平均溶解氧含量的关系

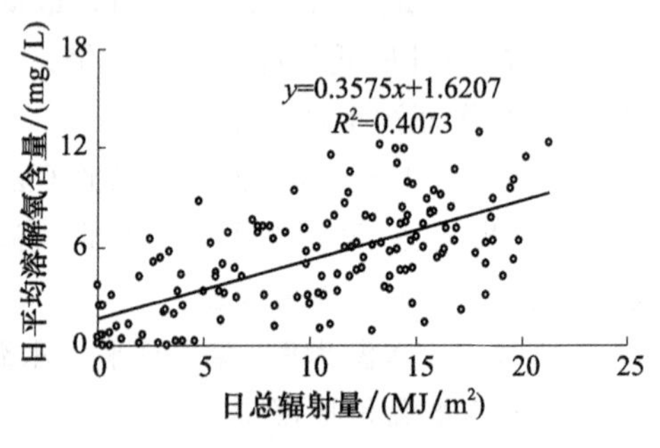

图 13.5　日总辐射量与日平均溶解氧含量的关系

逐时相对湿度与逐时溶解氧含量具有极显著的相关性（图 13.6）。这主要归因于空气相对湿度高时，一般对应阴雨天气或夜间，此时无光合作用或光合作用较弱，水体内溶氧不高；相对湿度较小时，一般为晴好天气的下午，此时光合作用强，水体溶解氧含量相对较高。分析表明，当相对湿度在 95％以上时，有 54％的样本溶解氧含量在 1 mg/L 以下，有 78％的样本溶解氧含量在 3 mg/L 以下，有 95％的样本溶解氧含量在 5 mg/L 以下，因此，相对湿度因素能较好地反映水体溶解氧含量。

水体溶解氧的来源有一部分是通过近水面层大气中的氧分子与水面接触而溶于水的。气压高、空气密度大，单位体积空气中氧分子的含量相应较高，水体从空气中获取氧分子的机会也大，溶解氧含量也增高。气压与溶解氧含量呈显著的正相关关系，即溶解氧的含量随气压升高而增加（图 13.7）。

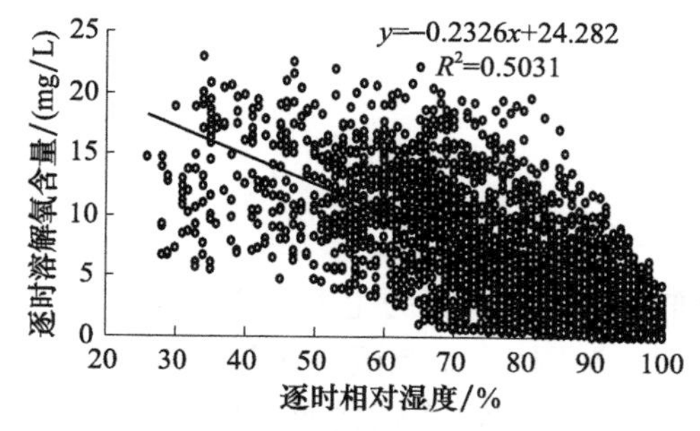

图 13.6　逐时相对湿度与逐时溶解氧含量的关系

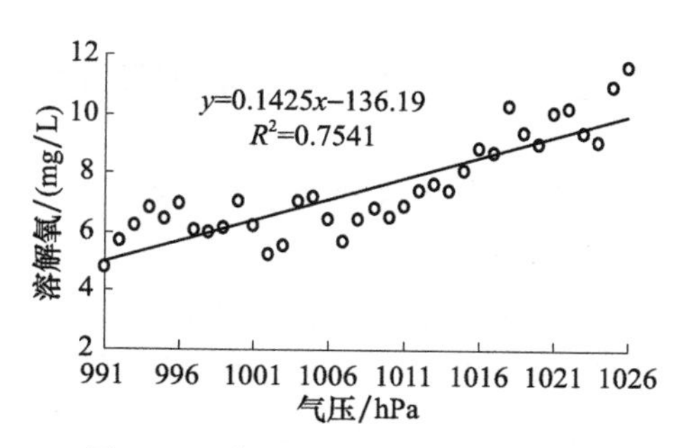

图 13.7　气压与溶解氧含量的关系

风对水体溶解氧含量也有很明显的作用。在平静无风时，溶解氧会大量积存在水中，水体表面溶解氧饱和度高，但由于无风无对流，中下层溶解氧含量水平较低；有一定风，且风速在 4.5 m/s 以内时，水体溶解氧含量与风速呈明显的正相关(图 13.8、图 13.9)。这主要是由于风推起波浪，使空气与水体的接触面增大，风速越快，相对来说给水的压力越大，从而使氧气溶入水中；风速过大、超过 4.5 m/s 后，风速与溶氧的关系较不显著，此时水体溶氧受其他因子影响，风速不再是影响水体溶解氧含量的主要因素。

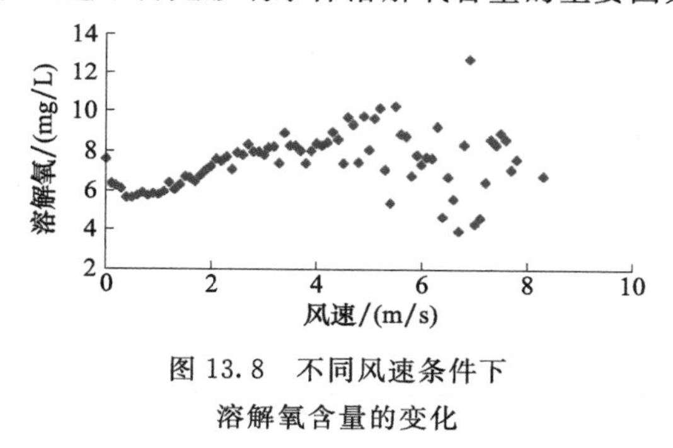

图 13.8　不同风速条件下溶解氧含量的变化

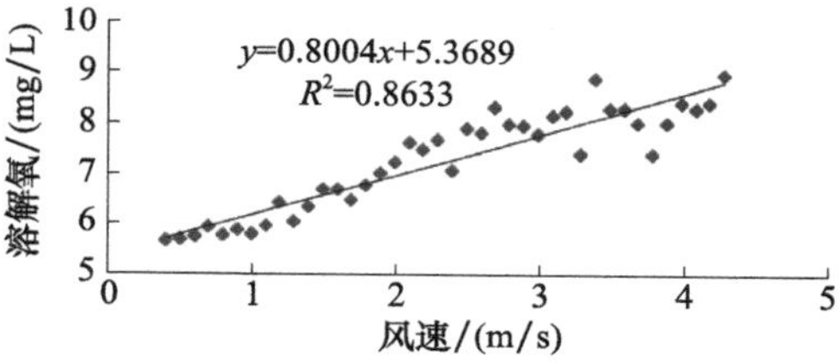

图 13.9　溶解氧含量与风在低风速条件下的关系

(3)鱼塘溶解氧含量日最低值预报模型

根据案例，浮头泛塘一般发生在春末夏初至初秋，即 5—9 月溶解氧浓度低于 5.0 mg/L 时发生风险较大，取 5—9 月且最低溶解氧浓度低于 5.0 mg/L 的观测数据，采用逐步回归分析法对溶解氧日最低值与同期气象要素进行分析。选取当天与前一天大气压差、当天大气压、当天空气相对湿度、当天平均气温、当天日最高气温 5 个因子，经过显著性检验，再进行多元逐步回归分析，建立溶解氧含量日最低值(DO_{min})预报模型，用于开展泛塘预警预报。

阴天鱼塘溶解氧含量日最低值预报模型

$$DO_{min} = -81.8812 - 0.0975PD + 0.0083P + 0.0319U - 0.3173T + 0.2549T_{max}$$
$$R^2 = 0.7046 \qquad (13.10)$$

多云天气鱼塘溶解氧含量日最低值预报模型

$$DO_{min} = 45.157 + 0.0948PD - 0.0405P - 0.0555U + 0.0778T + 0.0237T_{max}$$
$$R^2 = 0.7114 \qquad (13.11)$$

式中：PD 为当天与前一天大气压差值；P 为当天大气压；U 为当天空气相对湿度；T 为当天平均气温；T_{max} 为当天最高气温。R^2 均在 0.7 以上，表明拟合效果较好。

13.2.2　主要水产气象灾害预报

13.2.2.1　鱼池泛塘预警预报

(1)低氧对鱼类的影响

适宜溶氧是健康养殖的重要条件。鱼类对低氧应激反应分为生理生化和行为反应。水生生物的生理生化反应涉及心率、呼吸代谢、细胞增殖和凋亡、血蓝蛋白含量、免疫反应、抗氧化能力、渗透调节能力等过程。低氧水体会导致鱼类正常呼吸、生理代谢发生紊乱;鱼类摄食量下降、食物转化效率降低,生长慢,影响鱼类抗氧化系统。因抗氧化系统与鱼类的免疫力密切相关,其各成分的活性或含量的变化往往还与一些疾病有关。当水体严重缺氧(又称为氧债),造成呼吸困难;当溶解氧低于窒息点浓度以下时,鱼类就会窒息而亡。不同的鱼类对溶解氧浓度的要求有所差异,如表13.1、表13.2。

表13.1　主要养殖鱼类水体溶氧的指标(李家乐,2011)　　单位:mg/L

鱼类	正常生长发育	呼吸受抑制	氧阈
鲫鱼	2.0	1.00	0.10
鲤鱼	4.0	1.50	0.20～0.30
鳙鱼	4.0～5.0	1.55	0.23～0.30
鲮鱼	4.0～5.0	1.55	0.30～0.50
草鱼	5.0	1.60	0.40～0.57
青鱼	5.0	1.60	0.58
团头鲂	5.5	1.70	0.26～0.60
鲢鱼	5.5	1.75	0.26～0.79

表13.2　主要养殖鱼类的窒息点

鱼类	规格/g	水温/℃	浮头时溶氧/(mg/L)	窒息点/(mg/L)
鲢鱼	16.1±2.32	24±0.5	0.18±0.025	0.16±0.030
鳙鱼	40.3±3.32	27±0.5	0.17±0.035	0.15±0.035
草鱼	26.2±3.08	28±0.5	0.34±0.038	0.31±0.032
团头鲂	10.1±1.11	25±0.5	0.55±0.032	0.50±0.036

(2)引发鱼池泛塘的主要天气类型

泛塘多发生在高温季节。一般而言,在气温稳定通过15 ℃之后才有可能发生泛塘。在长江中下游地区泛塘多发生在5—9月,4月、10月发生较少,主要原因是:当日平均气温低于15 ℃时,水温不会高于18 ℃,鱼塘内水呼吸、泥呼吸等水体耗氧量有限;大多数鱼类的代谢等生理活动也较为有限。泛塘发生也与阴雨天气相关联,一般有以下几种天气类型(黄永平 等,2014)。

① 急剧降温降雨型

3 d以上晴好天气,日平均气温维持在25 ℃以上,最高气温32 ℃以上,前3天大气压开始持续下降。若遇较强冷空气,气温骤降8 ℃以上,0～10 cm层水温下降4 ℃以上,并出现小雨及以上量级阵性降水,极易出现泛塘。

② 阴雨寡照型

连续 4 d 以上阴雨天气，即连续多天基本日照，并以小到中雨天气为主，鱼塘缺少人工增氧作业，维持长时间低溶氧量水平（溶氧量＜3 mg/L）；若再出现降温降雨过程，或对流性天气降水过程，极易发生泛塘事件。

③ 高温闷热型

对流性阵性降水天气 4 d 以上晴好天气，日平均气温＞27 ℃，日最高气温＞34 ℃，空气相对湿度＞70％，0～10 cm 水温＞28 ℃。若前一日日照时数＜2 h，次日出现冷空气过境，风向发生明显变化，并伴随对流性天气或阵性降水，也极易出现泛塘。

依据以上泛塘天气类型，结合前期气象条件分析及后期天气预报，可判断后期是否出现泛塘事件及泛塘类型。以前期气象条件特征和触发条件作为依据，其中，前期气象条件特征用气温、总辐射量、气压等气象因子来判断；触发条件可用降水量、相对湿度等作为指标，通过对以上三种天气类型的组合判断，确定是否出现泛塘，如前 3 天日照时数在 6 h 以上，且最高气温超 32 ℃，气压下降至 1003 hPa 以下，表明前期天气特征满足急剧降温降压型的前期气象条件类型，若后期 48 h 有冷空气入侵，并可能产生降水，即满足急剧降温降压型泛塘触发条件，则可发布鱼类浮头泛塘预报，降温幅度越大，相对湿度越高，则泛塘风险越高。

13.2.2.2　鱼病发生等级气象预报

通过分析近年来春季黄颡鱼溃疡综合征的气象成因，在 2020 年、2021 年湖北省黄颡鱼主要养殖区几次春季病害发病率调查资料及春季黄颡鱼溃疡综合征暴发前后时段内的气象要素分析的基础上，以降温、降水量两项为关键影响因子，提出了病害发病等级标准及鱼病气候胁迫指数数学计算方法（刘可群 等，2023）。

根据湖北省鱼类病害防治及预测预报中心 2020 年、2021 年春季黄颡鱼发病率资料，包括枝江、当阳、公安、洪湖、松滋、荆州、潜江、咸宁、嘉鱼、武汉等县市资料。根据发病率观测资料，将鱼病发病率分为轻、中、重三级，其分级标准如表 13.3。

表 13.3　病害等级划分标准　　%

病害等级	发病率
轻度（1 级）	＜10
中度（2 级）	10～30
重度（3 级）	＞30

根据对黄颡鱼溃疡综合征病害发生气象条件分析，暴发大多发生在几次冷空气过程后，尤其是强冷空气过程后，因此本研究提出用降温指数和降水指数来分析黄颡鱼溃疡综合征流行气候特征。降温指数（cooling index，CI）、降水指数（precipitation index，PI）及气候胁迫指数的数学表达式如下。

日降温指数

$$\mathrm{DCI}_i=\begin{cases}(T_{i-1}-T_i)\times\ln(T_{i-1}-T_i) & T_{i-1}-T_i\geqslant T_c\\ 0 & T_{i-1}-T_i<T_c\end{cases}\tag{13.12}$$

某一时段内降温指数

$$\mathrm{CI}_i=\sum_{i=1}^{n}\mathrm{DCI}_i\tag{13.13}$$

日降水指数

$$DPI_i = \begin{cases} (\log(R_i + 1))^2 & R_i < 100 \\ 2 \times \log(R_i) & R_i \geq 100 \end{cases} \tag{13.14}$$

某一时段内降水指数

$$PI_i = \sum_{i=1}^{n} DPI_i \tag{13.15}$$

降温降水气象综合指数(meteorological composite index,MCI)

$$MCI_i = K_T \times CI_i + K_p \times PI_i \tag{13.16}$$

式中:T_i、T_{i-1} 分别表示第 i 天及其前 1 天的日平均气温,单位为℃;T_c 表示设置的临界降温幅度,单位为℃;R_i 表示第 i 天的降水量,单位为 mm;n 表示时段的总天数,对大量养殖专业户及专业技术人员调查,一次极端天气过程对鱼类病害有影响,而更重要的是持续 4~5 周甚至更长的不利天气过程的累计影响,因此 n 取值 30,单位为 d;CI_i、PI_i 分别表示截至第 i 天前 n 天日降温指数、降水指数总和,简称第 i 天降温指数及降水指数;K_T、K_P 分别表示降温指数、降水指数的对气象指数影响系数,均取值为 1;MCI_i 表示第 i 天的气象综合指数。

根据气象综合指数模型算法,荆州市公安县 2020 年、2021 年降温综合气象指数计算结果如图 13.10。2020 年 4 月下旬之前伴随几次冷空气降温过程,MCI 呈现阶梯式上升,亦即 3 月 27—28 日、4 月 10—11 日、4 月 17—18 日 3 次降温过程后 MCI 分别达到了 44.2、61.4、87.2;湖北其他市(县、区)均为此特点。对比 2020 年、2021 年不同时期的 MCI 最大值,可知湖北东南部的一些市、县(如赤壁、洪湖等)高于西部的一些市、县(如当阳、枝江等)。2021 年 MCI 与 2020 年走势相似,呈现阶梯式上升,虽 2021 年春季 MCI 较 2020 年偏低一些,但时间上 2021 年入春时间早,入春后第一次强降温过程出现日期为 2021 年 2 月 23 日,较 2020 年早 1 个多月;MCI 最大值出现日期在 2021 年为 3 月 19 日,较 2020 年的 4 月 20 日早不止 30 d。MCI 达到最大值之后的 7 d、10 d 时间平均气温 2020 年分别为 15.8 ℃、17.7 ℃,而 2021 年分别为 11.0 ℃、12.7 ℃,2021 年较 2020 年低 5 ℃左右,且 12 ℃接近黄颡鱼恢复摄食等活动的下限气温。

通过对病害发生等级与 MCI 关系分析,二者存在极为显著的相关性($p<0.01$)。由于病害暴发及其程度还受很多因素影响,其中降温降水过程后一段时间内的气温对鱼体特异性免疫功能的影响是重要因素,如在适宜气温范围内,鱼体的特异性免疫功能的抗体滴度随气温升高而增高,且气温越接近适宜气温越有利于鱼体恢复调整;否则代谢失调加剧等,有利于病原体侵入。因此,建立气候胁迫指数(climate stress index,CSI)。

$$CSI = \begin{cases} MCI_{10} \times \dfrac{T_s}{T_{10}} & T_s > T_{10} \\ MCI_{10} & T_s = T_{10} \\ MCI_{10} \times \dfrac{T_{10}}{T_s} & T_s < T_{10} \end{cases} \tag{13.17}$$

式中:MCI_{10} 表示之前 10 天内最大的气象综合指数;T_{10} 表示之后 10 d 平均温度;T_s 表示黄颡鱼最适生长温度,因黄颡鱼最适温度为 25~30 ℃,即当 T_{10} 在小于 25 ℃时,T_s 取 25;大于 30 ℃时,T_s 取 30。

在适宜气温范围内,抗体随气温升高而增加。亦即,相同的 MCI 下,气温越高(10~28 ℃)越高,病害等级就越有所降低,反之越高。气候胁迫指数 CSI 更能反映出鱼类病害,病

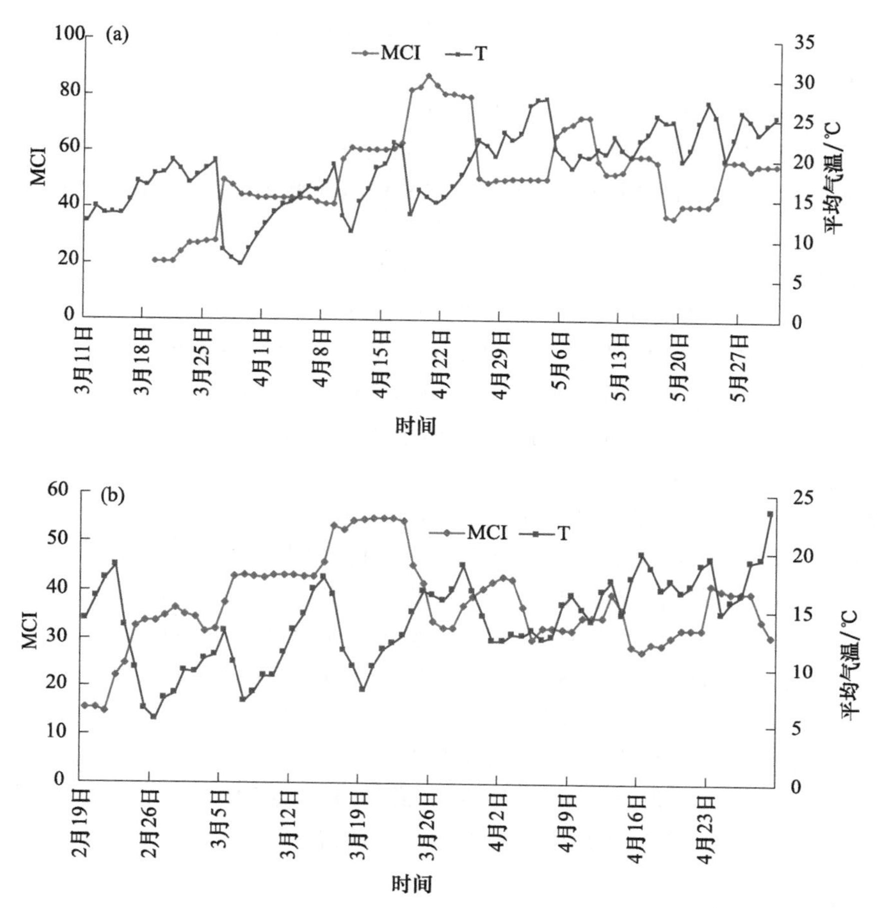

图 13.10　湖北公安县 2020 年春季(a)、2021 年春季(b)逐日滚动计算的气象指数及气温变化图(附彩图)

害发生等级与气候胁迫指数 CSI 存在更为显著的指数关系。

$$DG=0.215e^{0.0251CSI}\quad R^2=0.7763, P<0.001 \tag{13.18}$$

利用 90%分位法，结合病害发生等级与气候胁迫指数 CSI 统计相关模型，并合理化取整，得到黄颡鱼溃疡综合征 1、2、3 级发生对应的气候胁迫指数分别为 60、80、100。该指标可以用作黄颡鱼溃疡综合征病害等级气象预测。

13.3　淡水养殖气象服务中心组织管理经验及服务案例

13.3.1　服务体制和机制

淡水养殖气象服务中心由 6 个单位组成。牵头单位为武汉区域气候中心，其他依托单位为湖北省水产科学研究所和湖北省水产技术推广总站，成员单位为江苏省气候中心、安徽省农业气象中心、江西省农业气象中心。各省级成员单位联系本省水产气象示范县，联合开展淡水养殖气象服务。

2020年以前，淡水养殖主产区各级气象部门积极服务当地淡水养殖产业发展，针对不同品种、不同养殖模式的气象服务需求，研究制定相应气象服务指标、标准和服务技术，建设淡水养殖气象监测站，收集所需各种资料，以满足淡水养殖气象服务需求。如湖北省潜江市开展小龙虾气象服务，江苏高淳区以及江西省九江市、彭泽县、进贤县气象局开展河蟹气象服务，浙江省湖州市开展湖蟹和大宗淡水鱼关键生育期气象服务，等等。

为了进一步提升全国淡水养殖气象服务能力，更好地服务淡水养殖产业发展，2020年由湖北省气象局和湖北省农业农村厅联合申请成立了淡水养殖气象服务中心，主要目标是建成运行管理机制基本完善、业务布局合理、依托单位与成员单位密切合作、产学研紧密结合、立足长江中下游、辐射全国的淡水养殖气象服务中心，显著提升全国淡水养殖气象服务水平，促进淡水养殖产业健康持续发展。

中心成立以来，先后组建了协调委员会、专家技术委员会、研究服务团队，建立了联合调查、联合会商、联合制作产品、联合开展试验等业务机制，初步建成长江中下游淡水养殖区、省、市、县4级业务布局。其中，武汉区域气候中心、湖北省水产科学研究所、湖北省水产技术推广总站联合成员单位开展跨省区气象业务与服务，各成员单位负责本省区域内淡水养殖气象业务与服务，并负责依托本区域内市、县气象局建立若干个淡水养殖气象服务示范。淡水养殖气象服务示范市、县级开展淡水养殖需求调查、服务和效益评估等工作。

针对水产养殖关键渔事季节，当预报未来有重大气象灾害发生时，根据灾害影响范围，由牵头单位组织或由预报灾害发生省份组织内部会商，并根据会商结果，汇总灾害监测结果及未来可能影响和范围，由水产部门提出生产对策和建议，联合发布淡水养殖服务产品。

13.3.2 服务案例

13.3.2.1 小龙虾保险气象服务

针对小龙虾春季低温阴雨、河蟹夏季高温热害，人民保险集团股份有限公司武汉区域气候中心、南京市气象服务中心、泰州市气象局联合中国人民保险集团股份有限公司当地分公司，分别研发了小龙虾天气保险指数和河蟹高温气象保险指数。

小龙虾天气保险指数的构建主要基于春季低温和降水两个气象因子，根据本章第2节中稻虾养殖水体日最低水温与日最低气温的关系模型(式(13.9))，结合文献中小龙虾低温指标，确定了30 cm最低水温达到15 ℃时的最低气温一般在13 ℃左右，因此以最低气温13 ℃作为小龙虾春季低温阈值，降温指数、降水指数及综合指数构建方法如下。

(1)低温冷害指数

统计历年3月10日—6月10日内，各日最低气温13 ℃以下低温累计值为

$$C=\sum_{i=1}^{n}(T_0-T_i)\quad\begin{cases}T_0-T_i & T_i<T_0\\ T_0-T_i=0 & T_i\geqslant T_0\end{cases}\tag{13.19}$$

式中：C为低温冷害指数；T_0为13 ℃；T_i为自3月10日起第i天的日最低气温；$n=1,2,\cdots,93$。

（2）降水指数

统计历年 5 月 1 日—6 月 20 日内，各日降水量累计值为

$$R=\sum_{i=1}^{n}R_i \tag{13.20}$$

式中：R 为降水指数；R_i 为自 5 月 1 日起第 i 天的日降水量；$n=1,2,\cdots,93$。

（3）综合气象指数

$$M=0.1R+C \tag{13.21}$$

2017 年小龙虾天气保险指数在湖北咸宁咸安区开展了保险应用，根据咸宁咸安区域站气象资料，当地 3 月 20—27 日、3 月 29—4 月 2 日、4 月 10—14 日、4 月 22—23 日、4 月 28—29 日出现日最低气温低于 13 ℃，5 月 1 日—6 月 20 日期间出现多次降水过程，累计降水量 151.7 mm。当地小龙虾养殖户投保面积 350 亩，根据计算，当年小龙虾综合气象指数 155.17，达到赔付阈值，最终核算，实际赔付金额 13539 元，有效弥补了养殖户因低温和阴雨造成的小龙虾产量和经济损失。

13.3.2.2　大宗淡水鱼病害预警预报气象服务

2021 年春季湖北省气温波动起伏大，入春后出现 4 次平均气温降温幅度在 6 ℃的冷空气过程，其中尤其以 2 月 21—23 日降温幅度最大，过程最大降温幅度达 14 ℃，且伴有明显降水。频繁降温和降水过程，导致不少地区均出现了以草鱼为主的大宗淡水鱼、黄颡鱼等名优鱼的暴发性鱼病。据湖北省水产科学研究所和水产技术推广站调查，2 月下旬湖北省内武汉、荆州、宜昌、荆门、黄石、天门等 10 市共 23 个县开始出现病害，截至 4 月中旬，全省发病面积 11.3 万亩，4 月下旬全省发病面积增至 20.1 万亩。

针对冬末及春季的频繁降温和阴雨天气过程，利用建立的基于降温和降水的鱼病发生综合气象指数，结合前期气象条件和后期预报，对 2021 年春季公安等水产代表站 2 月以来综合气象指数进行计算，结果如图 13.11。根据计算结果，2 月底综合气象指数将出现阶段高值，病害发生风险较大，为此 2 月 23 日发布“近期雨水降温过程来袭，水产养殖应调整应对”的淡水养殖气象服务专报；3 月上旬后期至下旬湖北省冷空气频繁，且多伴随低温连阴雨天气，根据综合气象指数推断结果，指数将再出现更高值，表明鱼类可能反复出现应激反应，病害风险进一步加大。为此，淡水养殖气象服务中心于 3 月 16 日发布“近期有连阴雨低温，水产养殖做好

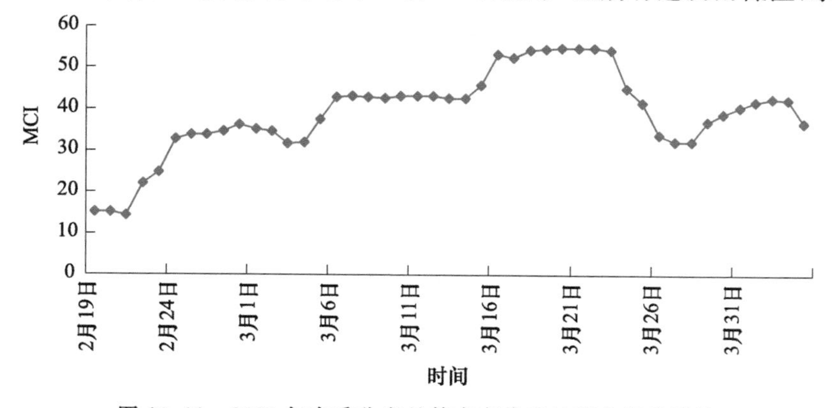

图 13.11　2021 年春季公安县等水产代表站综合气象指数

科学应对”、3月29日发布“近期有连阴雨低温，水产养殖做好风险防范”等淡水养殖气象服务产品，提醒养殖户积极采取加水、保温等应对措施，减缓水温下降幅度，减轻鱼类应激反应，积极防治鱼病。针对当年多发、高发的水产养殖病害，5月13日向湖北省委、省政府、省水产管理部门等发布题为“近期多降水和强对流天气，须高度重视鱼病防治”气象服务快报，在服务产品中对当前水温监测情况和未来天气趋势及其对水产生产、鱼类病害发生的影响进行科学的分析。

此外，针对此次大规模暴发性鱼病，在4月29日，全国淡水养殖气象服务中心首次开展跨区域跨部门业务服务联合会商，共同研究讨论了前期气候特点以及未来天气趋势对长江中下游淡水养殖的影响。另外，先后多次与湖北省水产科学研究所、省水产技术推广总站开展联合调查、联合会商，探索发病原因，深度剖析前期气候特征对鱼病暴发的影响，提醒养殖户做好科学应对，积极采取措施合理避灾，为减少渔民损失发挥了较好的服务效益。

第 14 章　设施农业气象服务

14.1　设施农业与气象

14.1.1　设施农业分布及产业发展

14.1.1.1　区域分布

设施农业是指利用各种人工建筑物和设备，对农业生产环境进行调控和改造，以提高农产品的产量、品质和经济效益的一种现代化农业生产方式。

设施农业从种类上分，主要包括设施园艺和设施养殖两大部分。设施园艺也称设施栽培，是以园艺作物高效生产和反季节栽培为产业发展方向，在环境相对可控条件下，以现代农业装备为手段，实现农业高产、优质、高效、安全和周年生产。

我国是设施农业第一大国。数据显示，我国设施农业面积达 4270 万亩，占世界设施农业总面积的 80％以上。我国所有的省（自治区、直辖市）都有设施园艺的发展，从我国最东端的抚远县到最西端的乌恰县、从最南端的三沙市永兴岛到最北端的漠河县北极村都有设施园艺作物生产，设施园艺的面积远超设施养殖的面积。设施园艺最集中的地区在黄淮及环渤海湾地区，该地区面积约占全国设施园艺总面积的 60％；长江中下游地区次之，面积约占全国的 20％；西北地区约占 10％。设施园艺面积最大的省份是山东，其次为江苏、辽宁、河北、浙江、宁夏、内蒙古、上海等省（自治区、直辖市），现阶段发展比较突出的有吉林、山西、陕西、四川、甘肃、湖北等地。在设施园艺中，设施蔬菜的占比达到 81％。

我国常见的农业设施主要包括温室、大棚、日光温室、塑料大棚、遮阳网、雾棚等。近年，日光温室占到了我国温室和大棚等大型设施总面积的 50％以上，北方地区约占整个温室大棚面积的 80％左右，目前日光温室总面积的 95％以上仍以生产蔬菜为主，果树栽培发展较晚。日光温室投资少，效益高，可以周年连续生产，提高复种指数，符合我国人多地少的国情，与我国当前经济水平相适应。日光温室发展到今天，已经形成一定的规模，在园艺生产中占有重要地位，预计在相当长时间内仍是设施农业的主要发展类型，将在农业发展中发挥重要作用。

14.1.1.2　产业发展

国外设施栽培的起源以罗马为最早，罗马的哲学家塞内卡记载了公元初期罗马应用云母片作覆盖物生产早熟黄瓜。15—16 世纪，英国、荷兰、法国和日本等国家就开始建造简易的温室，栽培时令蔬菜或小水果。17—18 世纪，法国、英国、荷兰等国家已出现玻璃温室，且开始了果树的设施栽培。19 世纪初，英国学者开始大量研究温室屋面的坡度对进光量的影响以及温室加温设备问题，英国、荷兰、法国等国家出现了双屋面玻璃温室，这个时期，温室主要栽培黄瓜、甜瓜、葡萄、柑橘、甜橙和凤梨等。19 世纪后期，温室栽培技术从欧洲传入美洲及世界各地，中国、日本、朝鲜等国家开始建造单屋面温室。20 世纪 60 年代，美国成功研制无土栽培技术，使温室栽培技术产生一次大变革。20 世纪 70 年代以来，西方发达国家由于政府重视设施栽培的发展，在资金和政策上都给予了大力支持，因此现代设施栽培的研究起步早，发展快，综合环境控制技术水平高。

国外设施农业已经发展到较高水平，发达国家的设施农业已形成成套技术、具有完善的设备、一定的生产规范和可靠的质量保证体系，并向高科技、自动化和智能化方向发展(李亚敏等，2008)，其特点如下。

① 种苗产业非常发达。

② 单产水平高。

③ 温室环境控制和作物栽培管理向智能化、网络化方向发展，而且温室产业向节约能源、低成本的地区转移。

④ 节能技术成为研究的重点，广泛建立和应用喷灌、滴灌系统。

⑤ 设施标准化、大型化。

⑥ 管理机械化和自动化程度高。

⑦ 生产体系专业化、产业化、国际化。

⑧ 营养液栽培发展迅速，成为主要栽培方式。

⑨ 覆盖材料向多功能、系列化方向发展。比较寒冷的北欧国家，覆盖材料多用玻璃，法国等南欧国家多用塑料，日本则大量使用塑料。

尽管世界设施农业取得巨大进展，但仍有许多问题亟待解决。未来研究的核心目标是：不断改进设施农业环境监控系统的性能和精度，降低其建设、维护与运行成本，提高设施农业的效益；积极寻求设施农业生产新能源，减少各种农业设施、设备的能量消耗，实现节能降耗；深入探索并推广无土栽培技术、温室生物防治技术、营养液及设施农业用水的净化处理与重复利用技术，从而持续增强设施农业的经济、社会与生态综合效益。

我国日光温室发源于 20 世纪 80 年代初的辽宁海城，80 年代末期经瓦房店传往山东、河北等地，后在东北、华北、西北等高寒、干旱地区广泛应用。早期温室结构简陋，这阶段建设的日光温室基本特点主要是跨度较小(6 m 以内)、棚室较矮(2～2.2 m)，以土墙与竹木结构为主，山墙和后墙用土垒成或用草泥垛成，后屋面用柁和檩构成屋架，屋架上用秫秸和草泥覆盖；前屋面用玻璃覆盖，晚间用纸被、草苫保温，但保温效果还不够理想，主要用于冬季生产耐寒叶菜和春节生产果菜。

20 世纪 60 年代，由于塑料薄膜在农业上的广泛应用，温室前屋面覆盖材料被塑料薄膜取代，从而演变成塑料日光温室。这种温室的造价低，发展快，室内有中柱和前柱，前屋面每隔 0.8 m 在前梁和中梁上绑一个竹片，构成前屋架。20 世纪 80 年代初期开始，从辽宁省海城市感王镇和瓦房店市复州城镇的农家庭院开始逐渐发展到农田，此时的日光温室结构主要采用竹木结构，拱圆形或一坡一立式，这一时期是日光温室大规模发展初期，一直延续到 20 世纪 80 年代(李天来，2005)。20 世纪 90 年代初期，无钢柱骨架日光温室很快得到推广，这类节能型日光温室采用了合理的温室结构及保温技术，在采光性、保温性和实用性上有众多优点，性能好的节能日光温室冬季最冷季节可保持室内外温差达 25～30 ℃，仅仅依靠太阳辐射能量就能使室内温度满足像西红柿、黄瓜、西瓜这类瓜果蔬菜的生长需要，使其在我国北方－20 ℃以下的严寒气候条件下实现不加温生产，最大限度地发挥了日光温室的特点。这一时期是日光温室全面提升与发展的时期。

20 世纪末到 21 世纪初，日光温室得到了飞速的发展。农业部技术推广总站统计资料显示，截至 2005 年，我国保护地蔬菜面积已经发展到 196.4 万 hm^2，其中设施面积为 125 万 hm^2，日光温室占设施总面积的 37%，并在设施专用品种选育、新型温室设施的设计、环境自动控制系统和计算机专家管理系统、主要园艺作物种植工艺、病虫害综合防治等方面取得了较大进展，进入了日光温室现代化发展的时期。

14.1.2　设施农业与气象的关系

受设施结构的影响，设施内光照、空气等环境要素彼此关联，并通过与土壤、作物群体间的物理过程和生物过程相互作用形成的不同于设施外的环境气候条件，影响作物生长。光是温室作物进行光合作用、形成温室内温度和湿度环境条件的能源，光照、温度、湿度及二氧化碳浓度是影响设施农业生产的主要气象要素。

14.1.2.1　光、温、水、气与设施农业的关系

(1)光照

太阳辐射是设施农业生产的主要能量来源，在很大程度上直接影响甚至决定温室内光、温环境，另外，对土壤周期性蓄热和温室内植物光合、新陈代谢作用等有一定的影响。太阳辐射构成了设施农业赖以生产、运行的能量基础。一年之内，设施(温室)外辐射呈单峰型变化趋势，冬季小于春、秋季，且晴天＞多云＞阴天。

设施内光照强度受外界环境影响较大，其日变化趋势基本上与外界同步，但由于生产中的设施多利用透明塑料覆盖，塑料材料对太阳辐射有一定的削减作用，同时，设施内的光照时数会受到温室类型的影响，塑料大棚和大型连栋温室，因全面透光、无外覆盖，温室内的光照时间与露地基本相同。日光温室为单屋面温室，受揭、盖棚时间影响，其室内的光照时数一般比露地要短，冬季温室内光照时间为 08—17 时，春、秋季持续时间为 06—18 时，冬季室外辐射持续时间较室内多 1 h，春、秋季多 2 h。

(2)温度

温室内温度的来源主要靠太阳的直接辐射和散射辐射，而且透过透明覆盖物，照射到地面，提高室内气温和地温，由于反射出来的是长波辐射，能量较小，大多数被玻璃、薄膜等覆盖物阻挡，所以温室内进入的太阳能多，反射出去的少。再加上覆盖物阻挡了外界风流作用，温室内的温度自然比外界高，形成所谓的“温室效应”。

温室的主要热源为太阳辐射，室内气温，存在明显的日温差和季节温差，晴天最低温度出现在 06—07 时，08—10 时随草苫的揭开，棚内开始进光，温度迅速上升，12—14 时达到最高点。15 时气温开始下降，至 17 时因覆盖草苫阻断了热能从棚面散去，降温缓慢。之后由于加热的墙体、土地等缓慢释放出热量，室内气温下降缓慢。温室内的气温变化主要与外界天空状况有关。晴天，温室内气温上升较快，即使在寒冷的冬季，温室内气温仍能达 20～30 ℃；阴雨雪雾等寡照天气，温室内白天气温较低，与外界气温相差较小，连续的寡照天气尤甚。

(3)湿度

设施内的空气湿度是设施密闭条件下，由土壤水分的蒸发和植物体内水分的蒸腾形成的，其条件与作物蒸腾、土壤表面和室内壁面的蒸发强度有密切关系，设施内作物生长势强，叶面

积指数高，蒸腾作用释放出大量水汽，在密闭情况下会很快达到饱和，因而空气湿度比露地栽培要高得多，一般在90%左右，经常出现100%的饱和状态。在不通风或基本不通风的条件下，设施内白天相对湿度在80%～85%，夜间在90%以上；通风时，相对湿度有所下降，尤其中午前后可降至50%～60%。

相对湿度的日变化为夜晚湿度高，白天湿度低，白天的中午前后湿度最低。白天光照好，温度高，可进行通风，相对湿度较低；夜间温度下降，不能进行通风，相对湿度迅速上升。由于湿度过高，当局部温度低于露点温度时，会出现结露现象。此外，设施内的空气湿度因天气而异，一般晴天白天设施内的空气相对湿度较低，一般为70%～80%；阴天特别是雨天，温室内空气相对湿度较高，可达80%～90%，甚至100%。

(4)二氧化碳浓度

二氧化碳是作物光合作用的原料，大气中二氧化碳含量约为0.03%，全球大气中二氧化碳浓度在380 mg/L左右。作物的二氧化碳补偿点40～70 mg/L，二氧化碳饱和点是1000～1600 mg/L。二氧化碳影响光合产量。温室内环境较为封闭，二氧化碳浓度的日变化幅度远远高于外界。温室内除了空气中固有的二氧化碳外，还有作物呼吸作用、土壤微生物活动以及有机物分解发酵、煤炭柴草燃烧等放出二氧化碳，所以夜间温室内二氧化碳浓度比外界高，上午揭苫时，日光温室内的二氧化碳浓度最高；但随日出后作物光合作用的进行，棚内二氧化碳浓度迅速下降，至中午二氧化碳浓度可低于200 mg/L，作物处于饥饿状态。此时，生产中多进行通风透气，通风后棚内二氧化碳浓度基本相同。下午作物光合作用随气温降低而逐渐减弱，二氧化碳浓度降低缓慢，太阳落山后二氧化碳浓度又逐渐回升。

受气候、生物等因素的影响，大气中二氧化碳浓度具有一定的季节变化和日变化，但由于温室的类型、面积、空间、通风、作物栽培情况等，二氧化碳浓度日变化差别较大。一年中，11月—次年2月较高，4—6月较低。天气条件对二氧化碳浓度影响也较大，如晴天通风时作物生育层内部较生育层上层低50～65 mg/L，仅为大气二氧化碳标准浓度的50%左右，但在阴雨天则相反，生育层内浓度高于上层。生产上主要通过增施有机肥、合理通风、人工施用二氧化碳气肥等措施进行调控。

14.1.2.2 设施农业常见的气象灾害

虽然我国设施农业取得了长足的发展，但由于设施结构相对简陋，抗御自然灾害及抵御逆境的能力较弱，其生产对外界气象条件依赖性较大，而我国又是自然灾害多发国家，尤其是在气候变化背景下，各种极端气候事件发生频率增大、强度增强，一旦出现低温、暴雪、连阴天等恶劣天气，设施作物产量和品质即受到严重冲击，同时次生灾害对产量、品质均有较大影响。农业气象灾害已成为设施农业可持续发展的主要制约因素之一，设施农业气象灾害是指由于不利天气或气候条件，导致设施蔬菜生产减产、设施损坏的气象灾害，主要包括低温、寡照、大风及暴雪灾害。

(1)低温

低温灾害是指由于气温偏低，影响设施蔬菜生长发育，导致蔬菜减产、品质下降的气象灾害。温度偏低，影响作物光合作用，从而影响作物产量及品质，通过人工气候箱对环境的控制模拟试验发现，低温环境会使作物最大光合速率、PSII(光系统Ⅱ)的原初光能转换效率和潜在活性降低，持续低温将导致蔬菜长势减弱，生长缓慢或停止，病害加重，常造成大面积受灾，甚至绝收(张淑杰 等，2014；吕星光 等，2016；薛晓萍 等，2013)。

（2）寡照

光照强度对植物的生长发育有显著影响。环境的光照条件通过影响光合速率、水分供需等影响植株的叶面积、植株性状、生物量等。对于阳生植物而言，一般情况下是随着光强的增强，植物的生长速率升高，表现为生物量增加。寡照会使得最大光合速率及酶活性明显降低，从而影响作物生长发育及产量形成。寡照灾害是指由于设施内光照不足、温度低、空气相对湿度大，蔬菜生长发育受到影响，导致蔬菜产量降低、品质下降的气象灾害。持续的寡照天气，设施内空气相对湿度长时间维持在较高水平，极易导致病虫害尤其是病害等次生灾害的发生（魏瑞江 等，2008；熊宇 等，2017）。

（3）大风

当温室外风速较大时，温室内外的热量交换速度加快，导致温室内热量减少，对作物生产不利；同时，强风易损坏温室结构，降低或破坏保温性能，严重影响温室内作物生产。设施风灾是指由于风力较大造成设施损坏，使设施蔬菜生产遭受损失的气象灾害（杨再强 等，2012；李楠 等，2018；黄川容，2012）。

（4）暴雪

暴雪灾害是由于长时间大规模量降雪以至积雪，使得压力超过设施承重成灾，影响设施农业生产的自然现象。设施雪灾是指由于降雪造成设施损坏，使设施蔬菜生产遭受损失的气象灾害。由于长时间持续降雪，导致设施表面产生积雪，当积雪压力超过设施架构承载能力时，会导致设施受损，从而导致设施作物受冻减产，甚至绝产（杨再强 等，2013）。

14.2　设施农业气象服务技术和方法

设施农业气象服务中心以服务生产为宗旨，针对区域设施农业生产，打造标准化的设施农业气象观测、业务与服务技术，开展了基于统计模型和机器学习等日光温室小气候要素预报技术、设施作物图像表型参数对小气候环境的响应与反演机理、基于 RGB 模型偏态分布模式的设施作物全生育期生长监测技术、基于人工智能的设施作物生育期识别技术及大棚草莓等果菜产量预报模型、灾害影响定量评估等技术的研发，成果集成到其他省（自治区、直辖市）的设施农业气象服务业务支撑平台中，通过技术创新引领设施农业气象服务能力的提升。本节重点介绍设施农业小气候适宜度评价技术和设施农业预报预警技术。

14.2.1　设施农业小气候适宜度评价技术

14.2.1.1　小气候要素监测诊断技术

（1）主要设施作物适宜气象指标

设施农业小气候评价是指结合设施生产对象对小气候的要求，衡量实时天气气象条件对农业生产的利弊影响。常用的方法为农业气象条件评判指标分析，农业气象指标是表示农业生产对象和农业生产活动对气象条件的要求和反应的定量值，不同作物对天气气候的需求与响应也各不相同，因此，做好农业气象条件评估的关键是具有客观的、准确的农业气象指标。

(2)设施农业小气候适宜度评价模型

① 温室内气温适宜度评价模型

日光温室内逐时气温适宜度定量评价模型公式为

$$T(t_i)=\begin{cases}0 & t_i<t_1 \text{ 或 } t_i>t_h \\ \dfrac{(t_i-t_1)\times(t_h-t_i)^B}{(t_o-t_1)\times(t_h-t_o)^B} & t_1\leqslant t_i\leqslant t_h \text{ 且 } t_i\neq t_o \\ 1 & t_i=t_o\end{cases} \tag{14.1}$$

式中:$T(t_i)$为日光温室内第 i 时刻的气温适宜度;t_i 为设施内第 i 时刻的气温;t_1、t_h 和 t_o 分别为作物生长发育所需要的最低气温、最高气温和最适宜气温;$B=(t_h-t_o)/(t_o-t_1)$。

日光温室逐日气温适宜度定量评价公式为

$$T_d=\frac{1}{n}\sum_{i=1}^{n}T(t_i) \tag{14.2}$$

式中:T_d 为日光温室内日气温的适宜度;$T(t_i)$为日光温室内第 i 时刻的气温适宜度;n 为一日内日光温室内逐时气温有观测记录的次数。

② 温室内空气相对湿度评价模型

日光温室内逐时空气相对湿度的适宜度定量评价模型公式为

$$U(u_i)=\begin{cases}0 & u_i<u_1 \text{ 或 } u_i>u_h \\ \dfrac{(u_i-u_1)\times(u_h-u_i)^D}{(u_o-u_1)\times(u_h-u_o)^D} & u_1\leqslant u_i\leqslant u_h \text{ 且 } u_i\neq u_o \\ 1 & u_i=u_o\end{cases} \tag{14.3}$$

式中:$U(u_i)$为日光温室内第 i 时刻的空气相对湿度适宜度;u_i 为日光温室内第 i 时刻的空气相对湿度;u_1、u_h 和 u_o 分别为作物生长发育所需要的最小空气相对湿度、最大空气相对湿度和最适宜空气相对湿度;$D=(u_h-u_o/u_o-u_1)$。

日光温室逐日空气相对湿度适宜度定量评价公式为

$$U_d=\frac{1}{m}\sum_{i=1}^{m}U(u_i) \tag{14.4}$$

式中:U_d 为逐日日光温室内空气相对湿度适宜度;$U(u_i)$为日光温室内第 i 时刻的空气相对湿度适宜度;m 为一日内日光温室内 08—20 时逐时空气相对湿度有观测记录的次数。

③ 温室内太阳辐射适宜度评价模型

日光温室内的最大太阳辐射辐照度很大程度直接影响温室内的最低气温和最高气温,在日光温室黄瓜适宜度评价模型(魏瑞江 等,2015)研究成果基础上,将原有太阳辐射适宜度评价模型的最适宜及最不适宜两个等级细化,改写模型为

$$Q(q_i)=\begin{cases}e^{-\left(\frac{q_i-q_o}{q_1}\right)^2} & q_1<q_i<q_o \\ 1 & q_o\leqslant q_i\leqslant q_h \\ 0 & q_i>q_h \text{ 或 } q_i\leqslant q_1\end{cases} \tag{14.5}$$

式中:$Q(q_i)$表示日光温室内第 i 时刻的太阳辐射适宜度;q_i 表示日光温室内第 i 时刻的太阳总辐射辐照度;q_1、q_h 和 q_o 分别表示可达到温室作物所处发育阶段生长所需最低气温、最高气温和最适气温的日最大总辐射辐照度,单位为 W/m^2。

日光温室逐日太阳辐射适宜度定量评价公式为

$$Q_d = \frac{1}{p}\sum_{j=8}^{18} Q(q_j) \tag{14.6}$$

式中：Q_d 为逐日的日光温室内太阳辐射适宜度；$Q(q_j)$为日光温室内揭帘至盖帘时间内第 j 时刻的太阳辐射适宜度；p 为一日内日光温室内揭帘到盖帘时间内逐时太阳辐射有观测记录次数。

④ 温室内 10 cm 地温适宜度评价模型

日光温室内 10 cm 地温适宜度评价模型为

$$T(\mathrm{d}t_i) = \begin{cases} 0 & \mathrm{d}t_i < \mathrm{d}t_l \text{ 或 } \mathrm{d}t_i > \mathrm{d}t_h \\ \dfrac{(\mathrm{d}t_i - \mathrm{d}t_l) \times (\mathrm{d}t_h - \mathrm{d}t_i)^P}{(\mathrm{d}t_o - \mathrm{d}t_l) \times (\mathrm{d}t_h - \mathrm{d}t_o)^P} & \mathrm{d}t_l \leqslant \mathrm{d}t_i \leqslant \mathrm{d}t_h \text{ 且 } \mathrm{d}t_i \neq \mathrm{d}t_o \\ 1 & \mathrm{d}t_i = \mathrm{d}t_o \end{cases} \tag{14.7}$$

式中：$T(\mathrm{d}t_i)$为日光温室内第 i 时刻 10 cm 地温适宜度；$\mathrm{d}t_i$、$\mathrm{d}t_l$、$\mathrm{d}t_h$ 和 $\mathrm{d}t_o$ 分别为日光温室内第 i 时刻 10 cm 地温、作物生长发育所需要的最低 10 cm 地温、最高 10 cm 地温和最适宜 10 cm 地温；$P=(\mathrm{d}t_h-\mathrm{d}t_o)/(\mathrm{d}t_o-\mathrm{d}t_l)$；$T(\mathrm{d}t_i)$是在 0～1 变化的抛物线函数，反映了 10 cm 地温条件从不适宜到适宜再到不适宜的连续变化过程。

逐日 10 cm 地温适宜度定量评价公式为

$$D_d = \frac{1}{n}\sum_{i=1}^{n} T(\mathrm{d}t_i) \tag{14.8}$$

式中：D_d 为日光温室内 10 cm 地温逐日适宜度；$T(\mathrm{d}t_i)$ 为第 i 时刻的 10 cm 地温适宜度；n 为一日内日光温室内逐时 10 cm 地温有观测记录次数。

⑤ 温室内综合小气候要素适宜度评价模型

包含温度、空气相对湿度、辐射辐照度及 10 cm 地温在内 4 个因子的权重小气候要素适宜度模型，公式为

$$S_d = \sqrt[4]{T_d \times U_d \times D_d \times Q_d} \tag{14.9}$$

式中：S_d 为日光温室内小气候要素综合日适宜度；T_d、U_d、D_d 和 Q_d 分别为温室内气温、空气相对湿度、10 cm 地温及太阳辐射逐日适宜度。

14.2.1.2　设施农业气象灾害影响评估技术

根据山东省地方标准《设施农业气象灾害影响评估方法》(DB 37/T 3443—2018)，设施农业气象灾害影响评估根据评估时间分为灾前影响评估、灾中跟踪评估和灾后影响评估。其中，根据天气预报或预警发布内容，结合灾害指标，若未来可能出现某种或多种设施农业气象灾害时开展灾前影响预评估；某种或多种设施农业气象灾害已经持续 72 h 并可能继续持续发生时，开展灾中跟踪评估；灾害发生后，且受灾表征不再发展时开展灾后影响评估，大风、暴雪灾害宜在过程结束后 48 h 内开展，低温、寡照灾害宜在过程结束后 1 周内开展。

(1)设施农业气象灾害灾前影响预评估的流程和方法

① 获取设施内、外气象观测数据、天气预报及预警信息。

② 根据各类灾害等级指标预估设施农业气象灾害类型及致灾因子强度等级。

③ 预估设施农业气象灾害影响范围,评估方法参见表 14.1。

表 14.1　气象灾害影响范围评估等级指标　%

影响范围等级	局部灾害	区域灾害	大范围灾害
灾害发生站数占评估区域总站数的百分率	<30	30～50	>50

注:灾害发生站数是指评估区域内,致灾因子达到弱级及以上灾害的站点统计值。

(2)设施农业气象灾害灾中跟踪评估的流程和方法

① 整理灾害发生时段的气象观测资料,收集有关灾情报告,确定受灾区域、灾害类型及灾害影响程度。

② 选取有当地设施农业生产代表性的区域开展现场调查,对受灾环境、受灾程度等情况进行观测记录,填写设施农业气象灾害影响评估调查表,见表 14.2。

③ 针对灾害造成的作物生长情况或设施损毁情况进行拍照留证。

④ 结合承灾体表征,评估已发生的灾害。

⑤ 获取天气预报及预警信息,结合当前灾害发生情况,对灾害的发生发展情况进行评估。

表 14.2　设施农业气象灾害影响评估调查表

调查事项	结果记录	调查事项	结果记录
经纬度及海拔高度		灾害表现	
灾害类型		种植作物种类	
设施类型		作物所处发育期	
调查地点		受灾前 3 天农事活动	
灾害开始时间		受灾前采取措施	
灾害结束时间		受灾后采取措施	
灾害实况		预计减产百分率	

注:① 灾害类型可分为低温灾害、寡照灾害、风灾和雪灾,同一时间可能发生多种灾害,须分别填写。

② 设施类型为日光温室或塑料大棚。

③ 灾害实况应根据灾害类型填写,低温灾害包括灾害发生时设施内的实际温度、降温幅度、持续时间等,寡照灾害包括寡照持续天数、灾害发生时设施内的实际温度、降温幅度等;风灾和雪灾包括设施损坏情况及设施内实况,如棚膜损毁、大棚坍塌、设施内的实际温度、降温幅度等。

④ 灾害表现为此次过程对设施及设施内种植作物的影响描述,如大棚倒塌,种植作物根、茎、叶的表征情况。

⑤ 种植作物种类指设施内种植作物,若设施内种植了多种蔬菜品种,须分别填写。

(3)设施农业气象灾害灾后影响评估的流程和方法

① 整理灾害发生时段的气象观测资料,收集有关灾情报告,确定成灾区域、灾害类型及灾害影响程度。

② 按跟踪评估的要求开展现场调查,如灾害过程中已开展过现场调查,此次调查宜在前期调查基础上进行。

③ 整理调查资料,结合承灾体表征,对发生的灾害进行评估。

14.2.2　设施农业预报预警技术

14.2.2.1　小气候要素预报技术

(1)预报要素与时效

设施小气候预报可分为小时预报和日预报，其中小时预报要素宜为日光温室内逐时气温、地表温度和 10 cm 地温；日预报要素宜为日光温室内日最高气温、日最低气温。预报时效为 1～72 h(全国农业气象标准化技术委员会，2017)。

(2)预报模型构建

① 建模原则

预报模型宜按温室作物生长季内不同月份、不同天气类型和不同时间段分别构建，其中，天气类型宜根据日照百分率划分为晴、多云、阴天 3 种类型，当日照百分率＞60％时为晴天，20％＜日照百分率≤60％为多云，日照百分率≤20％为阴天。

日照百分率的计算公式为

$$p = \frac{T_S}{T_A} \times 100\% \tag{14.10}$$

式中：p 是日照百分率；T_S 是日照时数，单位为 h；T_A 是可照时数，单位为 h。

研究表明，受揭帘、盖帘等农事活动影响，1 d 内不同时段的小气候要素变化规律不相同，因此逐时预报宜以揭帘、盖帘时间以及 00 时整为界限，按 3 个时段构建预报模型。模型构建宜采用逐步回归方法，用于模型构建的样本数应不少于 30 个，且模型应通过信度为 0.05 的显著性检验。

② 预报模型自变量备选因子

预报模型备选因子包括日内小时序数、太阳高度角、温室内外气温、温室内空气相对湿度和温室内地表温度等要素。

日预报模型备选因子包括温室内外气温、温室内空气相对湿度和温室内地表温度等要素。

③ 预报模型

未来 1～24 h 气象要素小时预报模型构建备选因子见表 14.3 和表 14.4。

表 14.3　未来 1～24 h00 时(24 时)至揭帘、盖帘至 23 时小时预报模型备选因子

序号	因子	单位	因子说明
1	预报日预报时次	无量纲	常数
2	预报日最高气温	℃	温室外预报
3	预报日最低气温	℃	
4	预报日前 1～24 h 最高气温	℃	温室内实况
5	预报日前 1～24 h 最低气温	℃	
6	预报日前 1～24 h 最小空气相对湿度	％	
7	预报日前 1～24 h 地表最高温度	℃	
8	预报日前 1～24 h 地表最低温度	℃	
9	预报日前 1～24 h 最高气温	℃	温室外实况
10	预报日前 1～24 h 最低气温	℃	

续表

序号	因子	单位	因子说明
11	预报日前25～48 h平均气温	℃	温室内实况
12	预报日前25～48 h最高气温	℃	
13	预报日前25～48 h最低气温	℃	
14	预报日前25～48 h平均空气相对湿度	%	
15	预报日前25～48 h时最小空气相对湿度	%	
16	预报日前25～48 h平均地表温度	℃	温室内实况
17	预报日前25～48 h地表最高温度	℃	
18	预报日前25～48 h地表最低温度	℃	
19	预报日前25～48 h最高气温	℃	温室外实况
20	预报日前25～48 h最低气温	℃	

表14.4　未来1～24 h揭帘至盖帘时段逐小时预报模型构建备选因子

序号	因子	单位	因子说明
1	预报日预报时次	无量纲	常数
2	预报日预报时次的太阳高度角	°	计算值
3	预报日预报时次的前1 h太阳高度角	°	
4	预报日预报时次的前2 h太阳高度角	°	
5	预报日最高气温	℃	温室外预报
6	预报日最低气温	℃	
7	预报日前1～24 h最高气温	℃	温室内实况
8	预报日前1～24 h最低气温	℃	
9	预报日前1～24 h最小空气相对湿度	%	
10	预报日前1～24 h地表最高温度	℃	
11	预报日前1～24 h地表最低温度	℃	温室内实况
12	预报日前1～24 h最高气温	℃	温室外实况
13	预报日前1～24 h最低气温	℃	
14	预报日前25～48 h平均气温	℃	温室内实况
15	预报日前25～48 h最高气温	℃	
16	预报日前25～48 h最低气温	℃	
17	预报日前25～48 h平均空气相对湿度	%	
18	预报日前25～48 h时最小空气相对湿度	%	
19	预报日前25～48 h平均地表温度	℃	
20	预报日前25～48 h地表最高温度	℃	
21	预报日前25～48 h地表最低温度	℃	
22	预报日前25～48 h最高气温	℃	温室外实况
23	预报日前25～48 h最低气温	℃	

预报模型公式为

$$H_{1_i}=a_{1_{i,0}}+\sum_{j=1}^{n_1}a_{1_{i,j}}h_{1_{i,j}} \tag{14.11}$$

式中：i 取值为 1、2、3，分别表示未来 1～24 h 的 00 时(24 时)至揭帘、揭帘至盖帘以及盖帘至 23 时 3 个时段；H_{1_i} 为未来 1～24 h 的 3 个时段小时预报对象，包括温室内气温(单位为℃)、地表温度(单位为℃)、10 cm 地温(单位为℃)；$a_{1_{i,0}}$ 为回归常数，无量纲；$a_{1_{i,j}}$ 为回归系数，无量纲；$h_{1_{i,j}}$ 为未来 1～24 h 小时预报模型自变量；n_1 为未来 1～24 h 小时预报模型自变量个数。

未来 25～48 h 气象要素小时预报模型构建备选因子见表 14.5 和表 14.6。

表 14.5　未来 25～48 h 00 时(24 时)至揭帘、盖帘至 23 时小时预报模型备选因子

序号	因子	单位	因子说明
1	预报日预报时次	无量纲	常数
2	预报日最高气温	℃	温室外预报
3	预报日最低气温	℃	
4	预报日前 1～24 h 最高气温	℃	
5	预报日前 1～24 h 最低气温	℃	
6	预报日前 25～48 h 最高气温	℃	温室内实况
7	预报日前 25～48 h 最低气温	℃	
8	预报日前 25～48 h 最小空气相对湿度	%	
9	预报日前 25～48 h 地表最高温度	℃	
10	预报日前 25～48 h 地表最低温度	℃	
11	预报日前 25～48 h 最高气温	℃	温室外实况
12	预报日前 25～48 h 最低气温	℃	

表 14.6　未来 25～48 h 揭帘至盖帘时段逐小时预报模型构建备选因子

序号	因子	单位	因子说明
1	预报日预报时次	无量纲	常数
2	预报日预报时次的太阳高度角	°	计算值
3	预报日预报时次的前 1 h 太阳高度角	°	
4	预报日预报时次的前 2 h 太阳高度角	°	
5	预报日最高气温	℃	温室外预报
6	预报日最低气温	℃	
7	预报日前 1～24 h 最高气温	℃	
8	预报日前 1～24 h 最低气温	℃	
9	预报日前 25～48 h 最高气温	℃	温室内实况
10	预报日前 25～48 h 最低气温	℃	
11	预报日前 25～48 h 最小空气相对湿度	%	
12	预报日前 25～48 h 地表最高温度	℃	
13	预报日前 25～48 h 地表最低温度	℃	

续表

序号	因子	单位	因子说明
14	预报日前 25～48 h 最高气温	℃	温室外实况
15	预报日前 25～48 h 最低气温	℃	

预报模型公式为

$$H_{2_i} = a_{2_{i,0}} + \sum_{j=1}^{n_2} a_{2_{i,j}} h_{2_{i,j}} \tag{14.12}$$

式中：i 取值为 1、2、3，分别表示未来 25～48 h 的 00 时(24 时)至揭帘、揭帘至盖帘、盖帘至 23 时 3 个时段；H_{2_i} 为未来 25～48 h 的 3 个时段小时预报对象，包括温室内气温(单位为℃)、地表温度(单位为℃)、10 cm 地温(单位为℃)；$a_{2_{i,0}}$ 为回归常数，无量纲；$a_{2_{i,j}}$ 为回归系数，无量纲；$h_{2_{i,j}}$ 为未来 25～48 h 小时预报模型自变量；n_2 为未来 25～48 h 小时预报模型自变量个数。

未来 49～72 h 气象要素小时预报模型构建备选因子见表 14.7 和表 14.8。

表 14.7　未来 49～72 h 00 时(24 时)至揭帘、盖帘至 23 时小时预报模型备选因子

序号	因子	单位	因子说明
1	预报日预报时次	无量纲	常数
2	预报日最高气温	℃	温室外预报
3	预报日最低气温	℃	
4	预报日前 1～24 h 最高气温	℃	
5	预报日前 1～24 h 最低气温	℃	
6	预报日前 25～48 h 最高气温	℃	
7	预报日前 25～48 h 最低气温	℃	

表 14.8　未来 49～72 h 揭帘至盖帘时段逐小时预报模型构建备选因子

序号	因子	单位	因子说明
1	预报日预报时次	无量纲	常数
2	预报日预报时次的太阳高度角	°	计算值
3	预报日预报时次的前 1 h 太阳高度角	°	
4	预报日预报时次的前 2 h 太阳高度角	°	
5	预报日最高气温	℃	温室外预报
6	预报日最低气温	℃	
7	预报日前 1～24 h 最高气温	℃	
8	预报日前 1～24 h 最低气温	℃	
9	预报日前 25～48 h 最高气温	℃	
10	预报日前 25～48 h 最低气温	℃	

预报模型公式为

$$H_{3_i} = a_{3_{i,0}} + \sum_{j=1}^{n_3} a_{3_{i,j}} h_{3_{i,j}} \tag{14.13}$$

式中：i 取值为 1、2、3，分别表示未来 49～72 h 的 00 时(24 时)至揭帘、揭帘至盖帘、盖帘至 23 时 3 个时段；H_{3_i} 为未来 49～72 h 的 3 个时段小时预报对象，包括：温室内气温(单位为℃)；地表温度(单位为℃)；10 cm 地温(单位为℃)；$a_{3_{i,0}}$ 为回归常数，无量纲；$a_{3_{i,j}}$ 为回归系数，无量纲；$h_{3_{i,j}}$ 为未来 49～72 h 小时预报模型自变量；n_3 为未来 49～72 h 小时预报模型自变量个数。

④ 日预报模型

未来 1～24 h 气象要素小时预报模型构建备选因子见表 14.9。

表 14.9　未来 1～24 h 小时日要素预报模型构建备选因子

序号	因子	单位	因子说明
1	预报日最高气温	℃	温室外预报
2	预报日最低气温	℃	
3	预报日前 1～24 h 最高气温	℃	温室内实况
4	预报日前 1～24 h 最低气温	℃	
5	预报日前 1～24 h 最小空气相对湿度	%	
6	预报日前 1～24 h 最高地表温度	℃	
7	预报日前 1～24 h 最低地表温度	℃	
8	预报日前 1～24 h 最高气温	℃	温室外实况
9	预报日前 1～24 h 最低气温	℃	
10	预报日前 25～48 h 平均气温	℃	温室内实况
11	预报日前 25～48 h 最高气温	℃	
12	预报日前 25～48 h 最低气温	℃	
13	预报日前 25～48 h 平均空气相对湿度	%	
14	预报日前 25～48 h 时最小空气相对湿度	%	
15	预报日前 25～48 h 平均地表温度	℃	
16	预报日前 25～48 h 地表最高温度	℃	
17	预报日前 25～48 h 地表最低温度	℃	
18	预报日前 25～48 h 最高气温	℃	温室外实况
19	预报日前 25～48 h 最低气温	℃	

预报模型公式为

$$D_1 = b_{1_0} + \sum_{k=1}^{m_1} b_{1_k} d_{1_k} \tag{14.14}$$

式中：D_1 为未来 1～24 h 日预报对象，包括日最高气温(单位为℃)、日最低气温(单位为℃)；b_{1_0} 为回归常数，无量纲；b_{1_k} 为回归系数，无量纲；d_{1_k} 为未来 1～24 h 日预报模型自变量；m_1 为未来 1～24 h 日预报模型自变量个数。

未来 25～48 h 气象要素小时预报模型构建备选因子见表 14.10。

表 14.10　未来 25～48 h 日要素预报模型构建备选因子

序号	因子	单位	因子说明
1	预报日最高气温	℃	温室外预报
2	预报日最低气温	℃	
3	预报日前 1～24 h 最高气温	℃	
4	预报日前 1～24 h 最低气温	℃	
5	预报日前 25～48 h 最高气温	℃	温室内实况
6	预报日前 25～48 h 最低气温	℃	
7	预报日前 25～48 h 最小空气相对湿度	%	
8	预报日前 25～48 h 地表最高温度	℃	温室内实况
9	预报日前 25～48 h 地表最低温度	℃	
10	预报日前 25～48 h 最高气温	℃	温室外实况
11	预报日前 25～48 h 最低气温	℃	

预报模型公式为

$$D_2 = b_{2_0} + \sum_{k=1}^{m_2} b_{2_k} d_{2_k} \tag{14.15}$$

式中：D_2 为未来 25～48 h 日预报对象，包括日最高气温（单位为℃）、日最低气温（单位为℃）；b_{2_0} 为回归常数，无量纲；b_{2_k} 为回归系数，无量纲；d_{2_k} 为未来 25～48 h 日预报模型自变量；m_2 为未来 25～48 h 日预报模型自变量个数。

未来 49～72 h 气象要素小时预报模型构建备选因子见表 14.11。

表 14.11　未来 49～72 h 日要素预报模型构建备选因子

序号	因子	单位	因子说明
1	预报日最高气温	℃	温室外预报
2	预报日最低气温	℃	
3	预报日前 1～24 h 最高气温	℃	
4	预报日前 1～24 h 最低气温	℃	
5	预报日前 25～48 h 最高气温	℃	
6	预报日前 25～48 h 最低气温	℃	

预报模型公式为

$$D_3 = b_{3_0} + \sum_{k=1}^{m_3} b_{3_k} d_{3_k} \tag{14.16}$$

式中：D_3 为未来 49～72 h 日预报对象，包括日最高气温（单位为℃）、日最低气温（单位为℃）；b_{3_0} 为回归常数，无量纲；b_{3_k} 为回归系数，无量纲；d_{3_k} 为未来 49～72 h 日预报模型自变量；m_3 为未来 49～72 h 日预报模型自变量个数。

14.2.2.2　设施农业气象灾害指标和预警技术

（1）主要气象灾害指标

① 低温。一般设施蔬菜低温灾害致灾因子强度等级指标见表 14.12 和表 14.13。

表 14.12　设施果菜类蔬菜低温灾害致灾因子强度等级指标

灾害程度	苗期	花果期
轻	$8<T_{min}\leqslant 10$ 且 $3<t\leqslant 4$ $6<T_{min}\leqslant 8$ 且 $2<t\leqslant 3$ $4<T_{min}\leqslant 6$ 且 $1<t\leqslant 2$	$8<T_{min}\leqslant 10$ 且 $5<t\leqslant 8$ $4<T_{min}\leqslant 8$ 且 $1<t\leqslant 4$
中	$8<T_{min}\leqslant 10$ 且 $4<t\leqslant 6$ $6<T_{min}\leqslant 8$ 且 $3<t\leqslant 5$ $4<T_{min}\leqslant 6$ 且 $2<t\leqslant 3$ $2<T_{min}\leqslant 4$ 且 $1<t\leqslant 2$	$8<T_{min}\leqslant 10$ 且 $8<t\leqslant 10$ $4<T_{min}\leqslant 8$ 且 $4<t\leqslant 5$ $2<T_{min}\leqslant 4$ 且 $1<t\leqslant 2$
重	$8<T_{min}\leqslant 10$ 且 $t>6$ $6<T_{min}\leqslant 8$ 且 $t>5$ $4<T_{min}\leqslant 6$ 且 $t>3$ $2<T_{min}\leqslant 4$ 且 $t>2$ $T_{min}\leqslant 2$ 且 $t\geqslant 1$	$8<T_{min}\leqslant 10$ 且 $t>10$ $4<T_{min}\leqslant 8$ 且 $t>5$ $2<T_{min}\leqslant 4$ 且 $t>2$ $T_{min}\leqslant 2$ 且 $t\geqslant 1$

注：表中 T_{min} 表示设施内最低气温，单位为℃；t 表示持续天数，单位为 d。

表 14.13　设施叶菜类蔬菜低温灾害致灾因子强度等级指标

灾害程度	苗期	茎叶期
轻	$3<T_{min}\leqslant 5$ 且 $3<t\leqslant 5$ $-1<T_{min}\leqslant 3$ 且 $1<t\leqslant 3$	$4<T_{min}\leqslant 7$ 且 $3<t\leqslant 5$ $-1<T_{min}\leqslant 4$ 且 $1<t\leqslant 3$
中	$3<T_{min}\leqslant 5$ 且 $5<t\leqslant 8$ $-1<T_{min}\leqslant 3$ 且 $3<t\leqslant 5$	$4<T_{min}\leqslant 7$ 且 $5<t\leqslant 8$ $-1<T_{min}\leqslant 4$ 且 $3<t\leqslant 5$
重	$3<T_{min}\leqslant 5$ 且 $t>8$ $-1<T_{min}\leqslant 3$ 且 $t>5$ $T_{min}\leqslant -1$ 且 $t\geqslant 3$	$4<T_{min}\leqslant 7$ 且 $t>8$ $-1<T_{min}\leqslant 4$ 且 $t>5$ $T_{min}\leqslant -1$ 且 $t\geqslant 3$

注：表中 T_{min} 表示设施内最低气温，单位为℃；t 表示持续天数，单位为 d。

② 寡照。一般设施蔬菜寡照灾害等级指标见表 14.14。

表 14.14　主要设施作物寡照灾害等级指标(日照时数＜3 h 的持续天数 t)　单位：d

灾害等级	果菜类		叶菜类	
	苗期	花果期	苗期	茎叶期
轻	$4\leqslant t<8$	$4\leqslant t<10$	$7\leqslant t<13$	$7\leqslant t<16$
中	$8\leqslant t<15$	$10\leqslant t<15$	$13\leqslant t<30$	$16\leqslant t<35$
重	$t\geqslant 15$	$t\geqslant 15$	$t\geqslant 30$	$t\geqslant 35$

③ 大风。一般设施大风灾害等级指标见表 14.15。

表 14.15 设施大风灾害等级指标(极大风速 F_{max}) 单位:m/s

设施类型	轻	中	重
日光温室	$13.9 \leqslant F_{max} < 18.9$	$18.9 \leqslant F_{max} \leqslant 22.7$	$F_{max} > 22.7$
塑料大棚	$10.8 \leqslant F_{max} < 14.5$	$14.5 \leqslant F_{max} \leqslant 17.4$	$F_{max} > 17.4$

④ 暴雪。日光温室雪灾等级指标见表 14.16。

表 14.16 日光温室雪灾等级指标

等级	轻	中	重
日降水量(R)/mm	$7.5 \leqslant R < 10.0$	$10.0 \leqslant R < 15$	$R \geqslant 15$

(2)设施农业气象灾害预警技术

设施主要气象灾害影响预报是指在开展设施小气候要素观测和气象灾害等级指标确定基础上,利用温室内外气象要素观测数据和灾害性天气预警信息,结合温室气象灾害预报模型和灾害等级指标,确定气象灾害对设施蔬菜生产影响等级,评价气象灾害对温室生产的可能影响、影响时间及影响程度,并提出增温、补光以及加固设施等防灾减灾措施,面向决策部门和生产者开展的专业气象预报服务。

① 低温灾害影响预警

在日光温室蔬菜生产过程中,常因外界极端低温天气导致温室内气温降低,根据天气预报,当预计未来温室内最低气温可能达到蔬菜受害指标时,需要发布低温灾害影响预报信息。通常低温灾害预报方法分为基于小气候预报模型法、基于结构方程模型法等。

(a)基于小气候预报模型法。根据已有的温室内外观测数据,选取极端低温天气条件下温室内外观测数据,采用统计方法,分别构建温室内最低气温预报模型和温室内逐时气温预报模型;利用温室内外气象观测数据,结合天气预报信息的解释应用,对温室最低气温进行预报;依据各类蔬菜低温灾害等级指标和受灾生理生态特征,制作发布温室蔬菜低温灾害影响预报信息。

(b)基于结构方程法。温室内最低气温,受设施内、外环境诸多气象要素共同影响,且其影响具有一定滞后性。以往影响因子选择,通常是采用相关比较法,由于部分气象因子间常常存在高度相关性,干扰了致灾因子甄别的客观性,为此,可以通过引入结构方程理论,将验证性因子模型和(潜变量)因果模型有机结合,构建能够解释设施内、外气象要素多因变量之间、隐性变量和显变量之间定量关系的结构方程,通过路径系数确定了致灾因子及其对灾害形成的贡献度。利用层次分析法客观量化致灾因子的影响权重,并构建灾害预警模型(李楠 等,2015)。

通过路径系数确定了致灾因子及其对灾害形成的贡献度,从而确定主要致灾因子;根据主要致灾因子的贡献度和排序,采用层次分析法确定各因子的权重系数;利用权重系数构建低温灾害影响指数模型。

② 寡照灾害影响预警

通常寡照灾害预报方法分为基于寡照日数法和基于结构方程模型法。

(a)寡照日数法。该方法根据寡照天气实况监测结果和未来天气预报信息,结合寡照灾害等级指标及其生理生态特征,按式(14.17)构建模型开展预报。

$$\mathrm{LS}=f(\mathrm{LS})+R=\begin{cases}1\\2\\3\\4\end{cases}\cup\begin{cases}-1\\0\\1\end{cases}=\begin{cases}1,\text{无}\\2,\text{轻}\\3,\text{中}\\4,\text{重}\end{cases}\tag{14.17}$$

式中：LS 为日光温室寡照灾害气象等级；$f(\mathrm{LS})$为根据日光温室寡照灾害气象等级指标预判的灾害发生等级；R 为灾害等级人工订正值。

(b)结构方程模型法。日光温室的能量来源是太阳辐射，寡照天气在影响温室蔬菜光合作用的同时，限制了温室热量补充，从而导致温室气温降低，尤其是在冬季，随着寡照时间的延长，极易导致低温灾害的发生。根据已有观测数据，按照寡照天气类型，对温室内外气象数据进行统计，基于结构方程的模型构建方法与步骤，构建寡照条件下的低温灾害影响预报模型。

③ 大风灾害影响预警

风灾主要是通过破坏温室棚膜或结构致灾，风力越大，破坏性越强。风灾影响预报，可根据未来天气预报信息，结合风灾指标，按式(14.18)构建模型开展预报。

$$F(\mathrm{g})=f(F)+R=\begin{cases}1\\2\\3\\4\end{cases}\cup\begin{cases}-1\\0\\1\end{cases}=\begin{cases}1,\text{无}\\2,\text{轻}\\3,\text{中}\\4,\text{重}\end{cases}\tag{14.18}$$

式中：$F(\mathrm{g})$为日光温室风灾等级；$f(F)$为根据日光温室风灾气象等级指标预判的灾害发生等级；R 为灾害等级人工订正值。

④ 暴雪灾害影响预警

雪灾主要是通过破坏温室棚膜或结构致灾，雪的量级越高，破坏性越强。雪灾影响预报，可根据未来天气预报信息，结合雪灾指标，按式(14.19)构建模型开展预报。

$$P(\mathrm{g})=p(F)+R=\begin{cases}1\\2\\3\\4\end{cases}\cup\begin{cases}-1\\0\\1\end{cases}=\begin{cases}1,\text{无}\\2,\text{轻}\\3,\text{中}\\4,\text{重}\end{cases}\tag{14.19}$$

式中：$P(\mathrm{g})$为日光温室风灾等级；$p(F)$为根据日光温室雪灾气象等级指标预判的灾害发生等级；R 为灾害等级人工订正值。

14.3　设施农业气象服务中心组织管理经验及服务案例

14.3.1　设施农业气象服务中心组织管理经验

设施农业气象服务中心业务分为省、市、县三级。

14.3.1.1　省级设施农业气象服务

省级设施农业气象灾害影响预报服务业务，主要由省级农业气象业务隶属单位、公共服务中心、信息中心和大气探测中心承担。

(1)省级农业气象业务单位主要任务

收集省内特色农产品种植/养殖布局、生产关键期、主要农业气象灾害等信息。制定省级特色农业气象周年服务方案和部门内外联合会商制度。研究确定省级特色农业气象指标、农业气象灾害指标、农业气象观测技术等,研发特色农业气象业务与服务技术。省级特色农业气象服务产品制作,为省、市、县三级开展服务提供指导产品和技术支撑。向决策部门、专业部门和公众推送监测、预报、预警信息。指导市、县级开展服务需求调研、灾情调查、服务效益调查,组织编制调查和效益评估报告。在灾害性天气来临前,根据天气预报,组织省、市级业务部门会商及部门间联合会商。

(2)省级服务部门主要任务

利用互联网、新媒体等技术,实时发布特色农业气象服务信息。省、市、县三级特色农业服务产品发布的技术支撑。参与服务需求、灾情及服务效益调查。

省级信息部门主要任务是负责各地特色农业小气候观测数据,基础气象观测数据接收、存储、质控等工作。提供省、市、县三级业务实时共享网络安全与稳定技术支撑。负责特色农业气象业务会商系统运维保障。

(3)设备运维保障部门主要任务

设备运维保障部门负责设施农业小气候自动观测站故障排查、设备检修维护和设备的标定鉴定。

14.3.1.2 市级设施农业气象服务部门主要任务

负责开展市级农业气象基本观测和气象灾害影响监测;研究确定特色农业气象指标、农业气象灾害指标,研发特色农业气象服务技术。制作辖区内服务产品;面向市级决策部门和生产者,开展服务信息的发布。

负责建立设施农业气象服务市、县级部门内和部门外业务会商制度。

指导县级开展服务需求调研、灾情调查及服务效益评估,组织编制调查报告和效益评估报告。

14.3.1.3 县级设施农业气象服务部门主要任务

开展本级设施农业气象观测及气象灾害监测;研究确定设施农业气象指标、农业气象灾害指标,研发设施农业气象服务技术。制作服务产品;面向本级决策部门和生产者,开展服务信息的发布。

制定本级设施农业气象服务部门内外业务会商制度。

县级设施农业气象需求调研、灾情调查和服务效益评估。

14.3.1.4 设施农业气象服务中心服务效益

设施农业气象服务中心各级气象部门与当地农业农村部门紧密合作、数据共享、优势互补,共同建设施农业服务指标体系,联合发布服务信息,积极开展设施蔬菜气象服务。两部门建立定期会商机制,针对异常天气变化,及时制作发布设施气象服务专报,农业部门在全省农技推广系统转发,及时为菜农提供气象信息、生产管理和灾害预警服务,减少灾害性天气造成的损失,取得了良好效果,促进了设施蔬菜的持续健康发展。

2022 年,通过对包括各级政府、农业农村、应急办等决策部门,以及合作社、种植大户、广播电台等公众群体开展设施农业气象服务满意度调查，结果显示，省级产品内容和服务时效在满意等次以上的用户平均比例为 94.0%。山东省农业农村厅对设施农业气象服务中心年度气象服务满意度评价是：山东省气候中心针对设施果蔬提供了设施农业气象监测诊断、预报及灾害风险预估等服务产品，产品内容针对性强，预报、预警精准且时效高，为我们开展设施蔬菜农业生产指导提供了重要的决策依据。

14.3.2　服务案例

14.3.2.1　服务案例应用一

根据山东省气象台预报，2020 年 2 月 14—17 日，全省将出现雨雪过程，最大积雪深度 5～8 cm，半岛地区阵风 7～8 级。14 日，鲁西北和鲁中局部有暴雪，其他地区小到中雪；15 日，半岛局部有暴雪，鲁中东部和鲁东南地区局部大雪；16—17 日，半岛北部有小到中雪，其他地区晴到少云。14 日开始，气温明显下降，低温天气将持续到 18 日，预计最低气温降幅 10～12 ℃，最高气温降幅 16～20 ℃；16—18 日，鲁中山区和半岛内陆地区最低气温 −12～−9 ℃，其他地区 −7～−4 ℃。

针对此次雨雪、降温天气过程，山东省气候中心于 2 月 12 日上午收看全国和全省天气视频会商，掌握灾害性天气过程动态，根据过程范围和强度紧急组织业务会商，12 日下午向全省发布了气象服务快报（第 54 期）《雨雪降温来袭，设施蔬菜生产加强防范》（图 14.1），13—15 日持续跟踪天气过程，根据最新预报不断调整服务重点，动态发布《设施农业气象灾害影响预报》3 期；另外，每日制作未来 3 天日光温室小气候预报，发布 5 期《设施农业气象服务专报》。相关预警服务信息发送至山东省发展和改革委员会、应急管理厅、广播电视台等部门，同时通过微信平台发布。山东省广播电台乡村广播 09—18 时对每日设施农业气象服务专报进行整点播报。各市气象局也快速响应，在过程来临前发布寒潮预警信号，制作发布专题服务材料，通过网络、电视、电话等形式，开展服务。

气象服务快报

第 54 期

签发人：薛晓萍

山东省气象局　　2020 年 2 月 12 日

雨雪降温来袭，设施蔬菜生产加强防范

预计 14—18 日，全省以阴雨（雪）、降温天气为主，过程降温幅度较大，预计大部地区设施蔬菜将出现中度低温冷害风险，日光温室和塑料大棚分别存在轻度、中度雪灾风险，半岛地区塑料大棚存在轻度风灾风险。

一、灾害性天气预报

据省气象台预报，14—17 日，全省将出现雨雪过程，最大积雪深度 5～8 厘米，半岛地区阵风 7～8 级。14 日鲁西北和鲁中局部有暴雪，其他地区小到中雪；15 日半岛局部有暴雪，鲁中东部和鲁东南地区局部大雪；16—17 日，半岛北部有小到中雪，其他地区晴到少云。14 日开始气温明显下降，低温天气将持续到 18 日，预计最低气温降幅 10～12℃，最高气温降幅 16～20℃；16—18 日鲁中山区和半岛内陆地区最低气温-12～-9℃，其他地区-7～-4℃。

二、影响预报及评估

当前，日光温室秋冬茬蔬菜处在开花坐果－采摘期，冬春茬蔬菜处在苗期。阴雨（雪）天气光照条件较差，外界环境气温降低，不利于温室内热量蓄积，14—17日温室内气温将持续下降，日光温室最低可降至5℃左右，塑料大棚在0℃左右。

预计除鲁西南设施蔬菜将出现轻度低温冷害风险外，其他地区为中度低温冷害风险（图1），易导致植株生长缓慢，落花落果，果实出现畸形，影响产量与品质提升；14—17日大部地区日光温室和塑料大棚分别存在轻度、中度雪灾风险（图2），15—17日半岛地区塑料大棚存在轻度风灾风险，雪灾与风灾易造成设施棚膜或结构的损坏。

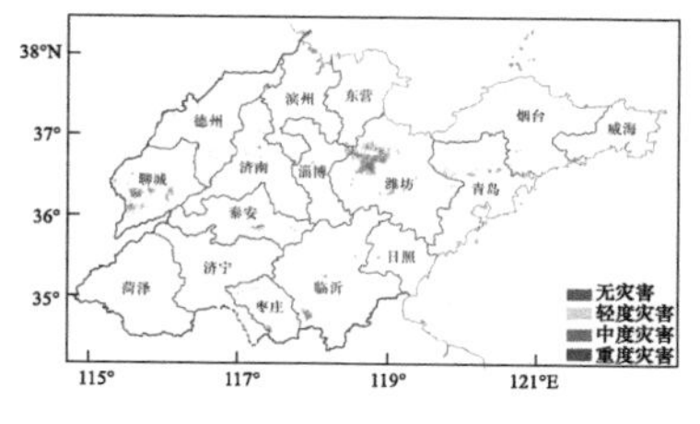

图1　2020年2月14—17日山东省设施蔬菜低温冷害等级风险分布图

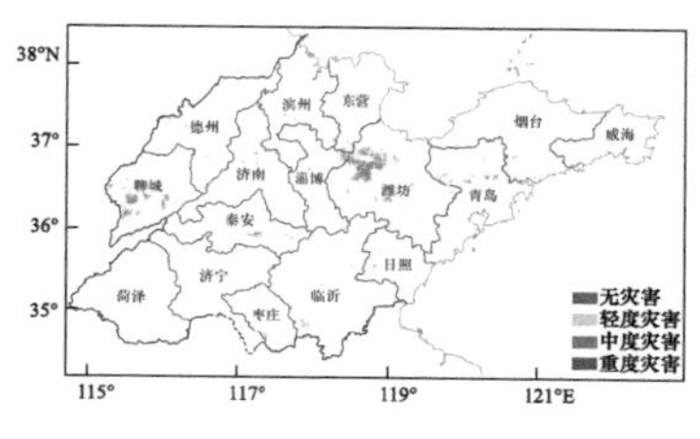

图2　2020年2月14—17日山东省塑料大棚暴雪灾害等级风险分布图

三、对策建议

雨雪降温天气来袭，建议加强保温、增温、补光等措施，夜间可加盖保温被等材料，防止设施蔬菜低温冷害；中午短时通风排湿，谨防病害发生；先雨后雪的地区，建议提前加盖塑料布，防止保温帘和保温被潮湿结冰；降雪较大地区及时清扫棚膜积雪，防止棚膜和结构受损；雨雪过后及时清洁棚膜，增加棚膜透光。

图 14.1　山东省气象局 2020 年 2 月 12 日气象服务快报（附彩图）

由于预报准确、服务及时，各地防御措施到位，有效降低了低温、暴雪的影响程度，大部分生产者按照预警信息提前采取了保温措施，大部地区设施蔬菜生长未受到影响，长势良好。

14.3.2.2 服务案例应用二

据中央气象台及各省气象台预报，2020 年 12 月 28 日夜间至 31 日，寒潮天气将影响我国中东部地区，带来大风、强降温和雨雪天气，最大降幅在 12～16 ℃，29—31 日的早晨气温最低，河北、辽宁局部最低气温可达－30 ℃左右，北京、天津局部在－20 ℃以下；28 日夜间至 29 日的雨雪过程主要出现在河南、山东、江淮之间北部和淮北地区。

设施农业气象服务中心按照会商机制于 2020 年 12 月 25 日针对本次寒潮过程，组织九省（市）十个单位线上会商，根据会商结果，各单位于 12 月 24 日下午制作发布本省（市）预警信息开展服务，同时与农业农村部门联合，提前 48～72 h 对过程的影响程度及范围进行了影响预报。基于中心区域内的一张网、一平台，逐日进行 1 km×1 km 日光温室小气候预报，开展日光温室蔬菜低温冷害、温室风灾和雪灾风险预警，经与实况数据对比检验，日光温室内日最低气温预报准确率达 88％，低温冷害、风灾和雪灾的灾害风险预报与实际发生等级差值低于 1 的准确率为分别为 91.3％、90.5％和 95.6％。

设施农业气象服务中心采用“设施农业气象服务”“天津农气”等微信公众号、“江苏气象”微博、“乡村广播”等新媒体发布服务信息；“设施农业气象灾害影响预报”被中央气象台引用，并呈报中共中央办公厅、国务院办公厅，同时，相关服务信息在 CCTV-17 频道同步向社会公众播出，服务覆盖全国。

灾害调查评估结果显示，由于设施农业气象服务中心预报准确，与各地农业农村部门联动，服务及时，主要设施农业新型主体按照服务信息采取防范措施，未造成明显灾害损失，日光温室蔬菜长势良好。

第 15 章 都市农业气象服务

15.1 都市农业与气象

15.1.1 都市农业的概念

“都市农业”一词，最早出现在 1930 年出版的《大阪府农业报》，而作为学术名词则最早出现在日本学者青鹿四郎于 1935 年发表的《农业经济地理》，20 世纪 50 年代开始被美国经济学家重视，后于 1977 年由经济学家艾伦·尼斯在其撰写的《日本农业模式》中明确提出：都市农业是一种在城市范围内进行的，直接服务于城市需求的特殊农业活动（徐长春，2017）。20 世纪 90 年代，都市农业发展十分迅速，逐渐成为世界各国现代化大都市农业发展的趋势和方向。联合国粮农组织和联合国计划开发署对都市农业提出了更为具体的定义：都市农业是位于城市内部和城市周边地区的农业，是一种包括从生产（或养殖）、加工、运输、消费到为城市提供农产品和服务的完整经济过程，它与乡村农业的重要区别在于它是城市经济和城市生态系统中的组成部分（宋涛 等，2013）。

针对我国的都市农业发展特点，宋金平（2002）给出了更为详尽的概念：都市农业主要是指城市经济发展到较高水平时，为适应城乡一体化建设需要，在大中城市郊区、边缘及空隙地带，依托大城市科技、资金、人才、市场优势，进行集约化农业生产，为国内外市场提供多种多样名、特、优、新、无公害的农副产品和为城市居民提供良好的生态环境并具有休闲娱乐、旅游观光、教育和创新等经济、社会、生态多种功能的现代农业生产体系。由此可见，都市农业表现为两类形态：一类是集约化的产品型都市农业，例如生态农业、设施农业、创汇农业等；另一类是服务型都市农业，诸如绿化农业、旅游农业、休闲农业等。都市农业的发展不再单纯考虑产出，而且需要兼顾生态，城市居民开始追求绿色、宜居、健康的生活方式。

15.1.2 都市农业的发展历程

世界各国由于农业基础、城市特点及其发展的轨迹不同，都市农业有着不同的发展内容和模式。如美国地广人稀，都市农业主要偏重生产、经济功能，都市农业和传统农业并没有明显的分界，都市和农村相互交叉，融为一体，农业如网络一样分布在城市群之中；以中欧和西欧一些国家为代表的一些国家和地区，关注资源与人口相互平衡，都市农业偏重生态、社会功能，逐渐形成了协调城乡发展、多功能利用土地的都市农业发展道路；以亚洲的日本和新加坡等国为代表的一些国家和地区，人多地少，都市农业兼顾生产、经济功能和生态、社会功能，一方面经济高速发展，城市化进程加快，乡村人口减少，基础设施弱化，乡村农业的生产功能日趋萎缩，形成集生产、生态及生活为一体的都市农业，另一方面土地资源稀缺，必须发展现代集约型的高科技、高产值都市农业，来解决农产品自给率。可以看出，都市农业已成为世界各国在不同农业基础和社会发展背景下，为实现城乡社会和谐发展的一种最普遍响应。

在我国，都市农业是近30年来伴随国内经济高速增长而快速发展起来的，目前都市农业已经成为中国各大城市农业发展的重要部分，呈现出良好的发展态势，其中以地处京津冀、长三角、珠三角和成渝地区四大都市群的北京、天津、上海、南京、深圳、重庆、成都等大中城市发展最好。1994年，上海成为我国第一个将都市农业列入“九五”计划和2010年远景目标的城市，已在设施农业、观光农业、庄园农业的发展方面取得显著成效。1998年，在北京召开了首次全国“都市农业研讨会”，北京市明确提出要以现代农业作为都市农业新的增长点，强化其食品供应、生态屏障、科技示范和休闲观光功能，使京郊农业成为我国农业现代化的先导力量。深圳特区建立之初，主要是发展“创汇农业”进而发展“三高农业”(高产、高质、高经济效益)，适应建设国际化大都市的需要。1999年天津市提出，在近郊环城地带发展都市型农业、远郊地带发展城郊型农业、在滨海地带发展滨海型农业的宏观布局模式。近年来，国内一些城市在学习国外案例的基础上，经过多年的实践，逐步探索出了符合自身实际、具有当地特色的都市农业发展模式。2012年农业部办公厅出台《关于加快发展都市现代农业的意见》，都市现代农业首次进入国家文件。2016年国务院印发的《全国农业现代化规划(2016—2020年)》中提到，“稳定大中城市郊区蔬菜保有面积，确保一定的自给率”。随后多年的中央一号文件，也都多次提及要推动现代都市农业的发展。目前，我国的都市农业逐渐发展成为依托城市内部或郊区，以服务城市多样化消费需求为目的，促进城乡融合发展的重要产业。

蔡海龙(2024)将我国都市现代农业分为城市内部服务农业、城市近郊休闲农业、城市远郊农产品生产基地和生态保护功能区三种类型。

① 城市内部服务农业。城市内部的都市现代农业距市中心最近，受城市辐射强度最大，非农化程度最高，农用土地最为细碎，难以发挥农业生产功能。这一区域功能主要以提供生活服务为重心。一是家庭农业，即城市居民利用阳台、庭院、屋顶、地下室等居住空间进行农事操作，主要为了体验生活、享受过程，同时产出少量果蔬类农产品或观赏类园艺品，供自己或朋友消费。目前，家庭农业正越来越快地增长，根据淘宝网站发布的《2022阳台种菜报告》，我国购种人数已连续三年增幅超100%，购种人数排名前三的城市分别为北京、上海、杭州(蔡海龙，2024)。二是楼宇农业，即利用城市闲置的购物中心、废弃楼顶等，建在人口密集的商业区吸引人流，打造适合休闲的城市农耕文化乐园，发展家庭种植、文创体验、亲子活动等创意项目。三是垂直农业，即在建筑物内部进行农业生产活动，实现多层次、多级利用的综合农业，大幅拓展耕地资源，摆脱气候、季节、地理等因素对农业生产的影响，但这一农业形态技术要求高、成本高，我国还没有在实践上应用，根据中国农科院杨其长团队测算，以生菜为例，若采用垂直方式生产，其产能可达大田的1000倍以上。

② 城市近郊休闲农业。城市附近的近郊区，有一定规模化的农业用地，可以承担部分生产功能，主要偏重新鲜、即时农产品；又因其距城区较近，适宜承载城市居民休闲观光、绿色文化、科普体验等多元精神需求，也承担了部分服务功能。一是高效设施农业，即利用新型生产设备和现代工程技术，调控温、光、水、土、气、肥等环境参数，改善动植物生长发育条件，进而提高农业产出效率和收益的一种农业形态。设施农业具有技术含量高、投入高、产出高、效益高的特点，可应用于种植业、畜牧业、渔业等多种农业细分场景，是都市现代农业的重点建设领域。目前，我国设施农业面积达4270多万亩，占世界设施农业总面积的80%以上，总体发展

较好。二是休闲观光农业，即凭借自然人文景观和地理区位优势，将农业生产和休闲观光有效结合，发展出采摘、垂钓、观光游览、科普教育等服务产品，促进三产融合，有效带动就业增收。伴随我国人均收入提高，居民对休闲娱乐消费需求大幅增加，因此，围绕休闲观光功能，发展出多种多样的模式，主要有观光农园、农业公园、市民农园、民宿农庄四类代表。三是生态康养农业，是服务于回归自然、治疗疾病、修身养性、颐养天年需求的一种农业形态。都市压力大、年轻人健康问题增加，人口老龄化加速、银发经济崛起，都将使生态康养农业需求增加。四是农业科技园区，即由政府、企业、集体经济组织等各方力量投资，以农业科研创新推广单位为技术依托，形成集农业高新技术的培育、开发、试验、生产于一体，带动农业现代化发展的示范区域。

③ 城市远郊农产品生产基地和生态保护功能区。作为都市现代农业的最外缘区域，城市远郊受城市化、工业化影响最弱，但拥有较广的田林地块和良好的自然环境，可以以农业产业为主导，进行规模化专业化生产，主要偏重茶叶、苗树、禽畜等农产品，同时，修复生态、绿化荒山，为城市发展提供环境保护、水源保护、生态屏障。一是农产品生产基地，即人为规划形成的具有一定幅员和规模的生产区域，一般以一种或几种农产品的加工或营销企业为依托，实行标准化、规模化、专业化生产。很多城市都在周边远郊建立农产品生产基地，保障本市的粮油果菜供给。二是生态农业或低碳农业，即重视远郊生态资源的保护利用，通过保护远郊森林公园、湿地公园、风景名胜区等生态功能保护区，为都市环境质量提升搭建生态屏障。

15.1.3　都市农业对气象服务的需求

前文提及，都市农业除具有生产、经济功能外，同时具有生态、观光、社会、文化等多种功能，是将农业的生产、生活、生态（“三生”）功能结合为一体，且“一二三产”融合发展的现代农业。都市农业作为城市的藩篱和绿化隔离带，可以防止市区无限制地扩张和摊大饼式地连成一片，作为“都市之肺”，对防治城市环境污染，营造绿色景观，保持清新、宁静的生活环境有特殊作用，也能够为城市提供新鲜、卫生、无污染的农产品，满足城市居民的消费需要，并增加农业劳动者的就业机会及收入。此外，都市农业为市民与农村交流、接触农业提供了场所和机会，保持和继承了农业农村的文化与传统，发挥了教育的特殊功能。因此，都市型现代农业的价值已从满足人们对“胃”的需求，上升到对生态服务、生活参与、文化教育等隐性价值的追求。基于都市农业的以上功能，面向都市农业的气象服务就具有深层次、多维度的需求空间。

15.1.3.1　都市农业生产功能与气象服务

生产功能，即都市农业的经济功能。通过发展都市地区绿色农业、高科技农业和可持续发展农业，为都市居民提供新鲜、卫生、安全的农产品，以满足城市居民食物消费需要。农业是对天气和气候变化反应最为敏感的行业之一，都市农业也不例外。虽然高端可控设施是都市农业的典型特征，但室内外小气候的联动关系，更需要精细化的气象信息服务作支撑。都市农业农产品生产过程的气象信息服务是以农业生产与气象技术装备为手段，通过集成不同的信息技术，实现农业生产全过程气象监测、预警、控制信息化，达到农业高效、低耗、少污染的目标。农业生产信息化关键技术与系统主要包括生产环境信息及生长信息的采集与处理技术、生产过程预警技术、生产过程环境控制技术等。

15.1.3.2　都市农业生活功能与气象服务

生活功能，即都市农业的社会功能。农业作为城市文化与社会生活的组成部分，通过农业活动为市民与农民提供社会交往机会，满足精神文化生活的需要，如观光休闲农业、农耕文化、民俗文化旅游。近年来，随着旅游服务行业的不断发展，多地政府已将当地特色、成规模植物开花盛放等物候时节开发成特色旅游项目之一，随之对花期等物候气象服务的需求逐年增多，市场需求的不断扩大，使得气象旅游预报和服务产品日益增加。都市农业气象服务中心各成员单位在前人对各种植物花期的特征和预报研究的基础上，利用温度和光照与植物物候期的相关关系构建开花等物候期的预报，形成了花期和红叶观赏期预报的服务产品，为都市农业气象服务中心覆盖的城市群居民提供赏花赏景气象服务。

15.1.3.3　都市农业生态功能与气象服务

生态功能，即都市农业的保护功能。农业作为绿色植物产业，是城市生态系统的组成部分，它对保育自然生态，涵养水源，调节微气候，改善人们生存环境有重要作用。绿化植物选择不当、配置模式不科学、管理方式不合理也会威胁人居环境。都市农业气象服务中心针对两方面需求进行气象服务。一是开展以评估对人与自然影响为目标的作物生长期监测预测农业气象服务，为人与自然融合发展服务。以气候品质评估为例，气候品质既是对农产品品质的认定，也是对当地保持优美生态环境最好的肯定。二是开展以生态治理为目标的农作物种植影响气象服务。以植源性污染预报为例，随着城市化的发展，城市绿化面积、树种及景观多样性在不断增加，使得某些绿植本身产生的物质含量在达到某种程度时，会对人体和环境产生不利影响，针对植源性污染开展预报及针对性建议，可以有效降低过敏性疾病的发生，并降低火灾发生概率，保障都市居民人身和财产安全。

15.2　都市农业气象服务技术和方法

服务精细是习近平总书记对新时期气象工作提出的重要指示内容之一。围绕这一目标，中国气象局在《"十四五"公共气象服务发展规划》《加强气象服务供给体系和供给能力现代化工作的指导意见》等文件中明确服务精细化方向，其中，对农业气象提出了分区域、分作物、分灾种、分环节的服务要求和技术思路。都市农业的多样性导致气象服务的场景多元、需求多变、用户多面，因此，传统农业气象服务的思路和手段已无法满足现代都市农业对气象服务的具体化需求，探索新形势下都市农业气象服务的新思路、新模式和新技术，是农业气象服务急需研究的发展课题之一。

都市农业气象服务与其他特色农业气象服务的典型区别就是，都市农业气象要在服务农民的基础上，将服务产品和内容向市民倾斜，因此，本节介绍的服务技术和方法兼顾了农民和市民的服务需求。各地都市农业气象服务的场景众多，其中涉及的技术内容也较为复杂，为便于读者理解都市农业气象服务的思路和内容，这里将都市农业气象服务技术分类为生产型服务技术和生态、生活型服务技术。本节介绍都市农业 4 种生产功能典型气象服务技术，主要突出技术的信息化和智能化优势；此外介绍 2 种生活和生态功能的气象服务技术，倾向于服务技术如何向第二、三产业进行延伸。

15.2.1　都市农业生产功能的气象服务技术

都市农业是现代农业的重要形式和特征，严格来说，都市农业在生产内容上，与其他农作物生产没有本质的区别。对于气象服务而言，能够体现出与传统农业气象服务的差异，主要是在服务场景的培育、服务链条的延伸、服务价值的挖掘，技术层面更多体现在现代信息技术的应用。

此处，以 4 个典型的气象服务技术，介绍都市农业生产过程中的服务思路。

15.2.1.1　监测与辅助调控系列技术

都市农业的观测对象主要是农业小气候和农作物生长发育过程，其中主要包括农业生物生活环境（如农田、果园、温室等）、农业生产活动环境内的气候以及智能化的农作物表型。

（1）社会化智能监测终端

都市农业的生产受地理位置、建筑结构、种植习惯、管理措施等方面因素影响，其农业小气候的环境条件差异较大，需要研发小型化、易操作、经济实用的监测设备。为此，天津市气象局牵头的都市农业气象服务中心研发了丰聆系列便携式智能小气候监测仪，搭载了光照、空气温度、空气湿度传感器，并预留航空插头接口支持土壤温湿度传感器的扩展，最多可实现五种设施生产关键环境要素的采集；设备内置一块锂电池，可短期供电，并配有 USB TYPE-C 接口及太阳能板，实现室电及太阳能稳定供电；设备配有液晶显示屏，触控可显示设备状态及采样信息；配有两套安装组件，可实现悬挂和地插两种安装模式，适用于设施作物生产场景；设备采样信息及 GPS 定位通过物联网卡实时云化。设备售价在千元级，真正做到了“测量级精度，消费级价格”，可以满足设施生产多样化社会观测需求。

（2）作物生长动态长势识别技术

都市农业种植生产作业的工况条件复杂，实现无人化作业难度较大。需要利用 AI 技术开展作物发育进程及果实成熟度图像无损识别技术研究。

服务中，以设施栽培番茄为例，开展了果实成熟度的图像识别技术研究。其中，发育进程采取 ResNet18 卷积神经网络构建的模型，在真实场景下分类识别准确率达到 92.50%，其网络稳定性高、训练速度快，为番茄生育期自动化观测提供了有效方法。而番茄成熟度采用改进后的 YOLOv5 网络结构在遮挡和光照不均等复杂场景下的识别，平均精度均值达到了 97.4%，两种图像识别方法图像识别响应快，占用资源少，实现了发育进程及成熟度的在线无损监测，为基于番茄发育进程开展场景细分服务提供了技术基础。

（3）“机理—数据—经验”融合的设施作物生长辅助管理模型

都市农业气象服务中心从作物生长机理入手，以光温生长因子来构建生长发育模型，将信息技术与农艺深度融合，实现对作物生长全过程环境数据实时精准感知、智能分析与预报预警，并通过一系列核心算法，构建了一套集揭盖帘、通风等主要农事活动在内的辅助管理模型，为生产营造充足适宜的环境条件。以揭盖温室保温被为例，揭被过晚易造成光温资源利用率低，揭被过早则直接导致作物受到低温危害。温室的安全高效生产需要精细化的管理作为支撑，在正常天气条件下针对揭被主要考虑揭被后的室内气温、光辐射强度、当前时间，并以作物低温限制点、光补偿点、经验最晚揭被时间作为判别指标，来构建揭被决策模型。

（4）日光温室智能加温控制技术

日光温室反季节生产经常遇到低温天气，为了解决低温对生产造成的不利影响，改善农户生产调控水平和管理效率，中心研发了一种通过电加温的方式实现节能型日光温室温度环境实时监测与智能调节控制的技术方案，该技术将温度要素监测、设备控制、网络化应用集于一身，通过采集温室内空气温度，并根据农作物生长需求设置进行智能温度控制，自动开启或关闭指定的环境调节设备，达到适时加温的目的，而且用户也可通过互联网随时了解温室的温度环境信息并完成远程控制。整个系统由感知模块、主控模块、通讯模块、伺服模块和执行设备组成。当设备控制开关在“自动”档时，可根据实际生产中用户设置的上下限温度值自动开启和关闭加温设备；在“手动”档时，可根据用户设置的上限温度自动关闭加温设备。为了保证系统的安全性，空气温度传感器设2个，数据采集密度每秒1次，主动上传密度每10 min 1次，触发系统自动开启功能时，需要两个空气温度传感器同时达到开启下限，触发系统自动关闭功能时，只需一个空气温度传感器达到上限即可关闭。

15.2.1.2 气候品质追溯和评估技术

农产品认证是当前国际通行的农产品和食品品质安全管理手段。农产品品质的形成受生态环境、田间管理等因素影响，其中气象条件（如温度、光照及降水等）是影响农产品品质的主要生态环境因素。农产品气候品质认证是指依据农产品品质与气候的密切关系，设定气候条件指标，建立认证技术标准，最终综合评价确定气候品质等级，是天气气候条件对农产品品质影响的优劣等级的评定。而气候品质追溯主要通过二维码技术、数据管理和传输技术，实现对农产品生产过程中环境监测数据以及品种、栽培管理、气象灾害、喷药记录、检测报告等系列数据的上传、加工、展示等功能，形成覆盖农产品全生命周期内的信息追溯系统。农产品气候品质追溯和评估是提高农产品品质和声誉、增强市场竞争力的一项重要手段。

气候品质评估技术通常采用统计学指标和数学模型对特定区域、特定时间内生产的特定品种农产品品质的优劣等级进行综合评分。评分要素主要包括农产品产地经营主体的立地条件、当年气候资源条件和经营主体生产管理水平三部分组成。经营主体的立地条件是指植物生长所需的气候、地貌、土壤条件等各种外部因子的综合体现，根据立地条件对果品生产的影响，将其划分为不同等级并赋予分值。农产品当年度生长气候条件是影响农产品品质的重要生态环境因素，农产品生长气候条件得分由生长气候资源评分和气象灾害评分两部分组成。其中气候资源主要包括生长关键期的降水量、气温、积温、日照时数等影响品质形成的关键气候要素，气象灾害主要包括农产品生长关键期的低温冷害、霜冻、冰雹、大风等对品质形成带来不利影响的关键气象灾害。经营主体生产管理条件对果品品质的影响主要由经营主体的管理水平、管理措施以及实施成效决定。经营主体生产管理条件的评定标准主要包括以下内容：农产品生产技术标准与安全生产规范制定执行情况、当年“三品”认证情况、当年品质指标现场抽检情况等。

根据行业标准 QX/T 486—2019《农产品气候品质认证技术规范》，农产品的气候品质认证需要农产品信息、气象资料作为基础资料要求。一般认为，申请气候品质认证的农产品应是具有地方特色和一定的种植规模，且以常规方式种植的生产区域范围内的初级农产品，农产品的品质应主要取决于独特的地理环境和气候条件。而在进行评估前，需要对申请认证的农产品的名称、品种、品质指标、生产基地信息等资料进行整理收集。气象资料方面，应为代表该农产品生产区域和影响该农产品生产的时间范围内的资料，要素包括气温、降水量、空气相对湿度、日照时数、土壤温度、土壤相对湿度、太阳辐射等与认证农产品品质密切相关的气象因子。此外，农产品品质的数据可以通过田间试验、文献查阅等方法，获取表征农产品品质的生理生化指标和外观指标。农产品的气候品质评价分为一般、良、优、特优四个等级，以气候品质评价指数计算，气候品质评价指数可以应用主成分分析、熵权法、专家决策法等方法来确定气候品质指标的权重系数，而后采用加权求和建立气候品质评价指数模型。具体技术流程在此不赘述。

农产品的气候品质评估或认证结果以报告为证，内容主要包括农产品的名称，委托单位、气候品质认证标识、农产品认证区域和生产单位的概况、农产品生长期主要（关键）天气气候条件分析、评价等级、报告适用范围及认证单位等。

15.2.1.3　农业气象保险技术

农业保险作为一种商业化的救灾模式，可以分散农业生产户的风险，补偿因灾经济损失，为灾后重建提供经济支持。但长期以来，政策性的农业保险保障的风险单一、保障水平低、农户参保积极性不高，存在信息不对称，“逆向选择”与“道德风险”等问题，而天气指数农业保险在一定程度上可以解决传统农业保险产品与模式的弊端，成为都市农业生产企业和农户降低生产风险、优化御灾能力的重要手段。

天气指数保险，又称气象指数保险，是指以单个或者综合气象要素作为触发因子，当达到触发值，承保方均需要根据气象指数等级向受保方支付保险金（吉春容 等，2023）。气象指数保险不以实际灾损为赔付依据，而是将约定的气象条件量化计算赔付额，具有成本和效率的优势。

天气指数保险产品的开发可分为以下几个步骤：资料收集与处理、天气指数的选取与设计、天气指数—灾损模型的构建、理赔触发值的确定、纯保险费率的厘定和保险产品设计等（马昕，2020）。具体到某一种农产品的保险产品，需要进行需求分析和实地调查，获取相应背景资料，了解农作物的主要种植分布、发育期以及影响产量或品质的主要气象要素，统计不同年景下的农作物产值，了解农产品的种植管理成本等信息。以下简单介绍天气指数保险产品开发的步骤。

（1）资料收集与处理

气象指数保险的设计必须基于生产地长序列的历史数据。至少要获取到基础地理信息，承保区域 10 年以上的地面气象观测资料、农作物产量和生育期资料、重要气象灾害资料以及试验观测资料等。

（2）天气指数选取与设计

天气指数可以是单一气象要素，也可以是多个气象要素的综合。满足客观独立可验证性，具有较好的稳定性。目前，天气指数的选取有两种方法：可采用已有的气象灾害指标作为农作物灾害的天气指数，即基于已颁布的国家和地方标准、行业业务指标等规范化的农业气象灾害指标；可通过统计分析方法构建与农作物减产率显著相关的指数作为反映受灾程度的天气指数，初选造成农作物灾害的相关气象要素（如光照、温度、降水等），采用敏感系数、方差分析或多重比较等方法分析减产率与气象要素之间的关系，引入因子对产量的影响大，且因子之间相关性小，筛选出关键致灾因子作为农作物受灾天气指数。

（3）天气指数—灾损模型构建

此处以减产率为例介绍灾损模型的构建。

首先，计算气象灾害减产率。基于历年农作物产量数据，利用时间序列分析方法拟合趋势产量，从而得到气象产量和相对气象产量，减产率为相对气象产量中的减产部分，相对气象产量为负值表示减产。

其次，确定典型气象灾害数据。因农作物的减产不一定全部为气象灾害所致，所以天气指数与减产率不是绝对对应关系，因此需要对灾害的样本进行筛选，将受气象灾害明显并且导致了减产的数据作为典型气象灾害数据集。

最后，构建天气指数受灾模型。基于典型气象灾害数据样本，采用回归分析方法，得到天气指数与减产率之间有较好拟合效果且通过显著性检验的统计模型。

（4）理赔触发值确定

理赔触发值是指开始启动保险理赔时所对应的天气指数值。由于天气指数保险不需要实地勘验，只是根据既定的天气指数来决定赔偿，可能出现造成赔付与实际损失不匹配，所以要适当避免或降低基差风险。

基于构建的灾损模型，以历史气象和农作物产量资料为基础，分析历史上农作物受灾发生损失，计算不同天气指数阈值下对应的灾害赔付率。将历史天气指数平均赔付与历史平均产量损失进行对比，通过迭代计算后确定两者尽可能一致的天气指数作为理赔触发值。

(5)纯保险费率厘定和保险产品设计

纯保险费率是指保险金额中纯保费的比例，由损失概率确定。实际操作中，一般以投保人投保农作物历史上长时期的平均损失率来确定，理论损失等于单位面积农作物的灾害损失率的数学期望。

由于不同地区气候、地形、植被以及农作物种植面积的差异会影响产量进而影响到保险费率。为了实现不同区域保险费率的差异化，需要进行气象灾害风险评估，并针对灾害风险评估的结果对天气指数保险费率进行修订。灾害风险评估一般不考虑地理位置、农田设施、经济水平、农作物对灾害抵抗能力的不同以及农户经营管理水平的高低，主要会考虑致灾因子危险性。对致灾因素危险性进行无量纲化处理，可表达不同区域的风险总量。在风险总量大的区域，灾害赔付额度超过保费收入的可能性较大，需要适当收取较高的风险附加率来保障保险公司的业务可持续性。

在以上技术流程中，产品设计是天气指数农业保险的难点。气象指数保险产品设计的技术要求较高，涉及精算、气象、统计等诸多学科，需要可靠的数据分析和严谨的模型设计，不合理的产品会造成较大的偏差风险。同其他农业保险类似，天气指数农业保险从开发设计到实践应用，再到产品推广应用，还有很长的一段路要走。但随着气象灾害的频发和农业保险市场的迅速发展，天气指数农业保险可作为传统政策性农业保险的补充和替代。

15.2.1.4 用户画像技术

用户画像又称用户角色，是勾画目标用户、联系用户诉求与设计方向的有效工具。用户画像技术最初是在电商领域得到应用的，在大数据时代背景下，将用户的每个具体信息抽象成标签，利用这些标签将用户形象具体化，从而为用户提供有针对性的服务。将用户画像技术思路和方法引入农业气象服务场景中，通过对用户行为数据进行智能化分析，对用户行为进行分类别贴标签，从而实现个性化、差异化的直通式服务的目的，不仅可以提高农业气象服务的针对性、准确性和有效性，也可以降低服务用户对气象服务无效信息等“噪声”的反感，提高气象服务的“准度”和“温度”，提高气象服务质量。

用户画像技术在电商领域已非常成熟，但在气象和农业领域的应用尚处于起步阶段。在近期可查文献中，只有上海、浙江、湖北等少数几个省(直辖市)的气象科研业务人员开展了一些研究，用户画像技术还没有深入到气象服务的核心技术层面，更没有在具体专业气象场景中开展应用。本书作者研究团队的用户画像技术的实现思路为：通过多种途径获得用户信息，对获得信息进行清洗、整理后，进入信息加工环节，完成对用户属性的标记，进而实现用户的特征分类，完成用户画像任务；之后基于用户的典型分类，设计服务产品推送频次、服务产品模板，最后面向该用户完成系统的个性化展示或产品的定向推送。具体技术的实现步骤如下。

(1)建立用户的基础画像和动态画像

农业用户生产信息按照获取时效分为面上调查的静态数据及行为监测的动态数据两大类。其中，面上调查数据主要为地域性统计资料，包括农业生产统计信息、新型农业经营主体注册信息、样点调查信息、土地分类信息、作物种植区划信息等。本项目在东丽区和西青区的两个典型乡镇进行面上调查，基于此类数据形成区域群组用户画像，在新用户线上行为数据缺失的情况下作为新用户的初始用户基础画像。行为监测信息主要为用户实时反馈信息，包括微信行为数据、生产场景图像识别数据等，此类数据通过收集用户的行为反馈信息更新用户画像，得到具体个人用户的动态画像。

(2)建立农业用户画像兴趣标签及更新模型

基于多源农业用户生产信息，对用户进行属性分类，并为每位用户贴属性标签，具体标签内容包括地域、农业生产类型、作物种类、发育阶段、浏览信息板块、访问频次、用户在线时长、服务产品下单率等，用户画像兴趣标签采用动态更新，按照更新时效将用户兴趣标签分为长期兴趣标签和短期兴趣标签，对于短期兴趣标签使用滑动时间窗口算法进行更新，对于长期兴趣标签使用遗忘函数算法进行更新，形成长短期结合的兴趣更新模型。

(3)研发"云＋端"移动气象实景观测设备并开展图像识别技术

针对都市农业生产使用场景，研发完善气象实景观测终端，获取实况气象监测数据和农业生产场景图片。选取试点乡镇有代表性生产场景，架设监测设备，采集不同作物各个生育期图像及田间管理数据，根据作物生长发育进程及田间管理状态进行不同特征差异对比分析，标注种植作物种类、关键生长发育期等。基于深度学习作物种类与关键生长发育期、田间管理措施图像识别模型建立与优化，以 Python 为编程语言，以 TensorFlow 为深度学习框架，以不同作物图像及田间管理状态为识别样本，通过优化精确度较高的目标检测模型(VGG、ResNet)，形成作物种类、关键生长发育期监测模型，为用户画像提供实时的解译和标签识别。

(4)个性服务产品开发

以移动监测设备数据、CLDAS 实况产品、智能网格预报产品及气象站点观测数据插值产品等多源气象数据产品为基础，以用户兴趣标签为依据，为试点服务场景构建一套集农业气象条件评价、农事生产适宜度、农业气象灾害风险评估、预报预警等在内的周年农业气象服务产品集，开展分区域、分作物、分灾种、分发育期、分农时的精细化服务。

(5)农业气象服务信息交互

以移动服务终端搭建农业气象服务信息交互模块，实现服务信息的展示以及用户行为信息的收集。服务产品根据用户的兴趣标签采取智能匹配和定向推送，模块根据用户的画像信息适时推送定制的农业气象灾害风险预警信息。

15.2.2 都市农业生活和生态功能的气象服务技术

对于都市农业而言，气象服务不仅要为大城市周边农村中从事名优特色农产品生产的农民进行服务，还要为购买这些名优特色农产品的消费者进行延伸的气象服务。所以，都市农业的气象除了面向生产环节提供服务之外，还需要在生态领域和生活领域开展气象服务，形成对都市农业三个领域的全覆盖，并由生产中的气象服务分别向产前和产后进行延伸，由第一产业向农产品加工业等第二产业及面向物流、仓储、保险、旅游等第三产业进行扩展。

以下以两个服务技术为例，介绍乡村旅游中的生态、生活型农业的气象服务内容。

15.2.2.1 植源性污染预报技术

植物本身的生物学特性及其与环境因子的耦合造成污染物浓度的变化称为植源性污染，

常见的植源性污染物包括花粉、飞絮等。飞絮主要以杨柳科的雌性个体为主，飞毛飞絮主要集中在4—6月。杨柳飞絮是植物生长发育过程中的一种自然现象，是植物种子传播和繁衍后代的一种自然进化方式。飞絮飘在空中，会携带空气中的细菌、病毒和花粉，形成过敏原，进而导致人体皮肤瘙痒、打喷嚏、流鼻涕、咳嗽，甚至哮喘。同时飞絮易燃。杨柳飞絮扩散扬飞与气温、空气湿度、光照等气象条件有关。干燥、温暖和阳光充足的天气有利于飞絮从植物上脱落和飘散，并且气温越高、光照越强，越有利于植物芽与花的形成和成熟，在气候适宜的条件下，杨柳絮的生成量便会增加。相反，阴雨天气和空气较潮湿时，微小的飞毛飞絮容易发生沉降，在被雨水冲刷后的空气中飞毛飞絮量会明显减少，阴雨寡照的天气条件不利于杨柳树等果实的成熟。杨柳絮的预报与当前的气象条件密切相关，以京津冀地区毛白杨为例，当年累计积温超过480 ℃·d，且5 d滑动平均气温超过14 ℃后，毛白杨果实开始开裂，在无明显降水、降温、大风天气下，杨絮将进入始飞期。

① 杨絮始飞期预报指标

$$\mathrm{SF_Y}=\begin{cases}1 & \overline{T_5}\geqslant 14 \text{ 和 } E\geqslant 480\\0 & \overline{T_5}<14 \text{ 或 } E<480\end{cases} \tag{15.1}$$

式中：$\mathrm{SF_Y}$为杨絮始飞期的预报指标（每年$\mathrm{SF_Y}$为1的当天为杨絮始飞日期）；$\overline{T_5}$为5 d滑动平均气温；E为每年1月1日起大于杨柳树生物学零度(0 ℃)的有效积温，单位是℃·d。

② 柳絮始飞期预报指标

$$\mathrm{SF_L}=\begin{cases}1 & \overline{T_5}\geqslant 15.5 \text{ 和 } E\geqslant 560\\0 & \overline{T_5}<15.5 \text{ 或 } E<560\end{cases} \tag{15.2}$$

式中：$\mathrm{SF_L}$为柳絮始飞期的预报指标（每年$\mathrm{SF_L}$为1的当天为柳絮始飞日期）。

③ 杨絮盛飞期预报指标

$$\mathrm{FB_Y}=\begin{cases}1 & T_B\geqslant 25 \text{ 和 } E\geqslant 580\\0 & T_B<25 \text{ 或 } E<580\end{cases} \tag{15.3}$$

式中：$\mathrm{FB_Y}$为杨絮盛飞期的预报指标（每年$\mathrm{FB_Y}$为1的当天为杨絮盛飞日期）；T_B为近3日的最高气温，单位是℃。

④ 柳絮盛飞期预报指标

$$\mathrm{FB_L}=\begin{cases}1 & T_B\geqslant 25 \text{ 和 } E\geqslant 680\\0 & T_B<25 \text{ 或 } E<680\end{cases} \tag{15.4}$$

式中：$\mathrm{FB_L}$为柳絮盛飞期的预报指标（每年$\mathrm{FB_L}$为1的当天为柳絮盛飞日期）。

⑤ 杨柳絮飘飞适宜指数

杨柳絮飘飞适宜指数及含义见表15.1。

表15.1 杨柳絮飘飞适宜指数及含义

杨柳絮飘飞适宜指数	判别指标(P)	指数描述
1	$P=0$	不适宜
2	$0<P\leqslant 0.36$	较适宜
3	$0.36<P\leqslant 0.64$	适宜
4	$0.64<P\leqslant 1$	非常适宜

杨柳絮飘飞适宜指数判别指标计算表达式为

$$P = \prod_{i=1}^{4} A_i \tag{15.5}$$

式中：P 为杨柳絮飘飞适宜指数的判别指标；i 取 1～4 的整数，A_1 为相对湿度因子，A_2 为日照时数因子，A_3 为平均风速因子，A_4 为降水量因子。

杨柳絮飘飞判别气象因子取值规则见表 15.2。

表 15.2　杨柳絮飘飞判别气象因子取值规则

因子取值	因子取值规则					
	相对湿度因子 (A_1) 判别指标：日平均相对湿度/%	日照时数因子 (A_2) 判别指标：日照时数/h		平均风速因子 (A_3) 判别指标：日平均风力等级		降水量因子 (A_4) 判别指标：日降水量/mm
		始飞	盛飞	始飞	盛飞	
0	(70,100)	[0,4]	[0,6.5]	0 或[6,17]	0 或 1 或[6,17]	0
0.6	(50,70)	[4,6]	[6.5,8]	4 或 5	2 或 5	—
0.8	(30,50)	[6,8]	[8,10]	3	4	—
1	[0,30]	[8,24]	[10,24]	1 或 2	3	(0,+∞)

15.2.2.2　红叶观赏期预报技术

树木叶片变红成为重要的植被气候观赏景观。红叶受地理和气候因素的影响较大，气温的高低、日照的多寡、秋风的缓急、雨水的亏盈，区域的不同都会让植物叶片变红的速度、面积有所不同。其中，气温对红叶的影响最为密切。气温可以影响枫叶中叶绿素、叶黄素、胡萝卜素和花青素的含量，当叶绿素合成受到影响并逐渐消失，耐低温的叶黄素、花青素等色素颜色就会逐渐显现，从而使得叶片变色。低温有利于叶绿素的分解并促使根系吸收利于叶片变色的微量元素，气温日较差越大对叶片变色越有利。当树叶变色率为 10%～30%，叶子处于发黄状态，此时进入初红期；当树叶变色率为 30%～60%，叶子处于红黄和橙红之间的状态，此时处于斑红期；当树叶变色率超过 60%，叶子全部处于深红、暗红或紫红色状态，此时处于红叶的最佳观赏期。具体预报方法及指标如下。

① 红叶观赏期气象预报方法

$$F = F_1 + F_2 + F_3 + F_4 \tag{15.6}$$

式中：F 为红叶观赏期气象预报指标；F_1 为 3 d 滑动平均气温因子；F_2 为 3 d 滑动平均最低气温因子；F_3 为 3 d 滑动平均气温日较差因子；F_4 为初霜日因子。

红叶观赏期气象因子取值规则见表 15.3。

表 15.3　红叶观赏期气象因子取值规则

因子取值	因子取值规则				
	3 d 滑动平均气温因子 (F_1) /℃	3 d 滑动平均最低气温因子 (F_2) /℃	3 d 滑动平均气温日较差因子 (F_3) /℃		初霜日因子 (F_4) 判别指标：日降水量/mm
			变色阶段	落叶阶段	
−0.625	(−∞,3)	(−∞,0)	—	—	—
−0.375	—	—	—	(15,+∞)	—
−0.250	(15,+∞)	(10,+∞)	—	[12,15]	—

续表

因子取值	因子取值规则				
	3 d滑动平均气温因子（F_1）/℃	3 d滑动平均最低气温因子（F_2）/℃	3 d滑动平均气温日较差因子（F_3）/℃		初霜日因子（F_4）判别指标：日降水量/mm
			变色阶段	落叶阶段	
−0.125	—	—	(−∞,7)	[9,12]	—
0	—	—	[7,9]	[7,9]	变色阶段未出现初霜
0.125	(12,15)	(6,10)	[9,12]	(−∞,7)	—
0.250	(3,5)	(0,3)	[12,15]	—	变色阶段出现初霜
0.375	—	—	(15,+∞)	—	—
0.625	(5,12)	(3,6)	—	—	—

② 红叶初红期气象预报

$$F_c=\begin{cases}1 & F\geqslant 0.8\\0 & F<0.8\end{cases}\tag{15.7}$$

式中：F_c为红叶初红期气象预报指标，红叶初红期历史平均时间前20日开始滚动计算，F_c为1的当天为红叶进入初红期的日期；F为红叶观赏期气象预报指标。

③ 红叶最佳观赏期气象预报

$$F_z=\begin{cases}1 & E\geqslant 165\\0 & E<165\end{cases}\tag{15.8}$$

式中：F_z为红叶最佳观赏期气象预报指标，每年红叶初红期后，F_z为1的当天为红叶进入最佳观赏期的时间；E为每年红叶初红期起大于红叶树种生物学零度（0 ℃）的有效积温，单位是℃·d。

④ 红叶落叶期气象预报

$$F_l=\begin{cases}1 & F\leqslant 0.5\\0 & F>0.5\end{cases}\tag{15.9}$$

式中：F_l为红叶落叶期气象预报指标，每年最佳观赏期开始后，F_L为1的当天为红叶进入落叶期的日期。

⑤ 红叶适宜观赏结束时间气象预报

$$F_o=\begin{cases}1 & \overline{F_5}<0.8\\0 & \overline{F_5}\geqslant 0.8\end{cases}\tag{15.10}$$

式中：F_o为红叶适宜观赏结束时间气象预报；F_5为红叶观赏期气象预报指标F的5 d滑动平均气温。每年红叶进入落叶期后，$\overline{F_5}$为1的当天为红叶适宜观赏期结束日期。

15.3 都市农业气象服务中心组织管理经验及服务案例

15.3.1 都市农业气象服务中心组织管理经验

都市农业气象服务中心自2018年成立后，围绕中心的发展定位，制定相应的管理办法，先后制定并颁布《都市农业气象服务中心管理办法》《都市农业气象服务中心建设方案》《都市农业气象服务中心服务方案》和《都市农业气象服务中心业务服务流程》等管理规定，并每年对相关管理制度和业务流程进行修订，完备的各项管理办法和方案确保中心稳定运行。

都市农业气象服务中心根据都市农业气象服务需求，确定以物联网应用、作物环境模拟、气候资源高效利用等为核心技术发展方向，并分别组建了跨地区、跨部门的联合技术研发小组。技术小组围绕核心技术研究成果、特色农业服务以及拓展服务领域，开展交流，努力提升了都市农业气象服务中心的技术水平，扩大了服务影响力。此外，天津市气象局和上海市气象局还分别成立了都市农业气象服务技术创新团队，以技术创新驱动中心的高效发展，实现了科研成果向服务一线的快速转化。

15.3.2　服务案例

都市农业气象服务中心按照习近平总书记"做好'土特产'文章"的要求，面向全国开展特色农产品气象服务模式创建，目前已探索出一条可在全国推广的农业气象服务解决方案，先后应用于天津小站稻、重庆青花椒、广州增城荔枝、上海小青菜等多个农业单品，并形成了一些专属农业气象服务品牌，在保障农业安全高效生产的同时，有效对接了农业二产，并延伸到农业三产。

此处以"天知稻"和"丰聆"为例，介绍都市农业气象服务的案例。

15.3.2.1　"天知稻"——"气象＋保险"的气象服务案例

小站稻是天津传统的特色优质农产品。为深入贯彻落实习近平总书记关于小站稻的重要指示精神，按照小站稻产业振兴相关规划方案要求，都市农业气象服务中心创新政府主导、部门合作、企业参与、农户融入的工作格局，制定《小站稻产业振兴气象服务实施方案》，打造"互联网＋现代农业＋智慧气象"的小站稻服务模式，形成"天知稻"气象服务品牌，推出产前、产中、产后全程服务链，保障小站稻安全高效生产，助力小站稻品牌振兴。产前，与中国人民保险集团股份有限公司天津分公司合作研发全国首款水稻品质险，开通农保线上虚拟测算，做好不利天气的风险保障，让农户种得安心；产中，利用物联网监测设备、精细化网格预报和水稻作物模型，靶向推送预警信息和农技指导，增加稻农风险防控能力，让农户管得省心；开展全程数据跟踪和信息采集，进行水稻气候品质评价和信息溯源，为绿色优质稻米贴上认证标签，提升品牌公信力和产品价值，让农户卖得称心。

"天知稻"气象服务模式紧紧围绕稻米产销关键环节，有效衔接了水稻生产各环节的服务需求，达到农业防灾减灾和提质增效的目的，气象风险预警和定制化保险的加持让农村防灾减灾能力得到提升，农业技术指导和气候品质评估使农民增产增收效益显著(图 15.1)。

2019 年，"天知稻"气象服务模式在天津市宝坻区和宁河区的两个水稻种植合作社进行技术推广和服务示范，服务过程如下。

① 4 月中旬，天津小站稻进入育秧期，"天知稻"及时发布推送水稻育秧期的气象服务。提示育秧基地，水稻种子萌发对气温的最低要求为 10～12 ℃，最适气温 32～35 ℃，最高气温 38～40 ℃。如果发芽前后育秧大棚内气温低于 10 ℃，持续连阴雨 4～5 d，就将出现烂种烂芽风险。在 2019 年 4 月的水稻育秧期，天津地区还发生了一次大风灾害。"天知稻"通过微信公众号，将大风预警信息推送至育秧基地的管理人员，提示提前进行棚室加固，保障育秧基地安

全防御大风灾害。

② 4 月中下旬，为小站稻的秧苗期。“天知稻”根据秧苗期的生长阈值，提示棚室温度控制在 30～34 ℃，期间有 4 次棚室温度升至 39 ℃以上，通过“天知稻”订阅信息和现场服务，提示管理工人进行通风降温，保证秧苗不会徒长或遭受热害。

③ 5 月上中旬，小站稻进行移栽插秧。小站稻的插秧最关注的天气为低温和大风，“天知稻”提前 7 d 发布移栽期的大风和降温风险预报，分析 5 月 4 日为气温稳定通过 14 ℃的 80% 保证率，并对 5 月上旬的低温进行风险分析，实时滚动发布大风实况，保证了当年移栽插秧的顺利完成。

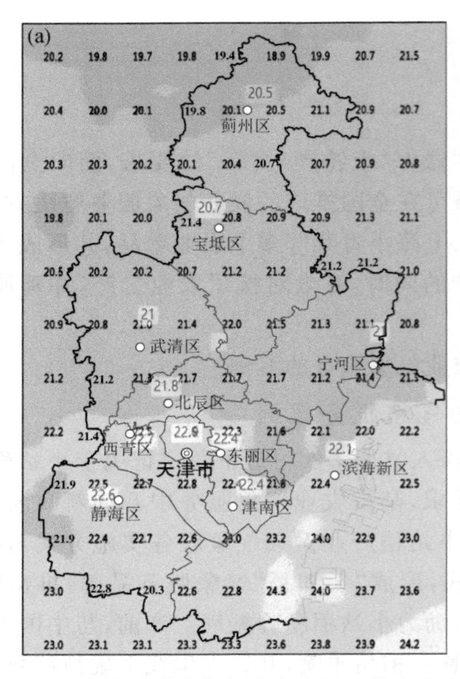

图 15.1　小站稻移栽期气象灾害风险格点化实况产品(a)和休耕期服务界面(b)示例(附彩图)

④ 6 月上旬至 7 月上旬，水稻进入分蘖期。水稻分蘖的最适气温为 30～32 ℃，最适水温为 32～34 ℃。气温低于 20 ℃、水温低于 22 ℃，分蘖缓慢；气温低于 15 ℃、水温低于 16 ℃，分蘖停止。另外，根据相关指标，发布病虫害气象潜势风险预报，对当年的二代潜叶蝇风险进行服务提示。另外，其中一个观测点的气象观测数据显示小站稻种植区出现高温风险，保险公司根据气象观测实况结果进行理赔(图 15.2)。

⑤ 水稻生长中后期的温光水条件配合极好，没有发生明显农业气象灾害，当年的水稻获得丰收，稻米品质也较好。因此，没有启动气象品质灾害的理赔，气象部门开展了水稻的气候品质溯源评价。为两个合作社的优质稻米授予了品质溯源评价证书，进一步提升了水稻的品牌价值，获得市场认可，合作社稻米销售量较常年增长 30%，每斤价格涨幅在 0.5～1.0 元，实现了单价、销量双攀升(图 15.3、图 15.4)。

“天知稻”服务思路，为中国人民保险集团股份有限公司的新险种研发拓宽了市场份额，增加了保费收入。2019 年，累计为小站稻承保面积近 15 万亩，营业额达 60 万元。气象服务规避灾害风险，提供防灾减灾措施，最大限度地减小了不利天气对稻米的影响，减少了理赔启动概率。这些直接激发农户种植热情、投保意愿和品质管控。同时，实现气象搭台、各方参与、多方共赢的可持续运行机制。项目实施以来，气象部门累计获得天津市农业农村委和保险公司 40 余万元的资金支持，用于开展专项产品研发、技术落地和服务应用。

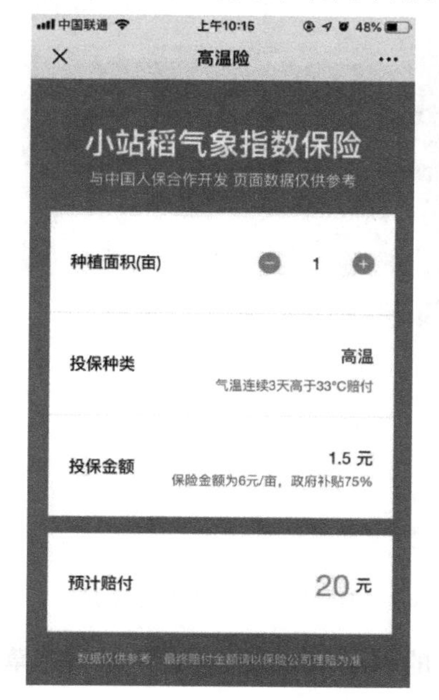

图 15.2　保险理赔测算

图 15.3　气候品质评价标识

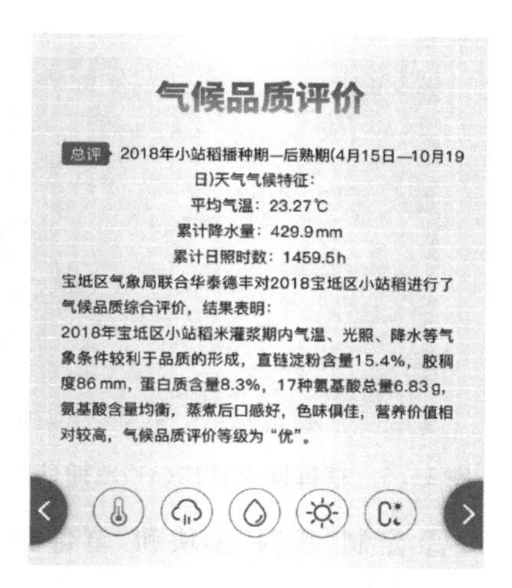

图 15.4　气候品质评价结果

15.3.2.2　“丰聆”——农业气象服务“供销社”服务案例

小规模农业是我国农业经济的主体。都市农业气象服务中心深入贯彻党中央关于“将先进适用的技术导入小农户”的要求，对接农业农村部和中央网信办“开展农业气象‘私人定制’服务”需求，对标“气象服务供给能力和均等化水平显著提高”的气象高质量发展目标，明确“聚焦中小农户、面向多元场景、服务名优特色、突出智慧特征”的工作思路，面向新型农业经营主体开展智慧化、专业化、全过程伴随式气象服务，创新提出气象服务“供销社”模式解决方案，打造面向中小农户的专属气象服务品牌——“丰聆”，即以“供销社”搭建农户与产品的“交易”平台，以市场化标准评价服务效益，引领面向中小农户的农业气象服务高质量发展。

一是形成农业技术服务的“专卖店”，将农业气象等技术服务产品在线上展示，农户根据生产实际各取所需，将农业技术服务由大水漫灌变为精准滴灌；二是开发私人订阅服务“自助餐”，推出可移动、便携式、低成本的小气候观测站，满足不同场景的气象环境监测，并基于用户画像向不同用户推送不同规格的服务产品，实现气象灾害的精准化防御；三是建设产品自动加工“流水线”，按区域、作物等智能生成不同场景的技术服务产品，形成在“云”端的数据和产品自动加工能力，产品根据订单自动推送至目标客户手中。

“丰聆”是针对个性用户提供定制化的气象服务内容。此处以草莓种植户为例，介绍“丰聆”的服务过程。

① 在草莓棚室内安装“丰聆”观测设备(图 15.5)，获得棚室内生长实况信息。可以通过小程序定制最高、最低气温的报警阈值，当棚室气温超过设定阈值时，微信小程序通过订阅信息推送实况信息(图 15.6)。

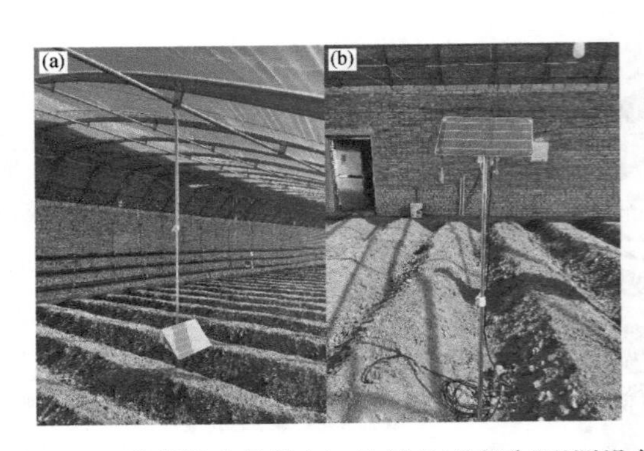

图 15.5 草莓棚内悬挂(a)、地插(b)“丰聆”观测设备

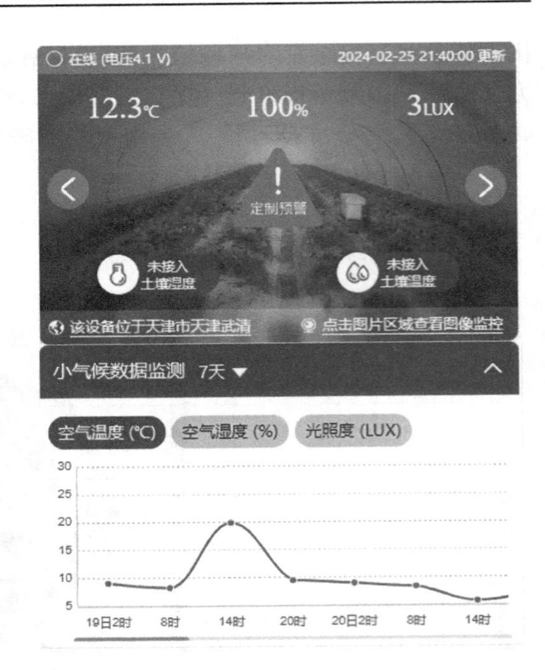

图 15.6 “丰聆”设备实况监测数据

② 定制“积温”模块和“草莓炭疽病”模块，获得草莓生长的积温值，用户根据积温测算草莓的生育期和病害发生的可能性(图 15.7)。

③ 其他服务信息。根据需求，“丰聆”还向用户推送气象灾害预警信号、生产地或关注地区未来 15 d 的天气预报、农业气象旬报、土壤墒情监测预报以及蔬菜市场批发价等基础服务信息，满足农户不同的服务需求。

“丰聆”以“订购—定制—订阅”实现了个性化气象技术服务的全覆盖，以“产品—用品—商品”促成了气象服务价值的进阶转化，以“事业—企业—行业”构建了服务技术的双循环供应。目前，该模式已在都市农业气象服务中心成员省份以及河北、内蒙古等地进行了示范推广，形成了覆盖多种蔬菜栽培和育种育苗场景的服务模式和产品形式，有效提高了农户的技术管理水平和灾害应对能力，降低生产成本，效益提升在 5%～10%，以天津市西青区蓝莓种植户为例，使用“供销社”模式后平均每亩节省成本 2000 元，得到了企业和种植户的普遍认可，以及领导肯定和媒体广泛关注，“丰聆”技术装备两次受邀参加全国农机化主推技术现场演示活动，相关工作也被中国气象局评为全国气象部门优秀管理创新工作。

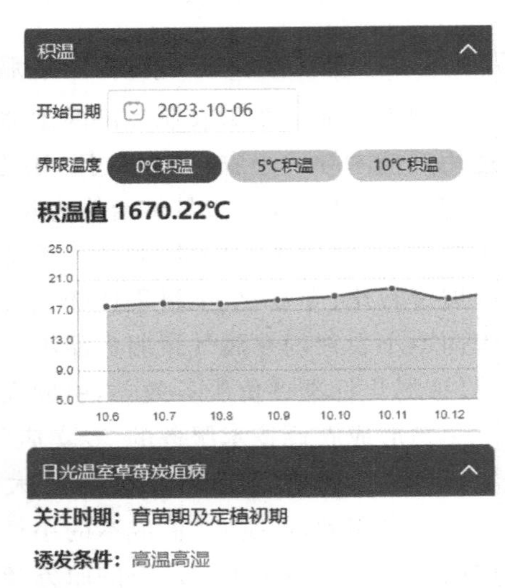

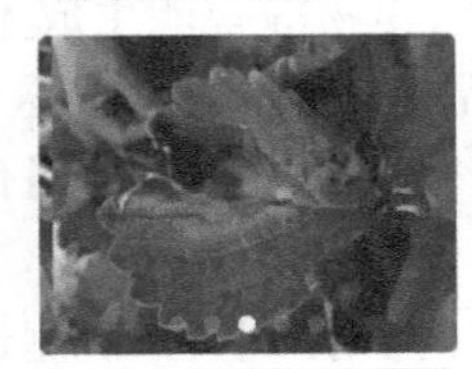

图 15.7 “丰聆”定制服务场景

第 16 章　其他特色农业气象服务

16.1　内蒙古大豆气象服务

16.1.1　内蒙古大豆产业及气象服务介绍

16.1.1.1　内蒙古大豆产业现状

内蒙古是我国重要的大豆生产基地，也是我国非转基因绿色优质大豆主产区之一，春大豆种植面积占全国的12%，仅次于黑龙江省，位居全国第二。2019 年，内蒙古大豆种植面积达到118.9 万 hm^2，大豆平均单产仅为 1905 kg/hm^2，大豆产量低而不稳。除阿拉善盟、锡林郭勒盟及乌海外，其他盟（市）或多或少都有种植，但主要分布在大兴安岭东南麓的呼伦贝尔市、兴安盟、通辽市和赤峰市，种植面积占全区大豆总面积的 97%左右，是内蒙古大豆主产区。由于特殊的地理位置和气候条件，大兴安岭东南麓大豆种植历史悠久，是内蒙古自治区优质大豆的优势区，并以优质大豆而著称。

2019 年统计数据显示，内蒙古大豆种植面积最多的旗（县）主要分布在呼伦贝尔市的莫力达瓦达斡尔族自治旗（以下简称莫旗）、鄂伦春自治旗、阿荣旗、扎兰屯市和兴安盟的扎赉特旗等旗（县），中西部地区虽然有种植，但种植规模很小，不足 6666.7 hm^2。种植面积最大的是莫旗，达到 37.4 万 hm^2；其次是鄂伦春自治旗，种植面积 27.9 万 hm^2；种植面积较大的还有阿荣旗和扎兰屯市，面积分别为 16.9 万 hm^2 和 8.4 万 hm^2。

1987—2020 年，大兴安岭东南麓大豆面积呈波动增加趋势。1987—2006 年大豆种植面积呈波动增加趋势，2006 年面积 96.1396 万 hm^2，达到 1987 年以来的历史最高水平。2007—2014 年大豆种植面积呈波动下降趋势，平均面积只有 68.7 万 hm^2，至 2014 年下降到 47.4 万 hm^2，是近 20 年的最低值。2015 年，随着农业供给侧结构性改革政策实施，大豆种植面积呈持续增加趋势，到 2020 年达到 115.4 万 hm^2，是 2015 年以来的最大值（唐红艳 等，2024）。

16.1.1.2　内蒙古大豆气象服务介绍

2021 年 1 月，内蒙古自治区气象局与内蒙古自治区农牧厅批准成立了内蒙古自治区大豆特色农业气象服务中心，依托单位为呼伦贝尔市气象灾害防御中心和呼伦贝尔市农业技术推广服务中心，成员单位为兴安盟气象台、呼伦贝尔市农业科学研究所，参与单位为赤峰市气象台、通辽市生态与农业气象中心、扎兰屯市气象局、阿荣旗气象局、莫旗气象局。中心设兼职主任和副主任各 1 名、专职技术带头人 1 名、兼职业务人员 4 名，成员单位与参与单位指派相关负责人，并在中心备案，协助开展大豆特色农业气象服务中心的工作人员。与呼伦贝尔市农业技术推广服务中心和兴安盟气象局共同建设《内蒙古自治区大豆特色农业气象服务中心联合运行和发展机制》和《内蒙古自治区大豆特色农业气象服务中心运行管理办法（试行）》，明确规定了依托单位、成员单位和参与单位的职责。

大豆特色农业气象服务中心立足特色中心东四盟市的区域定位，依托单位与各成员单位、参与单位联合编制《内蒙古自治区大豆特色气象服务中心业务建设方案》《内蒙古自治区大豆特色农业气象服务中心气象周年服务方案》《内蒙古自治区大豆特色农业气象服务中心大豆农业气象服务业务流程》和《内蒙古自治区大豆特色农业气象服务中心大豆气象服务工作历》等各项服务方案，每年 4—10 月由依托单位牵头，联合各方开展大豆气象专项服务。

在大豆特色农业气象服务的推广中，主要采用不断深化现代农业气象应用，进行“蒙豆”系列品种分期播种实验示范及在莫旗、阿荣旗开展大豆最佳播期推广示范等模式，并按照大豆种植业发展新格局，制定大豆农业气象服务方案，健全大豆气象服务标准体系，服务取得了良好的效益。

16.1.2 大豆气象服务技术

16.1.2.1 大豆农用天气适宜度预报技术

(1)大豆关键农事活动适宜气象等级指标

播种气象适宜度的计算参考“东北地区玉米播种气象适宜度模型”中的研究方法(马树庆等，2013)，建立大豆播种气象适宜度模型。

播种气象适宜度按式(16.1)计算

$$B(S,T,R)=ab(S)+bb(T)+cb(R) \tag{16.1}$$

式中：$B(S,T,R)$为播种气象适宜度；$b(S)$、$b(T)$、$b(R)$分别为土壤水分适宜度、日平均土壤温度适宜度和天气(降水量)适宜度；a、b、c 分别 $b(S)$、$b(T)$、$b(R)$的权重系数，取值分别为 0.40、0.35、0.25。$B(S,T,R)$、$b(S)$、$b(T)$和 $b(R)$保留两位小数即可满足精度要求。

$b(S)$按式(16.2)计算

$$b(S)=\begin{cases}1-\dfrac{S_0-S}{S_2-S_1} & S_1<S\leqslant S_0\\ 1-\dfrac{S-S_0}{S_2-S_1} & S_0<S<S_2\\ 0 & S\leqslant S_1 \text{ 或 } S\geqslant S_2\end{cases} \tag{16.2}$$

式中：S 为 0～10 cm 土壤相对湿度，为土壤水分监测站数据，用百分率表示；S_0 为播种适宜土壤相对湿度，取值 55%；S_1 为播种土壤相对湿度下限，取值 40%；S_2 为播种土壤相对湿度上限，取值 90%。

$b(T)$按式(16.3)计算

$$b(T)=\begin{cases}1-\dfrac{(T_0-T)^2}{(T_0-T_1)^2} & T_1<T<T_0\\ 1 & T\geqslant T_0\\ 0 & T\leqslant T_1\end{cases} \tag{16.3}$$

式中：T 表示日平均土壤温度预测值，单位为℃，预测方程为 $Y=0.693X_1+0.210X_2-3.428$(回归系数 $R=0.975$)；X_1 表示 24 h 格点预报最高气温；X_2 表示 24 h 格点预报最低气温，保留一位小数；T_0 表示播种适宜土壤温度，取值 8.0，单位为℃；T_1 表示大豆种子发芽的下限温度，取值 6.0，单位为℃。

$b(R)$按式(16.4)计算

$$b(R)=\begin{cases}1-\dfrac{R}{R_2} & R<R_2\\ 0 & R\geqslant R_2\end{cases}\tag{16.4}$$

式中：R 表示日降水量，单位为 mm，为格点预报值，保留一位小数；R_2 表示可播种的上限雨量，取值 8.0，单位为 mm。

表 16.1 为计算得到的大豆播种适宜度等级指标(内蒙古自治区气象标准化技术委员会，2022)。

表 16.1　大豆播种适宜气象等级指标

播种气象适宜指标(B)	等级
$B>0.70$	适宜
$0.50<B\leqslant 0.70$	较适宜
$B\leqslant 0.50$	不适宜

收晒气象适宜度按式(16.5)计算

$$Q(R,S,K)=aq(R)+bq(S)+cq(K)\tag{16.5}$$

式中：$Q(R,S,K)$表示收晒气象适宜度；$q(R)$、$q(S)$、$q(K)$分别表示天气(降水量)适宜度、土壤水分适宜度、昼间平均风力适宜度；a、b、c 分别表示 $q(R)$、$q(S)$、$q(K)$的权重系数，取值分别为 0.50、0.35、0.15。$Q(R,S,K)$、$q(R)$、$q(S)$和 $q(K)$保留两位小数即可满足精度需求。

$q(R)$按式(16.6)计算

$$q(R)=\begin{cases}1-\dfrac{R}{R_2} & R<R_2\\ 0 & R\geqslant R_2\end{cases}\tag{16.6}$$

式中：R 表示日降水量格点预报值(未来 24 h 降水量)，单位为 mm；R_2 表示可收晒的上限雨量，取值 5.0，单位为 mm。

$q(S)$按式(16.7)计算

$$q(S)=\begin{cases}1-\dfrac{S-S_0}{S_2-S_0} & S_0<S<S_2\\ 1 & S\leqslant S_0\\ 0 & S\geqslant S_2\end{cases}\tag{16.7}$$

式中：S 表示 0～10 cm 深土壤相对湿度，为土壤水分监测站数据，用百分数表示；S_0 表示大豆适宜收晒的土壤相对湿度，取值为 55%；S_2 表示大豆可收晒的上限土壤相对湿度，取值为 70%。

$q(K)$按式(16.8)计算

$$q(K)=\begin{cases}1-\dfrac{K-K_1}{4} & K_1<K<K_2\\ 1 & K\leqslant K_1\\ 0 & K\geqslant K_2\end{cases}\tag{16.8}$$

式中：K 为日最大风力格点预报值，保留一位小数；K_1 为对收晒无影响的风力，取值 3 级；K_2 为可收获的上限风力，取值 6 级。

表 16.2 为计算得到的大豆收晒适宜度等级指标（内蒙古自治区气象标准化技术委员会，2022）。

表 16.2 大豆收晒适宜气象等级指标

收晒气象适宜度函数(Q)	适宜度等级
$0.65 \leqslant Q < 0.90$	较适宜
$Q < 0.65$	不适宜

中耕除草追肥适宜气象等级指标。大豆中耕除草追肥期主要影响因素为未来 24 h 降雨量、作业时段风力 f（级）及气温，一般气温低于 10 ℃或高于 30 ℃会影响除草剂或肥料的效果。表 16.3 为计算得到的大豆中耕除草追肥适宜度等级指标（内蒙古自治区气象标准化技术委员会，2022）。

表 16.3 大豆中耕除草追肥适宜气象等级指标

未来 24 h 降雨量(R)/mm	作业时段最大风力(f)/级	作业时段气温(t)/℃	等级
$R \leqslant 10$	$f \leqslant 3$	$10 < t < 30$	适宜
$R > 10$	$f > 3$	$t \geqslant 30$ 或 $t \leqslant 10$	不适宜
除适宜或不适宜外，其余均为较适宜			较适宜

注：适宜指标中三个指标都适宜则为适宜；不适宜指标中有一个指标不适宜，则为不适宜。

灌溉适宜气象等级预报。大豆生长阶段出现中旱及以上土壤干旱时，须进行灌溉；气象条件对灌溉作业的影响，主要影响因素为未来 48 h 累计降雨量和未来 24 h 风速，风力偏大，小雨以上天气无须进行灌溉。灌溉作业适宜气象等级预报指标见表 16.4（内蒙古自治区气象标准化技术委员会，2022）。

表 16.4 灌溉适宜气象等级指标

未来 48 h 累计降雨量(R)/mm	未来 24 h 风力(f)/级	等级
$R < 10$	$f < 3$	可灌溉
$R \geqslant 10$	$f \geqslant 5$	不灌溉

注：适宜指标中两个指标都适宜则可灌溉；不适宜指标中有一个指标不适宜，则不灌溉。

(2)大豆全生育期气候适宜度模型

在大豆的生长发育和产量形成过程中，环境气象因子的影响尤其重要。大豆气候适宜度分别由温度、降水和日照条件所决定，处于不同发育期的大豆，气象条件的影响程度并不相同。例如在出苗期之前，由于大豆没有开始光合作用，因此日照对其影响较小，而在大豆开花前后，由于大豆为短日照植物，光照长度对其影响较大。环境气象因子满足程度高，作物生长发育好且产量高；环境气象因子满足程度低，就会导致作物生长发育不良甚至发生灾害造成减产减收。为客观定量描述光照、温度、降水量等环境气象因子对大豆生长过程的综合影响，通过建立大豆生长发育过程中温度适宜度模型、降水适宜度模型、光照适宜度模型和综合气候适宜度模型，评价气象因子对大豆生长发育过程的适宜程度（唐红艳 等，2024）。

① 大豆温度适宜度计算方法

温度对大豆生长发育过程的影响可以用作物生长对气温条件反映函数来描述，其值在0～1。大豆生长发育对温度的反应表现为非线性，且在最适温度之上和最适温度之下的反应不同。采用 Bate 函数反应大豆生长与气温的关系，建立大豆温度适宜度公式(马树庆，1994)。温度适宜度按式(16.9)计算

$$F(T_i)=\frac{(T_i-T_L)(T_H-T_i)^B}{(T_0-T_L)(T_H-T_0)^B} \tag{16.9}$$

其中

$$B=\frac{T_H-T_0}{T_0-T_L}$$

式中：$F(T_i)$为大豆某一发育阶段温度适宜度；T_i 为大豆某一发育阶段平均温度；T_L 为大豆某一发育阶段的最低温度，低于这一温度，发育速率为 0；T_H 为大豆某一发育阶段的最高温度，超过这一温度发育停止；T_0 为大豆某一发育阶段的最适温度，发育阶段不同，最适发育温度也不相同。B 为常数，随发育阶段而变化。

为了区分大豆不同生长发育阶段对水热条件的需求，参考前人研究成果，并根据内蒙古自治区大豆生长发育特点，分别建立了大豆不同发育阶段的三基点温度指标和常数 B 值(表 16.5)。

表 16.5 大豆不同发育期三基点温度指标和常数 *B* 值

发育期	最低温度/℃	最适温度/℃	最高温度/℃	B
播种—出苗	10	20	25	0.50
出苗—分枝	12	24	30	0.50
分枝—开花	15	27	32	0.42
开花—鼓粒	16	25	30	0.56
鼓粒—成熟	12	18	28	1.67

② 大豆降水适宜度计算方法

降水量是影响内蒙古大豆生长发育和产量形成的重要因素。大豆是需水量较多又不耐旱的作物，降水量适宜有利于大豆高产，降水量不足(干旱)和降水量过多(洪涝)都会造成不同程度减产。以大豆某发育阶段降水量/理论需水量作为降水适宜度指标，70%≤降水量/理论需水量≤130%为降水量适宜标准，降水量/理论需水量<70%为发生干旱，降水量/理论需水量>130%为发生洪涝。参考前人研究成果，建立大豆降水适宜度公式，为

$$F(R_i)=\begin{cases}\dfrac{R_i}{0.7R_0} & R_i<0.7R_0\\ 1 & 0.7R_0\leqslant R_i\leqslant 1.3R_0\\ \dfrac{1.3R_0}{R_i} & R_i>1.3R_0\end{cases} \tag{16.10}$$

式中：$F(R_i)$为大豆某一发育阶段降水适宜度；R_i 为大豆某一发育阶段降水量；R_0 为大豆某一发育阶段理论需水量。

参考前人研究成果并根据内蒙古自治区降水特点，确定了内蒙古大豆不同发育阶段理论需水量(表 16.6)。

表 16.6 大豆不同发育阶段理论需水量

发育阶段	理论需水量/mm	发育间隔日数/d
播种—出苗	27.5	15
出苗—分枝	61.6	28
分枝—开花	47.3	11
开花—鼓粒	266.8	51
鼓粒—成熟	146.9	26

③ 大豆日照适宜度计算方法

日照条件对大豆生长发育的影响可以理解为模糊过程，即在“适宜”与“不适宜”之间变化，日照不足将导致大豆叶片光合作用减弱，生长变缓慢。研究认为，日照时数达到可照时数的70％（日照百分率）为临界点。日照时数在临界点以上，作物对光照的反应达到适宜状态，由此建立大豆日照适宜度公式，为

$$F(S_i)=\begin{cases} e^{-\left(\frac{S_i-S_0}{b}\right)^2} & S_i<S_0 \\ 1 & S_i\geqslant S_0 \end{cases} \tag{16.11}$$

式中：$F(S_i)$为大豆某一发育阶段日照适宜度；S_i 为实际日照时数；S_0 为日照百分率为 70％的日照时数，视为适宜日照时数下限值，b 为常数，随发育期的变化而变化（表 16.7）；e 取值 2.7183。

表 16.7 大豆不同发育阶段适宜日照时数下限值和常数 *b* 值

发育阶段	适宜日照时数下限值/h	b
播种—出苗	9.37	5.05
出苗—分枝	9.03	4.87
分枝—开花	8.75	4.72
开花—鼓粒	8.31	4.48
鼓粒—成熟	7.75	4.18

④ 大豆某一发育阶段气候适宜度计算方法

大豆生长发育过程中，温度适宜度、降水适宜度、日照适宜度相互作用决定气候适宜度。为了反映温度、降水、日照 3 个因素对大豆生长发育的综合影响，采用加权求和法建立气候适宜度公式，为

$$F(C_i)=aF(T_i)+bF(R_i)+cF(S_i) \tag{16.12}$$

式中：$F(C_i)$为某一发育阶段气候适宜度；$F(T_i)$、$F(R_i)$和 $F(S_i)$分别为该阶段温度适宜度、降水适宜度和日照适宜度，为逐日气候适宜度的平均；a、b、c 分别为 $F(T_i)$、$F(R_i)$、$F(S_i)$的权重系数，并进行归一化处理。

利用层次分析法，两两比较各发育阶段综合气候适宜度对大豆生长发育的影响程度，将其划分为 21 个等级，结果得到专家认可并通过一致性检验后生成各项权重系数，见表 16.8（内蒙古自治区气象标准化技术委员会，2023）。

表 16.8　大豆不同发育阶段温度、降水、日照的气候适宜度权重系数

发育阶段	温度权重	降水权重	日照权重
播种—出苗	0.4667	0.4667	0.0667
出苗—分枝	0.4123	0.5007	0.0870
分枝—开花	0.1210	0.7640	0.1150
开花—鼓粒	0.2296	0.6165	0.1539
鼓粒—成熟	0.6332	0.2609	0.1058

⑤ 大豆全生育期气候适宜度计算方法

将大豆不同发育阶段的气候适宜度加权求和，得到大豆全生育期气候适宜度，按式(16.13)计算

$$F(C)=\sum_{i=1}^{5} m_i F(C_i) \tag{16.13}$$

式中：$F(C)$ 为大豆全生育期气候适宜度；$F(C_i)$ 为大豆第 i 个发育阶段的气候适宜度；m_i 为大豆第 i 个发育阶段的气候适宜度权重系数。

大豆不同发育阶段的气候适宜度权重系数由层次分析法确定，取值见表 16.9(内蒙古自治区气象标准化技术委员会，2023)。

表 16.9　大豆不同发育阶段气候适宜度权重系数

发育阶段	播种—出苗	出苗—分枝	分枝—开花	开花—鼓粒	鼓粒—成熟
m_i	0.0825	0.1426	0.2182	0.5018	0.0548

大豆全生育期气候适宜度评价指标见表 16.10(内蒙古自治区气象标准化技术委员会，2023)。

表 16.10　大豆全生育期气候适宜度评价指标

全生育期气候适宜度($F(C)$)	评价等级
$F(C)\geqslant 0.80$	适宜
$0.65<F(C)<0.80$	较适宜
$F(C)\leqslant 0.65$	不适宜

16.1.2.2　大豆丰产优质评价技术

(1)大豆主要发育期的划分

根据呼伦贝尔市大豆主产区大田播种到成熟期的发育期资料，将大豆主要发育期划分如下，平均发育期为扎兰屯农业气象监测站大豆 30 年平均发育期(表 16.11)。

表 16.11　大豆主要发育期的划分

发育期	播种—分枝	分枝—结荚	结荚—成熟	全生育期
时段	5 月上旬—7 月上旬	7 月中旬—8 月上旬	8 月中旬—9 月中旬	5 月上旬—9 月中旬
平均时段	5 月 13 日—7 月 10 日	7 月 11 日—8 月 10 日	8 月 11 日—9 月 19 日	5 月 13 日—9 月 19 日

(2)气象产量的计算

农作物的产量是在各种自然和非自然因素综合影响下形成的,一般将作物的实际产量分解为趋势产量、气象产量。由于年际间气象条件的差异造成作物产量的波动,相应的产量分量称为气象产量,计算公式为

$$Y_c = Y - Y_t \tag{16.14}$$

式中:Y_c 表示作物气象产量;Y 表示作物实际产量;Y_t 表示作物趋势产量,Y_t 的计算采用滑动平均法得到。利用 1992—2021 年呼伦贝尔市大豆实际产量(单产由总产和播种面积计算而得),采用 5 年滑动平均值得出 1992—2021 年的趋势产量,气象产量为实际产量与趋势产量之差。

(3)丰产优质气象等级的确定

呼伦贝尔市多年大豆生产实践表明,一般丰产的年份大豆品质也较高,脂肪含量基本能达到优质标准。利用 2020 年和 2021 年大豆分期播种试验数据,根据 GB/T 1352—2009《大豆》中规定的高油大豆质量指标(脂肪含量 20%~22%)(全国粮油标准化技术委员会,2009),对 3 个大豆品种不同播期下的产量和品质进行分析(表 16.12),可以看出:不同品种大致表现为相同的趋势,理论产量最高或次高的气候条件下,脂肪含量均在 20%左右,达到国标规定的优质指标,蛋脂综和含量也表现出较高的水平,因此光、温、水对产量提高有利的气候条件同样也利于品质的提高,优质丰产可近似为同一气候条件下的综合结果(王彦平 等,2023)。

表 16.12 不同气候条件下大豆品种产量和品质分析

品种	播期	理论产量/(斤/亩)	脂肪含量/%	蛋白质含量/%	蛋白质和脂肪含量综合/%
蒙豆-12	4 月 25 日	430	21.1	39.3	60.4
	5 月 5 日	400	20.8	39.6	60.3
	5 月 15 日	419	20.7	39.1	59.8
	5 月 25 日	403	20.8	38.8	59.6
	6 月 5 日	388	20.5	39.5	60.0
蒙豆-13	4 月 25 日	436	20.1	39.6	59.6
	5 月 5 日	451	20.0	39.6	59.6
	5 月 15 日	420	19.6	39.6	59.2
	5 月 25 日	380	19.5	39.9	59.4
	6 月 5 日	375	19.0	39.7	58.7
蒙豆-15	4 月 25 日	426	19.9	40.4	60.3
	5 月 5 日	452	20.2	39.9	60.1
	5 月 15 日	393	19.8	40.1	59.9
	5 月 25 日	412	19.8	39.9	59.6
	6 月 5 日	390	19.4	40.5	59.8

注:产量均为 2020 年和 2021 年平均理论产量,仅作为以 GB/T 1352—2009《大豆》验证丰产优质的依据。

将 1992—2021 年气象产量按照从大到小排序,分为 4 个等级,如表 16.13。

表 16.13　大豆气象产量等级划分

产量等级	4	3	2	1
气象产量(Y_c)(斤/亩)	$Y_c \geqslant 30$	$0 \leqslant Y_c < 30$	$-10 \leqslant Y_c < 0$	$Y_c < -10$

(4)丰产优质气象指标的确定

根据以上分析，丰产年基本代表优质年，因此气象产量等级最高的丰产年(4 级)，查询相应年份主要发育期的气象指标，即可确定丰产优质气象要素的范围，确定原则以该产量等级年份平均状态下的气象要素为准，剔除偏离平均值较大的极端天气下(如阶段干旱、阶段低温、极端高温、暴雨洪涝等)的气象要素，同时参考其气象产量次高的 3 级年份的气象条件。具体指标范围如表 16.14。

表 16.14　大豆丰产优质年气象指标

气象要素	主要发育期			
	播种—分枝	分枝—结荚	结荚—成熟	全生育期
平均气温(T)/℃	18.0～20.0	22.0～24.0	≥18.0	19.0～21.0
降水日量合计($\sum R$)/mm	130～250	120～180	130～200	450～650
日照时数($\sum S$)/h	≥500	≥130	≥390	≥1000
气温日较差(ΔT)/℃	≥12.0	≥10.0	10.0～13.0	11.0～12.0
≥10 ℃有效积温($\sum T \geqslant 10$ ℃)/(℃·d)	—	—	—	≥1100
日平均气温≥10 ℃日数($\sum D \geqslant 10$ ℃)/d	—	—	—	≥140

(5)气象要素对不同发育期及全生育期的影响

为了确定气象要素在不同发育期对大豆产量和品质影响的大小，利用 2020 年和 2021 年大豆分期播种试验数据(3 个品种 5 个播期，2 年为 30 种不同气候条件)，将 30 种不同气候条件下气象要素与产量构成因素、品质要素分别做相关分析，得出各阶段主要气象因子对产量性状和品质影响的重要程度(表 16.15)。

表 16.15　气象因子与产量、品质要素的关系

发育阶段	气象因子	一次分枝数	株结实粒数	百粒重	理论产量	蛋白质	脂肪	蛋脂总和
播种—分枝	日平均气温/℃	−0.093	−0.634**	0.12	−0.477**	0.036	−0.393	−0.34
	降水量/mm	−0.603**	0.257	−0.681**	−0.003	−0.065	0.18	0.36
	≥10 ℃有效积温/℃·d	−0.209	−0.413*	0.013	−0.219	0.061	−0.371	−0.236
	日照时数/h	0.223	0.563**	0.086	0.550**	0.047	0.259	0.268
	气温日较差/℃	0.345	0.437*	0.08	0.498*	0.001	0.283	0.237
分枝—结荚	日平均气温/℃	−0.013	−0.547**	0.339	−0.397*	0.174	−0.455*	−0.403*
	降水量/mm	−0.459*	0.204	−0.624	0.140	−0.023	0.138	0.368*
	≥10 ℃有效积温/℃·d	0.030	−0.350	0.375*	−0.009	0.452*	−0.755**	−0.341
	日照时数/h	0.475**	0.149	0.508**	0.216	0.065	−0.031	−0.162
	气温日较差/℃	0.556**	−0.223	0.659**	−0.037	0.039	−0.155	−0.3848*

续表

发育阶段	气象因子	一次分枝数	株结实粒数	百粒重	理论产量	蛋白质	脂肪	蛋脂总和
结荚—成熟	日平均气温/℃	0.341	0.431*	0.100	0.312	−0.101	0.338	0.151
	降水量/mm	0.36	0.06	0.422*	0.034	−0.002	−0.018	−0.223
	≥10 ℃有效积温/℃·d	0.217	0.517**	−0.025	0.349	−0.146	0.443*	0.235
	日照时数/h	−0.114	0.416*	−0.362*	0.267	−0.189	0.554**	0.426*
	气温日较差/℃	0.565**	0.137	0.003	0.274	−0.165	−0.323	−0.521**
全生育期	日平均气温/℃	0.072	−0.665**	0.338	−0.496	0.071	−0.410*	−0.436*
	降水量/mm	−0.585*	0.357	−0.721**	0.102	−0.066	0.218	0.406*
	≥10 ℃有效积温/℃·d	0.182	0.539**	0.01	0.499*	−0.079	0.282	0.173
	日照时数/h	0.288	0.484**	0.169	0.473**	0.020	0.250	0.189
	气温日较差/℃	0.576**	−0.075	0.609**	0.113	0.043	−0.039	−0.238
	生育期日数/d	0.112	0.489**	0.02	0.487*	−0.009	0.278	0.168

注:“*”“**”分别表示差异显著性水平达到0.05和0.01。

(6)丰产优质气象适宜等级的赋值

将大豆播种—分枝期、分枝—结荚期、结荚—成熟期及全生育期气象条件适宜等级分为非常适宜、适宜、较适宜和不适宜4个等级,依据表16.14和表16.15,确定各时期评价指标及重要程度,进行气象适宜等级赋值,结果见表16.16。

表16.16 大豆丰产优质气象适宜等级赋值

气象适宜等级	等级赋值	播种—分枝期(X_1)(5月上旬—7月上旬)	分枝—结荚期(X_2)(7月中旬—8月上旬)	结荚—成熟期(X_3)(8月中旬—9月中旬)	全生育期(X_4)(5月上旬—9月中旬)
非常适宜	4	同时满足以下3个条件: ① $130\leqslant \sum R \leqslant 250$ ② $\Delta T \geqslant 12.0$ ③ $\sum S \geqslant 500$	同时满足以下4个条件: ① $120\leqslant \sum R \leqslant 180$ ② $22.0\leqslant T \leqslant 24.0$ ③ $\Delta T \geqslant 10.0$ ④ $\sum S \geqslant 130$	同时满足以下4个条件: ① $130\leqslant \sum R \leqslant 200$ ② $T \geqslant 18.0$ ③ $\sum S \geqslant 390$ ④ $10.0\leqslant \Delta T \leqslant 13.0$	同时满足以下5个条件: ① $450\leqslant \sum R \leqslant 650$ ② $\sum T_{\geqslant 10℃} \geqslant 1100$ ③ $\sum D_{\geqslant 10℃} \geqslant 140$ ④ $\sum S \geqslant 1000$ ⑤ $19.0\leqslant T \leqslant 21.0$
适宜	3	$130\leqslant \sum R \leqslant 250$的前提下,满足以下条件之一: ① $\Delta T \geqslant 12.0$ ② $\sum S \geqslant 500$	$120\leqslant \sum R \leqslant 180$的前提下,满足以下条件之二: ① $22.0\leqslant T \leqslant 24.0$ ② $\Delta T \geqslant 10.0$ ③ $\sum S \geqslant 130$	$130\leqslant \sum R \leqslant 200$或$T \geqslant 18.0$的前提下,满足以下条件之一: ① $\sum S \geqslant 390$ ② $10.0\leqslant \Delta T \leqslant 13.0$	$450\leqslant \sum R \leqslant 650$和$\sum T_{\geqslant 10℃}\geqslant 1100$的前提下,满足以下条件中的两个: ① $\sum D_{\geqslant 10℃} \geqslant 140$ ② $\sum S \geqslant 1000$ ③ $19.0\leqslant T \leqslant 21.0$

续表

气象适宜等级	等级赋值	播种—分枝期(X_1)(5 月上旬—7 月上旬)	分枝—结荚期(X_2)(7 月中旬—8 月上旬)	结荚—成熟期(X_3)(8 月中旬—9 月中旬)	全生育期(X_4)(5 月上旬—9 月中旬)
较适宜	2	$\sum R<130$ 或 $\sum R>250$ 的前提下,满足以下条件之一: ① $\Delta T\geqslant 12.0$ ② $\sum S\geqslant 500$	$\sum R<120$ 或 $\sum R>180$ 的前提下,满足以下条件之一: ① $22.0\leqslant T\leqslant 24.0$ ② $\Delta T\geqslant 10.0$ ③ $\sum S\geqslant 130$	$\sum R<130$ 或 $\sum R>200$,且 $T<18.0$ 的前提下,满足以下条件之一: ① $\sum S\geqslant 390$ ② $10.0\leqslant\Delta T\leqslant 13.0$	$\sum R<450$ 或 $\sum R>650$,且 $\sum T_{\geqslant 10℃}\geqslant 1100$ 的前提下,满足以下条件之一: ① $\sum D_{\geqslant 10℃}\geqslant 140$ ② $\sum S\geqslant 1000$ ③ $19.0\leqslant T\leqslant 21.0$
不适宜	1	不符合以上条件的其他情况	不符合以上条件的其他情况	不符合以上条件的其他情况	不符合以上条件的其他情况

注:① 气象适宜等级由“非常适宜”到“不适宜”逐级判断。

② 表中各字母表示意义分别是:T 表示日平均气温,单位为℃;ΔT 表示气温日较差,单位为℃;$\sum R$ 表示累计降水量,单位为 mm;$\sum S$ 表示日照时数,单位为 h;$\sum T_{\geqslant 10℃}$ 表示日平均气温≥10 ℃有效积温,单位为℃·d;$\sum D_{\geqslant 10℃}$ 表示日平均气温≥10 ℃天数,单位为 d。

(7)丰产优质气象评价指标计算

通过以上分析,大豆丰产优质气象等级受播种—分枝期(X_1)、分枝—结荚期(X_2)、结荚—成熟期(X_3)及全生育期(X_4)光温水的共同影响,依据这 4 个时期的气象适宜指数赋值(表 16.17),建立大豆丰产优质气象等级评价模型

$$D=aX_1+bX_2+cX_3+dX_4 \tag{16.15}$$

式中:D 为丰产优质综合评价指标;X_1、X_2、X_3 和 X_4 为各发育阶段丰产优质气象等级赋值;a、b、c、d 为权重系数由层次分析法确定,如表 16.17。

表 16.17 丰产优质气象评级模型权重系数

发育阶段	播种—分枝	分枝—结荚	结荚—成熟	全生育期
权重	0.2182	0.2330	0.2578	0.2910

将表 16.17 中的权重带入式(16.15),得到评价公式(16.16)

$$D=0.2182X_1+0.2330X_2+0.2578X_3+0.2910X_4 \tag{16.16}$$

(8)气象评价等级的确定

计算 1992—2021 年呼伦贝尔岭东大豆主产区逐年各生育期丰产优质气象等级,计算综合判识指标 D,按照从大到小排序,将大豆丰产优质气象等级分为四级(每个等级 7~8 年),为非常适宜(Ⅰ级)、适宜(Ⅱ级)和较适宜(Ⅲ级)和不适宜(Ⅳ级)(呼伦贝尔市气象局,2022),详见表 16.18。

表 16.18 大豆丰产优质气象评价等级

丰产优质气象等级	评价指标(D)	定性描述
非常适宜(Ⅰ级)	$D\geqslant 2.5$	产量高、脂肪含量高、蛋白质和脂肪含量总和高
适宜(Ⅱ级)	$2.0\leqslant D<2.5$	产量高,脂肪含量、蛋白质和脂肪含量总和较高

续表

丰产优质气象等级	评价指标（D）	定性描述
较适宜（Ⅲ级）	$1.5 \leqslant D < 2.0$	产量较高，脂肪含量、蛋白质和脂肪含量总和较高
不适宜（Ⅳ级）	$D < 1.5$	产量和脂肪含量均较低

16.1.3　大豆气象服务案例

基于格点预报的农业气象灾害风险预警在气象为农服务中发挥了重要作用。2021 年 7 月 29 日根据呼伦贝尔市气象台提供的重要天气报告，台风“烟花”外围云系将给呼伦贝尔市带来的强降雨和大风天气，特别是对大兴安岭东麓的东农区影响较大。利用“呼伦贝尔市农业气象服务业务平台”中智能网格预报的降水量，根据暴雨洪涝灾害指标初步判断了岭东地区多个乡镇和呼伦贝尔农垦集团多个农场将发生不同程度的暴雨洪涝灾害，结合全市暴雨洪涝灾害风险区划图，确定了发生暴雨洪涝灾害的乡镇和农场，其中农垦集团岭东地区有 12 个处于暴雨洪涝中高风险区的农场可能发生轻度至中度洪涝灾害，扎兰屯市、阿荣旗和莫旗有 38 个乡镇发生轻度至中度洪涝灾害。根据结论制作了基于智能网格预报的 1 期农业气象灾害风险预警服务产品，并在产品中绘制了落区图和表，提前 2 d 通过电视天气预报、微信群、邮箱和手机短信发布到农垦集团和农业生产一线，提出防范建议，减少了经济损失。

7 月 29 日，通过电视天气预报向公众发布暴雨洪涝灾害风险预警和农用天气预报，提示暴雨洪涝高风险地区加强农田洪涝防范，同时调整喷药除草等农事活动时段，避免浪费（图 16.1）；通过呼伦贝尔气象微信公众号和快手短视频向社会广泛发布，增加气象服务信息的覆盖面，当天阅读量达到 65 万人次（图 16.2、图 16.3）。

图 16.1　通过电视天气预报面向公众发布暴雨洪涝风险预警（附彩图）

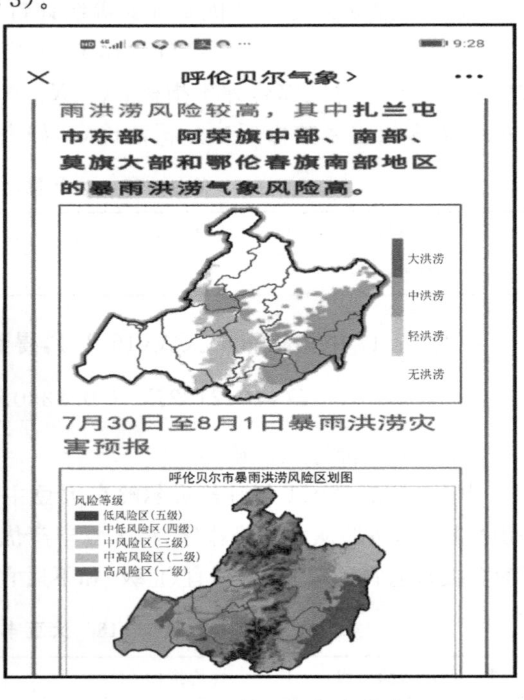

图 16.2　呼伦贝尔气象微信公众号发布暴雨洪涝风险预警（附彩图）

通过微信群实时向呼伦贝尔农垦集团等生产一线单位和个人发布精细化农场的暴雨洪涝灾害预警产品，受到高度重视。

本次灾害性天气服务过程由于及时精准，对呼伦贝尔市农田洪涝灾害的防范起到了积极的作用，减少了农业经济损失，气象服务取得了显著的社会效益和经济效益。

图 16.3　通过快手短视频发布暴雨洪涝风险预警(附彩图)

16.2　吉林人参气象服务

16.2.1　人参越冬冻害气象服务技术

人参生长地——长白山区越冬期长，气候寒冷，越冬期冻害是人参常见危害较重的气象灾害，严重制约人参产业的高质量发展。越冬期人参不同部位抗寒能力不同，须根抗寒能力最强，其次是主根，芦头抗寒能力最弱(王二欢，2016)。在品种上，西洋参抗寒能力弱于人参(高镇生 等，1980)。冻害发生的成因多为冻害发生年冬季降雪少、时空分布不均，或出现异常偏暖天气后，冬季出现降雨等异常气候事件；早春易发生芽孢低温冻害。在冻害防御措施上，除了加强抗寒品种培育，选择适宜的小气候环境外，更多的是加强防御措施。当前，人参冻害呈多发态势，一是近年来极端气候事件增多，冬季气候异常，造成参田积雪覆盖时间较短、积雪浅或无积雪覆盖，发生冻害；二是对人参越冬层土壤温度变化规律认识不够清晰、不同防寒物的防寒效果、防寒时间和揭膜时间掌握不够精确，导致冻害发生。当前防寒覆盖多以经验为主，客观定量化依据不足。2021—2022 年、2022—2023 年两个冬季进行了田间试验，采用常用防寒材料草帘子、毡子，并引进了新型高绝热纤维材料，以自然降雪覆盖和无任何覆盖的裸露地面进行对照，通过田间试验定量化阐释不同防寒物覆盖下人参越冬土壤温度特征、不同防寒物防寒效果，确定最佳覆盖时间和揭膜时间指标，为人参和西洋参安全越冬提供服务。

(1)人参越冬期土壤温度特征

① 逐日土壤温度。不同深度土壤温度，各处理均表现为 20 cm＞15 cm＞10 cm＞5 cm。土壤温度变化幅度，各处理一致表现为 5 cm＞10 cm＞15 cm＞20 cm。人参越冬期土壤逐日温度与气温高度相关(r：0.578～0.762，$p<0.01$)，趋势均表现为：覆盖后缓慢下降，到 12 月

下旬在底部波动，至2月下旬迅速升温。积雪覆盖土壤温度最高，未有任何覆盖的裸地土壤温度最低（图16.4），其他覆盖处理介于二者之间。

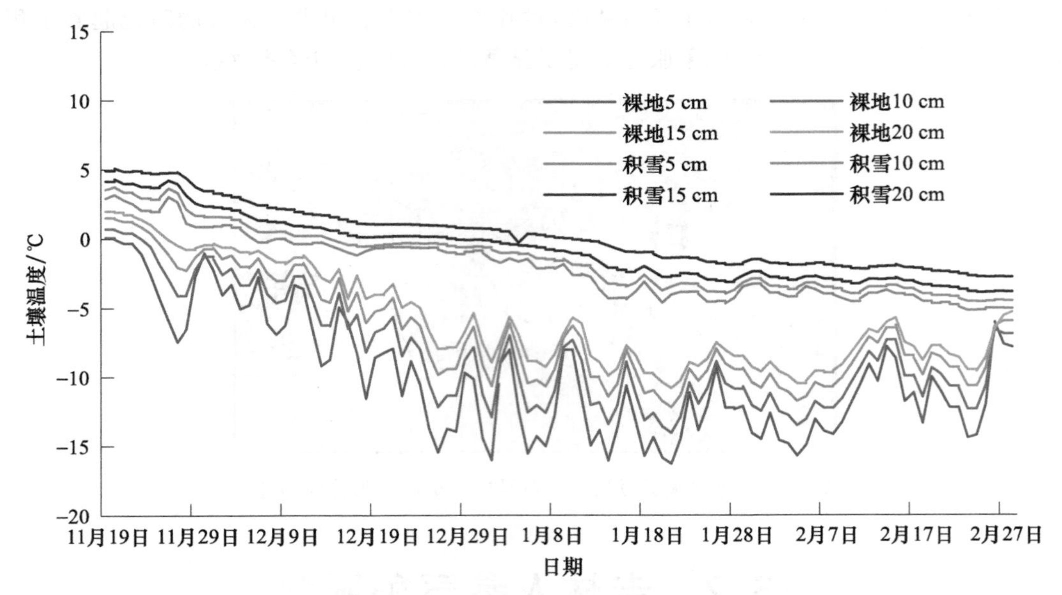

图16.4　2021年冬季积雪覆盖和裸地日最低土壤温度变化（附彩图）

以变幅最大、温度最低的5 cm土壤温度为代表分析人参越冬期不同覆盖条件下土壤温度逐日变化情况。无任何覆盖的裸地土壤温度持续低于有防寒覆盖的，低温时段多出现在12月下旬—2月中旬，5 cm日最高土壤温度多在－11.0～－9.0 ℃波动，最低土壤温度多在－15.0～－12.0 ℃波动；同期积雪覆盖的土壤温度最高，逐日5 cm最高土壤温度多在－4.0～－3.0 ℃波动，最低土壤温度多在－4.5～－3.5 ℃波动；高绝热材料仅次于积雪覆盖，逐日最高土壤温度多在－4.0～－3.0 ℃波动，日最低土壤温度多在－6.5～－3.5 ℃波动，比积雪覆盖低0～2 ℃；同期草帘子覆盖比高绝热薄低约1.5～2.0 ℃，比毡子高约0～0.5 ℃，最低土壤温度比高绝热薄低约2.0～2.5 ℃，比毡子高约1.0～2.0 ℃。

② 逐时土壤温度。在冬季最寒冷时段，不同覆盖条件下土壤温度差异很大。由图16.5可见，48 h内气温剧烈波动，土壤温度也随之波动，波峰略有推迟。无任何覆盖的裸露地面、毡子和草帘子覆盖变幅较大，且土壤温度明显偏低；与毡子和草帘子相比，高绝热材料相对稳定，自然降雪覆盖的土壤温度最高，变幅最小。

③ 冬季极端最低土壤温度。分析不同覆盖物条件下整个人参越冬期极端最低地温发现：裸地对照最低，5 cm、10 cm、15 cm、20 cm极端最低土壤温度分别为－16.3 ℃、－14.1 ℃、－12.2 ℃和－10.8 ℃（表16.19）。积雪对照最高，分别比裸地对照高11.1 ℃、9.5 ℃、8.3 ℃、8.0 ℃，其他介于积雪对照与毡子之间。防寒物对越冬期极端最低气温影响极大。

表16.19　2021年冬季不同覆盖物不同深度冬季极端最低土壤温度　　单位：℃

覆盖物	5 cm	10 cm	15 cm	20 cm
草帘子	－10.2	－8.6	－7.5	－6.9
毡子	－12.3	－10.4	－8.7	－8.0

续表

覆盖物	5 cm	10 cm	15 cm	20 cm
高绝热薄	－7.5	－6.1	－5.6	－4.7
高绝热中	－6.9	－5.9	－5.3	－4.6
高绝热厚	－6.8	－5.3	－4.9	－4.1
积雪	－5.2	－4.6	－3.9	－2.8
裸地	－16.3	－14.1	－12.2	－10.8

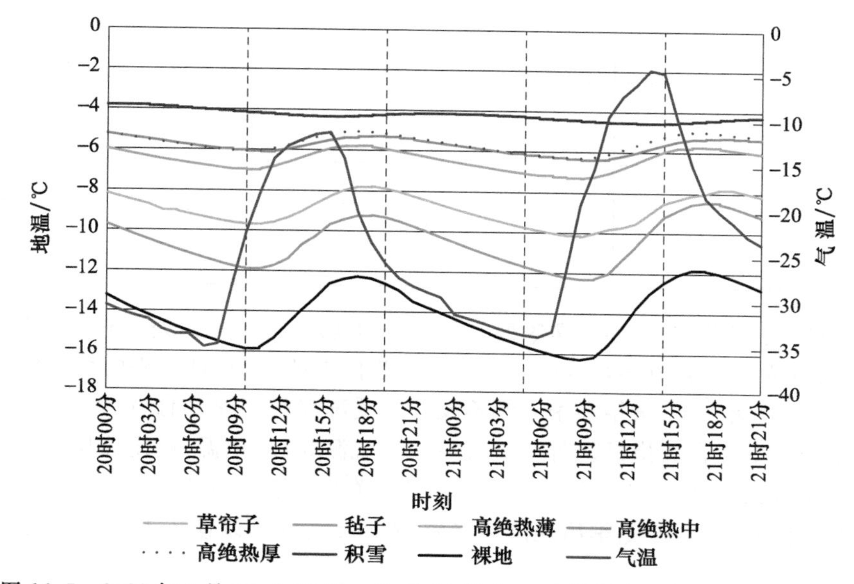

图 16.5　2022 年 1 月 20 日 00 时—21 日 23 时 5 cm 土壤温度和气温变化(附彩图)

(2)不同防寒物防寒效果

人参越冬层土壤温度稳定性、降温特征等均与覆盖物明显相关,保温性越好,土壤温度越稳定。积雪和高绝热材料覆盖(冬季降雪后及时清除)人参和西洋参均可以安全越冬,春季人参和西洋参出苗率均在 91%以上;仅用草帘子覆盖(冬季降雪后及时清除)人参越冬期出现冻害,出苗率为 82%,西洋参出苗率仅为 22%;仅用毡子覆盖(冬季降雪后及时清除)人参越冬冻害比草帘子覆盖重,出苗率为 66%,西洋参无法安全越冬,出苗率为 0;裸地对照人参和西洋参出苗率均为 0,都无法安全越冬。越冬期选择保温效果好的覆盖防寒物对人参和西洋参安全越冬非常必要。不同覆盖物防寒效果由好到坏依次为:积雪>高绝热材料>草帘子>毡子。

(3)初冬最佳防寒时间预报

① 人参和西洋参越冬防寒指标。初冬防寒覆盖时间早晚对人参和西洋参安全越冬也有影响。根据 2021 年和 2022 年冬季田间试验结果,将 2022 年和 2023 年两年春季出苗率进行平均,发现人参和西洋参的出苗率基本上随着覆盖时间推迟而下降,西洋参下降趋势更为明显(表 16.20)。初冬当 5 cm 地温降至 0 ℃时覆盖防寒,人参和西洋参出苗率最高,是最佳覆盖防寒期;地温降至－8 ℃时防寒,西洋参出苗率降至 63%,－14 ℃以下防寒,西洋参全部被冻死;5 cm 瞬时地温低至－14 ℃时,人参出苗率仍达 75%;地温在－14～－8 ℃波动,极端最低为－16.3 ℃的裸地人参全部被冻死。

表 16.20　不同覆盖防寒时间条件下人参和西洋参出苗率

覆盖时 5 cm 地温/℃	人参/%	西洋参/%
0	100	100
−2	98	82
−4	96	74
−6	97	66
−7	95	69
−8	77	63
−9	88	45
−11	80	32
−12	91	8
−14	75	0
积雪	91	91
裸地	0	0

② 最佳防寒时间预报。人参越冬根一般位于土壤 5～20 cm 处，芦头多位于土壤 5～10 cm 处，主根多位于土壤 10～20 cm。由于越冬芽位于芦头处，且芦头的抗寒能力比主根和须根弱，一旦芦头遭受冻害，来年春季人参不发芽或受冻溃烂而死，因此可用 5 cm 土壤温度作为判识人参是否发生冻害的指标。各县级气象站均观测 5 cm 地温，可用该层地温判断冻害发生情况。当 5 cm 地温稳定降至 0 ℃以下，人参和西洋参开始防寒，防寒顺序先西洋参后人参。防寒物须为保温性能好、即使冬季出现降雪异常偏少天气也可以使人参和西洋参安全越冬的材料。

(4)春季揭膜时间预报

春季揭膜时间早晚影响土壤温度回升快慢，不同覆盖材料影响回升速度不同。根据 2022 年和 2023 年春季不同揭膜时间试验，用防寒效果好的高绝热纤维被覆盖防寒，揭膜越晚，地温越低，出苗越晚，揭膜时间对出苗速度影响明显。用草帘子和毡子防寒，出苗进度晚于自然积雪对照和高绝热纤维被 3 月 31 日揭膜 4 月 14 日揭膜，早于高绝热纤维被 4 月 20 日揭膜和 4 月 30 日揭膜，揭膜早晚不影响最终出苗率，只影响出苗进度。长白山人参种植区春季冷暖气温波动明显，春季冻害发生频率高，春季保苗防冻害是主要任务，因此要尽量使人参晚出苗，以免出苗期发生冻害。

关于揭膜时间预报，利用保暖性好的防寒材料，揭膜早可以早出苗，增加人参生长期，但增加苗期发生冻害的风险；晚揭膜出苗晚，但可以降低春季遭受冻害的风险，保苗率高。长白山中部及北部人参种植区早春气温不稳定，高温、低温、寒潮天气时常发生，尽量晚揭膜；南部地区可根据长期气候预测如确认 2 周后无寒潮降温天气，可提醒揭膜。通过揭膜控制出苗时间，避免春季苗期冻害的发生。

16.2.2　人参气象灾害服务技术

(1)人参气象灾害指标

越冬覆盖防寒指标。初冬当 5 cm 地温稳定降至 0 ℃时开始进行越冬防寒。

春季冻害指标。春季人参幼苗对最低气温 0 ℃左右的轻霜有一定抵抗能力，但有受冻症状，遇到－4 ℃以下的重霜冻会出现冻害，地上植株失去生长机能。

干旱指标：土壤相对湿度：50%～60%，轻旱；40%～50%，中旱；<40%，重旱。

渍涝指标：土壤相对湿度≥80%。

高温热害指标：日最高气温≥32 ℃。

(2)气象灾害服务技术

基于人参气象灾害指标，结合未来一周的天气预报，发布人参气象灾害精细化预警信息。包括站点预报未来 7 d 逐日的平均气温、最高气温、最低气温和降水量；格点预报可预报未来 10 d 逐日的平均气温、最高气温、最低气温和降水量。发布人参灾害性天气预报产品。

16.2.3　人参病害气象服务技术

16.2.3.1　人参病害发生气象指标

(1)疫病

温度指标：可在 10～30 ℃范围内发病，最适宜的温度为 17～25 ℃(赵日丰，1994)，低于 5 ℃和高于 30 ℃，人参疫病的病情停止发展。湿度指标：空气相对湿度在 98%以上利于人参疫病烂根病发生和扩展。

(2)立枯病

立枯病病菌生长适温为 17～28 ℃(高炜，2018)，12 ℃以下或 30 ℃以上病菌生长受到抑制，病菌发育适温 20～24 ℃。高湿有利于人参立枯病发生。

(3)黑斑病

人参黑斑病原菌生长发育温度幅度是 5～30 ℃(赵日丰，1987)，最适温度为 20～25 ℃，25 ℃生长最快。

16.2.3.2　人参病害发生气象预警技术

(1)气象适宜度

将气象适宜度划分为 4 个等级(表 16.21)，将温度(T)、降水(R)、相对湿度(RH)、日照(S)等气象因子转化为适宜度指数(I)，则

$$I_T=\begin{cases}\dfrac{T-T_0}{T_S-T_0} & T\leqslant T_S\\[2ex]\dfrac{T_g-T}{T_g-T_S} & T\geqslant T_S\end{cases}\tag{16.17}$$

式中：I_T 为温度适宜度指数；T 为温度；T_S 为最适宜温度；T_0 为最低不适宜温度下限值；T_g 为最高不适宜温度上限值。其他要素同理转化为 I_R、I_{RH}、I_S。

综合适宜度指数 $I=aI_T+bI_R+cI_{RH}+dI_S+h$，其中 a、b、c、d、h 为系数。

表 16.21　气象适宜度及综合适宜度指数

适宜度(A)	非常适宜	较为适宜	基本适宜	不适宜
气象适宜度指数(A_i)	2	1	—	—
综合适宜度指数(I)	[1,0.75]	(0.75,0.5]	(0.5,0.25]	(0.25,0]

(2)促病气象指数模型

$$Z_i = \sum_{i=1}^{n} C_i A_i I_i \tag{16.18}$$

式中：Z_i 为促病气象指数；C_i 为影响系数(表 16.22)；I_i 为适宜度指数；A_i 为不同适宜度对病害发生的作用和影响。人参病害促病指数分级标准见表 16.23。计算 10 天内促病指数，前 7 天利用实况气象资料，后 3 天利用预报值。

表 16.22　综合适宜度指数 $I \geqslant 0.5$ 持续天数对病害诱发影响系数

$I \geqslant 0.5$ 持续天数/d	1	2	3	…	n
影响系数(C_i)	2.0	3.0	4.0	…	$n+1$

表 16.23　人参病害促病指数分级标准

气象条件	促病指数 Z 值	发生发展气象等级
适宜	>12	高
较适宜	$6<Z\leqslant 12$	较高
不适宜	$0<Z\leqslant 6$	低

16.2.4　人参气象服务案例

2021 年 4 月 27 日，根据吉林省气象台预报未来一周将出现降温过程，人参气象服务人员发布“未来一周可能出现低温冻害，注意防寒防冻”(2021 年第 5 期)，信息摘要为：“上周长白山区大部总体气象条件有利于人参芽孢萌动和出苗，部分地块人参已经出苗。上周气温波动较大，4 月 24 日和 25 日夜间长白山区大部日最低气温在 0 ℃以下，部分出苗人参发生冻害。未来一周气温稍低，4 月 28 日—5 月 3 日部分区域最低气温仍将在 0 ℃以下，尤以 28 日低温影响面积较大。未来一周将出现几次降水过程，5 月 4 日降水量稍大。建议参区做好防寒防冻工作，加强栽培管理，合理利用降水，促进人参发芽和幼苗生长。”服务产品通过吉林参王植保有限公司“参博士”微信公众号转发，第二天服务团队成员下参田考察，发现参农得知可能出现低温天气，正在上防寒膜以抵挡低温对刚出土幼苗的伤害(图 16.6、图 16.7)。此次服务收到很好效果。

图 16.6　参农正在上防寒膜

图 16.7　刚刚出土的人参幼苗

16.3　辽宁海洋牧场气象服务

16.3.1　辽宁海洋牧场产业及气象服务介绍

16.3.1.1　辽宁海洋牧场产业现状

辽宁省是我国最早开始建设海洋牧场的沿海省份之一，经过数十年的发展历程，已经形成了较为完善的海洋牧场体系。目前，除了辽宁省外，天津、山东、河北、浙江和广东等沿海省(市)也开始建设海洋牧场，并且已经实现了规模化产出。

大连市地处辽东半岛南端，东临黄海，西濒渤海，海岸线长 2211 km，是全国海岸线最长的城市。大连也是辽宁省获批海洋牧场示范区最多的城市，全市共有 28 个国家级海洋牧场示范区，鱼、虾、贝、藻等经济生物及海洋、滨岸、岛屿珍稀生物种类繁多，资源量大，特别是海珍品在国内外享有盛誉。据统计数据，2022 年大连地区水产品总量 250 万 t，其中海水养殖产量达到 208 万 t，占比高达 84%；此外，海水养殖面积为 46 万 hm^2，渔业经济总产值 766 亿元，“蓝色粮仓”已具规模。

海水养殖业受到自然环境的巨大影响，每年因自然灾害导致的经济损失严重。灾害性天气事件，如暴雨、台风等，都会引发海水养殖业遭受巨大的损失。此外，水温、盐度等环境因素的异常变化也会导致养殖生物生理不适，从而面临死亡和损失的风险。这些风险因素的存在在一定程度上制约了海水养殖业的发展。例如，在寒冷年份，冬春季节的大连夏家河子一带的浅海水域可能会形成触及海底的厚冰层，冰期持续时间较长，这会给海水养殖业带来严重的灾害。冬春季节的气候特征通常是低温、多风，海上大风会引发浪涌，对固定在海水中的网箱和浮筏设施造成威胁。如果这些设施不及时加固或下沉，就有可能被风浪冲散或破坏。同时，大风天气也对作业人员的生命安全构成威胁。夏季高温时，海参养殖池塘的水温可能会持续超过 26 ℃，这会给海参养殖带来严重的损失。强降雨也会导致池塘内溶氧降低、盐度发生变化，海参等品种可能会出现应激死亡等情况。

16.3.1.2　辽宁海洋牧场气象服务介绍

随着海洋牧场的发展，气象服务的需求也日益增加。2022 年，辽宁省气象局组织成立了大连海洋牧场特色农业气象服务中心(简称海洋牧场服务中心)，由大连市气象服务中心、金普新区气象局、普兰店区气象局、庄河市气象局和长海县气象局五家成员单位组成，以提供海洋牧场气象服务。2023 年，辽宁省气象局和辽宁省农业农村厅联合认定该中心为辽宁省海洋牧场气象服务中心。该服务中心旨在建设海洋牧场气象水文立体观测体系，制定海洋牧场气象服务技术规范和业务流程，提升海洋牧场气象预报预警技术水平，增强应对渔业养殖灾害天气的能力，以及提高海洋牧场气象综合服务能力。服务中心目标是打造“服务基础坚实、服务效果卓越、技术实力强大”的特色气象服务中心，充分发挥海洋牧场渔业养殖防灾减灾第一道防线作用，为养殖企业提供有效的防灾减损措施，保障渔民增产增收。

16.3.2 大连海洋牧场气象服务技术

16.3.2.1 海参生态育苗期气象服务指标

海参每年的6月下旬—9月为种参育苗期，这一阶段是海参养殖过程中至关重要的一环。为了确保育苗成功和参苗生长，育苗工作需要采用深度为5～6 m的网箱进行暂养。然而，这一阶段也是最容易受到气象灾害影响的时期，如风暴、巨浪等，因此对于气象服务的需求显得尤为迫切。

研究气温和海温的变化波动规律发现，从3月—9月上旬，气温普遍高于海温。而其余时间则正好相反，海温高于气温。这种气温和海温的差异变化趋势可能与海洋和大气之间的热交换有关。

为了进一步分析气象因素对海参育苗的影响，对2019年、2020年、2021年3—8月的气温和5 m深度海温的变化趋势进行计算。结果表明，5 m海温与气温之间存在一种二次曲线关系

$$T_{5\,\mathrm{m}}=1.05+0.6T_{气}+0.01T_{气}^{2} \tag{16.19}$$

式中：$T_{5\,\mathrm{m}}$表示5 m深度海水温度；$T_{气}$表示气温。

在详细分析这一关系后，可以发现，当水温达到一定阈值并保持稳定一段时间后，种参的排卵活动会逐渐增加，直到最终达到峰值。这个稳定通过相应温度海参时间与排卵时间之间的相关关系，提供了一种基于海温监测数据来预测排海参卵期时间的有效方法。

这一发现对于提高海参育苗的成功率和产量具有重要意义，对于渔业生产和生态保护具有重要意义。通过掌握这种相关关系，服务中心可以更好地理解和预测海参育苗期的气象条件，从而为养殖户提供更准确的气象服务。

16.3.2.2 圈养海参夏季高温热害服务指标

在海洋生态系统中，海参作为一种独特的生物，对水温有着特定的适应性。当水温过低时，海参的摄食量会减少，活动变得迟缓，并逐渐进入半休眠状态。然而，当水温过高并持续一段时间后，海参可能会面临死亡的风险。

为了更好地评估高温天气对海参养殖的影响，服务中心分析了过去10年的高温天气变化趋势以及海参养殖的受灾情况。经专家评判和查阅田传远等(2011)的文献，日平均气温，最低气温和日照时间对夏季高温天气海参池水温变化作用最为关键，以此为基础，建立了海参养殖在夏季高温热害情况下的评价指标。其公式为

$$Z_i=\begin{cases}0.5T'_i+0.3T_i+0.2R_i & T\geqslant 26\\ 0 & T<26\end{cases} \tag{16.20}$$

式中：T'_i代表最低气温等级；T_i代表日平均气温等级；R_i代表日照时数等级；Z_i表示灾害等级最终评分。Z_i值在1.5以下时，受灾风险等级为低；在1.6～3.0时，受灾风险等级为中；在3.0以上时，受灾风险等级为高。

根据气象服务的可操作性，参考大连瓦房店市海参协会专家的建议及王晓丽(2019)的相关文献，经过综合分析，得出海参养殖在夏季高温的气象指标(表16.24)。当预报日平均气温超过26 ℃，且持续3 d以上时，高温天气将对海参生长产生逐渐影响。随着气温的升高和持续时间的延长，海参生长受到的影响将越来越严重，直至出现大量海参死亡的情况。因此，当海参养殖地区预报平均气温超过26 ℃时，养殖户应采取相应的预防措施，以避免可能的损失。

表 16.24　海参养殖气象服务指标

灾害种类	主要发生时段	灾情等级	灾害指标(注意事项)
夏季高温(养殖地区日平均气温(T)和持续天数(t)	夏季,晴天,日照时间长	轻度	26 ℃$<T\leqslant$28 ℃且 3 d$\leqslant t<$5 d
			28 ℃$<T\leqslant$30 ℃且 2 d$\leqslant t<$3 d
		中度	26 ℃$<T\leqslant$28 ℃且 5 d$\leqslant t<$7 d
			28 ℃$<T\leqslant$30 ℃且 3 d$\leqslant t<$5 d
			30 ℃$<T\leqslant$32 ℃且 2 d$\leqslant t<$3 d
		重度	28 ℃$<T\leqslant$30 ℃且 $t\geqslant$5 d
			30 ℃$<T\leqslant$32 ℃且 $t\geqslant$3 d
			$T>$32 ℃
大风	春季、秋季	—	阵风≥8 级(17 m/s)(影响人员作业安排)
强降水	夏季	—	24 h 降水量≥100 mm(注意开闸排淡水)
大雪	冬季	—	积雪深度≥5 cm(注意清扫积雪,保持光照)

注:关注农历每月初一、十五,低潮水位和高温天气对海参养殖影响更严重。

16.3.2.3　虾夷扇贝气象服务指标

气象要素之间的配合适宜与否,会直接影响到虾夷扇贝的繁殖和幼苗的投放、生长、收获等,从而影响到养殖的丰歉、品质的高低。在虾夷扇贝生长发育期间,气象服务主要关注苗种中间育成期和浮筏养成期两个阶段。其中,苗种中间育成受水温、风浪和透明度、盐度的直接影响,浮阀养成期受水温、风浪和盐分含量的影响。

在苗种中间育成期和浮筏养成期,气象因素如水温、风浪和透明度、盐度等,会直接影响到虾夷扇贝的生长和发育。水温是影响虾夷扇贝生长和繁殖的重要因素,适宜的水温可以促进虾夷扇贝的生长发育,而过低或过高的水温则会对它们的生长产生不利影响。风浪的大小也会影响到虾夷扇贝的生长,过大的风浪可能会损害虾夷扇贝的贝壳和软体部分,而适宜的风浪则可以促进它们的运动和摄食。透明度和盐度也是影响虾夷扇贝生长的重要因素,过高的透明度可能会导致水质不稳定,而过高的盐度则可能会使虾夷扇贝出现脱水现象。

因此,气象服务在虾夷扇贝生长发育期间具有重要作用。通过提供准确的气象预报和服务,可以帮助养殖户及时调整养殖方案,提高虾夷扇贝的产量和品质。

(1)苗种中间育成期气象服务指标

苗种中间育成阶段从 5 月中旬开始,至 11 月上旬结束,分三个阶段。稚贝出库暂养期使用 40 目网袋暂养苗种 2～3 个月,达到 3 mm 左右。幼贝分散暂养期使用 20 目网袋继续养殖苗种达 10 mm 以上阶段,俗称二级育成。贝苗网笼暂养期使用网笼暂养到 11 月上旬,可长到 3 cm 苗,俗称三级育成。经过综合分析,总结出苗种中间育成阶段气象服务指标,见表 16.25、表 16.26。

表 16.25　虾夷扇贝苗种中间育成期温度指标

生长条件	持续时间(t)/d	生长环境温度(6～15 m 深)(T)/℃	海表面水温(0.2 m 深)(T)/℃	日平均气温(T)/℃
适宜(Ⅰ级)	—	$10\leqslant T\leqslant 15$	$1\leqslant T\leqslant 24$	$-3\leqslant T\leqslant 23$
不适宜(Ⅱ级)	5	$T\geqslant 23$	$25\leqslant T\leqslant 27$	$24\leqslant T\leqslant 26$

续表

生长条件	持续时间(t)/d	生长环境温度(6～15 m 深)(T)/℃	海表面水温(0.2 m 深)(T)/℃	日平均气温(T)/℃
影响较重(Ⅲ级)	5	$T \geqslant 25$	$28 \leqslant T \leqslant 29$	$27 \leqslant T \leqslant 29$
开始死亡(Ⅳ级)	3	$T \geqslant 26$	$T \geqslant 30$	$T \geqslant 30$

表 16.26　虾夷扇贝苗种中间育成期风速指标

生长条件	持续时间/d	平均风速/(m/s)	阵性风速/(m/s)
适宜(Ⅰ级)	—	3.4～13.8	5.5～17.1
不适宜(Ⅱ级)	3	≥13.9	≥17.2

当养殖区域出现超过 100 mm 的大暴雨,特别是短时强降水,可引起表层盐度偏低、水质变差。

(2)浮阀养成期气象服务指标

这一时期是将 3 cm 的幼贝分散养成至 8 cm 以上的商品贝,达到商品规格(平均直径≥8 cm)后可以收获,一龄贝收获期一般是在次年秋季 10—11 月,这期间出肉率最高。二龄贝是在第三年 8—9 月份。经过综合分析,总结出浮阀养成期气象服务指标,见表 16.27、表 16.28。

表 16.27　虾夷扇贝浮阀养成期温度指标

生长条件	持续时间(t)/d	生长环境温度(6～15 m 深)(T)/℃	海表面水温(0.2 m 深)(T)/℃	日平均气温(T)/℃
适宜(Ⅰ级)	—	10 ℃$\leqslant T \leqslant$15 ℃	$1 \leqslant T \leqslant 24$	$-3 \leqslant T \leqslant 23$
不适宜(Ⅱ级)	5	$T \leqslant$5 ℃或 $T \geqslant$23 ℃	$-4 \leqslant T \leqslant 0$ 或 $25 \leqslant T \leqslant 27$	$-8 \leqslant T \leqslant -4$ 或 $24 \leqslant T \leqslant 26$
影响较重(Ⅲ级)	5	$T \leqslant$0 ℃或 $T \geqslant$25 ℃	$-8 \leqslant T \leqslant -5$ 或 $28 \leqslant T \leqslant 29$	$-13 \leqslant T \leqslant -9$ 或 $27 \leqslant T \leqslant 29$
开始死亡(Ⅳ级)	3	$T \leqslant -1$ ℃或 $T \geqslant$26 ℃	$T \leqslant -9$ 或 $T \geqslant 30$	$T \leqslant -14$ 或 $T \geqslant 30$

表 16.28　虾夷扇贝浮阀养成期风速指标

生长条件	持续时间/d	平均风速/(m/s)	阵性风速/(m/s)
适宜(Ⅰ级)	—	8.0～17.1	10.8～20.7
不适宜(Ⅱ级)	1	≥17.2	≥20.8

当养殖区域出现超过 100 mm 的大暴雨,特别是短时强降水,可引起表层盐度偏低、水质变差。

16.3.2.4　北黄海地区海蜇养殖气象服务指标

经过对气象观测及平行观测记录进行深入分析,我们发现北黄海地区海蜇养殖的关键时间段为每年的 5—9 月。在此期间,海蜇生长的适宜气温处于 18～30 ℃的范围内。对于海蜇来说,它们的适宜水温是 15～28 ℃,而最适宜的水温则介于 23～25 ℃。当水温低于 18 ℃时,海蜇的生长速度会明显放缓;当水温低于 15 ℃时,海蜇基本上会停止进食。如果水温高于 35 ℃,海蜇会面临死亡的风险,因此整理出具体气象服务指标(表 16.29)。此外,海蜇生长的适宜溶解氧浓度应不低于 3 mg/L,如果溶解氧浓度低于这个最适浓度,将不利于海蜇的生长。

在海蜇养殖的关键期,气象服务人员会对主要影响的气象要素进行密切监测。在进行预报技术支持时，他们会提供相关的要素或灾害预报，以确保海蜇养殖户能够及时了解和应对各种气象条件。整理出海蜇养殖各阶段主要气象灾害指标（表 16.30）。

综上所述，气象因素对北黄海地区海蜇养殖具有重大影响。在适宜的气象条件下，海蜇才能健康生长；而气象服务人员则通过提供精准的气象预报和技术支持，为海蜇养殖户提供了有力的保障。

表 16.29　海蜇养殖各阶段适宜和不适宜的气象条件指标

时间	时期	适宜的气象条件	不利的农业气象条件
5 月上旬	第一茬幼苗投放期和生长期	平均气温在 18 ℃以上，平均水温在 15 ℃以上，放苗时间应选择在天气较好的早晨或傍晚，最好是无风、无阳光直射的天气	大风和寒流天气影响海蜇幼苗生长
6—7 月	第一茬幼苗收获期，第二茬幼苗投放期	平均气温在 20～24 ℃，平均水温在 18～22 ℃，少量的降水能降低海水本身的盐度，有利于藻类的繁殖，保证海蜇有充足的生物饵料	强降雨天气会造成海淡水分层，引起海蜇缺氧和应激反应。养殖户需在降雨前使用解毒抗应激药物，提高抗应激能力，减少海蜇的应激反应，保障海蜇正常生长
8 月	第二茬幼苗生长期，第三茬幼苗投放期	平均气温在 23～26 ℃，平均水温在 20～23 ℃，充足的阳光和适宜的水温有利于藻类和浮游动物的大量繁殖，利于海蜇迅速生长	高温天气会使水中溶解氧浓度降低；强降水天气导致气压过低，水中缺氧，导致海蜇大面积上浮，不利于海蜇生长
9—10 月上旬	第二茬苗收获期，第三茬幼苗生长期	平均气温在 20～21 ℃，平均水温在 18 ℃以上	水温低于 18 ℃将导致海蜇生长缓慢，当水温低于 15 ℃时，海蜇基本停食

表 16.30　海蜇养殖各阶段主要气象灾害指标

灾害类型	灾害等级	灾害指标
高温	无灾害	最高气温<30 ℃
	中度	30 ℃<最高气温≤33 ℃
	重度	最高气温>33 ℃
大雾	无灾害	累计日数<3 d
	轻度	累计日数 3～5 d
	中度	累计日数 6～8 d
	重度	累计日数>8 d
强降水	无灾害	24 h 降雨量≤50 mm
	中度	50 mm<24 h 降雨量≤100 mm
	重度	24 h 降雨量>100 mm
低温	无灾害	最低气温>18 ℃
	轻度	15 ℃<最低气温≤18 ℃
	重度	最低气温≤15 ℃

16.3.3 海洋牧场气象服务案例

16.3.3.1 长海县网箱养殖气象服务（2022 年 8 月 18—19 日强对流天气服务）

根据天气预报，受到副热带高压外围暖湿气流和切变线的共同影响，2022 年 8 月 18 日傍晚至 19 日上午，大连地区可能会出现暴雨天气，同时伴随雷电、短时强降雨、雷雨大风和冰雹等强对流天气。根据之前的调研结果，网箱养殖在此类气象条件下可能会面临风险，阵风超过 9 级、浪高超过 2.5 m 会对相关海域的网箱养殖产生影响。

因此，从 8 月 14 日开始，气象业务人员通过电话和微信向各海洋牧场提供了滚动服务，内容包括了风向、风速和降水量的预报，并额外提供了水温、盐度、流速以及潮位等水文要素的趋势分析。为了确保各海洋牧场能够及时掌握天气过程的最新变化趋势并合理安排生产活动，气象服务人员加密服务频次，从原本的一天一次增加到一天两次。

收到服务信息后，各海洋牧场立即采取行动，组织相关人员加固海上养殖设施，并在 18 日撤离海上昼夜看护人员。同时，各牧场加紧了已达收获期的网箱养殖产品的收获进度，提前上市以保证市场供给，从而有效减少了此次天气过程所带来的不利影响，降低了企业的经济损失。

16.3.3.2 庄河暴雨大风天气过程海洋牧场气象服务（2022 年夏季多次暴雨过程服务）

在 2022 年夏季，庄河地区遭遇了多次暴雨大风天气。在这些灾害性天气来临之前，气象服务业务人员都会提前组织会商研判分析，精心制作服务材料，为水产养殖户提供精细化生产建议。为了确保服务能够直接送达水产生态养殖户，他们还通过直通式服务微信群进行信息传递。

在每次收到预报信息后，海参养殖户都会迅速采取行动，积极加固养殖设施，以确保海参能够正常生长。这些防范措施的实施，使得海参养殖户能够更好地应对灾害性天气带来的挑战。

通过业务人员的精细服务，以及海参养殖户的积极应对，庄河的海参养殖业在 2022 年夏季的暴雨大风天气中保持了较好的生产状态。充分展示了提前预警、科学防范和精准服务的重要性，为未来的灾害应对提供了有益的参考。

16.3.3.3 海参养殖高温风险提醒案例

海洋牧场气象服务中心与大连海洋大学联手合作，组成专家团队，进行定期的会商与座谈交流。双方积极联合申报研究项目，不断提升气象服务的科技支撑力。在每年夏季养殖的关键时期，针对可能影响养殖的高温气象条件，精心制作并发布海参养殖高温灾害风险预警和贝类浮筏养殖高温风险提醒。这些预警和提醒为渔业养殖户提供了气象信息、养殖预警及生产建议，为科学应对气象灾害提供参考。

此外，在渔业养殖的关键期，海洋牧场气象服务中心与大连海洋大学还携手合作，共同前往海洋牧场经营企业开展防灾减灾科普宣传和渔业养殖技术指导。市（县、区）气象局也积极关注天气情况，及时制作并发布水产养殖气象服务专报。这些服务专报对前期气象条件和水温进行分析，预测未来天气情况，并提供通俗易懂的养殖建议，使养殖户们更好地应对天气的变化。

业务人员在平时还可以通过设置在海洋牧场的溶氧监测仪实时跟踪掌握溶氧、水温情况。一旦发现缺氧情况，会立即通过微信群或电话通知养殖户，养殖户根据情况采取相应对策措施，最大限度地减少了因天气原因造成的影响。

16.4　广东海洋牧场气象服务

16.4.1　广东海洋牧场产业及气象服务介绍

16.4.1.1　广东海洋牧场产业现状

广东海洋资源丰富，基础优势明显。全省海岸线 4084.48 km，海域面积 41.93 万 km^2，海洋经济总量连续 28 年居全国首位。八大湾区生物资源丰富，光热条件好，全年适合海洋养殖，复养率高。2022 年已有 4874 个深水网箱和 3 座桁架类网箱等养殖装备投入运营。

湛江是广东发展海洋牧场的主战场。湛江在广东省拥有“三最”：海岸线最长、滩涂面积最广、海域最辽阔。天然的海域生态环境条件和丰富的水生生物资源为湛江现代化海洋牧场发展奠定了基础。

一是深水网箱养殖情况。截至 2023 年底，湛江已建成湛江湾、雷州湾、西连、流沙、草潭 5 个深水网箱养殖园区，网箱数量 3516 个，约占全省 70%，约占全国 15%。2020 年，广东省首个深水网箱养殖优势产区产业园落户湛江。2021 年，湛江首个桁架式深水网箱养殖平台“海威 1 号”投苗养殖。湛江拥有以恒兴、国联、海威为代表的深海网箱养殖龙头企业和 80 多家（户）中小型企业，以“大渔带小渔”模式，不断推进湛江深水网箱产业发展。湛江 70%深水网箱养殖金鲳鱼，金鲳鱼年产量约 8.5 万 t，其价格和市场走向堪称中国金鲳鱼行业风向标，被授予“中国金鲳鱼之都”称号。其余 30%网箱养殖鳘鱼、军曹鱼、石斑鱼等，年产量约 5 万 t。深水网箱产业的发展为湛江网箱养殖、网箱制造、网具生产、配合饲料、冷藏加工、陆基服务等产业链注入新的活力。

二是人工鱼礁建设情况。截至 2023 年底，湛江在建国家级海洋牧场示范区 3 个。其中，硇洲岛海域国家级海洋牧场示范区人工建设项目总投资 2500 万元，用海总面积 738 hm^2，建设人工鱼礁礁体总空方量 40896 m^2、藻礁礁体 2006.6 m^2、培育增殖海藻苗 100 万枝，并配套有在线自动监控系统 1 套；遂溪江洪海域国家级海洋牧场示范区人工鱼礁建设项目总投资 2600 万元，目前已进入制礁投礁阶段；吴川博茂海域国家级海洋牧场示范区人工鱼礁建设项目总投资 1750 万元，用海面积 1940 hm^2（含人工鱼礁 49 hm^2），正在开展项目建设前期工作。

三是贝类增殖型海洋牧场建设情况。湛江贝类养殖产量 45 万 t，品种包括波纹巴非蛤、方斑东风螺、皱肋文蛤、缢蛏、华贵栉孔扇贝等。目前在坡头官渡、湛江湾、雷州湾、北部湾一带海域形成生蚝产业园区，年产量 22 万 t。“湛江蚝情”更是辐射北京、上海、西安等全国各地，2019 年“湛江蚝”获国家地理标志产品认证，2021 年“官渡生蚝”获“全国名特优新农产品”证书。

16.4.1.2　广东海洋牧场发展布局规划

根据《广东省现代化海洋牧场建设实施方案》，广东省发展海洋牧场坚持的基本原则有：疏近用远，生态发展；政府引导，市场主导；陆海接力，岸海联动；立体开发，产业融合；科技引领，创新驱动；合作开发，共享共赢。计划在 1 年内，现代化海洋牧场建设顺利开局，市场动能有效激活；3 年内，陆海接力的现代化海洋牧场建设初见成效，全省海洋渔业总产值居全国前列；5 年内，现代化海洋牧场全产业链形成规模集聚，全面建成“蓝色粮仓”；10 年内，海洋渔业走向深远海，全面建成海洋渔业强省。

根据《湛江市现代化海洋牧场建设行动方案(2023—2035年)》，1年完成具体规划，启动并取得明显成效。3年初步建成陆海联动现代化海洋牧场先行示范区，5年全面构建现代化海洋牧场千亿级产业集群，10年建成全国渔业强市，到2035年实现渔业现代化，全面建成现代化海洋牧场总体布局，全面建成区域代表性强、生态功能突出、具有典型示范和辐射带动作用的全国海洋牧场示范市。

《湛江市现代化海洋牧场建设规划(2023—2035年)》提到，湛江将构建“一核四圈”陆海联动空间格局。其中，“一核”即湛江湾—雷州湾高质量发展核，打造科研试验、商贸服务核、智慧装备制造试验核、国家级渔港经济区等；四圈：北部湾联动圈，开展水产种业选育扩繁、贝虾类特色养殖、海洋康养休闲体验、海洋食品精深加工、先行探索深远海立体综合养殖；流沙湾联动圈，发展海水种业、珍珠产业和水产品预制菜产业，示范“1＋N”规模化养殖模式；粤琼联动圈，重点发展海水鱼和生蚝原良种选育扩繁、三倍体生蚝规模化养殖，探索“飞海”合作养殖机制；吉兆湾联动圈，重点发展海洋食品精深加工、现代化海洋牧场展示、深海网箱渔旅、渔港风光。

16.4.1.3 海洋牧场气象服务需求

大力发展海洋牧场的同时，也存在着很多技术问题。广东气象灾害发生频率高、种类多，影响频繁。台风、海上强对流、海上强风、高温热浪、低温阴雨、风暴潮等，对深远海养殖均有明显影响。而湛江是广东台风灾害影响最严重的地区，1962—2020年共有300个台风过程对湛江市造成了明显的风雨影响。近20年给湛江市造成损失最严重的台风是1996年的第15号台风“莎莉”，共造成全市142人死亡，直接经济损失达103亿元；2015年的第22号台风“彩虹”也给湛江造成了4人死亡，直接经济损失210.5亿元。同时，西南大风常常给湛江沿海地区带来风暴潮和龙卷等灾害性天气。

海洋牧场的气象服务需求主要表现在四个方面，一是海洋牧场灾害风险暴露度高，海上装置多、渔船多、从业人员多，安全保障需求大。二是养殖企业投入大、风险高，对养殖装置和养殖鱼类减损需求大。三是养殖企业和养殖大户对保障稳定产出、提升品质，助力海洋牧场养殖增产增收的需求大。四是评估先行、科学布局，政府部门产业规划发展决策支撑需求大。

16.4.2 广东海洋牧场气象服务技术

16.4.2.1 金鲳鱼服务指标

湛江70%深水网箱养殖以金鲳鱼为主，金鲳鱼年产量约8.5万t。根据海洋牧场生产需求和养殖标准，经过常态化开展企业调研报告，初步形成基于不同养殖时间节点的金鲳鱼服务指标(湛江市农业农村局，2022)。贴合生产环节，制定针对喂食作业、换网作业、捕捞作业等的服务阈值(表16.31)。

表16.31 金鲳鱼服务指标

生产场景	特征与生产事项	有利天气条件	不利天气条件	服务重点
3月底—5月上旬鱼苗投放	海温回升并稳定在23 ℃以上，金鲳鱼小苗集中投养在4～5个网箱，体长约为5 cm	晴天，小风	强降温、强风、连阴雨	冷空气影响前，及时提早发布冷空气预报预警信息

续表

生产场景	特征与生产事项	有利天气条件	不利天气条件	服务重点
4 月初—6 月初小鱼饲育期	海温稳定在 23 ℃以上，最佳海温在 28 ℃以上；每天投喂 2～3 次，需少量多次投放饲料，每次吃 7～8 分饱	晴天，小风	强降温、强风、连阴雨	关注倒春寒、持续性阴雨天气、暴雨、冷空气强风等不利天气条件的预报服务；同时关注海温、溶解氧变化
5 月中下旬—6 月中下旬小鱼分箱	投苗 40～50 d 后，待小鱼体重长到 25 g 以上，放到大网箱养殖，周长 90～100 m 的网箱投放约 8 万～10 万尾	晴天，小风	高温、台风、强风、强对流天气	关注强对流天气预报预警服务，提醒户外作业注意防御局地雷电和短时大风，关注高温天气
7 月初—10 月初快速生长期	适宜海温在 28～33 ℃；体重 40～500 g；每天投喂 2～3 次；最快每月可长 50～100 g	晴天，小风，短时阵雨	高温、台风、强风、强对流天气	关注台风、暴雨、强对流、沿海大风、高温等天气的预报服务；同时关注海温、溶解氧变化
9 月初—11 月初捕捞期	适宜海温在 28～33 ℃；体重 400～600 g；每天投喂 2～3 次；根据市场需求陆续出鱼	晴天，小风	高温、台风、强风、强对流天气	关注台风、暴雨、强对流、冷空气强风、高温等天气的预报服务；同时关注海温、溶解氧变化
换网作业	经过一段时间的养殖，网箱上会附着一些海洋微生物和尘土，堵塞网孔，影响水流畅通，导致网箱内部水质较差，给鱼苗埋下感染寄生虫病的隐患，因此应该根据网孔堵塞情况换网，一般 40～50 d 更换 1 次	晴天，小风	台风、沿海强风、强对流等恶劣天气	关注台风、大风、强对流等天气的预报预警服务
分箱作业	对于标准规格的鱼苗孵化，通常需要将鱼苗分箱 2 次。鱼苗放养后 20 d 左右，将规格相近的鱼苗进行 1 次分箱。鱼的第 2 次分箱通常在 40～50 d 进行，2 英寸(5.08 厘米)的网分出来放到大网箱养殖	晴天，小风	台风、沿海强风、强对流等恶劣天气	关注台风、大风、强对流等天气的预报预警服务
喂食作业	鱼体重 80 g 以下日投喂 3 次，鱼体重 80 g 以上日投喂 2 次。常选择在平潮、潮流缓慢期间喂养，一般是在早晨，傍晚以及凌晨时段，根据天气、潮水等有一定调整	晴天，小风	台风、沿海强风、强对流等恶劣天气	关注台风、大风、强对流等天气的预报预警服务

16.4.2.2　海洋牧场养殖环境监测技术

依托现有监测网，强化预报订正，试点开展养殖区小气候站建设。当前，湛江已建成地基、空基、天基立体化综合气象观测体系。其中，地基观测包括 6 个国家基本气象站、1 个一级农业气象观测站、133 个区域自动气象观测站(包含 12 个海岛站、沿海站 29 个)、5 个石油平台自动气象站、1 个船舶自动气象站、1 个海洋浮标气象观测站、1 个土壤水分气象观测站、6 套生物舒适度仪、10 个沿海实景监控系统等。空基观测包括 2 套闪电定位监测系统，1 套 GPS/MET

水汽遥感探测系统，新一代双偏振多普勒天气雷达、对流层风廓线雷达、X 波段相控阵雷达、激光能见度雷达各 1 部，1 座 110 m 风塔并搭配风温湿梯度、通量和辐射测量仪等设备。

海洋水质也是制约水产养殖的重要方面。根据企业需求，在遂溪草潭海域平台上试点建设养殖区小气候站，小气候站监测要素包括：气压、温度、湿度、风速、风向、降水量、海温、pH 值、溶解氧、电导率、盐度、浊度等，积累海洋气象和水质监测数据为养殖作业提供有效支撑。

16.4.2.3 海洋牧场气象灾害预报技术

提升海洋牧场气象灾害预报技术，主要是做好以下几方面的工作。

① 发展基于深度学习的雷暴大风自动识别算法（兰宇 等，2023）。利用广东真实雷暴大风观测记录，应用多种机器学习方法（决策树、CNN（卷积神经网络）、YOLO（目标检测算法）等）分别建立基于多层雷达回波的雷暴大风自动识别模型，通过分天气类型对比检验确立最优识别算法，并最终实现实时生成 1 km 分辨率的雷暴大风自动识别产品，目前已应用于平台上，针对海上强对流灾害监测效果明显。

② 发展基于深度学习和雷达回波的临近预报技术。用多种深度学习模型组合研发基于雷达回波的临近预报算法，针对西风带、季风和台风等不同类型降水构建分类型预报模型，评估表明相比光流法，组合深度学习模型预报效果更佳，且一定程度上可反演回波生消变化。

③ 运用机器学习方法构建基于华南区域模式的强对流分类潜势预报算法。以显著性和敏感性指标作为遴选物理量的标准，利用 SVM（支持向量机）机器学习模型，产出分级别的雷暴大风、短时强降水概率预报产品。

④ 研发基于深度学习和多源数据的台风快速定位方法。运用多年雷达和台风定位实况资料，基于 CNN 深度学习方法构建自动定位基础模型，通过对基础模型的读取结合连续在线学习，完成增量学习训练，增强模型的普适性及对实时台风特征的捕捉学习，较好提升原有基础模型的定位能力。

⑤ 通过机器学习发展粤西沿海及琼州海峡海雾预报技术。通过分析近 10 年湛江附近常规气象观测站点数据和近 3 年湛江浮标站数据，选取海雾预报的特征因子，采用小样本扩增技术、能见度正则化、时间矢量、全连接层（denserlayer）等方法为粤西沿海的能见度预报设计一套基于神经网络的客观预报方法，提高对粤西沿海大雾天气预报能力。

⑥ 基于历史台风报文数据统计台风 4 象限风圈分布，并从合成的 500 hPa、850 hPa 风场和位势高度场、地面风场和气压场开展各类型成因分析。研发基于历史百分位法和 Rankine 涡旋模型的台风大风风圈客观预报技术，对预报效果进行误差检验，在业务中开展实际应用。

⑦ 评估 ASCAT 卫星反演风场在华南沿海及南海的适用性。通过分析过去几年 ASCAT 卫星反演的 10 m 风场与华南沿海、南海的自动站、浮标站、海上石油平台站、海岛站等风速和风向的对比，评估不同位置上各类型测站的两种观测风场的差异，对 ASCAT 反演风场的适用性进行评估，以此弥补开阔海域上观测风场资料的不足。

16.4.2.4 海洋牧场服务产品制作模式支撑技术

依托广东海洋气象模式，制作海洋牧场针对性服务产品。当前，广东已建立多模式预报业务平台，具有海雾、海浪、风暴潮等专业服务模式，可为海洋牧场气象预报提供技术支撑，如海温预报、海浪预报产品等。但尚未建立海洋水质预报、养殖作业适宜度指数、投料指数、鱼类病虫害指数等预报模型。

16.4.3　海洋牧场台风“泰利”气象服务案例

16.4.3.1　天气实况

(1)台风“泰利”特点

2023 年 7 月 14 日 11 时,位于菲律宾吕宋岛附近的热带扰动发展为热带低压,15 日 08 时加强为今年第 4 号台风(热带风暴级,8 级),14 时被命名为“泰利”,随后逐渐加强并趋向广东省西部沿海,16 日 02 时加强到强热带风暴级(10 级),17 日 07 时加强到台风级(12 级),于 17 日 22 时 20 分在湛江市坡头区南三岛沿海地区登陆,登陆时中心附近最大风力 38 m/s(13 级),登陆后缓慢向西偏北方向移动,18 日 01 时减弱为强热带风暴(11 级),05 时 45 分以强热带风暴(10 级)在广西北海再次登陆,18 日 23 时中央气象台对其停止编号。

台风“泰利”是 2023 年第一个登陆广东省的台风,也是 2015 年“彩虹”(超强台风级)之后登陆湛江的最强台风,具有“台前对流活跃、风力强度大、降水范围广”的特点。从台风编号到登陆,“泰利”以较为稳定的西北行路径在南海移动,62 h 内移动了约 910 km,平均时速约 15 km(图 16.8)。

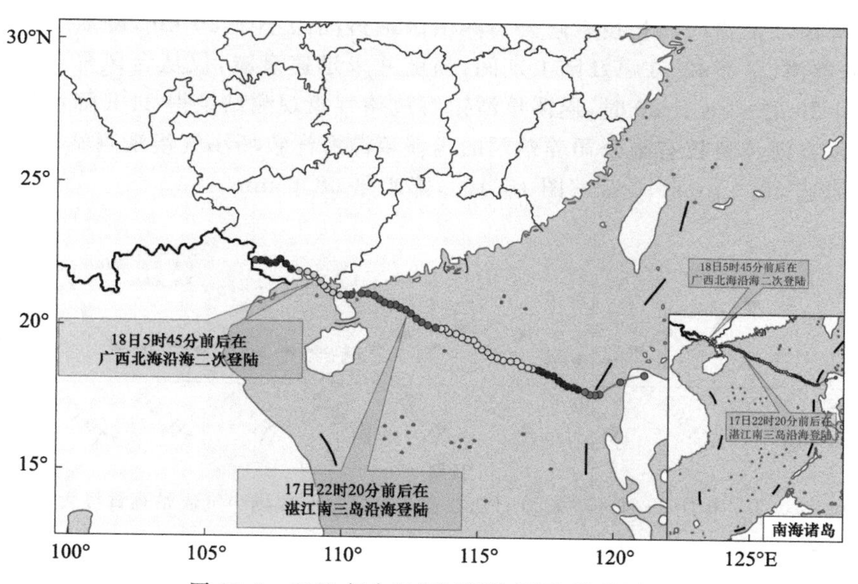

图 16.8　2023 年台风“泰利”路径图(附彩图)

(2)台风“泰利”带来严重风雨影响

台风“泰利”为湛江带来了严重的风雨影响。2023 年 7 月 17 日 08 时—19 日 08 时,湛江市普降大暴雨到特大暴雨,全市平均降水量 135.8 mm,录得特大暴雨(250 mm 以上)的站点有 5 个(占站点总数 4%),大暴雨(100～250 mm)的站点有 119 个(占站点总数 88%),其中雷州龙门录得全市最大累计降水量 294.9 mm,遂溪岭北镇录得全市最大小时降水量 115.4 mm,打破 2023 年以来的最强小时降水量纪录(图 16.9a)。在此期间,湛江市普遍出现了 10～12 级、局部 13 级阵风,19 个站点(占站点总数 14%)录得≥12 级的阵风,其中,吴川王村港镇录得最大阵风 38.4 m/s 为 13 级(图 16.9b)。

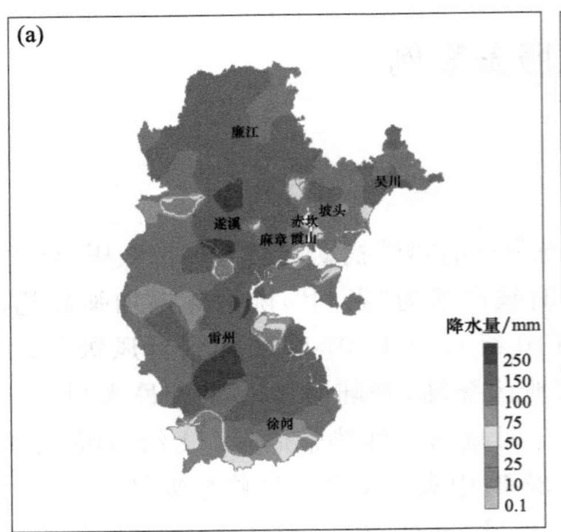

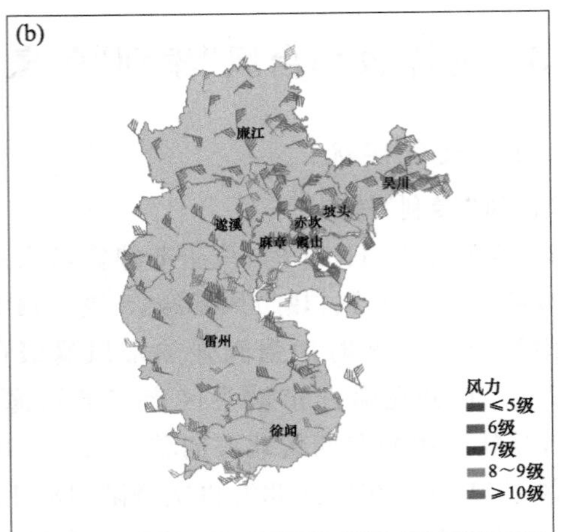

图 16.9 2023 年 7 月 17 日 08 时—19 日 08 时台风“泰利”登陆湛江过程累计降水量(a)与过程极大风(b)分布图(附彩图)

台风“泰利”登陆湛江后继续西行，从湛江遂溪海洋牧场南侧扫过。7 月 18 日 02 时前后，台风中心距离湛江汇富海洋科技有限公司养殖区最短间距小于 20 km，随后“泰利”移出湛江陆地，进入北部湾。“泰利”在湛江陆上期间，强度并未迅速衰减，仅从台风降至强热带风暴级别，7 月 17 日 20 时—18 日 20 时，遂溪草潭镇解放路气象观测站录得 24 h 降水量为 117 mm；安装在湛江汇富海洋科技有限公司养殖区的遂溪草潭海洋牧场小气候观测站，在 7 月 18 日录得过程极大风速 38.1 m/s(13 级)(图 16.10)，降水量 68.6 mm。

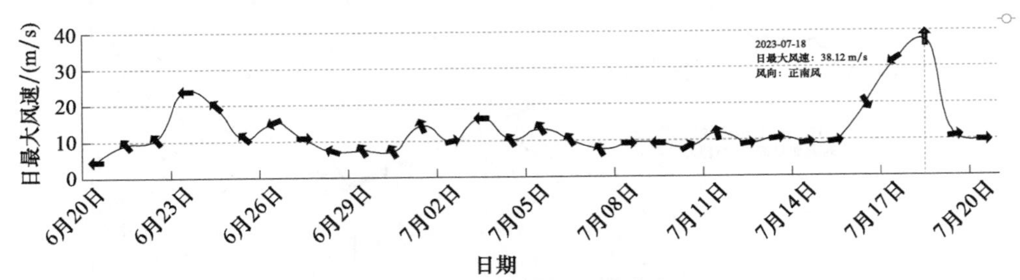

图 16.10 2023 年 6 月 20 日—7 月 20 日湛江遂溪草潭海洋牧场小气候站逐日极大风速风向图

16.4.3.2 预报服务

(1)决策气象服务情况

湛江市气象局高度重视 2023 年第 4 号台风“泰利”服务保障工作，以落实广东省气象局、湛江市政府合作实施意见为抓手，重点加强海洋气象监测能力建设和预报预警能力提升。按照“31631”递进式预报服务模式①，14 日发布台风过程的风雨预测、风险预估，指出不排除热带气旋严重影响或登陆雷州半岛的可能性，15 日发布登陆点预报，强调“泰利”将给湛江造成严重影响，提前 24 小时发布精细风雨落区、量级预报，提前 12 小时判断确定高风险区，累计滚动发布重大气象信息快报 7 期，台风监测专报 31 期。提前 3 小时发布滚动更新落区、过程累计

①指提前 3 天定量预测过程风雨，提前 1 天预报风雨落区和影响时段，提前 6 小时定位高风险区，提前 3 小时分区预警，提前 1 小时发布精细到街道的定量预报的服务模式。

降水量、最大雨强、最大风速等信息，及时发布台风、暴雨预警信号，随着预警信号升级，应急响应不断升级，全市累计发布分区预警信号 161 站次，发布精细化天气预报 28 期。持续稳定的预报，为地方党政部门防灾工作提供了科学决策支撑。

(2)海洋牧场养殖企业气象服务情况

此次台风过程中，湛江市气象局及时响应，加强天气形势研判，早在 7 月 10 日就向湛江汇富海洋科技有限公司（简称汇富公司）提供了台风潜势预报服务材料：预计 7 月中旬末有台风影响湛江，请密切关注并做好相应准备。7 月 14 日台风生成后，即向汇富公司、湛江经纬实业有限公司（简称经纬公司）、广东省海威农业集团有限公司（简称海威公司）提供台风服务信息、服务材料和海洋牧场气象服务专报，提醒企业注意，目前生成的热带低压将逐渐加强并将于 17—18 日对东海岛和遂溪草潭海洋牧场区域产生严重的风雨影响。之后每日递进式加密发布最新气象信息，滚动更新台风消息、台风警报和台风紧急警报等产品。

在台风“泰利”服务期间，向汇富公司共发送台风服务材料 30 份，气象服务信息 28 条；向经纬公司共发送台风服务材料 38 份，气象服务信息 41 条；向海威公司发送台风服务材料 32 期，预警与服务信息 36 条。

16.4.3.3　防御措施

(1)政府响应，部门联动

一是主动靠前服务。向中共湛江市委、湛江市人民政府做好直通式服务，第一时间启动应急响应并报告最新天气动态。根据《湛江市气象灾害应急预案》，湛江市气象局业务科于 7 月 14 日 18 时启动台风Ⅳ级应急响应（内部），15 日 12 时升级到Ⅲ级，16 日 10 时 30 分升级为Ⅱ级，17 日 7 时 30 分升级为Ⅰ级，18 日 11 时变更为Ⅲ级，18 日 16 时解除。15 日 12 时起，湛江市气象局开始派业务人员到市三防指挥部值守，一直到应急响应解除。15 日中午，湛江市气象局领导向市领导电话汇报了台风的生成及未来发展动态，并全程参加防台工作调度会并及时汇报了台风监测预报、可能带来的影响和防御建议，汇报内容得到市政府的高度重视。

二是强化协同联动。湛江市气象局加强省、市、县预报会商联动，加密与广东省气象台和周边地市气象局会商，同时强化与应急、农业、水务等部门联动机制，向基层应急责任人发布预警信号决策短信 19 条，决策服务微信群、粤政易群发布信息 78 条。联合市应急管理局发布全网提醒短信 3 次，覆盖全市 680 万人。三是加强互动宣传。此次台风过程，湛江市气象局充分运用各种传统媒体和新媒体，发布台风信息和防御提醒，加强公众宣传广而告之，共发布微博 101 条，主持话题阅读量 30.1 万人次，停课铃 App 等互联网渠道访问量达 30 万人次，联合《南方都市报》记者现场采写发布短视频，全网阅读量超 165 万人次，成功扩大了台风宣传的社会影响面。市政府多次引用湛江市气象局决策服务材料，指导海洋牧场的防御工作。

(2)企业响应，高效应对

一是预报早预测准，为企业防御台风提供有力支撑。提前 7 天告知企业台风影响消息，提醒做好相应准备。7 月 10 日通过短信向汇富公司发布提醒信息，企业闻“风”而动，汇富公司提前安排作业人员加密巡查网箱和网衣是否有裂缝、缺口，及时修复。提前做好防台准备工作。提前 3 d 发布台风影响预报，及时做好防御工作。7 月 14 日，向汇富、经纬、海威公司发送影响预报服务材料，当天企业立即安排作业人员加快检查和更换网衣，同时利用 14—16 日这 3 d 窗口期，抓紧安排人员检查平台、网箱、船只的安全稳定性，及时给予加固或将其转移到避风位置停泊；加固码头和船只上物资（包括房屋、设备、饲料和其他物资转移）等。根据湛江市三防指挥部对海洋养殖企业防御统一部署，三家养殖企业作业船只和海上平台人员，于7月16日12时全部回港避风，共100多名人员上岸避险，并储备了应急物资及应急用品（食物、水、照明、药品等）。

二是递进式加密发布最新气象信息，企业及时响应做足防御台风准备工作。15—18日，湛江市气象局递进式加密发布台风最新消息。企业主管逐一检查公司所有人员是否已经回岸，人员撤离前关闭工船和平台的电、水、气的总闸，确保岸基码头主要办公设备防潮防湿或转移。通过安装在网箱上的高清视频监控摄像头，检查框架固定系统，确保每条锚绳完整。通过服务，企业主管随时掌握台风的路径和影响，并根据影响预报结论来决策是否需要所有人员从码头办公场所撤离。

16.4.3.4 效益评价

（1）灾后损失

根据湛江市三防办统计，全市受灾乡镇121个，受灾人口614800人，水产受灾面积158.01 hm^2，农林牧渔业损失11.08亿元。全市无人员伤亡情况。

经调研，在此次台风过程中，经纬公司无人员伤亡，作业船只和少量装备受损约20万元，金鲳鱼损失约80万元，总计约100万元。汇富公司包括养殖区有2个深水网箱部分损坏（图16.11），损失约10万元，损失30 t鱼料，约30万元，总计40万元。

台风“泰利”对海威公司的养殖造成了巨大的损失，主要是养殖鱼类的死亡、逃逸和养殖设施的损坏。“海威1号”桁架式养殖平台，由于养殖密度大，养殖的鮸鱼个头较大（平均6.5 kg），在台风影响下鱼互相撞击，遭受损失严重。经过评估该企业鱼类死亡损失2924.6万元（图16.12），装备损坏共282万元。

图16.11　湛江汇富公司2个深水网箱发生移位和互相碰撞

图16.12　广东海威公司养殖的鱼类大量死亡

（2）服务评价

企业的评价，7月28日，气象服务海洋牧场和湛字号水产品牌建设座谈会上，农业农村局负责人和汇富公司、经纬公司、海威公司经理充分肯定台风“泰利”的气象服务工作，海威公司董事长、经纬公司副总经理为气象局在本次台风过程提供的及时准确的气象信息和细致的高质量气象服务点赞。

16.4.3.5 总结思考

（1）经验做法

一是防台上下联动机制成熟，防御台风成效显著。湛江市人民政府及时发出《关于切实做好台风“泰利”防御工作的紧急动员令》，全市迅速动员，加强统筹协调，果断采取“六个停”（停游、停课、停航、停工、停电、停聚）措施，千方百计确保人民生命安全。湛江各基层党委政府严格落实防台责任，全面排查安全隐患，提前预置抢险物资和人员队伍，随时做好应急抢险准备工作，防御台风灾害应对措施高效精准得力。

二是精细化影响预报和风险预警服务持续稳定，为海洋牧场养殖企业精准避灾提供有力支撑。提前7 d告知企业台风影响消息，提醒做好相应准备，提前3 d发布台风影响预报、影响预报服务材料，企业积极响应，部署台风防御相关工作，最大限度减少了企业因灾损失。

三是建立企业的常态化沟通和合作机制有重要意义。前期建立局企合作关系，开展海洋牧场监测和针对性气象服务，有效提升了企业防御台风灾害的能力。在防御“泰利”过程中，经纬公司和汇富公司整体受灾较轻，有部分养殖企业仍出现较大损失。因此编制海洋牧场台风防御技术指引也很有必要。

（2）不足之处

一是气象服务海上观测设备少，密度低，且故障率较高。二是海洋牧场气象服务模式还未成熟，还需进一步优化流程、方案、服务模板。三是针对海洋牧场服务产品的技术支撑还较为缺乏。

16.5 山西谷子气象服务

16.5.1 山西谷子产业与气象服务介绍

16.5.1.1 山西谷子产业介绍

谷子又名粟，去壳为“小米”，起源于中国，是中国干旱和半干旱地区主要的粮食作物之一，耐旱、耐瘠薄、抗逆性强、适应性广，是未来应对干旱形势的重要战略储备作物，更是粮食安全保障的重要作物之一（李顺国 等，2021）。

中国谷子主要分布在内蒙古自治区、山西省、河北省、陕西省、辽宁省等（图16.13），其中内蒙古自治区、山西省和河北省种植面积约占全国种植面积的67%（国家统计局农村社会经济调查司，2022）。2022年，习近平总书记强调：要树立大食物观，构建多元化食物供给体系。在绿色、安全、营养等新的发展需求下，杂粮产业将迎来更大的发展空间。2020年，习近平总书记在山西考察调研时指出，山西农业的出路在于“特”和“优”。山西紧紧围绕杂粮产业，持续推动小米产业集群高质量发展，2019年以来，全省累计投入资金176.1亿元，建设高标准农田2312万亩，发展谷子有机旱作示范片41个、13.5万亩，30%的谷子种在了高标准农田上，持续提升产业核心竞争力、品牌影响力，擦亮“小杂粮王国”金字招牌。山西在政策支持、产业布局、应用前景等多方面，全力打造“山西小米”产业高质量发展。

山西省谷子优势产区在全国占比较多，且种植广泛，从南到北均有种植。《山西统计年鉴》统计资料显示，2010—2021年山西谷子种植面积呈上升—下降—上升趋势，产量逐年上升（图16.14）。而近5年，山西种植面积在19.78万～22.10万 hm^2，产量在47.3万～54.2万t，2018—2019年全国种植面积第一，2020年以后种植面积位列第二。近10年，优势产区主要在晋北、晋中盆地、上党盆地边缘的吕梁山、太行山边丘陵区，大同、朔州、忻州、吕梁、晋中、长治6市种植面积占全省90%以上，“沁州黄小米”“东方亮小米”“汾州香小米”“阳曲小米”等是国家地理标志产品。

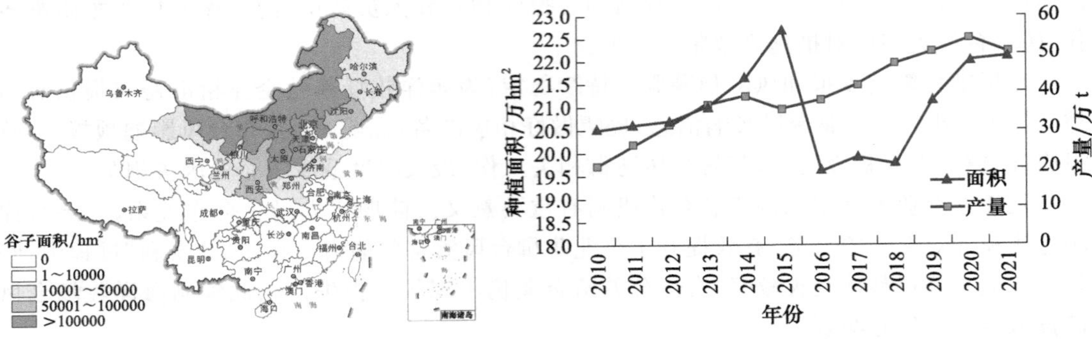

图16.13 我国谷子种植面积分布(附彩图)　　图16.14 2010—2021年山西省谷子种植面积、产量变化图

16.5.1.2 山西谷子气象服务介绍

山西省气象部门自1981年即开始谷子农业气象观测，目前有5个农业气象观测站，2个农业气象试验站开展谷子观测，可实现作物光合作用、冠层分析、群体光合测定、地物光谱、气候品质评价等观测检验及试验。目前，山西省谷子农业气象服务业务体系基本建成，主要包括谷子农业气象服务业务产品及业务系统、气候资源适宜性评价体系、谷子气候品质评价体系、较为先进的科学试验基地。建成了谷子小气候观测站和长势监测系统；建立了地方标准DB 14/T 2641—2023《谷子气候品质等级划分与评价》(山西省气象标准化技术委员会，2023)，创建广灵的“东方亮”“水涧小黄金”和沁县的“沁州黄”等小米的气候好产品。

16.5.2 谷子气象服务技术

16.5.2.1 山西省谷子生长发育期

山西谷子大部分从5月上中旬开始播种，5月下旬—6月上旬出苗，7月中旬拔节，8月上中旬抽穗，9月下旬—10月上旬收获，全生育期约140 d(表16.32)。

表16.32 山西农业气象观测站2011—2020年谷子各发育期日期

观测地点	观测年份	发育期				
		播种	出苗	拔节	抽穗	成熟
石楼	2011—2020	5月19日	6月1日	7月8日	8月11日	10月7日
寿阳	2011—2020	5月17日	5月28日	7月14日	8月4日	9月28日
五寨	2011—2020	5月22日	5月21日	7月7日	7月30日	9月29日
昔阳	2011—2020	5月30日	6月11日	7月19日	8月14日	10月4日
隰县	2011—2020	5月22日	6月3日	7月15日	8月14日	10月2日
广灵	2018—2020	5月6日	5月19日	7月1日	8月4日	10月3日

16.5.2.2 谷子适宜播种期农业气象指标

根据谷子播种试验及田间调查结果显示，谷子的适宜播种期农业气象条件与积温、播种层地温及土壤相对湿度有关，具体指标如表16.33。

表16.33　谷子适宜播种期气象指标

发育期	≥10 ℃积温/℃·d	20 cm地温/℃	土壤相对湿度/%
适播期	初日	>10	60～80

山西省谷子种植分布见图16.15，其中，雁门关种植区、大同、朔州以早熟品种为主，忻州以早中熟品种为主；吕梁山、太行山、上党盆地种植区以中晚熟品种为主。

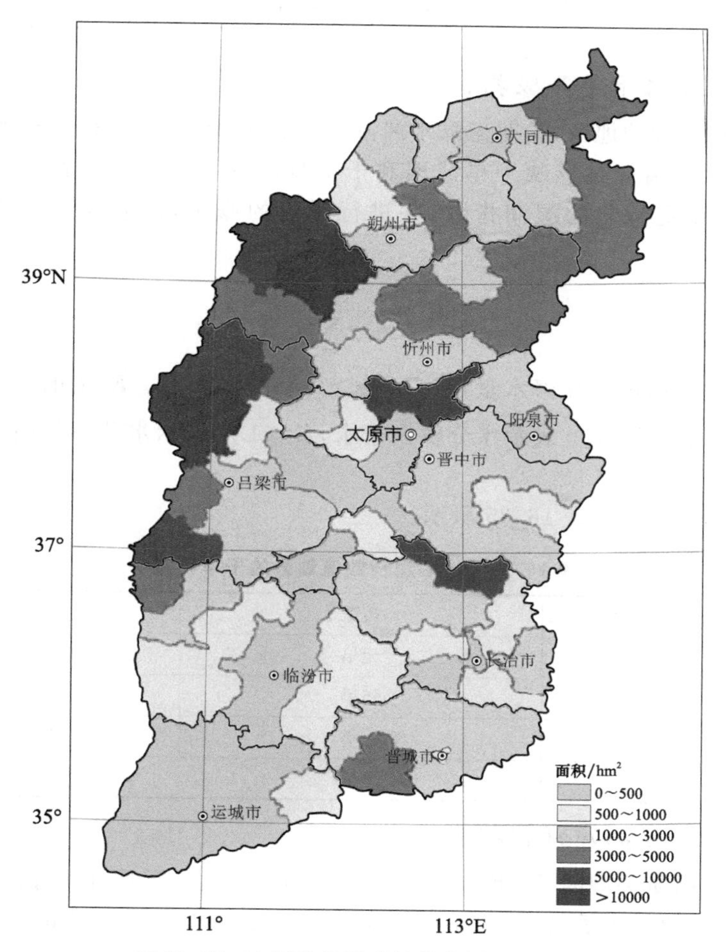

图16.15　山西省谷子种植分布图(附彩图)

基于历史及实时农业气象资料、适宜播种期农业气象指标、气候预测、不同品种谷子生长发育特性等综合分析，得出谷子不同种植区的适宜播种期。

16.5.2.3　谷子不同生长发育期适宜性指标

在业务服务过程中，按照不同生长发育期气象条件的优劣，结合文献资料(李效珍 等，2009)，评价关键生育期的适宜性，形成谷子不同发育期气候适宜性评价(表16.34)。

表 16.34　谷子不同发育期气候适宜性评价指标

发育期	时间	适宜性气象指标
播种—出苗	4 月下旬—5 月中旬	平均气温 15～20 ℃；降水量≥25 mm
出苗—拔节	5 月下旬—7 月中旬	平均气温 15～25 ℃，下限气温 2 ℃；降水量≥75 mm；苗期日平均日照时数<10 h
拔节—抽穗	7 月下旬—8 月中旬	平均气温 22～26 ℃，上限气温 35 ℃；降水量≥150 mm
抽穗—成熟	8 月下旬—10 月上旬	抽穗期平均气温 24～25 ℃；乳熟—成熟期平均气温 20～22 ℃，下限气温 16 ℃；降水量≥100 mm

16.5.2.4　谷子气象干旱等级指标

干旱指在相对广阔的地区，长期无降水或降水异常偏少的气候背景下，水分供求严重不足的一种现象。干旱指标是反映干旱成因和干旱程度的量化指数。在评价山西省谷子干旱状况时，主要选取定量化的湿润指数，并进行适当的修正，来表征干旱程度。构建的指标为

$$K=\frac{R}{0.2\sum t} \tag{16.21}$$

式中：K 为年湿润指数；R 是年降水量；$\sum t$ 是>0 ℃的年积温。K 值的意义为，$K=1.0$ 表示农业水分供需平衡，$K>1.0$ 表示水分供大于求，$K<1.0$ 表示水分不足引起干旱。K 值越小，干旱越严重。

干旱程度的等级划分如表 16.35 所示。

表 16.35　按湿润指数值划分的干旱等级

等级	类型	K 值
0	无旱	≥1.00
1	轻旱	0.76～0.99
2	中旱	0.51～0.75
3	重旱	≤0.50

16.5.2.5　谷子气候品质评价技术

筛选谷子气候品质关键因子，建立谷子气候品质评价指数，运用评价标准评定谷子品质等级（山西省气象标准化技术委员会，2023）。评价的谷子必须为申请评价的生产区域内脱壳的小米，应符合 GB/T 11766—2008《小米》（全国粮油标准化技术委员会，2008）中的质量要求和卫生要求规定。谷子生产过程中受到重度病虫害和气象灾害，该年度不予评价。

（1）小米品质等级

山西小米根据其品质特点，划分为 4 个等级（表 16.36）。

表 16.36　小米品质等级划分

等级	直链淀粉含量（S）/%	脂肪含量（E）/%	蛋白质含量（P）/%
特优	$S\geq17$	$E\geq4$	$P\geq10$
优级	$15\leq S<17$	$3.5\leq E<4$	$9\leq P<10$

续表

等级	直链淀粉含量(S)/%	脂肪含量(E)/%	蛋白质含量(P)/%
一级	$12 \leqslant S < 15$	$2 \leqslant E < 3.5$	$7 \leqslant P < 9$
二级	$S < 12$	$E < 2$	$P < 7$

(2)筛选气候品质因子

基于谷子的生物学特征，利用谷子品质和不同生育期气象资料，运用统计分析方法，筛选出影响谷子品质形成的关键气象因子。

(3)谷子气候品质评价模型

建立谷子气候品质评价模型，公式为

$$I_Q = \sum_{i=1}^{5} a_i M_i \tag{16.22}$$

式中：I_Q 为谷子气候品质评价指数；a_i 为第 i 个气候品质因子的权重，分别是谷子播种—出苗期平均气温、生育期内≥10 ℃活动积温、出苗—抽穗期日照时数、拔节—成熟期降水量、抽穗—成熟期气温日较差，权重分别为 0.2、0.1、0.2、0.3、0.2；M_i 为第 i 个气候品质因子的分级赋值，具体见表 16.37。

表 16.37　评价模型中气候品质因子的分级赋值方法

M_i 赋值	播种—出苗期平均气温(T)/℃	生育期内≥10 ℃活动积温(A)/℃·d	出苗—抽穗期日照时数(t)/h	拔节—成熟期降水量(R)/mm	抽穗—成熟期气温日较差平均值(T_d)/℃
3	$16.0 \leqslant T < 19.0$	$2800 \leqslant A < 3300$	$t \geqslant 500$	$220 \leqslant R < 450$	$T_d \geqslant 11$
2	$14.0 \leqslant T < 16.0$ 或 $19.0 \leqslant T < 21.0$	$3300 \leqslant A < 3500$ 或 $2500 \leqslant A < 2800$	$450 \leqslant t < 500$	$170 \leqslant R < 220$	
1	$21.0 \leqslant T < 24.0$	$3500 \leqslant A < 4000$ 或 $2000 \leqslant A < 2500$	$400 \leqslant t < 450$	$120 \leqslant R < 170$	$9 \leqslant T_d < 11$
0	$T \geqslant 24.0$ 或 $T < 14.0$	$A < 2000$ 或 $A \geqslant 4000$	$t < 400$	$R < 120$	$T_d < 9$

注：当参与评价的任何一项气候品质因子等级低于 1 级时，不进行气候品质评价。

(4)等级划分

按照谷子气候品质评价指数，将谷子气候品质划分为特优、优、良、一般 4 个等级，具体见表 16.38。

表 16.38　谷子气候品质评价等级划分

等级	气候品质评价指数(I_Q)
特优	$I_Q \geqslant 2.5$
优	$2.0 \leqslant I_Q < 2.5$
良	$1.5 \leqslant I_Q < 2.0$
一般	$I_Q < 1.5$

16.5.3　谷子气象服务案例

2019 年开始，山西选取晋西北、太行山、吕梁山等 20 个区域的谷子进行品质测定，主要从直链淀粉、糊化度、胶稠度、蛋白质、粗脂肪和维生素 B_1 等方面研究谷子品质与气象条件的关系，建立了谷子气候品质评价模型，对山西省谷子气候品质进行综合评价，给'沁州黄''东方亮'等品牌提供气象服务，为"山西小米"品牌强省工程的实施提供强有力的技术支撑，大大提升品牌附加值，促进农民增收。经过山西省气象局帮扶服务的水涧'小黄金'2019年开始上架中国扶贫网，单价已由原来3元/斤涨为5元/斤，'东方亮'平均售价8元/斤，大大提高了其商业价值。

以中国四大名米之一的'沁州黄'气象服务为案例进行分析。'沁州黄'种植基地主要分布在山西东南部的沁县、武乡西部、襄垣西北部（图16.16）。'沁州黄'种植基地常年播种期为5月下旬，6月上旬出苗，7月上旬进入拔节期，8月上中旬开始抽穗，9月下旬进入成熟期，10月初收获。

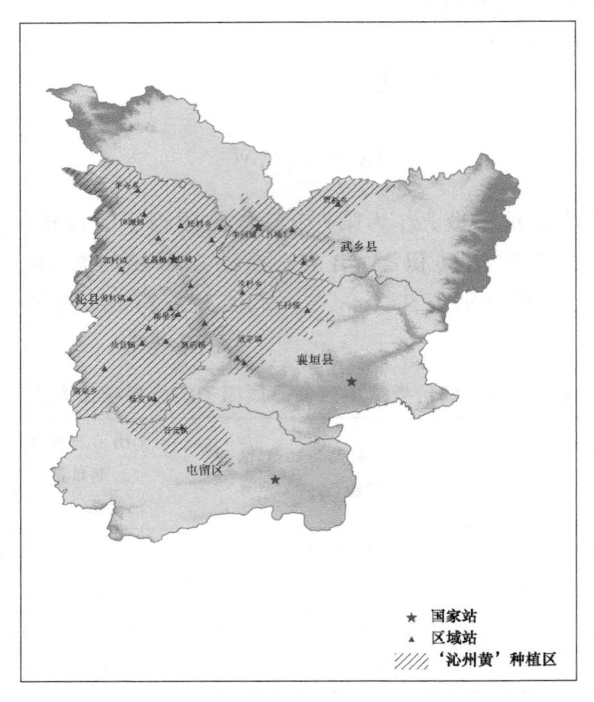

图16.16 '沁州黄'种植基地分布图（附彩图）

2022年全生育期内平均气温20.2 ℃，≥10 ℃积温为2691.9 ℃·d，降水量414.0 mm，日照时数863.1 h。

根据谷子气候品质评价模型，计算影响谷子生长发育及品质形成的关键气象因子，播种—出苗期平均气温、生育期内≥10 ℃积温、出苗—抽穗期日照时数、拔节—成熟期降水量、抽穗—成熟期日较差，构建模型进行谷子气候品质评价。

16.5.3.1 播种—出苗期平均气温

种植基地生育期内平均气温介于20.2～21.0 ℃（图16.17），平均为20.7 ℃，较常年同期偏高，达到谷子播种期气温需求界限，适宜的温度有利于谷子的生根、出苗。

16.5.3.2 生育期内≥10 ℃积温

谷子是喜温作物，对热量要求较高，完成生长发育要求积温在2000～3300 ℃·d。种植基地全生育期≥10 ℃积温介于2633.5～2852.5 ℃·d（图16.18），平均为2731.3 ℃·d，与常年同期基本持平，达到最优配置正常的热量资源，利于谷子的萌芽、生长及谷粒形成，为谷子生长提供了热量基础。

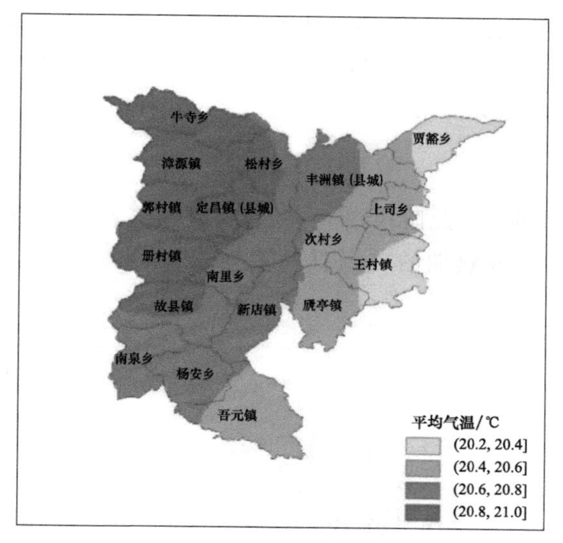

图 16.17 ‘沁州黄’种植基地
播种—出苗期平均气温分布图(附彩图)

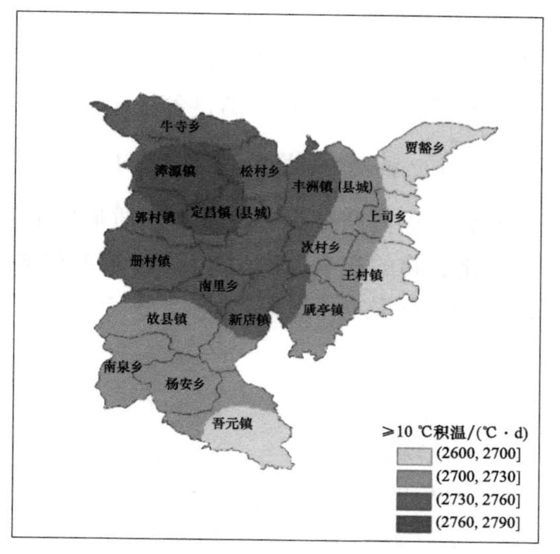

图 16.18 ‘沁州黄’种植基地
全生育期≥10 ℃积温分布图(附彩图)

16.5.3.3 出苗—抽穗期日照时数

出苗—抽穗期的日照时数与谷子蛋白质含量及其脂肪含量都呈显著相关,种植基地出苗—抽穗期日照时数介于 446.6～506.0 h(图 16.19),平均日照时数为 479.9 h,略高于常年同期,利于谷子蛋白质和脂肪的积累。

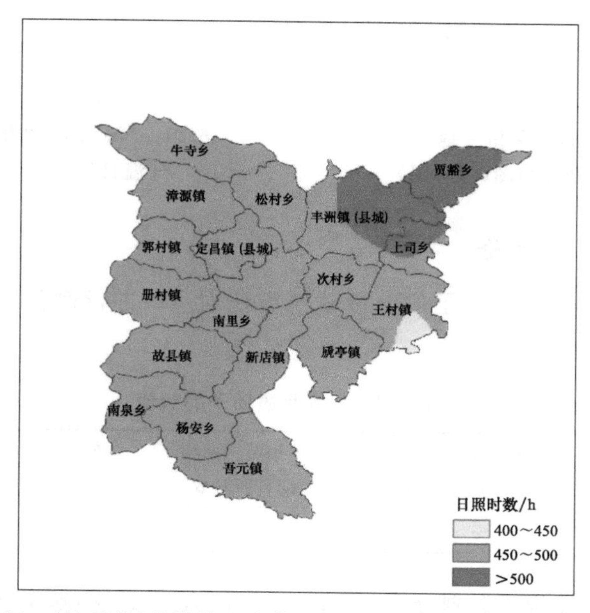

图 16.19 ‘沁州黄’种植基地出苗—抽穗期日照时数分布图(附彩图)

16.5.3.4 拔节—成熟期降水量

拔节—抽穗期,茎叶生长迅速,叶面蒸腾剧增,特别是穗分化开始以后,生殖生长和营养生长并进，对水分要求大量增加，到抽穗期达到高峰；抽穗—成熟期，是产量形成的重要阶段，对水分需求较高。'沁州黄'种植基地拔节—成熟期降水量介于 241.5～414.1 mm(图 16.20)，平均降水量为 297.5 mm，满足谷子关键生育期的水分需求。

16.5.3.5 抽穗—成熟期气温日较差

抽穗—成熟期是小米产量和品质形成的重要阶段，此阶段白天气温高、夜间气温低，有利于碳水化合物的积累。'沁州黄'种植基地抽穗—成熟期的气温日较差介于 10.4～15.6 ℃(图 16.21)，平均为 13.6 ℃，利于谷子产量增加。

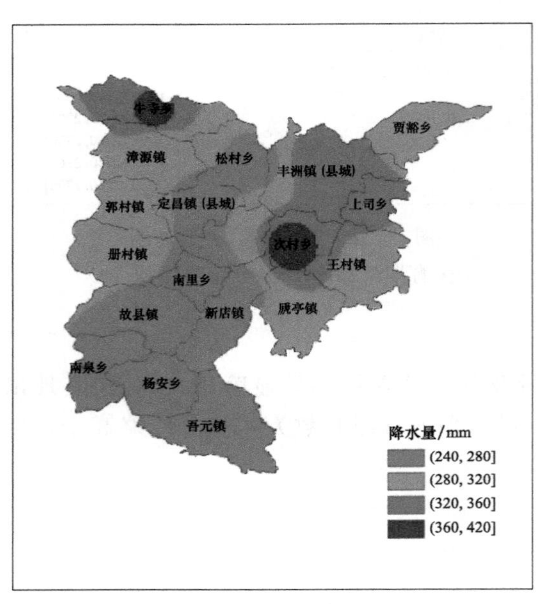

图 16.20 '沁州黄'种植基地拔节—成熟期降水量分布图(附彩图)

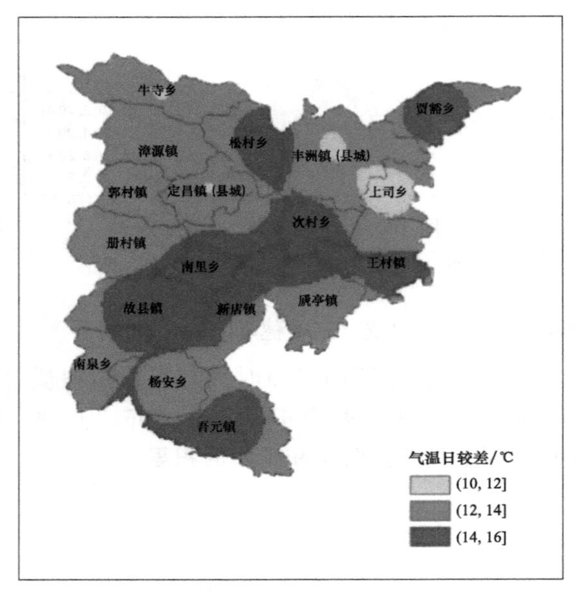

图 16.21 '沁州黄'种植基地抽穗—成熟期气温日较差分布图(附彩图)

16.5.3.6 评价模型及结论

根据评价模型中气候品质因子的分级赋值方法对 M_i 进行赋值，得到关键因子的等级(表 16.39)。

表 16.39 气候品质因子的赋值

关键因子	播种—出苗期平均气温/℃	生育期内≥10 ℃活动积温/(℃·d)	出苗—抽穗期日照时数/h	拔节—成熟期降水量/mm	抽穗—成熟期气温日较差平均值/℃
M_i 赋值	2	2	2	3	3

根据谷子气候品质评价等级划分式(16.22)，得出'沁州黄'小米年度平均气候品质评价指数为

$$I_Q = 0.2\times2+0.1\times2+0.2\times2+0.3\times3+0.2\times3=2.5$$

本评价区气候品质平均评价指数为 2.5，达到特优等级。

16.6　江苏乳业气象服务

16.6.1　江苏乳业产业与气象服务介绍

16.6.1.1　江苏乳业产业

奶制品是居民生活主要的消费品。近年来，我国乳业快速发展，在奶牛的集约化养殖、后备牛培育、牛奶产量与质量的把控等方面均实现了大幅度提升。2022 年全国新建及在建规模化牧场项目 148 个，新增存栏超 100 万头，牛奶产量创历史新高，达到 3932 万 t。江苏地区现有规模化牧场 98 个，奶牛存栏量 14.3 万头。目前，奶源基地主要集中在山东、宁夏、内蒙古等地，乳制品消费尤其是低温奶消费主要集中在南方，奶源基地布局正向消费旺盛的长三角地区倾斜。

16.6.1.2　江苏乳业气象服务介绍

乳业与气象条件关系密切。江苏根据本省的乳业产业特点和气候条件，开展了系列研究和服务。

近年来，江苏乳业产业快速发展，但根据研究，江苏的气候和环境条件对乳业的发展有诸多不利因素。第一，江苏气候条件不利于奶牛生产。奶牛对于环境的变化表现较为敏感，其生长发育、生产、繁殖、免疫力等均受到环境因素的影响。江苏地处亚热带和暖温带的气候过渡地带，呈现冬寒夏热、雨热同季、气象灾害多发的气候特征，影响牧场日常生产，如夏季高温高湿，极大降低了奶牛舒适度，极易引发奶牛热应激反应以及乳房炎等疾病，降低产奶量和奶质(张顾 等，2020；杨敏 等，2021)；强降水、雷电、大风等灾害性天气会破坏牧场基础设施和生产环境。第二，江苏城镇化制约规模化牧场发展。规模化奶牛养殖对周边空气、水、土壤等造成污染。江苏城镇化水平居全国前列，仍旧保持较快速度发展，规模化牧场和周边居民之间的矛盾日益凸显。牧场的规划、设计和选址缺乏气候可行性论证、环境影响评价。第三，粗放式养殖缺乏气象环境监测。江苏地区多数牛舍属于隧道式或半封闭式，内外环境差异明显，牛舍尺度气象环境监测尤为重要，是牛舍环境管控、牧场气象精细化服务的前提。然而目前规模化牧场气象环境监测手段落后，多采用壁挂式、手持式温湿度仪器测量，存在仪器标准不一、布设方式随意等问题，导致测量数据误差较大，无法准确反映牛舍气象环境真实情况。同时，生奶运输、饲料仓储等环节缺乏气象环境监测，生奶质量难以保障。规模化牧场生产环境数字化是国家乳业标准化、智能化、生态化的前提，亟须建立牧场生产环节的气象环境精准监测。

虽然乳业与气象条件有密切关系，但 2018 年以前乳业气象服务开展极少，大部分地区的乳业气象服务还停留在传统的面向公众的常规预报服务，尚未开展气象条件对奶牛冷热应激反应和舒适度、环境管理、生奶冷链运输、奶品门店销量等的影响机理研究，以及不同气象灾害对牧场影响程度的分析，缺乏精细化、专业化的气象影响服务产品和指导服务，不能满足乳业实际生产管理需求。

针对江苏气候条件不利于奶牛生产、江苏城镇化制约规模化牧场发展、粗放养殖方式缺乏气象环境监测、气象影响服务缺乏等问题，自 2018 年以来，江苏围绕国家政策、乳业痛点、奶企刚需，以效益为核心、跨界创新为导向，围绕乳业养殖、管控、运输、销售等全产业链关键环节，开展气象服务技术研发，并在牧场种植养殖、生奶运输、生产加工、电商平台和线下门店等环节示范应用；节能降碳，降本增效，经济、社会效益显著，标杆示范影响深远，填补了国内乳业全产业链气象服务的空白。

16.6.2 乳业气象服务技术

16.6.2.1 牧场气象环境监测及智能管控技术

现代化畜牧养殖业伴随着养殖规模、场所的变化，为减少养殖场所内病害的生长，降低畜禽疾病带来的危害和死亡，提高畜禽质量和产量，需要对养殖场的气象环境进行监测，如室内外的温度、湿度、二氧化碳浓度、氧气浓度、光照强度、大气压力、有害气体浓度等，同时辅以视频监控，采集现场视频或图片。针对畜牧养殖行业的应用需求，项目组在多次调研牧场需求、传感器厂家的基础上，明确了牧场气象环境监测需求，确定了气象环境各要素的技术参数；结合牧场需求和传感器技术参数，研发了适用于牧场需求的气象环境监测集成设备，研制了牛舍生物小气候立体化监测设备。集成温、湿、风、压、光照以及氨气、硫化氢、甲烷、二氧化碳等要素观测，实现了集成化、立体化、智能化观测，解决了当前牛舍气象环境监测设备要素分散、手段落后的问题。

基于机器学习等相关人工智能算法，研制了牛舍气象环境分钟级智能控制模块及管控设备，实现牛舍风扇、风机、喷淋喷雾、电动滑拉窗、刮粪板、电热饮水槽、恶臭气体活性炭吸附箱等模块的快速、准确、高效管理，提高了奶牛舒适度，提升了生奶品质；提高了环境管控的精准性和智能化水平，减少了电力消耗，节省了牧场降温用水，提高了管控效率。

江苏城镇化水平越来越高，规模化牧场对周边居民的影响日益严重，牧场污染问题愈发凸显。基于气象实况、预报数据，构建了基于高斯扩散模型的牧场污染气体扩散预测技术，针对牧场污染物源浓度，结合气象条件预测污染物扩散情况，评价预测污染源的影响范围和影响程度。根据预测结果实施不同的防御措施，最大限度减少污染，有效提升居民生活和牧场生产之间的和谐度，提升牧场环境管控能力，提升社会生态效益。

16.6.2.2 牧场气象影响精细化服务技术

目前，大部分地区牧场获取的气象服务还停留在公众天气预报，不能满足标准化、智能化、生态化的现代乳业生产需求。江苏创新研发了奶牛热应激影响预报技术、奶牛舒适度智能管控技术及生奶冷链运输气象保障技术，实现了由传统气象预报服务向气象影响预报的转变，提高了气象服务精细化水平和针对性，提高了养殖效率，保障了奶质。

奶牛生长发育、产奶量、奶质均受天气条件制约，不利的气象条件对奶牛养殖影响巨大，尤其是高温高湿环境会造成奶牛热应激，从而影响其健康、诱发疾病、降低生产力。气候数据统计显示，极端高温天气日数和强度呈现增加趋势，必然会对奶牛造成持续影响。利用奶牛产奶量和牛舍内外气象资料，结合奶牛热应激发生机制，优化了热应激指数算法及阈值体系，预测准确率高于 85%，预警时效达到 7 d，实现牧场气象影响预报，显著提高了奶牛热应激防控的针对性和适用性。

本研究根据 NY/T 2363—2013《奶牛热应激评价技术规范》(全国畜牧业标准化技术委员会，2013)规定的方法，计算 2017—2019 年逐日温湿指数，其计算式为

$$\mathrm{THI}=0.81T+(0.99T-14.3)\mathrm{RH}+46.3 \tag{16.23}$$

式中：THI 为温湿指数，数值为无量纲值；T 为环境温度，单位为℃；RH 为环境相对湿度，用百分数表示。

根据奶牛热应激程度评价标准，当 THI 超过 72 时，即可引起奶牛的热应激反应，主要表现为呼吸频率加快、采食量下降、直肠温度升高、乳腺炎多发、体内代谢紊乱、产奶量降低、品质下降（例如奶品酸度、乳脂率、乳蛋白、菌落总数和体细胞数等指标发生变化）。

温湿指数与奶牛热应激程度等级存在密切关系，且不同等级热应激对应的奶牛呼吸频率和直肠温度情况不同。根据指数大小划分不同等级，THI<72，奶牛基本无热应激；THI 在 72～79，奶牛出现轻度热应激；THI 在 79～88，奶牛出现中度热应激；THI 88～95，奶牛出现重度热应激。

采用因素分析等数理统计方法，确定奶牛乳房炎防控关键时期和关键气象因素，构建了气象因素影响下的产奶量预测模型，为牧场科学安排原奶生产、饲料备货提供指导。

产奶量预测模型是从产奶量与气象因素的角度，首先利用主成分分析法研究气象因素对产奶量的影响，并与传统相关分析的结果比较，确定影响江苏地区产奶量的主要气象因素（包括日平均气温、日最低气温、日最高气温、日平均相对湿度、日平均风速、日累计降水量、日最低能见度、日照时长、气压）和关键时期；然后基于气象因素与产奶量的关系，考虑气象因素下基于机器学习方法构建产奶量预测模型，并利用实测数据分析模型预测准确度。研究结果对江苏地区奶牛管理和牛奶生产提供环境控制依据具有重要意义。

16.6.2.3　牧场气象灾害应对技术

江苏地区强降水、雷电、大风等灾害性天气多发，针对牧场基础设施和生产环境应对气象灾害能力不足。江苏开展了牧场气象灾害风险影响评估与预测技术研究，提高了灾害性及突发性天气事件的应对能力。

基于牧场受灾数据和历史气象资料，统计分析得出影响牧场的主要灾害性天气类型（高温、寒潮、强对流等）及其强度，并基于各类气象灾害的时空分布规律及其对牧场的影响机理研究，建立牧场气象灾害风险影响评估模型，得出不同灾害性天气下牧场受灾概率和程度。

基于致灾因子的危险性（即气象灾害的发生频率）、孕灾环境、承灾体易损性、防灾减灾能力这四个方面，采用加权分析法建立牧场分灾种气象灾害风险区划模型。同时选取相关气象要素、牧场位置和地形要素等因子构建分灾种的风险等级预报模型，参考现行行业标准、统计经验指标等对模型中的各因子进行赋值，最终给出分灾种的风险等级预报分级标准和判别指标。

制定了牧场气象灾害应急预案以最大限度减轻气象灾害对牧场造成的损失，联合农业农村厅、市（县）农业农村局、规模化牧场等单位共同制定应急预案，明确组织机构和职责分工，建立“灾前、临灾、灾中、灾后”全流程预防预警工作机制。

16.6.2.4　生奶冷链运输智慧气象服务技术

针对生奶运输环境易受高温、暴雨等灾害性天气影响引发变质的问题，研制了布设于奶罐车罐体内部的温度监测预警装置，实现了生奶运输过程的实时监测，为生奶运输过程奶质保障提供依据。

构建生奶冷链运输气象影响模型，实现冷链运输车辆路径优化，减少能耗。基于天气与固定线路的行驶时间、油耗相关分析模型，开展油耗预报、限速预报、车距预报、刹车提醒、休息提醒、时效延误预报。基于生奶冷链运输移动气象观测数据，开展生奶冷链运输环境实时跟踪监测，保障奶质。

16.6.2.5 奶品门店销量预测服务技术

分析气候、天气条件对乳制品市场影响，建立乳品市场气象预测模型和生产计划调度辅助决策预案。明确了气象因素对生鲜门店销量的影响，建立了基于高影响天气的不同季节生鲜门店销量预测模型。以生鲜门店销售数据为样本，综合考虑天气气候因子对人们出行、生鲜产品储存和价格的影响，遴选出对生鲜门店日销售量具有显著影响的气象因子，并引入人体舒适度指数，分别基于逐步线性回归及BP神经网络机器学习算法，构建了不同季节基于高影响天气的生鲜门店销售量预测模型，有效提升了生鲜食品销量预测、仓储配送、物流运输等环节的效益效率。

建立了基于高影响天气的连锁咖啡店牛奶奶量需求预测模型。研究了咖啡门店所需牛奶订单量与各气象要素的相关关系，发现季节内的订单量与气象因子相关性远低于全年的相关性；引入人体舒适度指数，构建了基于高影响天气的咖啡门店鲜牛奶订单量的需求预测模型。为咖啡门店经营、智能补货、产品促销等提供依据。

系统制定了“新零售气象服务模式”，将气象服务融入零售行业的生产采购、仓储运输、门店运营、决策管理等各个环节；建立零售气象服务平台，通过门店大屏为用户提供节气美食推荐、生活气象指数、门店附近短临天气信息、特色气象服务产品等增值服务信息，为零售产业链提供精细化、专业化、高时效的气象服务，助力行业降本增效。

16.6.2.6 乳业气象服务效益评估技术

为解决推广内容与牧场生产之间的差异问题，围绕需求导向和效益导向，开展事前、事中、事后的多轮调研，实现气象服务与牧场生产的思路创新、资源整合、正向互动。在技术研发和推广之前，开展了多轮针对牧场生产环节的气象敏感度分析和前置式气象服务需求调研，确定推广内容和方向。及时跟进调研技术推广应用情况，总结归纳，进一步优化服务技术，提升技术推广效果。

服务推广后，及时开展服务效益评估，客观、定量评价气象服务经济、社会、生态效益，进一步提高气象服务针对性和实用性。围绕乳业需求导向和效益导向，采用德尔菲法开展了多轮乳业气象服务效益调查，在效益评估过程中采取客观测算与主观评估相结合的评估方法，使用对比分析法，测算每个生产环节净效益。明确了奶业高敏感性的气象要素及奶业气象服务内容。服务采用边研发边应用，同时结合应用反馈进一步优化的循环机制。结合前期服务，开展了阶段性的乳业气象服务效益评估和气象服务满意度问卷调查，强化气象服务需求追踪、效益评价的问效式发展。

关键技术获第二届全国智慧气象服务创新大赛“气象服务应用创新”二等奖、“科创江苏”创新创业大赛农业科技领域决赛创新组一等奖、2021年“中国气象服务协会科学技术奖气象科技创新奖”一等奖。

16.6.3 服务案例

江苏省气象局与南京卫岗乳业有限公司于2018年开展局企合作，面向牧场开展气象影响服务，江苏省科学技术协会批复成立了以气象和牧业专家为主体的“南京卫岗乳业有限公司科技站”。在江苏省气象局和省科协的指导下，组建了行业融合的乳业气象服务技术研发和推广团队，挖掘乳业全产业链各个环节的气象节本增效措施，提升了规模化牧场的经济、社会和生态效益，首创气象赋能乳业发展的标杆。

江苏省气象局 2018 年在充分调研江苏乳业全产业链需求的基础上，研发形成乳业气象保障服务技术及系统，首先于卫岗乳业泗洪爱德牧场进行试点应用，通过牧场反馈不断优化服务技术，形成完善的模型算法、系统平台、服务产品，推广到卫岗乳业在江苏、山东、安徽等地区的 9 家牧场，并取得良好效果。在牧场气象服务基础上，依托“行业融合—主体多元—措施众多—多方受益”的推广模式，扩宽乳业全产业链气象服务，将气象融入至乳业全产业链，应用对象包括卫岗旗下 300 余家生鲜、咖啡零售门店、“奶源—加工—仓储—经销”的 70 多条运输线路和 6 家加工企业，为“养好每一头牛、管好每一个牧场、送好每一瓶奶、服务好每一位用户”贡献了气象服务的价值，应用效果出色，受到《人民日报》《新华日报》《中国气象报》等报纸和中国网的报道，被评价为“以气候资源赋能‘三农’发展，促进农产品品牌价值大幅提升”“不断探索乳业发展新模式、新路径，助力乡村振兴和农业农村现代化”。

服务产品涉及奶牛热应激专报、牧场污染气象防治服务专报、生奶冷链运输专报、新零售气象服务专报，以及牧场天气日报和周报、牧场天气预警等。针对集团管理人员、牧场一线人员、行业决策人员等不同用户角色的精细化服务需求，开发了涵盖 web 端的“乳业全产业链气象服务平台”、微信小程序以及微信公众号、微信群等多元服务手段，以“＋气象”为理念，实现乳业服务新生态。

16.6.3.1　服务案例经济效益

据统计，10 家牧场年平均提高单头奶牛经济效益 1619 元/年，年产值增加 2000 余万，产奶单产超过 2%，疾病发生率降低 5%，奶牛发情监测漏配率降低 30%，鲜奶及时送达率提高 7%，订奶用户满意度提升 8%，因天气要素造成的奶品配送超时送达频率降低了 30%。其中，通过智慧养牛技术，实现喷淋、鼓风等设备分钟级智能管控，降低生产能耗，提高集约化水平，产生的效益占 61%。通过乳业全产业链气象服务保障，针对高影响天气提前采取防范措施，降低生产损失，产生的效益占 21%；促进可持续生态循环发展，为实现青山绿水金山银山夯实基础，增产增效、提高生产效率，提升核心竞争力。

16.6.3.2　服务案例社会效益

行业融合引领示范效应。项目首次将气象影响因素与乳业全产业链相结合，以小切口撬动大行业改革，以新技术推动传统产业升级，实现规模化牧场绿色高效发展，为不同行业间的融合创新起到示范引领作用。

数据共享转化生产力优势。项目将气象与奶牛生理数据、乳品饲料作物生产数据等进行交叉研究，最终实现了牧场智能管控、奶牛气象灾害应对，饲料降本增效等技术创新升级，促进整个行业由最初的“经验养牛”向“智慧养牛”的全面转型。

2020 年以来，受新冠疫情影响，乳业发展受到严重冲击，项目通过新技术升级，积极响应疫情防控工作要求，帮助南京卫岗乳业有限公司复工复产，服务保障人民群众在疫情期间的“鲜奶自由”。

满足人民群众对“放心好奶”的溯源需求。依据《国务院办公厅关于推进奶业振兴保障乳品质量安全的意见》，通过对牧场环境、健康奶牛和鲜活牛奶生产、配送、终端销售等各个环节的精准把控以及综合测评体系的推广应用，为质量溯源提供数据支撑，将气象服务融于每一滴奶的品质提升，满足现阶段人民群众对"放心好奶"的溯源需要。同时也对江苏奶质提出更高要求，江苏乳业品牌价值也会得到相应提升，人民群众得到更多实惠，喝上"放心奶"。

16.6.3.3 服务案例生态效益

节省能耗助力可持续发展。以智能管控为核心的牧舍管理技术自动感知温度控制牧舍自动喷淋系统及时开启关闭，减缓夏季热应激反应，为大规模牧场降低水电能耗起到了关键作用，进一步促进可持续发展。

降污减排打造生态牧场。项目以生态科技牧场建设标准，开展牧场污染气体监测分析，建立扩散模型，服务牧场提前进行污染源处理，有效缓解恶臭气体和奶牛排放物对居民生活环境影响，提升牧场环境管控能力。

减缓城镇化制约。城镇化进程加速不断占据着规模化牧场的生存空间，而鲜奶的高标准要求注定牧场不能距离城市太远。项目通过打造生态科技牧场，减缓了牧场规模化养殖对生态环境的影响。开展牧场选址气候可行性论证、环境影响评价，可有效减少环境污染，也可为政府决策部门提供牧场选址等多方面建议，为城镇化和规模化牧场和谐发展提供了生态解决范例。

提供规模化生态养殖案例。项目研发的气象、环境监测设备及管控算法、设备可产业化应用至猪舍、鸡舍等其他规模化畜禽养殖行业，进而可结合科普、旅游、农业打造牧场田园综合体，形成农牧业循环生态商业模式。

16.7 广东荔枝气象服务

16.7.1 广东荔枝产业与气象服务介绍

16.7.1.1 广东荔枝产业介绍

荔枝主产国集中在北半球，主要有中国、印度、越南、巴基斯坦、泰国、孟加拉国和尼泊尔。中国是荔枝原产地，也是全球荔枝产业第一大国。中国主要荔枝产区中，产量由多到少依次为：广东、广西、海南、福建、云南、四川。其中，广东为中国荔枝第一大主产区，广东荔枝种植面积约 396 万亩，面积和产量都分别约占全国 50%，广东茂名荔枝产量约占全国四分之一。因此，人们说"世界荔枝看中国，中国荔枝看广东"（齐文娥 等，2019）。

荔枝是著名的岭南佳果，是广东省内种植面积最大、品种特色最鲜明、区域优势最明显的水果，荔枝产业是广东农业的传统优势产业。正因为如此，近年来广东省政府部门出台一系列政策大力推动荔枝产业的发展。2019 年，广东省委省政府印发《广东省实施乡村振兴战略规划（2018—2022 年）》，要求做优荔枝、龙眼、香蕉、菠萝、柚果等岭南特色水果产业，荔枝成为重点扶持广东特色十大类作物之一。《广东省人民政府关于培育发展战略性支柱产业集群和战略性新兴产业集群的意见》（粤府函〔2020〕82 号）提出培育十大战略性支柱产业集群，包括现代农业与食品产业集群，其中荔枝产业是该产业集群的重要内容。2020 年，广东省农业农村厅印发的《广东荔枝产业高质量发展三年行动计划(2021—2023 年)》，要求打好荔枝产业牌、市场牌、科技牌和文化牌，擦亮广东荔枝“金字招牌”，让广东荔枝从“小特产”升级为“大产业”，以荔枝产业“小切口”推动农业产业“大变化”，实现联农惠农增收，为广东推进乡村产业振兴奠定坚实基础，奋力推动广东实施乡村振兴战略走在全国前列。2021 年，广东省政府印发的《广东省推进农业农村现代化“十四五”规划》要求优化岭南水果产业布局，重点做强荔枝、龙眼、香蕉、菠萝、柑橘、柚子等六大优势品种。

16.7.1.2　广东荔枝气象服务介绍

广东省荔枝特色农业气象服务中心的定位是气象部门和农业农村部门专门为强化荔枝特色农业气象服务而联合设立的业务科研机构，主要功能为构建科技领先、监测精密、预报精准、服务精细、农户满意的现代农业气象体系，充分利用气象部门与农业部门的联动优势，以及移动互联网、物联网、云计算、大数据、人工智能等先进技术，依托广东省科研院所强大的荔枝专家力量，为全省 400 万亩荔枝生产基地提供智能化精细化的荔枝特色农业气象监测预报预警服务，促进荔枝产业发展能力、市场竞争能力、科技创新能力和品牌文化影响力显著提升，擦亮广东荔枝“金字招牌”，助力广东荔枝从“小特产”升级为“大产业”，以荔枝产业“小切口”推动广东农业产业“大变化”，形成全球最具竞争力的荔枝优势产业带，把广东打造成为世界荔枝产业中心、研发中心、交易中心、文化中心，助力荔枝产业发展模式及机制成为广东省特色优势农业产业发展的样板，大力推进“百县千镇万村高质量发展工程”实施，为广东推进乡村产业振兴奠定坚实基础，奋力推动广东实施乡村振兴战略走在全国前列。

16.7.2　荔枝气象服务技术

16.7.2.1　构建广东荔枝特色农业气象综合观测网

广州市拥有加密全天候气象立体观测网，全市共有 507 个自动气象站(含 42 个特色农业气象观测站)、7 部相控阵雷达和 1 部多普勒雷达；茂名市在万亩成片荔枝园里建成 20 多个气象观测站和 5 个病虫害监测点，茂名市农业部门自建 19 个气象观测站和 28 个病虫害监测站，为开展荔枝特色农业气象观测提供良好的基础。在此基础上，计划在广东省荔枝主产区、主要品种生产基地或种质资源圃构建协同观测的广东荔枝特色农业气象综合观测网，开展荔枝物候、关键生育期全天候气象条件实时观测，以便更好地提供荔枝专业气象服务。观测内容包括建设农田小气候自动观测站，涵盖气象要素包括空气温湿度、降水量、风速、风向、浅层地温、光合有效辐射、光照强度、土壤湿度、日照、显示大屏；建设病虫害测报设备，用于开展虫情测报和病情监测；建设植物物候实景观测设备，实现荔枝物候期自动识别；建设植物群落冠层温度监测设备，用于监测植物冠层生长温度变化。另外，计划在广州仙进奉荔枝产业园采用低空无人机进行定时定点巡航遥感监测，实现“空—天—地”立体全天候物候观测。

16.7.2.2　荔枝病虫害监测预报预警

尽管近年来荔枝现代生产技术有了很大的提高，但广东气候条件容易引起病虫害发生(蔡学清 等，2010；徐海明 等，2018)，对露天生长的广东荔枝的产量和品质造成严重的不利影响，阻碍了荔枝产业发展和种植户增收，因此做好荔枝病虫害发生发展气象条件的研究，以及利用气象要素建立荔枝病虫害预测模型，就显得尤为重要。广东省荔枝特色农业气象服务中心采用多变量灰色预测模型GM(1,N)构建第二代蒂蛀虫驻果率预测模型(欧善国 等,2023);采用逐步线性回归方法构建了荔枝霜疫霉病果率预测模型。利用这些模型的预测结果,通过荔枝服务专报及时提醒荔枝种植户做好病虫害防御措施。

16.7.2.3 荔枝病虫害智能图像识别

荔枝病虫害的无损检测和早期识别是现代生态农业发展的关键。对荔枝病虫害的早发现、早防治,可有效减缓病虫害的传播,同时在病虫害早期可以用更少的药物对其进行防治,减少对环境的污染。传统的人工检测病虫害的方法完全依赖于养殖户的观察经验,或者请专家上门指导,这样的方法速度慢、效率低、费用高、主观性强、准确率低、无时效性。运用高效的图像识别技术可以提高图像识别效率、降低成本、提高识别正确率。

广东省荔枝特色农业气象服务中心采用卷积神经网络算法开展荔枝病虫害图像识别技术研究与应用,实现了300多种病虫害智能识别(欧善国 等,2020),通过广东省荔枝特色农业智慧气象服务平台面向荔枝种植户提供病虫害图像识别服务,实现病虫害信息上报,实现病虫信息收集共享,用户通过病虫害分布图了解周边病虫害的发展和分布情况,并获取防治建议、病虫害小百科知识,构建出新型的病虫害气象防御体系。

16.7.2.4 荔枝气象服务平台

已建有广东省荔枝特色农业智慧气象服务平台,平台架构包括Web平台+微信+微信小程序,栏目设置荔枝产业、为农服务、种植区划、病虫害、指数保险、品种认证、服务产品、荔枝文旅、荔枝百科和气候资料10个板块。服务对象包括农业部门、农户、保险公司、游客、气象业务人员,数据融合气象数据、农业数据、农户数据和保险数据。广东省荔枝特色农业气象服务中心依托服务平台,充分利用现代智能定位关联技术,提供荔枝全生产过程全产业链的智能网格化农业气象服务。如:提供气象灾害风险区划服务,包括暴雨、大风、高温、干旱、寒害、龙舟水、寒露风、霜降风、倒春寒、低温阴雨等10种农业气象灾害风险,农民依托手机定位,可直观全面了解自己农田的潜在风险和风险等级,提前做好气象灾害防御准备,也可以科学决策购买哪种农业保险产品。提供气候评价服务,涵盖生产基地气候背景、四季风特征、高影响天气分析、干旱影响分析、不同历时不同重现期降水量、近10年灾害过程统计数据、汛期概况、过去1个月气候概况、气候趋势预测、雨量和干旱等级图、农事活动建议等,促进生产基地合理利用气候资源,做好产业精准规划,提早做好气象灾害防御工作。提供荔枝种植适宜性区划服务,精准引导农作物配套种植,避免区域内作物品种过于单一而遭遇市场风险,以及实行“错峰”种植,保障农民收益。提供气象指数保险服务,帮助农户提高转移风险能力;并与保险公司共同构筑新型的气象服务体系,有效解决气象服务“最后一公里”问题。

16.7.2.5 推进荔枝气象产学研一体化服务

一是联合技术研发。联合华南农业大学、广东省农业科学研究院果树研究所、国家荔枝龙眼产业技术体系等荔枝领域专家,开展气象因子对荔枝早、中、晚熟品种关键生育期影响研究,研发荔枝各关键生育期的关键阈值,完善荔枝花期、果期预报模型和气象灾害影响预报模型,建立新型荔枝气象保障服务业务技术指标体系。结合低空无人机全天候物候遥感观测,运用大数据分析技术、智能图像识别技术等研发基于多源数据的荔枝生长期智能识别监测技术服务产品、荔枝果园田间精准监测技术服务产品。研发荔枝区域产量保险产品及气象指数保险产品,服务一线果农。

二是注重成果转化。制定《广东省荔枝特色农业气象服务中心周年服务方案》，研发荔枝种植气象服务指标，针对荔枝花芽分化期、开花期、果实膨大期等影响荔枝产量的关键期，提供全链条、伴随式气象保障服务，发布《荔枝特色农业气象服务专报》《荔枝特色农业气象服务短信》《荔枝特色农业气象服务月报》《荔枝农情信息》《荔枝灾情信息》《专题报告》等。在荔枝关键生育期(11 月一次年 7 月)，增加服务频次，发布《荔枝特色农业气象服务旬报》。针对用户个性化自助定制气象预警服务，用户可根据自己的种植养殖经验，通过服务平台设定气温、湿度、风速、雨量等临界值，平台根据气象实况数据进行智能气象预警；同时开展专家经验阈值预警，凝练出 47 个荔枝关键生育期的气象灾害致灾阈值指标，服务平台可根据未来 7 d 的预报数据智能向种植户发出预警并推送相关的农事活动建议。

16.7.3　荔枝气象服务案例和服务效益

16.7.3.1　服务案例

每周提供荔枝气象服务专报，内容包括过去一周的天气概况，未来一周天气预报，以及根据荔枝不同生长阶段的重点关注的气象灾害和主要栽培管理工作要点，给农户提出针对性的农事活动建议。为提供更加专业的服务内容，荔枝气象服务专报由气象业务部门与农业业务部门联合制作发布。

定期提供病虫害与气象预报，内容包括天气概况与农业气象条件分析、病虫害发生情况、未来天气预报、病虫害发生期预报及防治意见。

2023 年 7 月 14 日，广州晚熟品种荔枝进入最后上市阶段，根据天气预报有雷阵雨，容易造成荔枝裂果，而早熟品种荔枝树处于新梢萌发生长期，中熟品种荔枝树处于采果后树势恢复期，为此广州市气候与农业气象中心在 2023 年第 5 期《广州荔枝气象服务》专报中向农户提出如下几点建议：①成熟荔枝要及时采收，防止荔枝回糖和荔枝蒂蛀虫辗转危害，影响荔枝口感和品质。如遇降雨天气，要在雨前及时抢收，防止荔枝霜疫霉病危害加重。②采果后要对荔枝进行一次修剪和清园，清理枯枝残叶、落果、杂草等。③荔枝清园后要对树体和地面全面喷药一次，以减少病虫源积累。④采果后应合理施肥，及时补充养分，以利于树势恢复。⑤高温干旱时期要注意灌水，防止荔枝树缺水受旱。⑥合理安排秋梢抽发时间，使结果母枝能适时抽发及转绿成熟，保证良好的花芽分化。

荔枝蒂蛀虫是危害荔枝产量最大的一种害虫，广东每年会发生 10～12 代蒂蛀虫，每年的 3—5 月为三月红等早熟品种的果实发育期，也是第二代蒂蛀虫的危害期。基于蒂蛀虫观测历史数据，结合气象要素综合分析，预测评估第二代蒂蛀虫的发生程度，可有效指导蒂蛀虫防治工作。2023 年 3 月 24 日，广东省高州市气象局根据第一代荔枝蒂蛀虫幼虫的化蛹进度、结合天气及病虫历史资料综合分析，在 2023 年第 5 期《高州农作物病虫害与气象预报》专报中预报第二代荔枝蒂蛀虫在 4 月 6—10 日发生，卵孵高峰期在 4 月 7—9 日，并向农户提出如下防治意见：①大力推广农业防治，清除地面的落叶、落果，并集中烧毁或深埋，降低虫源基数。②施药，第一次施药时间为 3 月 31 日—4 月 2 日，第二次施药时间为 4 月 7—9 日。③推荐蒂蛀虫的防治药剂：除虫脲、高效氯氰菊酯。④叶背、叶面、果实、树冠内、外枝条要均匀喷雾，喷至果实，叶片滴药液为度。同时注意交替轮换使用高效、低毒、低残留农药。⑤使用者严格按照农药标签说明使用农药，严格执行农药安全间隔期使用规定，确保农产品质量安全。

16.7.3.2 服务效益

（1）经济效益

目前农业“靠天吃饭”的现象在一些地区仍然没有改变，严重的农业气象灾害会造成农民巨大的损失，因此，减灾就是增益。服务平台提供丰富的服务产品，为荔枝种植户的经济效益提供保障。广州市增城大恒种植场农户介绍：“从2020年4月开始，广州市增城大恒种植场通过‘广州农业气象’微信公众号、广州农业气象服务微信群获取广州气象部门提供的免费农业气象服务，包括广州都市农业气象服务专报、农业气象月报、广州春耕春播气象服务专报等，对我们荔枝生产基地及时掌握气象灾害信息，合理安排农事活动，做好防御工作，保障荔枝生产提质增效有很大的帮助。如2021年两次寒潮的发生，2022年超长的低温阴雨过程，均对荔枝开花造成严重影响，我们根据广州气象部门的气候预测，采取提早及时施有机肥等措施提高荔枝树的抗寒能力，避免遭受生产损失。广州天气复杂多变，近年气候又比较异常，‘广州农业气象’微信公众号服务内容多，使用简便，是我们农业生产的好帮手。”2018年1月5—13日，广州寒潮来袭并出现罕见冬季暴雨，增城区正旭现代农业孵化园根据天气预报，未及时采取熏烟措施帮助荔枝树抗寒，没有遭遇明显损失，而周边农户没有了解天气预报，及时采取防寒措施，荔枝树冻害严重，损失几百万元。“目前，产业园里的荔枝正处于开花关键期，前几天的降水过程，我们提前2天就收到了预报信息，在降雨前及时追加肥力，提高坐果率。”茂名荔枝气象服务科研团队，强化直通式气象为农服务，收集整理全市种植养殖大户、新型农业经营主体等信息，建立微信群，为果农提供针对性的全程化、精细化、高质量的特色气象服务；不定期深入果园进行农情调查、了解果农需求，为果农提供“面对面”技术服务，有着30多年荔枝种植经验的高州市分界镇新坡村荔农吕华介绍说“从枝梢抽生期到开花结果期、果实膨大成熟期到采摘上市期，气象部门全程都有跟踪服务”。

（2）社会效益

“广州农业气象”微信公众号服务于460个荔枝大农户及众多小农户，并且公众号与“粤港澳大湾区菜篮子”“广州市供销合作总社”“阳光保险广州中支”等17个涉农部门的微信公众号进行平台链接，通过他们的微信号可以获得全部的智慧农业气象服务，扩大了服务效益（欧善国 等，2022）。茂名市气象局开发了手机荔枝气象智能服务系统，依托广东省气象智能网格预报业务平台，融合了气象智能网格预报业务的“缤纷微天气”微信小程序，根据种植户指定果园位置，在0～7 d、5 km水平分辨率的“数字预报一张网”中，提供分钟、小时、一周等不同时效长度的天气预报，实现天气预报即时更新查询，有效满足果农的不同服务需求。高州市分界镇新坡村荔枝果业经营者认为“这个手机荔枝气象智能服务系统有实时预警信号信息、临近降水预报、七天降水预测，非常方便实用”。

（3）生态效益

服务平台为农户智能提供未来7 d的天气预报预测、气象灾害预警、农事活动（施肥、喷药、晾晒）适宜度预报等服务，可以帮助种植户采用科学绿色的农事管理方式，合理安排做好浇水、施肥、病虫害防治等工作，实现对水资源的合理利用和土壤质量的保护，促进农业生产生态环境保护。另外，本项目成果推广应用可促进农户关注气象信息，提前主动做好气象防灾减灾工作，减轻因受灾后重新种植，重复施肥施药，造成土壤严重污染和板结的风险，有效地保护自然资源和生态环境。病虫害的智能图像识别技术有利于无损检测和早期精准识别，可有效减缓病虫害的传播，同时在病虫害早期可以用更少的药物对其进行防治，减少环境污染。

16.8　河北核桃气象服务

16.8.1　河北核桃产业及气象服务介绍

16.8.1.1　河北核桃产业介绍

中国是世界上核桃起源中心之一，也是世界核桃生产第一大国，近年来核桃产业发展较快，作为特色优势农产品，核桃在增加农民收益、产业扶贫等方面发挥了重要作用。目前，中国的核桃产量占世界的 60%，种植面积 1.2 亿亩，位居世界第一，年产量超过 400 万 t，核桃产业已成为木本油料中产量最高、发展潜力最看好的树种，在国际核桃产业中占据主导地位。

21 世纪以前，河北省核桃栽培面积和产量在全国各省中排第 3～5 名。进入 21 世纪，随着新疆、云南等地区核桃产业的快速发展，河北省的排名退居到全国第 6～7 位。2017 年，河北省核桃栽培达到历史最高峰，栽培面积达到 470 万亩，产量达到 22 万 t。历史上，河北核桃在全国有很高的知名度，20 世纪 60 年代以前，卢龙的“石门核桃”与云南的“漾鼻核桃”、山西的“汾阳核桃”并称中国核桃三大历史名牌，曾享誉欧洲市场。21 世纪初，涉县、涞源、平山、赞皇、临城、涞水六县被国家林业局命名为“中国核桃之乡”。卢龙的石门核桃、临城的薄皮核桃、涞水的麻核桃分别获得国家地理标志产品认证。

位于太行山东麓的邢台临城县，山区丘陵占全县总面积的 85.2%，土壤以片麻岩为主要构成成分，土质中性偏碱，钙质丰富，全年近 3000 h 的日照长度，非常适合核桃种植。临城县核桃皮薄如纸，用手就能把核桃壳捏碎，食用方便，又称“纸皮核桃”。临城在 2009 年被评为“中国核桃之乡”“中国优质薄皮核桃产业龙头县”，2013 年被评为国家级核桃示范基地，2018 年被评为“全国薄皮核桃之乡”。临城县现有河北省(邢台)核桃产业技术研究院 1 家、河北省核桃产业技术联盟 1 家、河北省技术创新中心 2 家(河北省核桃工程技术研究中心和河北省核桃深加工技术创新中心)。被习近平总书记称赞为“新时期共产党人的楷模，知识分子的优秀代表，太行山上的新愚公”的河北农业大学教授李保国，在临城县开发形成了配套的干旱丘陵岗地优质薄皮核桃绿色高效栽培技术体系。

16.8.1.2　河北核桃气象服务介绍

2006 年起，河北省气象局开始开展核桃特色气象服务，2015 年批复成立河北省核桃气象服务中心，河北省核桃气象服务中心(邢台)是河北省农业气象中心的分中心，挂牌于邢台市环境气象中心，面向全省开展核桃气象服务，业务团队现有人员 3 名，其中硕士研究生 2 名、本科生 1 名(中级职称 1 名、副高级职称 2 名)，2 人为专职人员，主要承担业务服务、物候观测、需求调研、产品研发、乡村振兴专项实施等工作。主要承担全省核桃气象服务业务技术指导、核桃气象科学研究及成果推广等工作，是具有专业特色的农业气象中心，是建设在市级的省级特色农业气象中心。中心作为省级业务单位，在业务方面立足核桃主产区、面向全省，负责制作核桃全生育期气象服务产品并开展相关科研工作，为市(县)提供相关业务的指导和技术培训；服务方面，主要指导市(县)气象局做好核桃直通式气象服务工作，为省委省政府和省相关部门制作核桃生产决策气象服务产品。2018 年成立了由河北农业大学、河北省核桃工程技术中心、河北省气象科学研究所、邢台市林业和草原局等单位组成的专家联盟，并制定了《河北省核桃农业气象专家团队工作细则》。

在核桃气象服务中，形成了如下服务机制。

一是数据与新型农业经营主体共享。核桃气象中心通过与具有代表性且技术支撑能力较强的新型农业经营主体建立资源共享、信息沟通交流机制，共同推进核桃气象试验基地建设，实现双方在核桃生产、管理、技术、品质、物候和气象观测、科研仪器设备以及试验数据等多方面互通交流、信息共享。

二是与专家团队合作提升服务产品的有效性。与专家团队和新型农业经营主体联合制定了《河北省核桃物候期观测技术规范》《河北省核桃农业气象灾害和病虫害观测方案》《核桃物候观测年历》等核桃气象服务技术规范。每年制定完善周年服务方案，推出核桃气象月报、主要气象灾害（高温日灼、低温冻害等）风险预警评估、关键农事（花期、收获期等）活动预测及全生育期气象条件评述等 8 个专题，其中专题包括《河北省核桃种植适宜期预测》《河北省核桃花期预测》《低温冻害风险等级预报》和《高温日灼风险等级预报》等，为太行山核桃产区新型农业经营主体、核桃种植大户提供高质量气象服务。

三是加强科研提升服务能力。先后主持了《太行山主产区核桃日灼致灾气象临界指标及灾害防御试验研究》《太行山区核桃低温冻害气象监测预警技术研究》等多项地厅级以上科研项目，发表相关论文 30 余篇，取得计算机软件著作权 3 项、实用专利 2 项（即《果树果实日灼灾害诱导发生装置》《一种核桃春季低温冻害监测预警装置》）。建立了核桃低温冻害气象服务、高温日灼气象服务、全生育期气象适宜性指标体系。灾害发生前，组织农林部门开展会商，研判天气形势及对核桃生产影响预估，提前发布核桃灾害预警信息和防御措施建议，通过微信群、"邢台气象"微信公众号、邮箱、传真等多渠道，向政府及新型核桃农业经营主体发布，灾后与林业局联合开展灾害调查及灾损评估，指导农户及时开展补救措施，最大限度减轻灾害损失。

16.8.2 核桃气象服务技术

核桃的主要生育期为 3—9 月。在温暖的气候条件下，核桃树通常在 3 月中旬开始进入生长季节，11 月后逐渐进入休眠期。河北核桃生育期气象灾害主要有冻害、日灼、干旱、连阴雨等。在针对核桃的长期服务过程中，建立了系列灾害指标及模型等，其中针对核桃冻害，深入研发了包括监测、预报、风险评估等服务技术。

16.8.2.1 核桃冻害预报技术

核桃在山区、丘陵、平原均有种植，不同的种植地区海拔差异较大，气温与海拔呈负相关。目前天气预报中的气温是指该地区国家气象站高出地面 1.5 m 的百叶箱里测到的温度。核桃种植区区域站与该地区国家气象站最高气温一般情况下差异不大，通常在 2 ℃以内，但最低气温差异较大，因此用该地区预报温度做冻害监测预警时，需要依据海拔对最低气温做出调整。

利用河北中南部、西部山区区域自动站和对应县站的日最低气温进行相关性计算，结果表明核桃种植区域自动站和国家气象站的日最低气温相关性显著。

以核桃种植区某区域自动站 i 的日最低气温为自变量 x_i，以对应的国家气象站的日最低

气温为因变量 y_i，建立具有单调函数关系的一元一次回归方程

$$y_i = a_i + b_i x_i \tag{16.24}$$

用 H 表示海拔，建立海拔与 a_i 的线性方程

$$a_i = 0.004H - 0.357 \tag{16.25}$$

对于没有区域自动站的核桃种植区，可近似认为核桃种植区海拔 H 与 a_i 系数也服从式(16.25)，将式(16.25)代入式(16.24)，得如下公式

$$a_i = 0.004H - 0.0357 + b_i x_i \tag{16.26}$$

近似认为核桃种植区气温与对应的国家气象站气温服从式(16.26)，若核桃种植区 b_i 值取 1，则式(16.26)可写为

$$y_i^* = 0.004H - 0.357 + x_i \tag{16.27}$$

式中：y_i^* 是 y_i 的近似值。

设 Q 为误差 $\Delta y = y_i^* - y_i$ 的主要贡献量之一，经计算，$Q \in [-1.15, 1]$，可近似认为核桃种植区与对应县站日最低气温服从式(16.27)。

综上所述，对海拔为 H 的某核桃种植区达到某冻害等级时，其对应的国家气象站的气温指标可依据表 16.40 给定。

表 16.40　核桃花期冻害等级对应的国家气象站指标

冻害等级		重度冻害	中度冻害	轻度冻害	轻微冻害
条件 1	气温范围(T)/℃	$\leqslant 0.004H - 5.357$	$\leqslant 0.004H - 4.357$	$\leqslant 0.004H - 2.357$	$\leqslant 0.004H - 0.357$
		$\leqslant 0.004H - 4.357$			
条件 2	持续时间(t)/h	$\geqslant 4$	$\geqslant 4$	$\geqslant 4$	$\geqslant 4$
		$\geqslant 8$			

依据表 16.40 计算可得，当国家气象站气温低于 3.6 ℃时，海拔在 1000 m 以上的种植区可能遭遇花期冻害；当国家气象站气温低于 2 ℃时，海拔在 600 m 以上的种植区可能遭遇花期冻害；当国家气象站气温低于 0.4 ℃时，海拔在 200 m 以上的种植区可能遭遇花期冻害；当国家气象站气温低于−0.4 ℃时，海拔在 0 m 以上的种植区可能遭遇花期冻害。

16.8.2.2　核桃花期冻害风险评估技术

核桃花期冻害是核桃生长中影响坐果最主要的因素。现阶段，运用自然灾害风险理论的评估方法，结合 GIS 技术，对河北省核桃花期冻害风险进行评估与区划，是减少核桃花期冻害对其产量造成损失的有效手段。基于自然灾害系统论构架的核桃花期冻害综合风险评估模型所选取的评价因子、权重的分配是合理的，模型能够客观地反映河北省核桃种植区域花期冻害风险程度。

(1)核桃花期冻害风险评估模型构建

从致灾因子的危险性、孕灾环境的敏感性、承灾体的易损性、防灾减灾能力 4 个方面进行综合分析和评估，建立冻害综合风险指数，创建核桃花期冻害风险评估模型，并以此为依据进行河北省核桃花期冻害风险区划。

根据自然灾害风险理论，评估核桃花期冻害综合风险的表达公式为

$$R = f(H, S, V, C) \tag{16.28}$$

式中：R 是核桃花期冻害综合风险；H 是致灾因子的危险性；S 是孕灾环境的敏感性；V 是承灾体的易损性；C 是防灾减灾能力。上述 4 个要素(H,S,V,C)又包含多个评价因子。

在四大要素的多个评价因子中，一部分评价因子(低温强度、频率、种植面积等)数值越高，受到冻害的风险越大，即正相关；另一个部分评价因子(核桃抗冻能力、防灾减灾能力)数值越高，受到冻害的风险越小，即负相关。因此，不同种类的评价因子采取不同的标准化方法。进行标准化处理过程中，正(负)相关因子公式为

$$Z_{i,j}=0.5+0.5\times\left[X_{i,j}-\frac{\min_i}{\max_i-\min_i}\right] \tag{16.29}$$

$$Z_{i,j}=1.0-0.5\times\left[X_{i,j}-\frac{\min_i}{\max_i-\min_i}\right] \tag{16.30}$$

式中：$Z_{x,j}$ 是 j 栅格中第 i 个因子标准化后的数值；$X_{i,j}$ 是 j 栅格中第 i 个因子的实际变量值。

利用加权综合评价法，计算致灾因子的危险性指数(H)、孕灾环境的敏感性指数(S)、承灾体的易损性指数(V)和防灾减灾能力指数(C)，则

$$U_j=\sum_{i=1}^{n}W_iZ_{i,j} \tag{16.31}$$

式中：U_j 表示核桃花期冻害系统中各评价要素指数，j 是评价要素个数，n 是评价因子个数；W 表示 Z 的权重。

结合核桃冻害风险评估公式，运用加权综合评价法，建立河北省核桃花期冻害综合风险评估模型

$$I_{\mathrm{FDR}}=(\mathrm{UH})\,\mathrm{wh}+(\mathrm{US})\,\mathrm{ws}+(\mathrm{UV})\,\mathrm{wv}+(\mathrm{UC})\,\mathrm{wc} \tag{16.32}$$

式中：I_{FDR} 为核桃花期冻害综合风险指数；UH、US、UV、UC 分别表示致灾因子要素、孕灾环境要素、承灾体要素和防灾减灾能力的冻害风险指数；wh、ws、wv、wc 分别表示各要素的权重。

(2)核桃花期冻害各要素及其因子权重确定方法

结合河北省历年核桃受灾情况，根据专家对冻害的研究经验(Delphi)，确定致灾因子危险性、孕灾环境敏感性、承灾体的脆弱性和防灾减灾能力的权重系数配比为 0.45、0.2、0.2 和 0.15，并构建冻害综合风险评估指标权重体系。

(3)致灾因子危险性及其评价因子权重确定方法

致灾因子危险性要素包含两个评价因子：日最低气温、历年低温次数。在核桃花期，新生花器官和嫩梢耐寒能力较差。花器官、嫩梢是核桃花期冻害最敏感的部位，若花期气温骤降，低于 0 ℃，会导致核桃的花器官、嫩梢受害，造成大量减产。任俊杰等(2014)、郗荣庭(1997)研究论证，核桃花期的受害程度取决于最低气温和最低气温持续时间的乘积。故确定两个评价因子的权重系数均为 0.5。

(4)孕灾环境敏感性及其评价因子权重确定方法

孕灾环境的敏感性能够在一定程度上加强或减弱冻害的危险程度。一方面，高程与核桃花期冻害的关系比较复杂。冯斌等(2011)依据温度递减规律判断，随海拔升高，温度会递减，核桃受到冻害风险的可能性越高。另一方面，核桃始花期开始的时间取决于积温，即当积温达到核桃开花所需温度的临界值时才会开花，也就是说同一纬度条件下，高海拔核桃种植区始花

期要晚于低海拔地区，并且冷空气在不同地形条件下的流动和停滞，也会破坏这种温度垂直递减规律。因此，不能依据海拔温度递减规律判断同一时间节点的垂直温度差异来表示核桃花期的冻害程度。一般看来，河北省 90%以上的核桃种植区位于山区，当冻害发生时，一定海拔内，海拔越高，受冻害程度越轻。

(5)承灾体脆弱性及其评价因子权重确定方法

承灾体脆弱性包含两个评价因子：核桃种植面积、核桃抗冻能力。核桃抗冻能力的量化数值来源于任俊杰(2015)对不同核桃品种晚霜冻试验中叶片和子房综合抗冻能力的平均隶属度，将不同部位的平均隶属度进行求和计算。'绿岭''香玲''辽宁 1 号'和'清香'4 个品种子房的低温半致死温度分别为−2.62 ℃、−2.58 ℃、−2.39 ℃和−1.07 ℃，对两个评价因子分别取 0.7 和 0.3 的权重系数。

(6)防灾减灾能力及其评价因子权重确定方法

防灾减灾能力是从人的主观实践方面阻止、减轻灾害风险及其造成的损失程度。防灾减灾能力要素选取人均国内生产总值和各核桃种植县区域站数量作为评价因子。

16.8.2.3　核桃气候适宜度模型的构建

气候适宜度是综合反映光、温、水等气象条件对作物生长发育的适宜程度，利用模糊数学隶属函数的方法可以将各因子对作物的适宜程度定量化，隶属度取值为 0～1，值越大，表明作物在该区域的温度适宜性越高。参考余弦衰减模型，结合河北核桃种植区研究实际情况，基于温度因子对核桃萌芽—幼果期生长发育影响，利用模糊数学隶属函数的方法，建立河北省太行山区核桃萌芽—幼果期日平均气温隶属函数；同时将逐日最低气温、致死温度和致灾温度及低于致灾温度持续时间引入日最低气温隶属函数，按一定权重组合建立了温度综合适宜度模型。

(1)萌芽—幼果期日平均气温隶属函数适宜度模型

参考气温对光合速率的影响，仅从温度因子而言，我们定义在低于下限气温或高于上限气温时，气温对果树适宜程度定义为 0；在适宜气温范围内，气温对果树适宜程度上定义为 1；从下限气温开始随气温升高而上升，至最适气温下限时达到最大值 1，当超过最适气温上限时开始下降，直至上限气温时下降至 0。从上述变化整体来看，气温因子对果树的适宜程度，与机器学习中学习率衰减方法常用余弦衰减模型类似，参考冯宇旭等(2018)建立的余弦衰减模型、王丽等(2016)建立温度隶属函数，结合研究地区实际情况，建立核桃萌芽—幼果期日平均气温隶属函数 S_T。

$$S_T=\begin{cases}0 & T_i>T_h \text{ 或 } T_i<T_l\\ \cos\left[\dfrac{\pi(T_{sl}-T_i)}{2(T_{sl}-T_l)}\right] & T_i<T_{sl}\\ \cos\left[\dfrac{\pi(T_i-T_{sh})}{2(T_h-T_{sh})}\right] & T_i>T_{sh}\\ 1 & T_{sl}\leqslant T_i\leqslant T_{sh}\end{cases} \tag{16.33}$$

式中：T_i 是萌芽—幼果期实际日平均气温；T_h、T_l、T_{sh}、T_{sl} 分别为萌芽—幼果期日平均气温上限、下限和最适气温的上限、下限，取值参考张玉星(2005)主编的《果树栽培学各论》和李保国等(2007)主编的《绿色优质薄皮核桃生产》，同时结合河北省核桃气象中心有关专家和技术人员田间调查数据(表 16.41)。

表 16.41 核桃萌芽—幼果期日平均气温隶属函数因子　　单位:℃

取值生育时期(平均日期)	T_h	T_l	T_{sh}	T_{sl}
萌芽—展叶期(3月20—31日)	21	2	18	8
花期—幼果期(4月1—30日)	24	3	25	14

(2)萌芽—幼果期日最低气温隶属函数适宜度模型

在果树处于春季气温敏感期阶段,气温对果树生长的适宜程度主要表现为低温对花器的胁迫。有关研究表明,随外界温度的变化,花器的组织温度变化曲线并非线性变化,低温胁迫对花器组织温度变化近似呈"∽"形。从日最低气温来讲,存在一个温度点,在其之上果树不受到低温胁迫,这个温度点被定义为适宜日最低气温。在适宜日最低气温以上,温度因子对果树适宜程度定义为1,在致死温度以下我们定义为0。日最低适宜气温到致灾温度之间,对细胞的组织结构不会产生明显影响,但对细胞功能产生一定影响;致灾温度到致死温度之间,对细胞的组织结构和功能均产生一定影响,影响大小同低温持续时间关系密切。细胞组织结构和功能变化接近致灾和致死温度时变化最快,这种变化参考机器学习中学习率衰减余弦衰减模型去描述。结合研究地区实际情况,建立萌芽—幼果期日最低气温隶属函数 S_E

$$S_E=\begin{cases}0 & T_e<T_{lt}\\ \cos\left[\dfrac{\pi(T_u-T_e)}{2(T_u-T_d)}\right] & T_d\leqslant T_e<T_u\\ \cos\left[\dfrac{\pi(T_e-T_{lt})}{2(T_u-T_{lt})}\right]F_n & T_{lt}<T_e<T_d\\ 1 & T_e\geqslant T_u\end{cases}\tag{16.34}$$

式中:T_e 为萌芽—幼果期实际日最低气温;T_u、T_d、T_{lt} 分别为适宜日最低温度、致灾温度、致死温度,取值见表16.42;F_n 为持续时间影响因子系数(表16.43),F_n=1−新梢叶片受害率,新梢叶片受害率=受冻新梢叶数/新稍总数叶数。

表 16.42 核桃萌芽—幼果期日最低气温隶属函数因子取值　　单位:℃

生育时期(平均日期)	T_u	T_d	T_{lt}
萌芽—展叶期(3月20—31日)	3	−1	−5
花期—幼果期(4月1—30日)	4	0	−4

表 16.43 持续时间影响因子系数

低于致灾温度持续时间(t)/h	$0\leqslant t\leqslant 2$	$2<t\leqslant 4$	$4<t\leqslant 6$	$6<t$
F_n	0.8	0.6	0.4	0.2

(3)萌芽—幼果期温度综合适宜度模型

$$S=nS_T+mS_E\tag{16.35}$$

其中

$$1=n+m$$

式中:S 为萌芽—幼果期温度综合适宜度;S_T 为日平均气温适宜度;S_E 为日最低气温适宜度;n 为日平均气温适宜度权重;m 为日最低气温适宜度权重。本模型中,从专家学术水平、对指标熟悉程度、判断依据等对专家权威程度进行量化设计,采用加权平均法确定日平均气温适宜度、日最低气温适宜度权重,n、m 值均为0.5。

从田间调查情况分析，适宜度数值对描述温度因子对核桃生长发育影响更为客观。以温度综合适宜度(S)进行冻害等级划分，当 $0.5<S\leqslant 0.6$ 时，判定为轻微冻害；当 $0.4<S\leqslant 0.5$ 时，判定为轻度冻害；当 $0.1<S\leqslant 0.4$ 时，判定为中度冻害；当 $S\leqslant 0.1$ 时，判定为重度冻害。

(4)降水适宜度模型

以逐候降水资料为基础，参考前期降水指数(Antecedent Precipitation Index，API)计算方法，结合实际情况，构建降水适宜度模型

$$F(R)=\begin{cases}1 & r_h>R_{api}\geqslant r_l \\ \dfrac{R_{api}}{r_l} & R_{api}<r_l \\ \dfrac{r_h}{R_{api}} & R_{api}\geqslant r_h\end{cases} \tag{16.36}$$

其中

$$R_{api}=P+\sum_{d=0}^{6}k^{d}P(i-d)$$

式中：$F(R)$为降水适宜度；r_h 为降水量最大值；r_l 为降水量最小值；R_{api} 为模拟累计降水量。P 为监测候降水量；$P(i-d)$为该监测候前第 d 候降水量，单位是 mm；k 为衰减系数，k 越小，衰减越快，当 $k=1$ 时表示没有衰减，等同于等权累加，参考前人订正结果，充分考虑候尺度数据，k 取 0.8。

(5)日照适宜度模型

光照条件对作物生长的影响可理解为模糊过程，在适宜和不适宜之间变化，研究表明，晴空状态下日照时数为可照时数的 70%时有最高经济产量，某日日照时数 $s\in[0,s_p]$，s_p 为可照时数(表 16.44)，$s_1=0$，$s_0=s_p\times 70\%$，因此，以 $s\geqslant$即日照时数达到可照时数时，适宜度为 1，当 $s=0$ 时，适宜度为 0，模型可写成下式

$$f(s)=\begin{cases}\dfrac{s(24-s)^{B_2}}{s_0(24-s_0)^{B_2}} & s\in[0,s_0) \\ 1 & s\in[s_0,24)\end{cases} \tag{16.37}$$

其中

$$B_2=\frac{24-s_0}{s_0}$$

表 16.44　核桃关键生育期可照时数　　单位：h

生育时期(平均日期)	可照时数(S_p)
萌芽—展叶期(3 月 20—31 日)	11.9
花期—幼果期(4 月 1—30 日)	13.1
果实膨大速长期(5 月 1 日—6 月 5 日)	14.3
硬核期—成熟期(6 月 6 日—8 月 31 日)	14.1

16.8.3　核桃气象服务案例分析

16.8.3.1　低温冻害预警服务

2013 年 4 月 19—20 日，邢台地区出现大范围雨雪、降温天气，其中，邢台西部地区(临城

县、内丘县、沙河市、信都区)的68个自动观测站中有18个站达到单站寒潮标准，占邢台西部总站数的26%，使处于花期的核桃树大面积遭遇低温冻害，气象条件对核桃花期生产表现为非常不适宜，这与气候适宜度分析系统的评价结果非常吻合。另外，针对这次过程，河北省核桃气象中心提前制作核桃气象服务专题材料《核桃花期冻害预警》，分发给核桃种植大户、有关企业及核桃种植县气象局，提醒其采取灌水、喷洒防冻药剂等有效措施，在一定程度上减轻了因不利气象条件造成的核桃产量损失，显著地提升了服务效果。

16.8.3.2 高温日灼气象服务

针对2023年7月5—7日高温过程，基于智能网格预报，结合核桃日灼风险等级指标，利用Python语言，输出河北省核桃高温日灼气象风险等级预报图，制作了《核桃日灼灾害风险等级》专题气象服务材料。指出：7月5日太行山产区(保定、石家庄、邢台、邯郸)可能出现轻到中度核桃高温日灼风险；7月6日太行山产区(保定、石家庄、邢台、邯郸)可能出现轻到重度核桃高温日灼风险，尤其邢台产区大部达到中到重度风险；7月7日太行山产区(保定、石家庄)可能出现轻度核桃高温日灼风险，提出高温来临前喷洒日灼防止剂(石灰乳或波尔多液)或浇水等建议，减轻日灼可能造成的影响。服务材料通过邮箱、传真、微信公众号及时传递到相关部门和核桃种植大型企业、种植大户，提醒果农做好提前预防，尽可能将损失降到最低。

16.8.3.3 核桃气象服务效益

针对核桃低温、高温灾害，河北省核桃气象中心根据建立的核桃气象服务指标，应用智能网格预报，提前制作发布精细化的格点预报，提出防御措施，经多次与实况数据对比检验，低温冷害和高温日灼灾害风险预报与实际发生基本相符，由于预判准确，防御到位，有效降低了灾害影响，气象服务效益显著。

2018年4月4—5日，邢台遭遇大风雨雪低温天气，气温降幅在8 ℃以上，最低气温创历史同期新低，预计核桃树将减产80%～90%，河北省核桃气象中心提前制作发布《未来将出现大风降温天气 需加强核桃冻害防御》专题，提醒果农提前采取灌水、喷防冻剂、打营养药、抖积雪、清扫落枝落叶等措施，灾后与林业局技术人员共同到田间指导生产，低温冻害损失减少50%左右。2018年4月9日《邢台日报》、4月13日《河北经济日报》对核桃气象服务工作进行了报道。

参考文献

柏秦凤,霍治国,王景红,等,2019.中国主要果树气象灾害指标研究进展[J].果树学报,36(9):1229-1243.

柏秦凤,霍治国,王景红,等,2020.中国富士系苹果主产区花期模拟与分布[J].中国农业气象,41(7):423-435.

蔡海龙,2024.都市现代农业的源起、现状与发展方向[J].人民论坛(4):65-69.

蔡学清,吴昌镇,林通,等,2010.环境因子对荔枝霜疫霉生长及侵染的影响[J].中国农学通报,26(9):283-288.

曹有龙,巫鹏举,2015.中国枸杞种质资源[M].北京:中国林业出版社.

陈皓锐,伍靖伟,黄介生,等,2013.关于灌溉用水效率尺度问题的探讨[J].灌溉排水学报,32(6):1-6.

陈家金,王加义,黄川容,等,2013.福建省引种台湾青枣的寒冻害风险分析与区划[J].中国生态农业学报,21(12):1537-1544.

陈家金,王加义,黄川容,等,2016.基于 AHP-EWM 方法的福建省农业气象灾害风险区划[J].自然灾害学报,25(3):58-66.

陈尚谟,1980.试论我国柑橘的越冬低温指标[J].中国农业气象(4):88-92.

陈尚谟,黄寿波,温福光,1988.果树气象学[M].北京:气象出版社.

COLLINS W K,HAWKS S N,1995.烤烟生产原理[M].陈江华,杨国安,译.北京:科学技术文献出版社.

邓爱娟,刘敏,刘志雄,等,2013.洪湖地区养殖鱼塘春夏季水温变化及预报研究[J].中国农学通报,29(29):61-68.

邓聚龙,1983.灰色系统综述[J].世界科学(7):3-7.

邓涛,2019.持续高温天气淡水养殖管理与鱼病防治技术要点[J].江西水产科技(5):27-28.

邓秀新,彭抒昂,2013.柑橘学[M].北京:中国农业出版社.

董永祥,周仲显,1986.宁夏气候与农业[M].银川:宁夏人民出版社.

段晓凤,朱永宁,张磊,等,2020.宁夏枸杞花期霜冻指标试验研究[J].应用气象学报,31(4):417-426.

冯斌,吴建功,宋丽青,等,2011.2010 年山西省晋中市核桃晚霜冻害调查[J].山西林业科技,40(4):35-37.

冯宇旭,李裕梅,2018.深度学习优化器方法及学习率衰减方式综述[J].数据挖掘,8(4):186-200.

付瑞滢,宴理华,武建华,2015.铜仁优质油茶气候适应性研究及精细化区划[J].西南师范大学学报(自然科学版),40(5):150-158.

高素华,黄增明,1989.海南岛橡胶林小气候[M].北京:气象出版社.

高炜,2018.人参立枯病的综合防治技术[J].农民致富之友(19):29.

高镇生,崔德深,檀树先,1980.西洋参在我国东北地区的抗寒性表现及预防冻害的技术措施[J].中药材科技,3(2):9-11.

郭文武,叶俊丽,邓秀新,2019.新中国果树科学研究 70 年——柑橘[J].果树学报,36(10):1264-1272.

郭延平,周慧芬,曾光辉,等,2003.高温胁迫对柑橘光合速率和光系统Ⅱ活性的影响[J].应用生态学报,14(6):867-870.

国家统计局农村社会经济调查司,2022.中国农业统计年鉴(2021)[M].北京:中国统计出版社.

国家统计局农村社会经济调查司,2023.中国农村统计年鉴(2022)[M].北京:中国统计出版社.

贺升华,任炜,2001.烤烟气象[M].昆明:云南科技出版社.

侯琼,乌兰巴特尔,2003.内蒙古主要作物农田优化灌溉动态预报方法[J].自然灾害学报,12(4):126-130.

侯英雨,张艳红,王良宇,等,2013.东北地区春玉米气候适宜度模型[J].应用生态学报,24(11):3207-3212.
呼伦贝尔市气象局,2022.大豆丰产优质 气象评价指标 非书资料:DB 1507/T 75—2022[S].呼伦贝尔:呼伦贝尔市市场监督管理局.
胡安生,蒋斌芳,管彦良,等,1993.高温胁迫下温州蜜柑落花落果的特点[J].园艺学报,20(1):91-92.
胡朝晖,凌婉阳,伍苏然,等,2020.基于2014—2019年监测数据对中国糖料蔗种植品种结构与趋势分析[J].甘蔗糖业(2):1-14.
胡毓骐,李英能,1995.华北地区节水型农业技术[M].北京:中国农业科技出版社.
胡振亮,1988.春茶主要生化成分与气象因子之间的偏相关分析[J].中国农业气象(3):5-8.
黄川容,2012.北方日光温室风灾风险分析及预警[D].南京:南京信息工程大学.
黄寿波,1980.关于柑橘冻害农业气象指标的初步探讨[J].浙江气象科技(1):17-24.
黄寿波,1984.试论生态环境茶叶品质的关系[J].生态学杂志,3(2):12-16.
黄寿波,吴光林,李三玉,1993.温州蜜柑花期幼果期异常落果的温度指标研究[J].中国柑桔,22(1):3-5.
黄永平,刘可群,苏荣瑞,等,2014.淡水养殖水体溶氧含量诊断分析及浮头泛塘气象预报[J].长江流域资源与环境,23(5):638-643.
黄志伟,曹剑,柏玉平,2016a.不同油茶品种对重庆市气候的适应性评价[J].南方农业学报,47(8):1338-1343.
黄志伟,曹剑,袁德梽,等,2016b.基于主成分聚类分析的中国油茶栽培区划[J].西部林业科学,45(3):155-160.
姬兴杰,朱业玉,顾万龙,2013.河南省参考作物蒸散量变化特征及其气候影响分析[J].中国农业气象,34(1):14-22.
吉春容,王森,胡启瑞,等,2023.农业气象指数保险研究机器应用进展[J].沙漠与绿洲气象,17(2):1-7.
江爱良,黄寿波,1983.近几年来我国柑橘冻害的研究[J].气象科技(5):17-23.
姜丽霞,王育光,孙孟梅,等,2004.黑龙江省玉米产量预报模式的研究[J].中国农业气象,5(1):13-16.
金林雪,李云鹏,李丹,等,2018.气候变化背景下内蒙古马铃薯关键生长期气候适宜性分析[J].中国生态农业学报,25(1):38-48.
金林雪,李云鹏,吴瑞芬,等,2020.基于气候适宜度预报内蒙古大豆发育期及产量[J].中国油料作物学报,42(5):903-910.
金琰,林紫华,刘海清,2022.中国与东盟国家热带水果产业竞争力比较研究[J].热带农业科学,42(2):121-124.
金志凤,2021.安吉白茶气象服务手册[M].北京:气象出版社.
金志凤,黄敬峰,李波,等,2011.基于GIS及气候-土壤-地形因子的浙江省茶树栽培适宜性评价[J].农业工程学报,27(3):231-236.
金志凤,王治海,姚益平,等,2015.浙江省茶叶气候品质等级评价[J].生态学杂志,34(5):1456-1463.
金志凤,姚益平,2017.江南茶叶生产气象保障关键技术研究[M].北京:气象出版社.
匡昭敏,欧钊荣,李莉,等,2022.气温日较差对甘蔗蔗糖分的影响评估[J].甘蔗糖业,51(3):1-3.
兰宇,罗聪,伍志方,等,2023.三种机器学习方法在广东雷暴大风自动识别的应用效果评估[J].热带气象学报,39(2):256-266.
雷子渊,胡扬国,侯建林,2005a.烤烟优质高效栽培技术(连载二)——苗床管理[J].湖南农业(1):12.
雷子渊,胡扬国,侯建林,2005b.烤烟优质高效栽培技术(连载三)——移栽[J].湖南农业(2):10.
雷子渊,胡扬国,侯建林,2005c.烤烟优质高效栽培技术(连载四)——大田前期管理[J].湖南农业(3):10.
雷子渊,胡扬国,侯建林,2005d.烤烟优质高效栽培技术(连载五)——大田中期管理[J].湖南农业(4):9.
雷子渊,胡扬国,侯建林,2005e.烤烟优质高效栽培技术(连载六)——大田后期管理[J].湖南农业(5):11.
黎丽,2009.遂川县油茶种植气候区划及生产建议[J].现代农业科技(24):281-284.

李保国,齐国辉,2007.绿色优质薄皮核桃生产[M].北京:中国林业出版社.
李福强,张恒嘉,王玉才,等,2017.我国精准灌溉技术研究进展[J].中国水运,17(4):145-148.
李家乐,2011.池塘养鱼学[M].北京:中国农业出版社.
李佳慧,程琴,欧克纬,等,2021.不同蔗区甘蔗品种(系)分蘖性状比较及其对产量和产量构成因子的影响[J].作物杂志,4(5):79-86.
李金枝,刘非,2020.黄河三角洲地区南美白对虾养殖气象条件及智慧服务研究[J].中国水产(1):60-62.
李楠,薛晓萍,李鸿怡,等,2018.基于信息扩散理论的山东省日光温室风灾风险评估[J].气象与环境学报,34(5):149-155.
李楠,薛晓萍,张继波,等,2015.日光温室黄瓜低温冷害预警模型构建技术研究[J].山东农业科学,47(9):106-111.
李巧珍,2019.马铃薯农业气象服务实用技术手册[M].北京:气象出版社.
李树岩,彭记永,刘荣花,2013.基于气候适宜度的河南夏玉米发育期预报模型[J].中国农业气象,34(5):576-581.
李顺国,刘斐,刘猛,等,2021.中国谷子产业中叶发展现状与未来展望[J].中国农业科学,54(3):459-470.
李天来,2005.我国日光温室产业发展现状与前景[J].沈阳农业大学学报,36(2):131-138.
李翔翔,黄淑娥,谢远玉,等,2022.果实膨大期高温对赣南脐橙品质影响的评估指数构建[J].生态学杂志,41(12):2489-2496.
李效珍,鲁巨,王孔香,等,2009.大同地区谷子生产的气候条件评述[J].中国农业气象,30(增2):227-229.
李鑫,李梦菡,余红伟,等,2022.外源2,4-表油菜素内酯诱导茶树低温抗性的生理机制研究[J].茶叶通讯,49(3):283-291.
李秀香,冯馨,2016.加强气候品质认证 提升农产品出口质量[J].国际贸易(7):32-37.
李亚敏,商庆芳,田丰存,等,2008.我国设施农业的现状及发展趋势[J].北方园艺(3):90-92.
李云翔,2007.宁夏枸杞蚜虫田间防治规范化操作规程(SOP)研究[J].森林保护(1):25-26.
李政,苏永秀,王莹,等,2017.芒果寒(冻)害等级划分及低温指标确定[J].灾害学,32(3):18-22,56.
李倬,贺龄萱,2005.茶与气象[M].北京:气象出版社.
林少韩,李桂梅,1988.油茶地理气候区划分的研究[J].林业科学研究,1(6):607-613.
刘静,张宗山,马力文,等,2015.宁夏枸杞蚜虫发生规律及其气象等级预报[J].中国农业气象,36(3):356-363.
刘静,张宗山,张立荣,等,2008.银川枸杞炭疽病发生的气象指标研究[J].应用气象学报,19(3):333-341.
刘可群,温周瑞,邓爱娟,等,2023.黄颡鱼"溃疡综合征"春季流行的气候特征及预测探讨[J].中国农学通报,39(14):152-158.
刘襄河,孔江红,2022.湖北襄阳地区虾蟹养殖产业与气象因子关系研究[J].农学学报,12(7):74-80.
刘晓雪,王沈南,郑传芳,2013.2015—2030年中国食糖消费量预测和供需缺口分析[J].农业展望,9(2):71-75.
刘晓雪,周靖昀,2022.全球食糖消费时空变化特点与影响因素研究[J].甘蔗糖业,51(1):67-80.
刘新立,叶涛,方伟华,2017.海南省橡胶树风灾指数保险指数指标设计研究[J].保险研究(6):93-102.
刘延平,2004.中国烟草改革与发展问题[M].北京:经济科学出版社.
刘云鹏,1997.长江中下游气候变化与柑橘花期高温热害[J].中国南方果树,26(1):25.
吕凯,熊镇贵,朱凯,等,2011.我国烤烟生产的历史回顾与探讨[J].昆明学院学报,33(3):48-52.
吕星光,周梦迪,李敏,2016.低温胁迫对甜瓜嫁接苗及自根苗光合及叶绿素荧光特性的影响[J].植物生理学报,52(3):334-342.
马锋旺,2023.中国苹果产业发展的思考—现状、问题与出路[J].落叶果树,55(4):1-4.
马国飞,张磊,刘静,等,2007.枸杞炭疽病预测方法研究[J].北方果树(4):3-5.

马力文,刘静,2018.枸杞气象业务服务[M].北京:气象出版社.
马力文,叶殿秀,曹宁,等,2009a.宁夏枸杞气候区划[J].气象科学,29(4):546-551.
马力文,张宗山,张玉兰,等,2009b.宁夏枸杞红瘿蚊发生的气象等级预报[J].安徽农业科学,37(20):9516-9518.
马树庆,1994.吉林省农业气候研究[M].北京:气象出版社.
马树庆,1994.气候变化对吉林省粮食产量的模拟研究[J].自然资源(1):34-40.
马树庆,陈剑,王琪,等,2013.东北地区玉米整地、播种和收获气象适宜度评价模型[J].气象,39(6):782-788.
马昕,2020.天气指数农业保险产品开发与服务的理论框架研究[J].农业与技术,40(21):178-180.
马宇,郭云栋,江凯,等,2009.冰雹对烤烟生产的影响及应对措施[J].河北农业科学,13(8):26-27.
毛树春,马雄风,田立文,等,2022.新疆绿洲棉花可持续发展研究[M].上海:上海科学技术出版社.
孟翠丽,杨文刚,干昌林,等,2015.淡水鱼塘分层水温的变化特征[J].中国农学通报,31(11):103-108.
内蒙古自治区气象标准化技术委员会,2022.农用天气预报 大豆适宜度等级 非书资料:DB15/T 2694—2022[S].呼和浩特:内蒙古自治区市场监督管理局.
内蒙古自治区气象标准化技术委员会,2023.气候适宜度评价 大豆 非书资料:DB15/T 2877—2023[S].呼和浩特:内蒙古自治区市场监督管理局.
区惠平,周柳强,黄金生,等,2021.基于甘蔗产量与土壤磷素平衡的磷肥施用量研究[J].中国农业科学,54(13):2818-2829.
欧善国,彭晓丹,凌洋,2022.广州智慧农业气象服务平台设计与实现[J].气象科学,42(2):270-278.
欧善国,张桂香,2023.多变量灰色预测模型在荔枝病虫害预测中的应用[J].热带农业科学,43(11):79-86.
欧善国,张桂香,彭晓丹,2020.荔枝病虫害图像识别技术研究和应用[J].农业工程,10(11):29-35.
裴步祥,毛飞,吕厚荃,1990.我国北方春季土壤水分动态模拟预报模式的试验研究[J].北京农业大学学报,16(增刊):116-122.
彭昌操,孙中海,2000.低温锻炼期间柑橘原生质体 SOD 和 CAT 酶活性的变化[J].华中农业大学学报,19(4):384-387.
齐文娥,陈厚彬,罗滔,等,2019.中国大陆荔枝产业发展现状、趋势与对策[J].广东农业科学,46(10):132-139.
乔迺妮,吴超广,樊红科,2013.常德丘陵地区湘林 22 号油茶生长及果实经济性状与气象因子的关系[J].西北林学院学报,28(5):120-123.
全国粮油标准化技术委员会,2008.小米 非书资料:GB/T 11766—2008[S].北京:中华人民共和国国家质量监督检验检疫总局,中国国家标准化管理委员会.
全国粮油标准化技术委员会,2009.大豆 非书资料:GB 1352—2009[S].北京:中华人民共和国国家质量监督检验检疫总局,中国国家标准化管理委员会.
全国农业气象标准化技术委员会,2017.茶叶气候品质评价:QX/T 411-2017[S].北京:气象出版社.
全国农业气象标准化技术委员会,2018.日光温室气象要素预报方法:QX/T 391—2017[S].北京:气象出版社.
全国畜牧业标准化技术委员会,2013.奶牛热应激评价技术规范 非书资料:NY/T 2363—2013 [S].北京:中华人民共和国农业部.
任俊杰,赵爽,李保国,等,2014.河北绿岭核桃春季霜冻害情况及剪除冻梢效应研究[J].河北农业大学学报,37(4):36-42.
任俊杰,2015.核桃晚霜危害机理研究[D].保定:河北农业大学.
山西省气象标准化技术委员会,2023.谷子气候品质等级划分与评价:第五部分 非书资料:DB 14/T 2641—2023[S].太原:山西省市场监督管理局.
单翔宇,谢如林,李伏生,2020.氮肥运筹提升宿根蔗产量和氮素利用[J].热带作物学报,41(12):2446-2453.

沈兆敏,1989.柑橘优质丰产技术:柑橘与气候[M].重庆:重庆出版社.
宋金平,2002.北京都市农业发展探讨[J].农业现代化研究,23(3):199-203.
宋涛,蔡建明,刘军萍,等,2013.世界城市都市农业发展的经验借鉴[J].世界地理研究,22(2):88-96.
宋学锋,侯琼,2003.气候条件对马铃薯产量的影响[J].中国农业气象,24(2):35-38.
宋艳红,史正涛,王连晓,等,2019.云南橡胶树种植的历史、现状、生态问题及其应对措施[J].江苏农业科学,47(8):171-175.
孙朝锋,林雯,黄川容,等,2022.华南芒果种植区寒冻害危险性区划与评估[J].中国农业气象,43(7):563-574.
孙计平,吴照辉,李学君,等,2016.21世纪中国烤烟种植区域及主栽品种变化分析[J].中国烟草科学,37(3):86-92.
谭秦亮,朱鹏锦,李穆,等,2022.基于主成分与聚类分析的甘蔗新品种(系)主要农艺及产量性状的评价[J].热带农业科学,42(3):31-38.
唐红艳,王惠贞,金林雪,等,2024.内蒙古自治区大豆精细化农业气候区划及气象灾害风险评估[M].北京,气象出版社.
田传远,梁英,李琦,2011.刺参安全生产指南[M].北京:中国农业出版社.
万书波,2003.中国花生栽培学[M].上海:上海科学技术出版社.
万书波,郭峰,2020.中国花生种植制度[M].北京:中国农业科学出版社.
王大鹏,王秀全,成镜,等,2013.海南植胶区天然橡胶产量提升的问题及对策[J].热带农业科学,33(6):66-70.
王道藩,1983.湖南省丘陵山地油茶气候资源的研究[J].农业气象(2):11-13.
王二欢,2016.低温胁迫下人参生理生态特性及防寒措施研究[D].长春:吉林农业大学.
王会肖,刘昌明,2000.作物水分利用效率内涵及研究进展[J].水科学进展(1):99-104.
王景红,2010.苹果气象服务基础[M].北京:气象出版社.
王昆,刘凤之,高源,等,2013.我国苹果种质资源基础研究进展[J].中国果树(2):61-63.
王丽,李阳煦,王培法,等,2016.基于生态位和模糊数学的冬小麦适宜性评价[J].生态学报,36(14):4465-4474.
王连喜,顾嘉熠,李琪,2016.江苏省冬小麦适宜度时空变化研究[J].生态环境学报,25(1):67-75.
王连喜,李凤霞,黄峰,等,2008.宁夏农业气候资源及其分析[M].银川:宁夏人民出版社.
王平,高丹,郑淑红,2013.精准灌溉技术研究现状及发展前景[J].中国水利(s1):52-53.
王晓丽,2019.高温指数型海水养殖保险产品研究[D].泰安:山东农业大学.
王彦平,有思,崔文芳,2023.基于分期播种试验的大兴安岭东部大豆丰产优质气候评价方法研究[J].大豆科学,42(5):595-602.
王永利,侯琼,苗白岭,等,2017.内蒙古马铃薯干旱风险区划[J].应用气象学报,28(4):504-512.
韦剑锋,罗艺,米超,等,2012.施氮方法对甘蔗干物质积累、产量及品质的影响[J].湖北农业科学,51(7):1341-1343,1347.
位明明,李维国,黄华孙,等,2016.中国天然橡胶主产区橡胶树品种区域配置建议[J].热带作物学报,37(8):1634-1643.
魏瑞江,李春强,康西言,2008.河北省日光温室低温寡照灾害风险分析[J].自然灾害学报,17(3):56-62.
魏瑞江,王鑫,朱慧钦,2015.日光温室黄瓜小气候适宜度定量评价模型[J].气象,14(5):630-638.
乌兰,2023.基于马铃薯根系时空分布的水分管理[D].呼和浩特:内蒙古农业大学.
吴明作,王翠云,陈景玲,等,2007.河南省油茶气候适宜性研究[J].河南科学,25(2):251-254.
郗荣庭,1997.果树栽培学总论[M].北京:中国农业出版社.
肖晶晶,2011.主要作物节水灌溉气象等级指标及其风险研究[D].北京:中国气象科学研究院.

肖俊夫，刘战东，段爱旺，等，2008. 中国主要农作物全生育期耗水量与产量的关系[J]. 中国农学通报(3)：430-434.

谢佰承，郭凌曜，杜东升，等，2021. 油茶产量对关键生长时期热积温和高温日数的响应[J]. 林业科学，57(5)：34-42.

熊宇，刁家敏，薛晓萍，等，2017. 持续寡照对冬季日光温室黄瓜生长及抗氧化酶活性的影响[J]. 中国农业气象，38(9)：537-547.

徐长春，2017. 关于都市农业的"咬文嚼字"：概念溯源及认知浅见[J]. 新农业(2)：29-31.

徐海明，董易之，陈炳旭，2018. 荔枝蒂蛀虫的发生与气象因子的关系初探[J]. 中国南方果树，47(3)：84-86.

徐琼芳，王权民，陶忠虎，等，2020. 虾稻共作地虾沟水温与气温的关系及其预报研究[J]. 江西农业科学，32(2)：98-104.

徐欣，郑传芳，陈如凯，2010. 中国食糖产业竞争力分析——基于与澳大利亚、泰国糖业的比较[J]. 中国农垦(10)：53-55.

许光耀，冯苏珍，2015. 德化县油茶种植的气候条件分析[J]. 林业与技术，33(3)：158-159.

薛晓萍，李楠，杨再强，2013. 日光温室黄瓜低温冷害风险评估技术研究[J]. 灾害学，28(3)：61-65.

杨爱萍，杜筱玲，王保生，等，2013. 江西省多气象要素的柑橘冻害指标[J]. 应用气象学报，24(2)：248-256.

杨霏云，郑秋红，罗蒋梅，等，2015. 实用农业气象指标[M]. 北京：气象出版社.

杨凯，陈彬彬，陈惠，等，2019. 基于寒害过程的福建芒果种植气候风险区划[J]. 中国农业气象，40(11)：723-732.

杨丽桃，2019. 内蒙古马铃薯秋霜冻灾害风险区划研究[J]. 灾害学，34(3)：109-113.

杨丽桃，江像评，尤莉，等，2017. 内蒙古武川县马铃薯气候适宜度分析评价[J]. 现代农业(11)：96-97.

杨敏，李亚南，田雨，等，2021. 夏季不同类型牛舍对泌乳中期奶牛热应激和生产性能的影响[J]. 畜牧与兽医，53(5)：37-41.

杨文刚，陈鑫，黄永学，等，2013a. 湖北省池塘水温预报技术研究[J]. 湖北农业科学，52(11)：2539-2542.

杨文刚，刘可群，陈鑫，等，2013b. 基于统计模型的养殖鱼塘溶解氧预报技术研究[J]. 淡水渔业，43(5)：91-94.

杨亚东，2018. 中国马铃薯种植空间格局演变机制研究[D]. 北京：中国农业科学院.

杨亚军，2005. 中国茶树栽培学[M]. 上海：上海科学技术出版社.

杨再强，张波，薛晓萍，2012. 设施塑料大棚风洞试验及风压分布规律[J]. 生态学报，32(24)：7730-7737.

杨再强，张婷华，黄海静，等，2013. 北方地区日光温室气象灾害风险评价[J]. 中国农业气象，34(3)：342-349.

杨枝煌，2016. 中国甘蔗糖业存在的问题、原因分析与政策建议[J]. 中国市场(13)：77-85.

姚玉璧，王润元，邓振镛，等，2017. 黄土高原半干旱区气候变化及其对马铃薯生长发育的影响[J]. 应用生态学报，2010(2)：379-385.

姚源松，2004. 新疆棉花高产优质高效理论与实践[M]. 乌鲁木齐：新疆科学技术出版社.

于秀娟，郝向举，党子乔，等，2023. 中国稻渔综合种养产业发展报告(2022)[J]. 中国水产(1)：39-46.

袁小康，邬定荣，王培娟，等，2023. 油茶开花期冻害分级指标构建[J]. 中国农业气象，44(7)：633-641.

湛江市农业农村局，2022. 卵形鲳鲹养殖技术规程 深水网箱养殖 非书资料：DB 4408/T 16—2022[S]. 湛江：湛江市市场监督管理局.

张爱英，王焕炯，戴君虎，等，2014. 物候模型在北京观赏植物开花期预测中的适用性[J]. 应用气象学报，25(4)：483-492.

张顾，任义方，肖良文，等，2020. 气象因素对江苏地区荷斯坦奶牛产奶量的影响及产奶量预测研究[J]. 江苏农业科学，48(23)：150-154.

张淑杰，杨再强，陈艳秋，等，2014. 低温、弱光、高湿胁迫对日光温室番茄花期生理生化指标的影响[J]. 生态学杂志，33(11)：2995-3001.

张伟，常海龙，刘壮，等，2017. 气象因素对甘蔗花芽分化及抽穗率的影响[J]. 甘蔗糖业(4)：7-12.

张文君,2006.中国土壤湿度分布和变化的观测与模拟[D].北京:中国科学院研究生院大气物理研究所.

张晓煜,李红英,陈仁伟,等,2022.宁夏农业气候区划[M].北京:气象出版社.

张玉星,2005.果树栽培学各论(北方本)[M].北京:中国农业出版社.

张宗山,刘静,张丽荣,等,2005.宁夏枸杞炭疽病病原的生物学特性研究[J].西北农业学报(6):132-136.

张宗山,张丽荣,刘静,等,2006.枸杞炭疽病菌对成熟果实侵染的研究[J].西北农业学报(6):192-195.

赵日丰,朱桂香,王疏,等,1987.人参黑斑病菌生物学性状的研究[J].植物病理学报(2):50-56.

赵日丰,杨依军,吴连举,等,1994.人参疫病发生规律的研究[J].特产研究(3):1-5.

郑大玮,李茂松,霍治国,2013.农业灾害与减灾对策[M].北京:中国农业大学出版社.

郑维,林修碧,1992.新疆棉花生产与气象[M].乌鲁木齐:新疆科技卫生出版社.

中国茶叶流通协会,2023.2023年中国茶叶行业发展报告[M].北京:中国轻工业出版社.

中国农业科学院棉花研究所,2019.中国棉花栽培学[M].上海:上海科学技术出版社.

朱兰娟,胡德云,华行祥,等,2023.基于百度AI卷积神经网络的茶树结霜智能识别[J].气象科学,43(2):245-253.

朱勇,李蒙,胡雪琼,等,2016.烤烟气象灾害等级:QX/T 363—2016[S].北京:气象出版社.

庄瑞林,2008.中国油茶[M].北京:中国林业出版社.

ALLEN R G,PEREIRA L S,RAES D,et al,1998.Crop evapotranspiration:Guidelines for computing crop water requirements[M].Rome:FAO Irrigation and Drainage.

CHUINE I,2000.A unified model for budburst of trees[J].Journal of Theoretical Biology,7(3):337-347.

HUNTER A F,LECHOWICZ M J,1992.Predicting the timing of budburst in temperate trees[J].Journal of Applied Ecology,29(3):597-604.

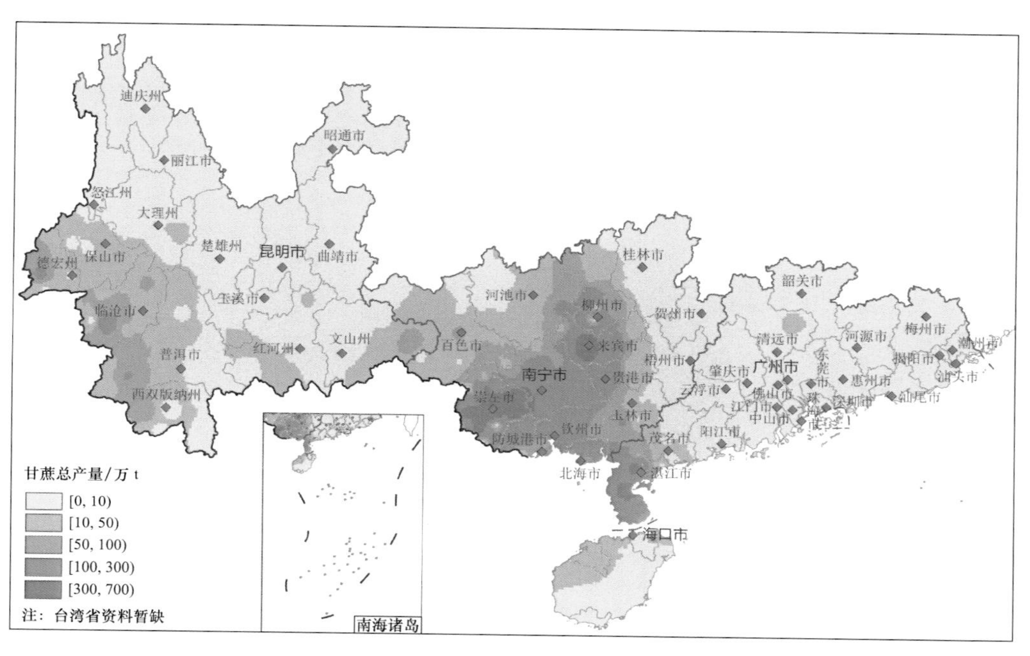

图 2.2　广西、云南、广东、海南甘蔗总产量分布图

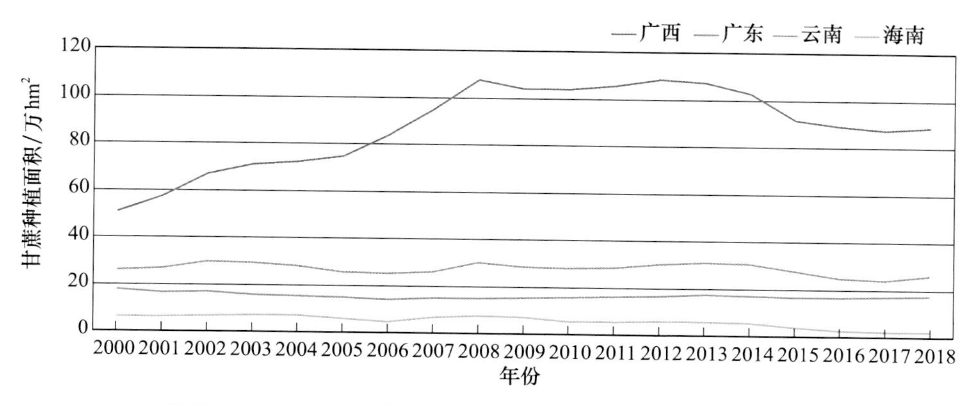

图 2.3　2000—2018 年 4 省(自治区)甘蔗种植面积变化曲线图

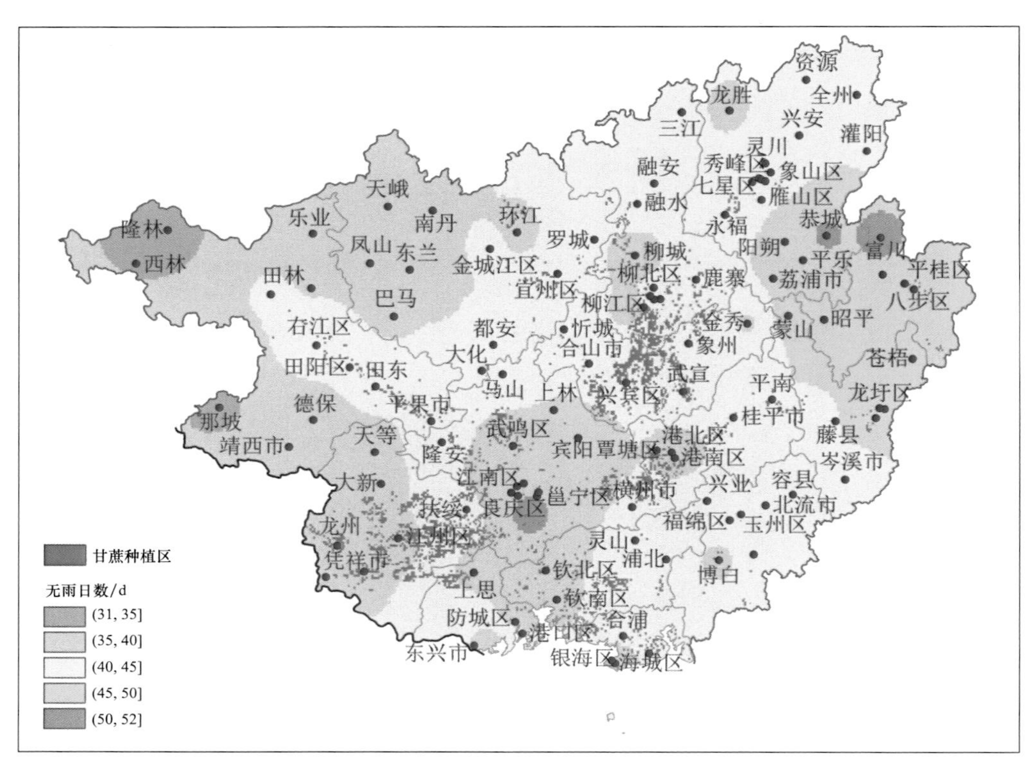

图 2.5　2019 年 9—10 月广西无雨日数分布图

（基于 9—10 月无雨日数的甘蔗干旱等级指标，颜色越深，干旱越严重，37～42 d 为轻度，43～47 d 为中度，>47 d 为重度）

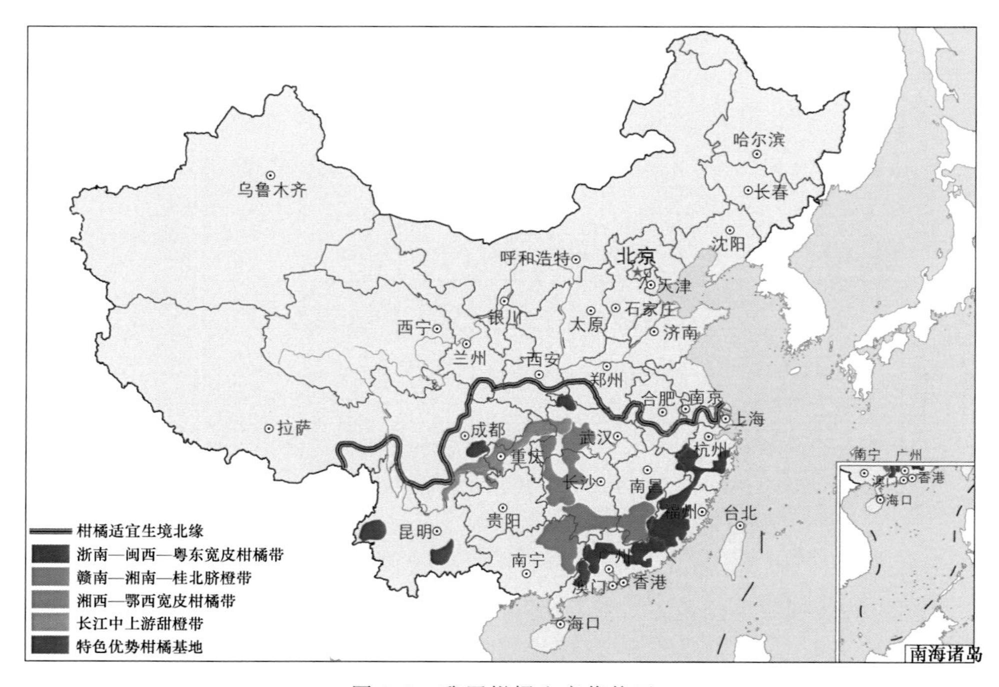

图 3.1　我国柑橘生产优势区

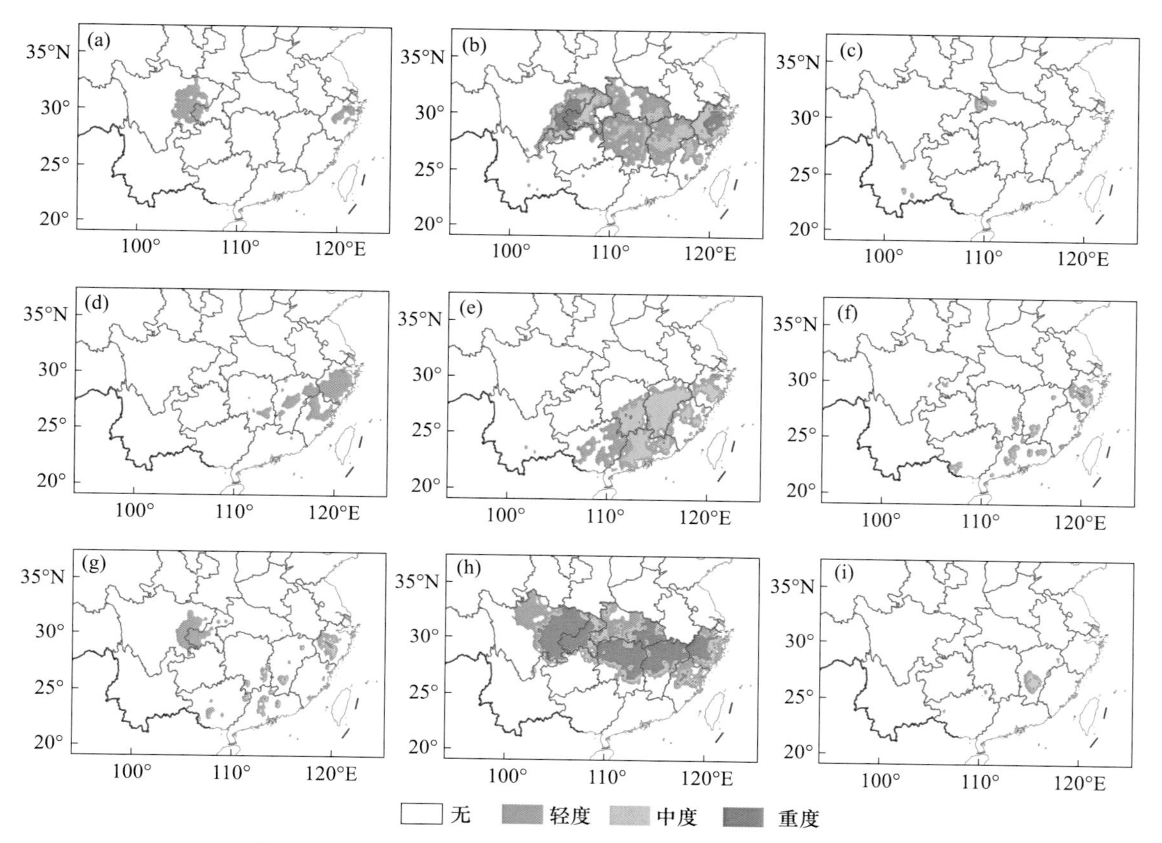

图 3.3　2022 年我国柑橘主产区遭遇 3 次过程高温热害演变图

（a、b、c 表示过程Ⅰ，d、e、f 表示过程Ⅱ，g、h、i 表示过程Ⅲ）

(a)7 月 7 日；(b)7 月 15 日；(c)7 月 18 日；(d)7 月 22 日；(e)7 月 28 日；(f)7 月 30 日；(g)8 月 1 日；(h)8 月 22 日；(i)8 月 30 日

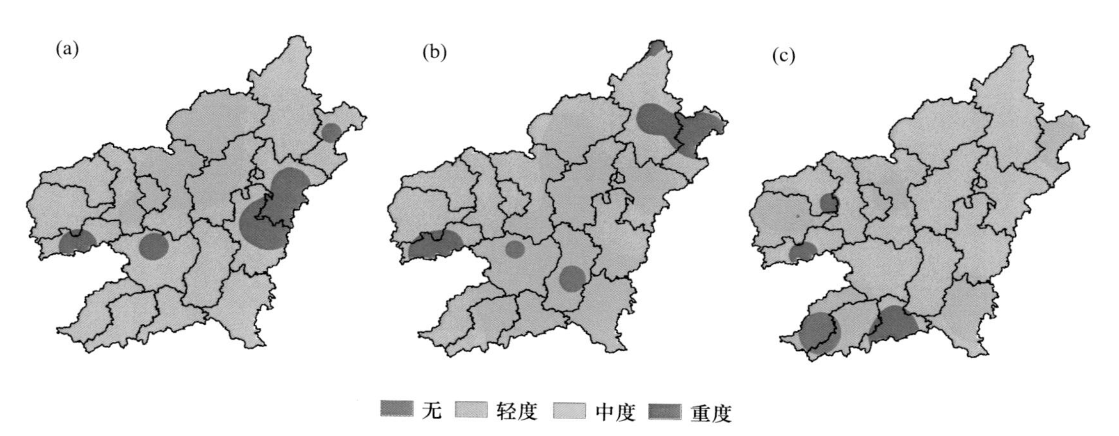

图 3.4　2022 年高温热害对赣南脐橙品质的影响(附彩图)

(a)对固酸比的影响；(b)对单果重的影响；(c)对维生素 C 含量的影响

图 4.3　部分建模样本地采集检验图像

(a)大场景且图像霜结构特征不明显;(b)大场景且图像结霜特征明显;(c)小场景且图像霜结构特征不明显

图 4.4　部分非样本地采集结霜大场景图像

(a)2021 年 1 月 18 日杭州上城埭村;

(b)2021 年 3 月 23 日安徽桐城山区;(c)2021 年 3 月 23 日江苏溧阳市乌峰茶园

图 4.5　部分非样本地无霜图像

(a)2019 年 2 月 23 日信阳市浉河港白龙潭山顶大山茶;(b)2019 年 3 月 11 日宜昌市峡坝区王家垭茶园;

(c)2020 年 4 月 14 日铜仁市石阡县茶园;(d)2020 年 3 月 28 日安康市平利县茶园积雪;

(e)2019 年 11 月 6 日安徽桐城茶园;(f)2020 年 3 月 28 日安康市平利县茶园降温前覆盖茶树

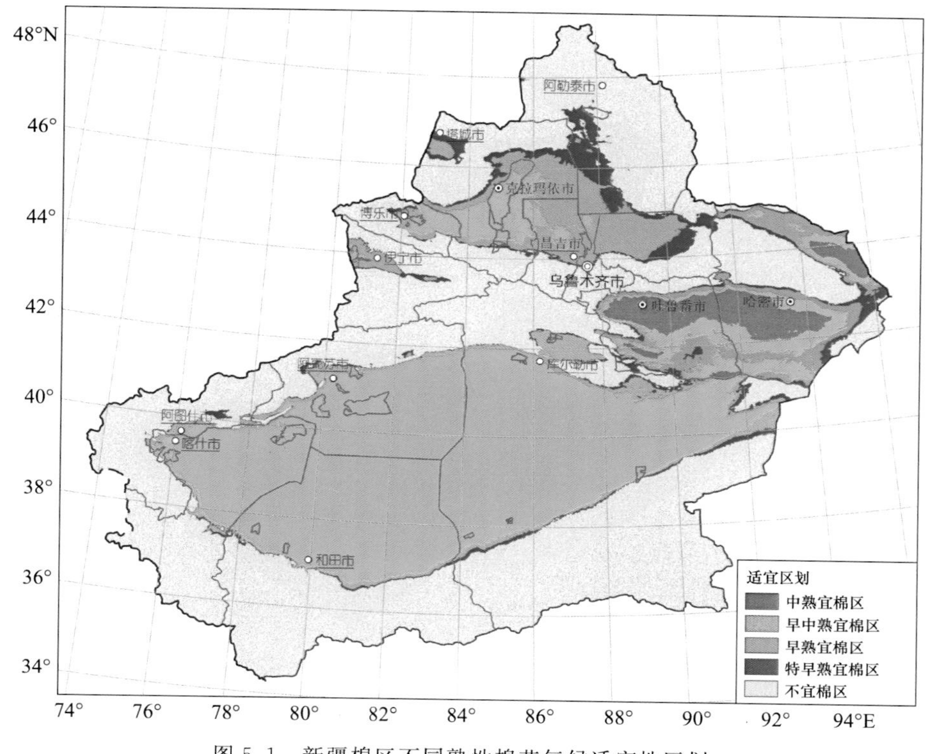

图 5.1 新疆棉区不同熟性棉花气候适宜性区划

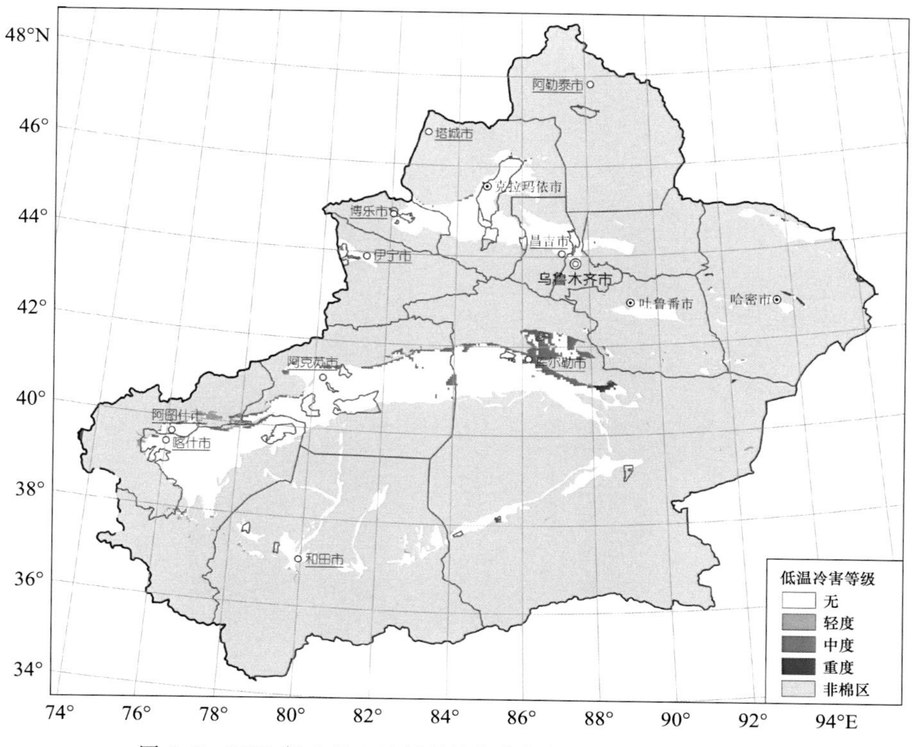

图 5.2 2023 年 5 月 7 日新疆棉花苗期低温冷害等级预报图

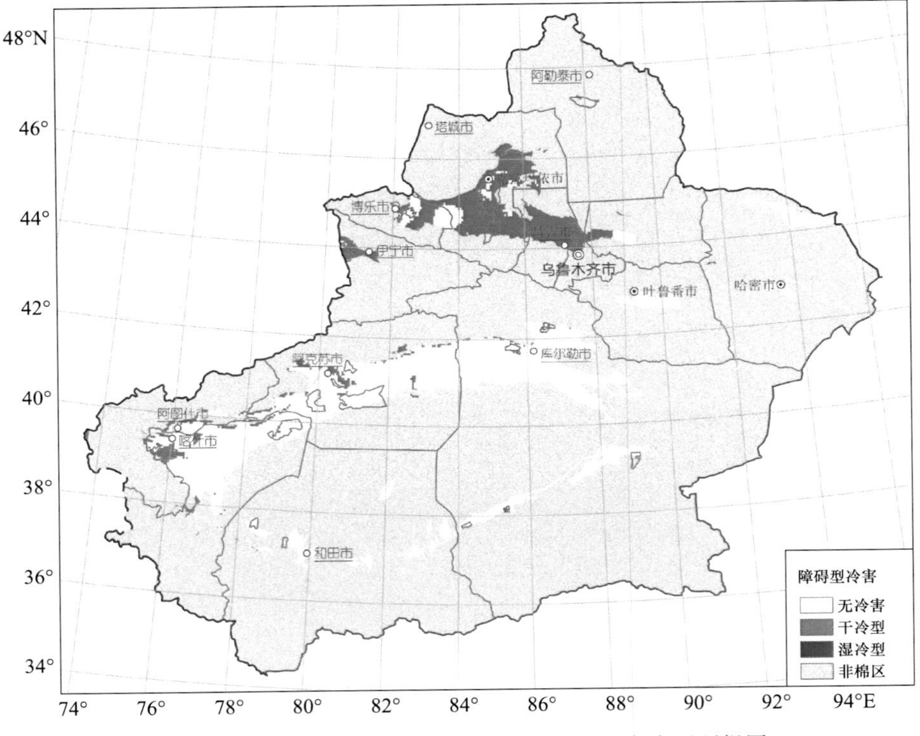

图 5.3　2023 年 8 月 17 日新疆棉花障碍型冷害类型预报图

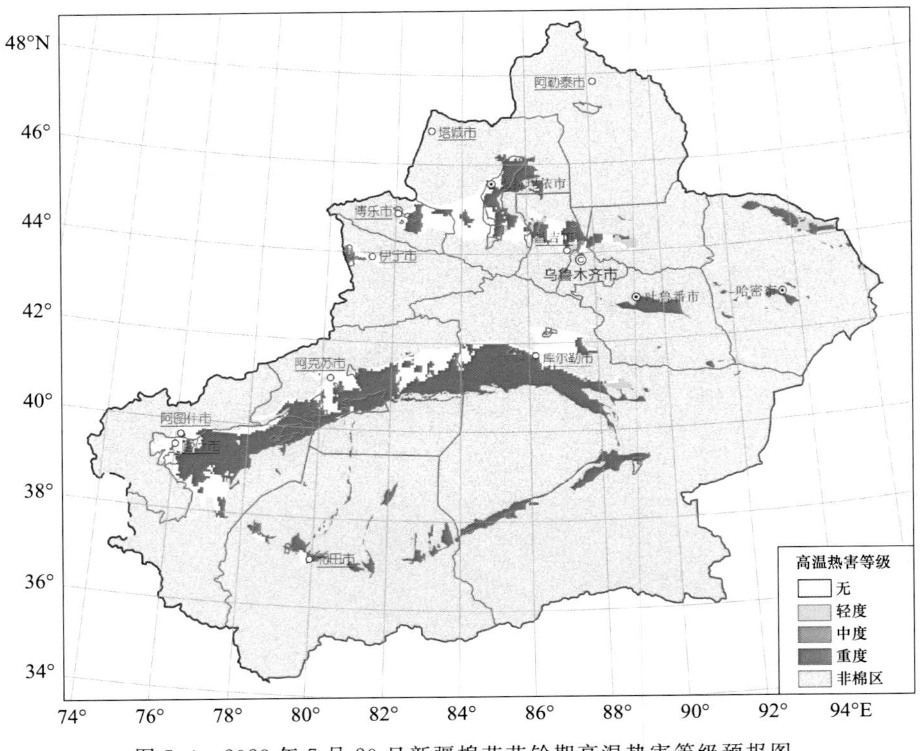

图 5.4　2023 年 7 月 20 日新疆棉花花铃期高温热害等级预报图

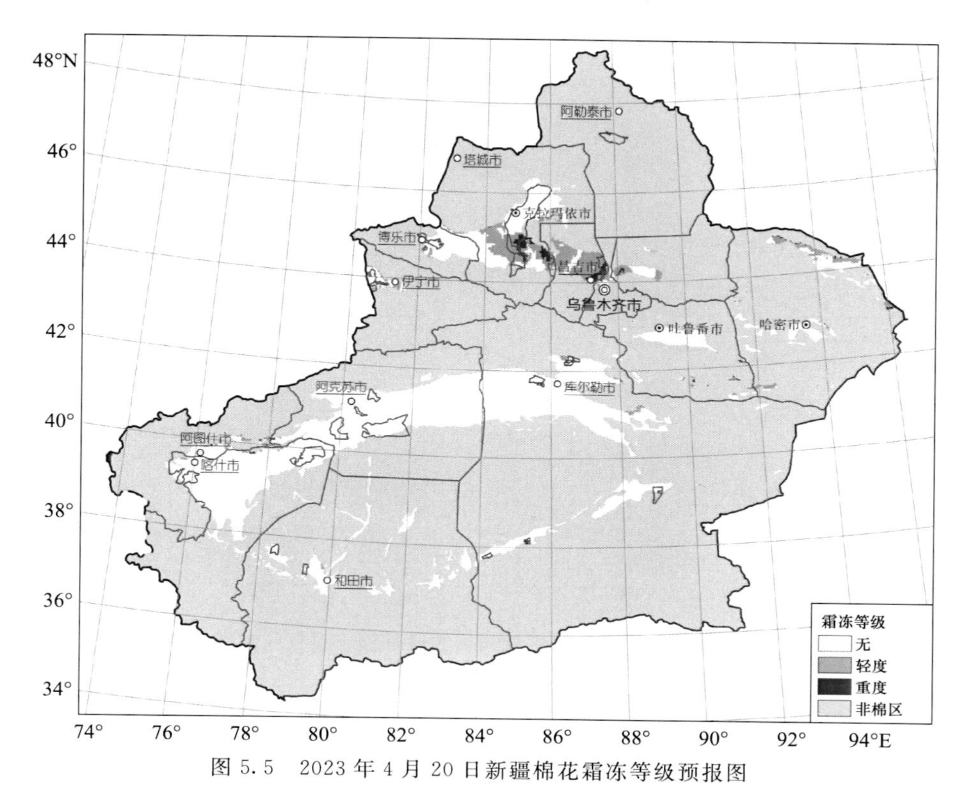

图 5.5　2023 年 4 月 20 日新疆棉花霜冻等级预报图

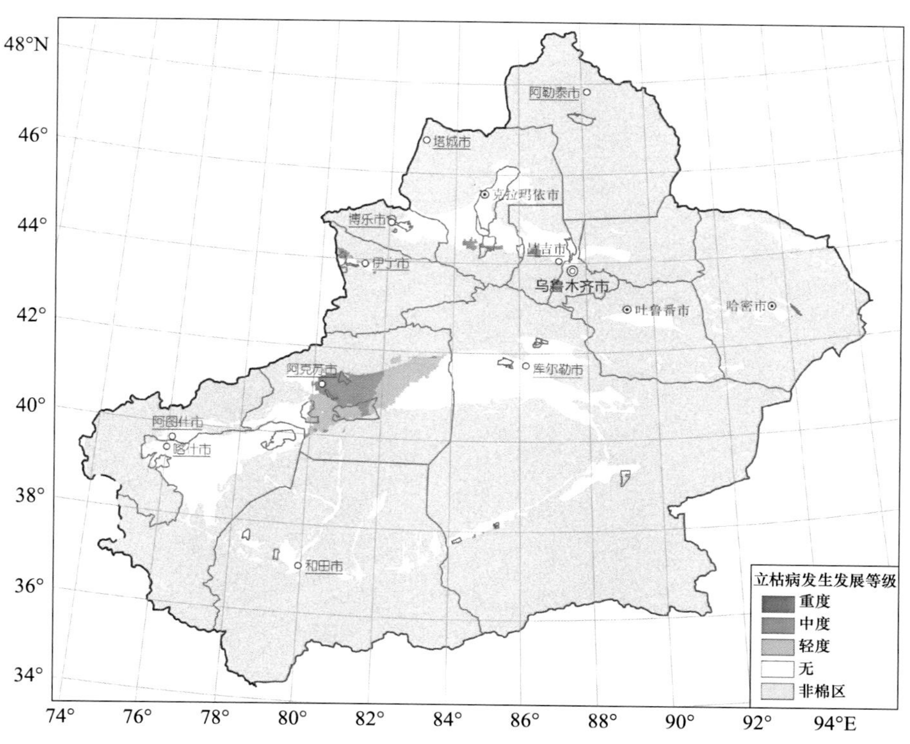

图 5.6　2021 年 5 月 17 日新疆棉花立枯病发生发展等级图

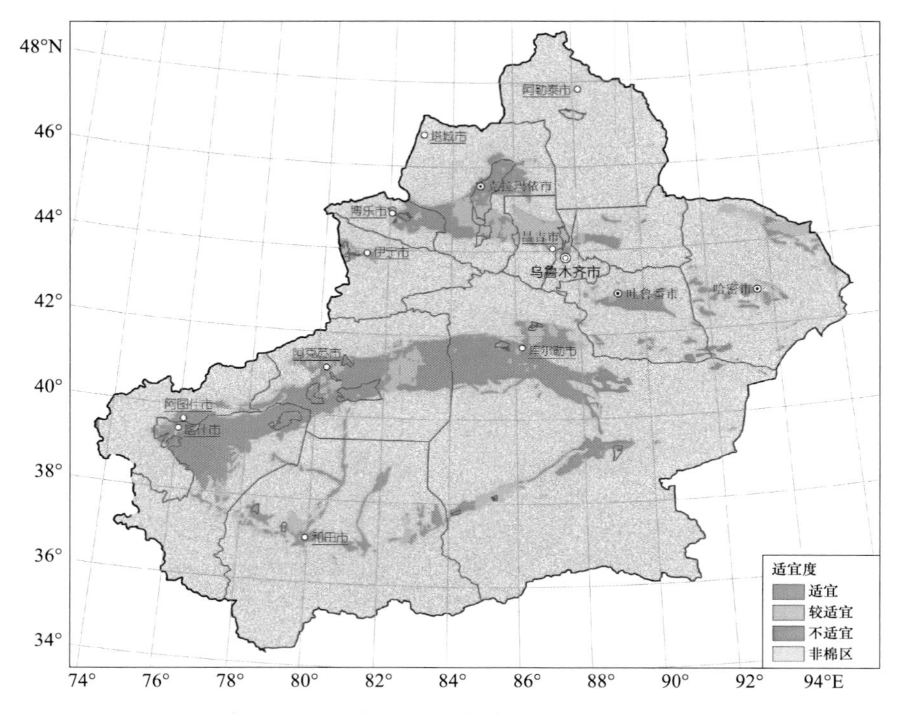

图 5.7 2022 年 9 月 21 日新疆机采棉脱叶剂喷施适宜气象等级预报图

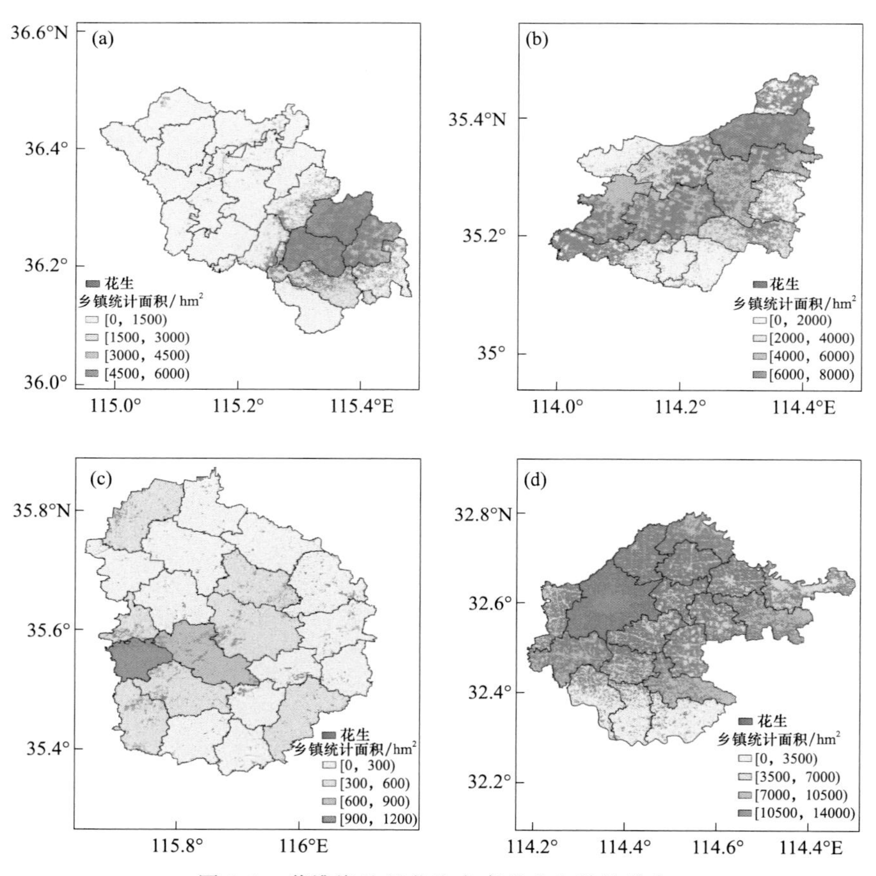

图 6.1 黄淮海地区花生主产县花生种植分布

(a)河北省大名县;(b)河南省延津县;(c)山东省郓城县;(d)河南省正阳县

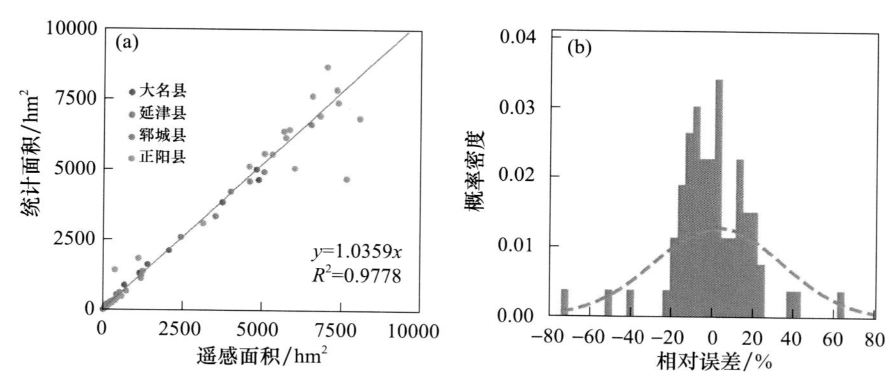

图 6.2　花生面积遥感提取的试验效果

(a)散点图;(b)相对误差

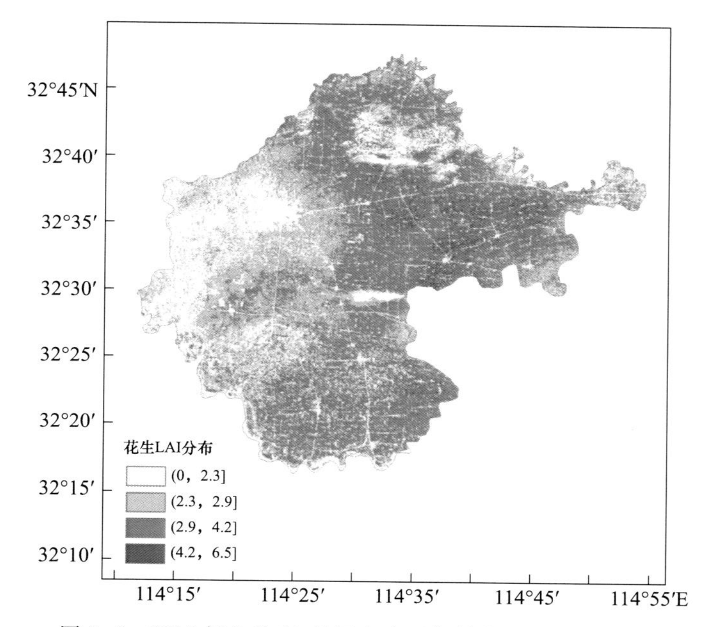

图 6.3　2019 年 8 月 19 日河南省正阳县花生 LAI 分布图

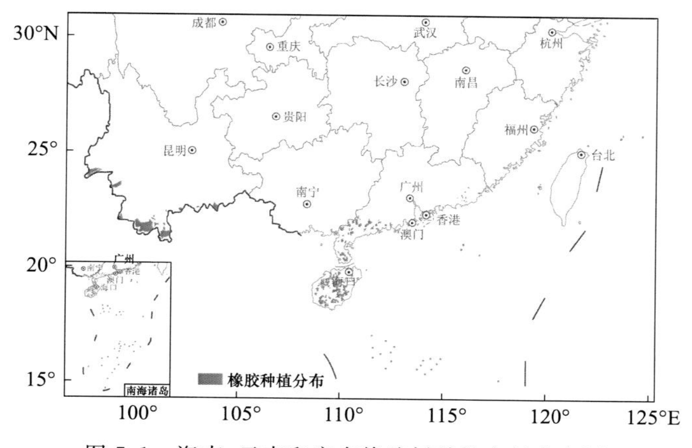

图 7.1　海南、云南和广东橡胶树种植空间分布图

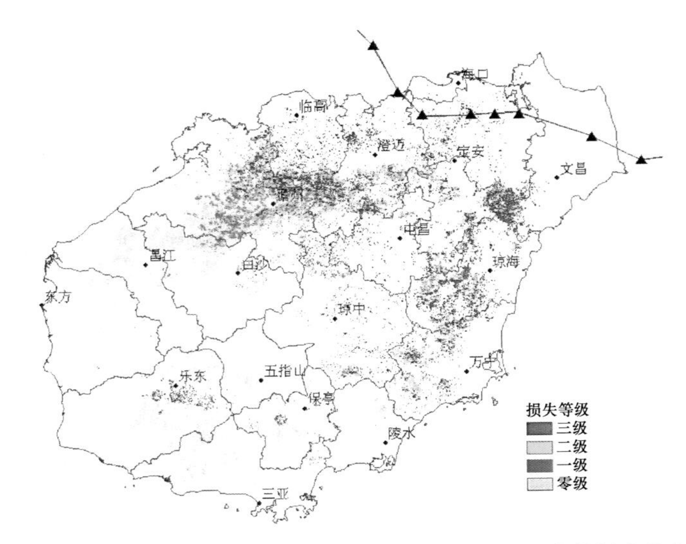

图 7.3　2011 年 9 月台风“纳沙”给海南岛橡胶林造成的损失分布

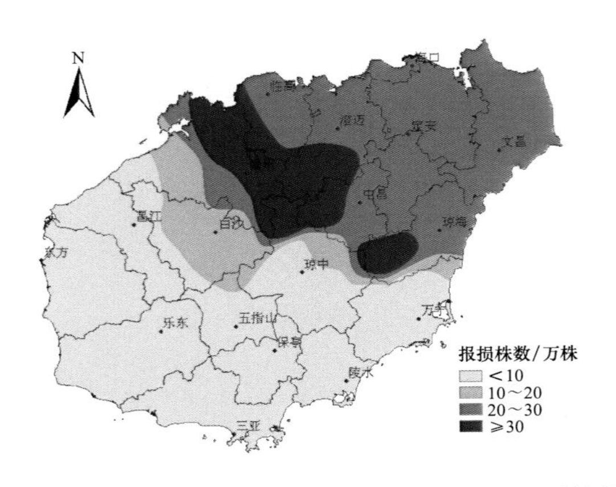

图 7.4　2011 年海南橡胶集团橡胶林遭遇台风“纳沙”后的报损株数

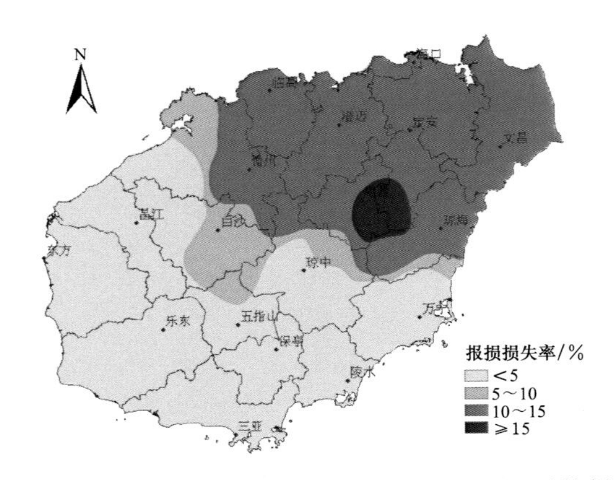

图 7.5　2011 年海南橡胶集团橡胶林遭遇台风“纳沙”后的报损损失率

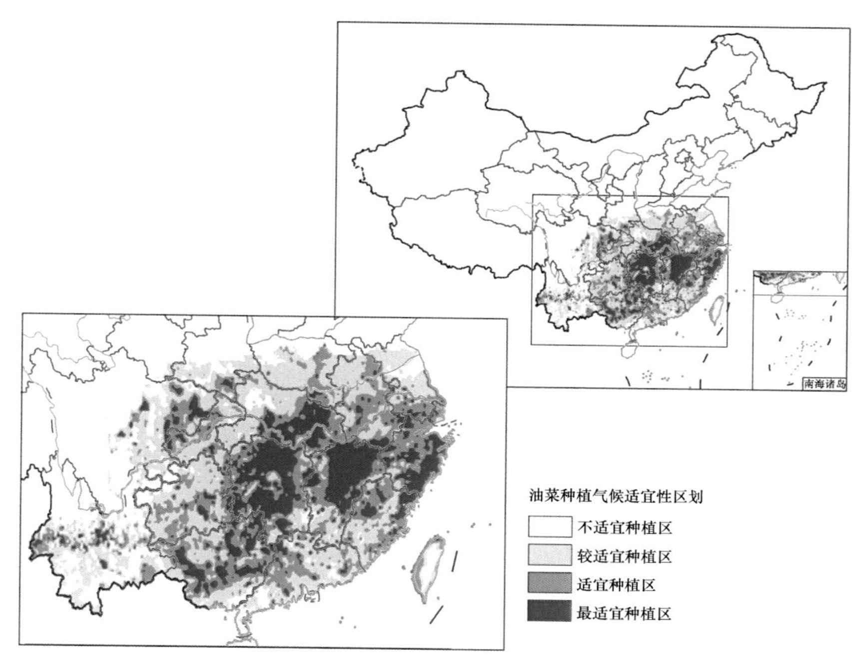

图 9.3　我国油茶种植气候适宜性区划分布图

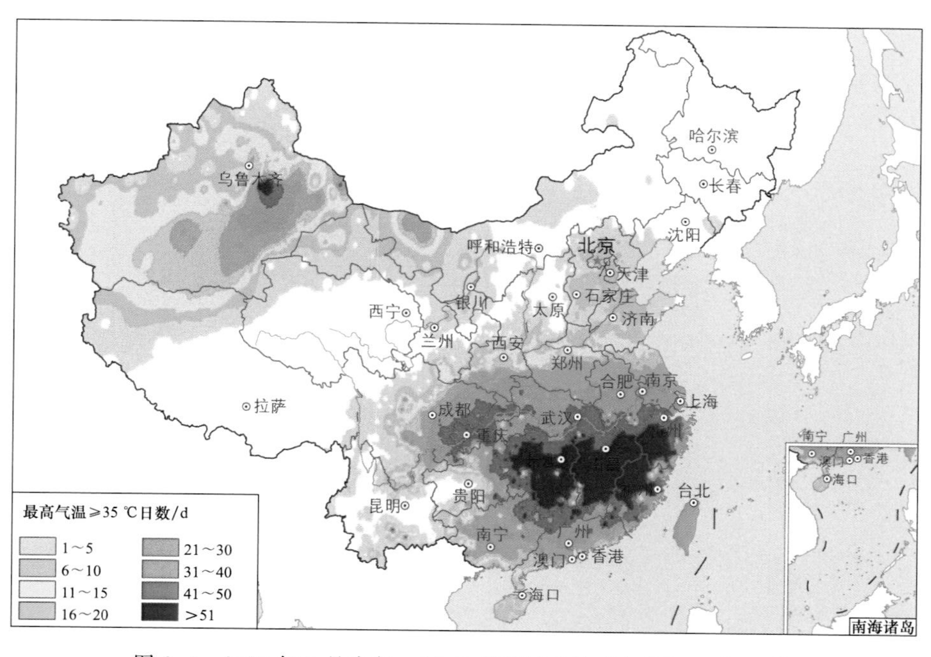

图 9.4　2022 年 7 月中旬—10 月底我国日最高气温≥35 ℃日数

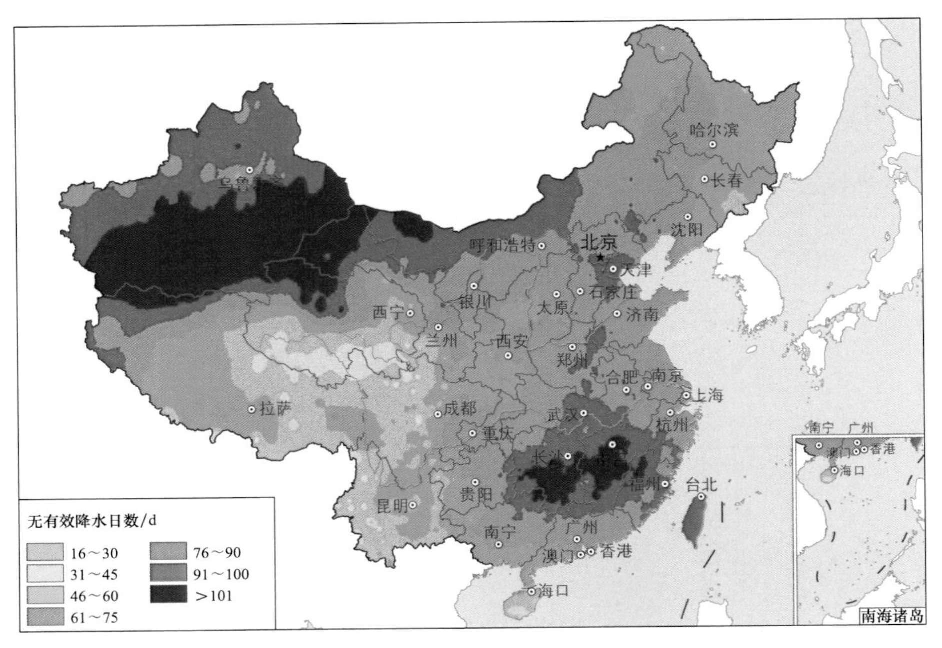

图 9.5　2022 年 7 月中旬—10 月我国无有效降水日数

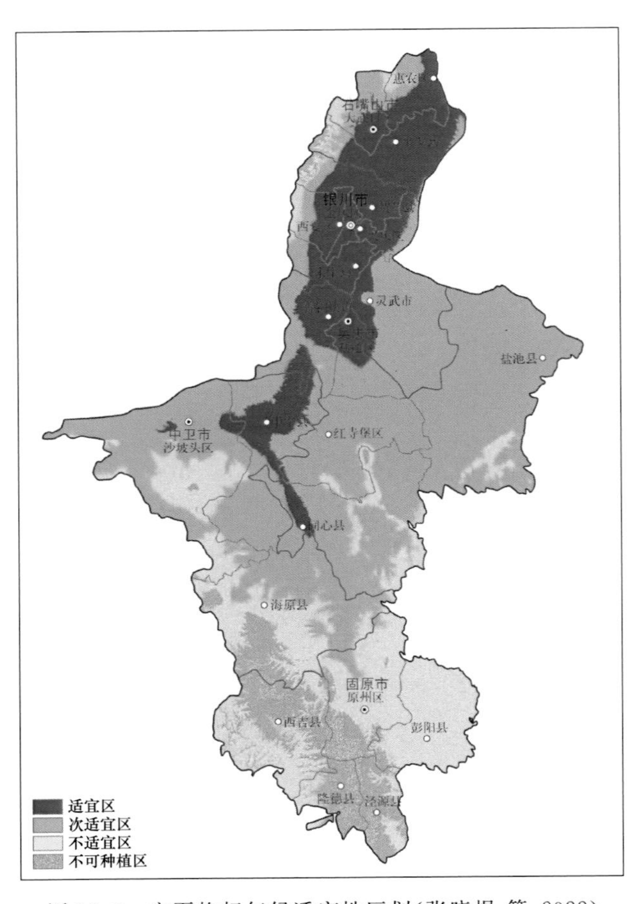

图 10.2　宁夏枸杞气候适宜性区划(张晓煜 等,2022)

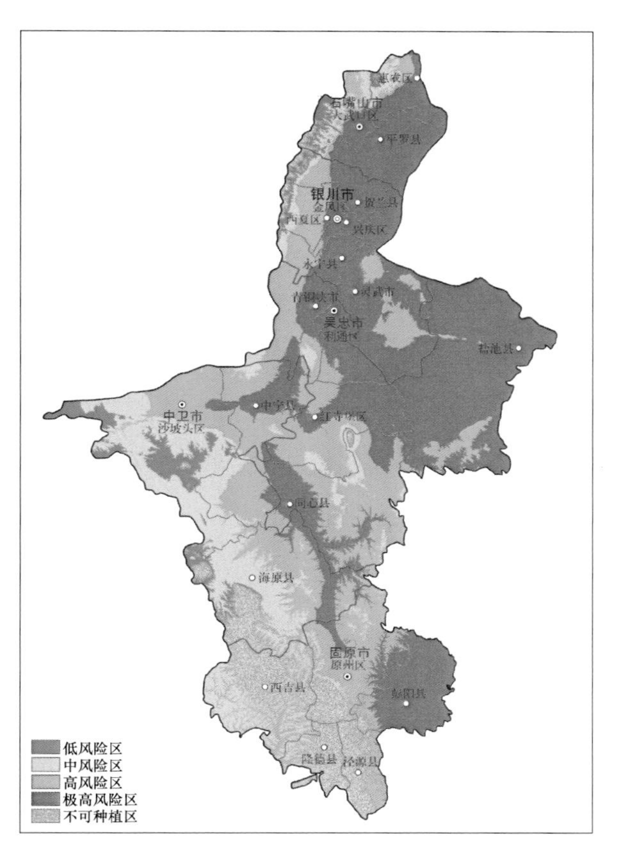

图 10.3 宁夏枸杞炭疽病风险区划(张晓煜 等,2022)

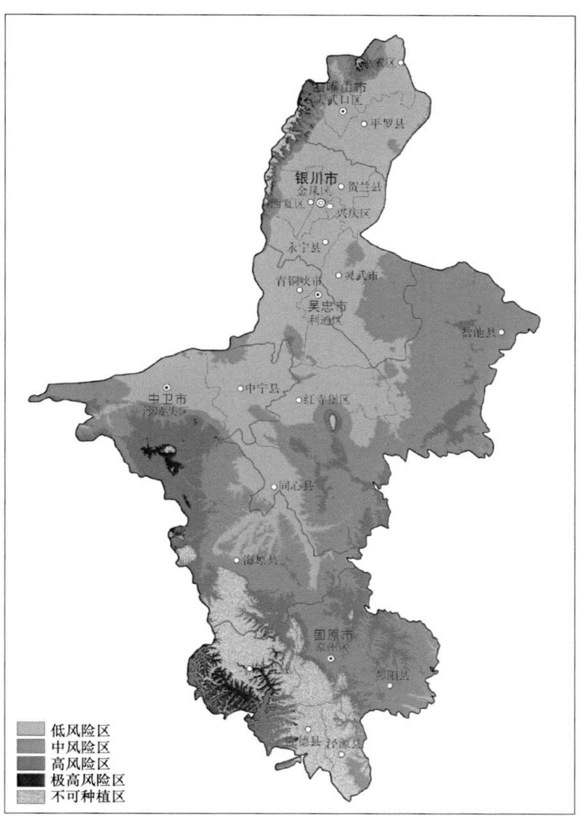

图 10.4 宁夏枸杞晚霜冻风险区划(张晓煜 等,2022)

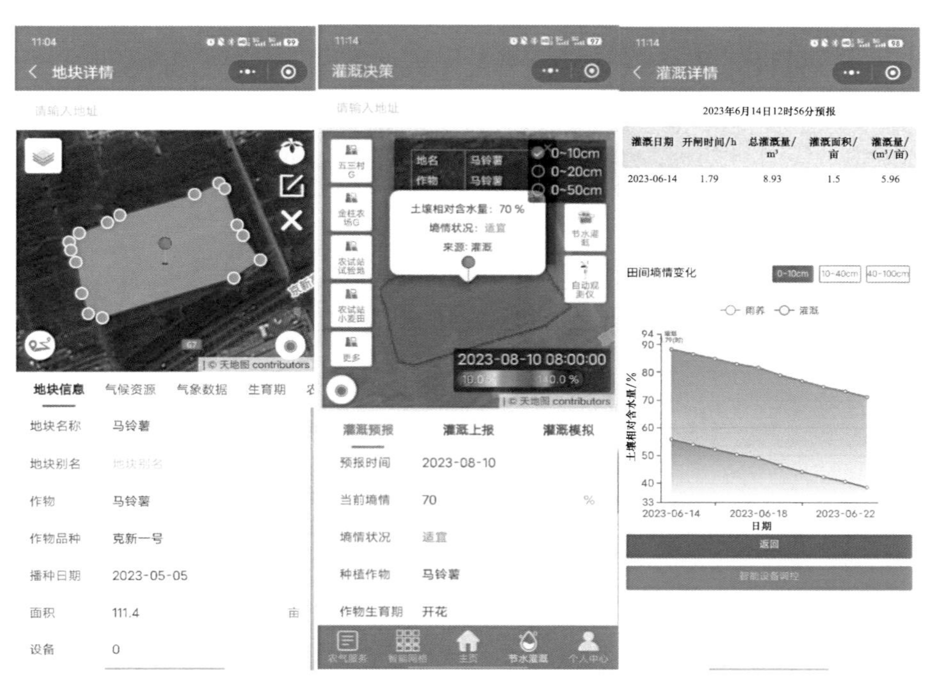

图 11.1 马铃薯灌溉气象服务手机小程序灌溉决策展示

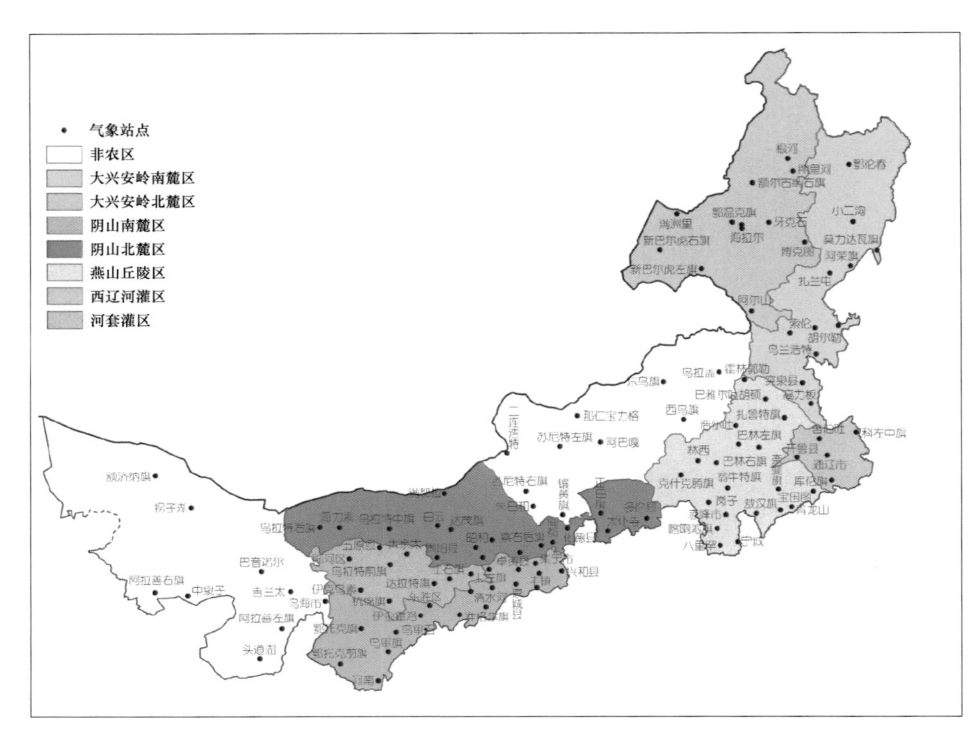

图 11.2 内蒙古自治区生态区划图

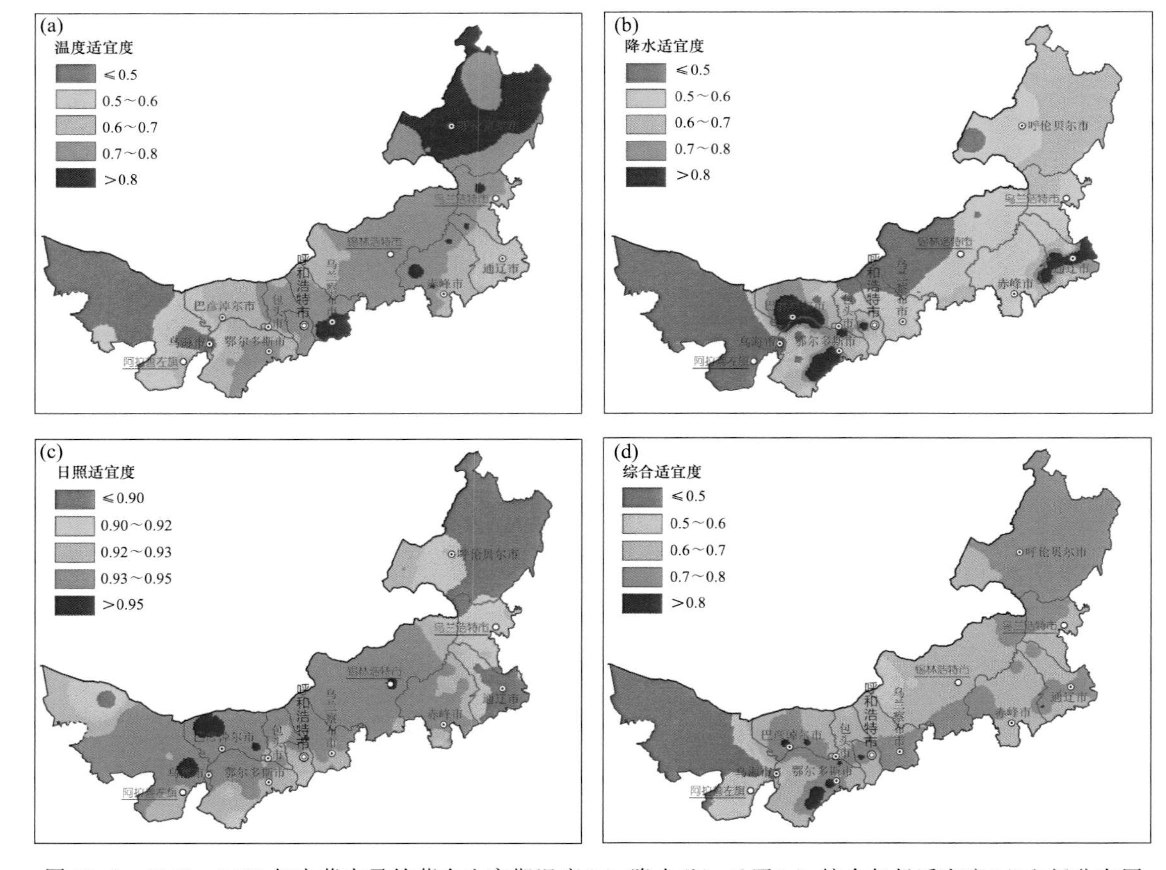

图 11.3 1961—2020 年内蒙古马铃薯全生育期温度(a)、降水(b)、日照(c)、综合气候适宜度(d)空间分布图

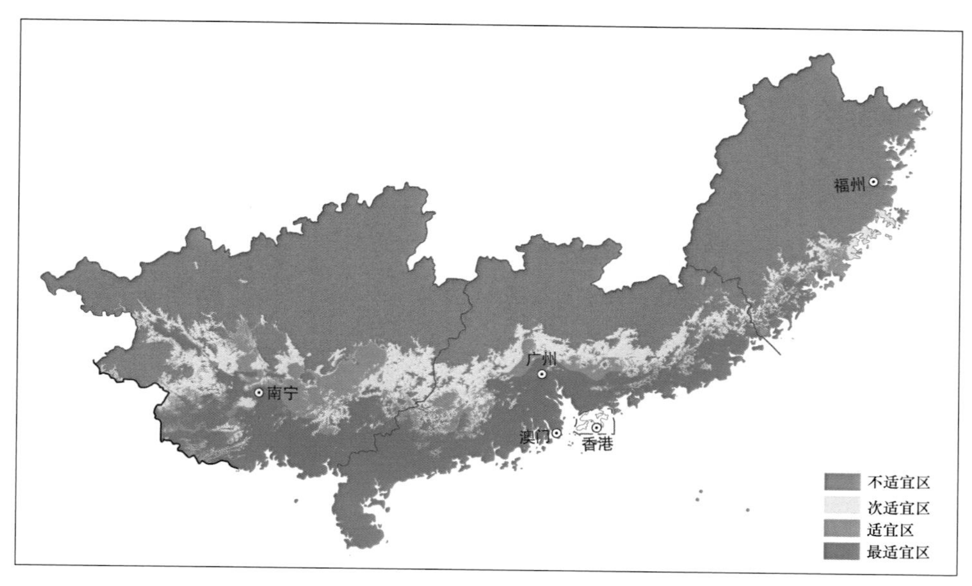

图 12.1　福建、广东、广西三省(自治区)芒果引(扩)种适宜性区划

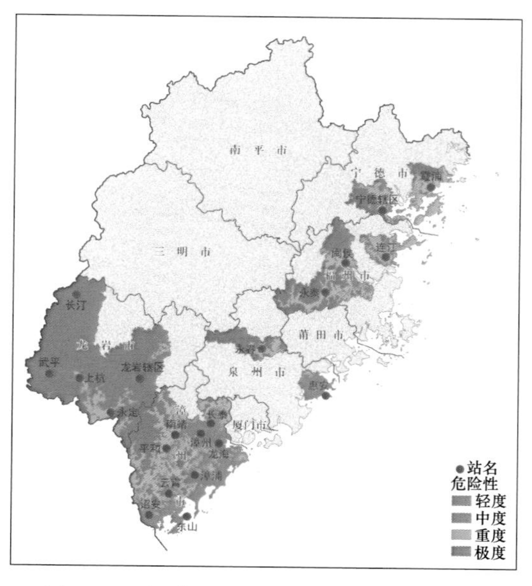

图 12.3　福建省青枣寒冻害危险性区划图

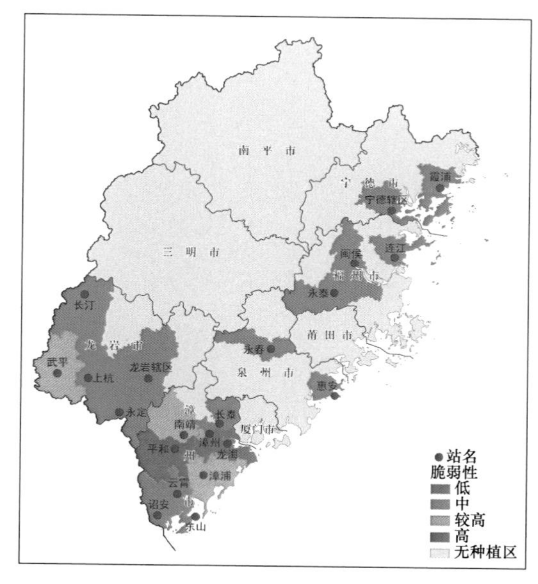

图 12.4　福建省青枣脆弱性区划图

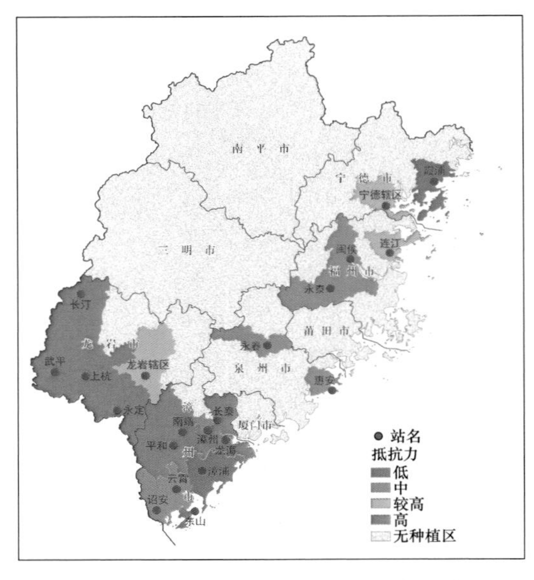

图 12.5 福建省青枣种植区防寒防冻能力区划图

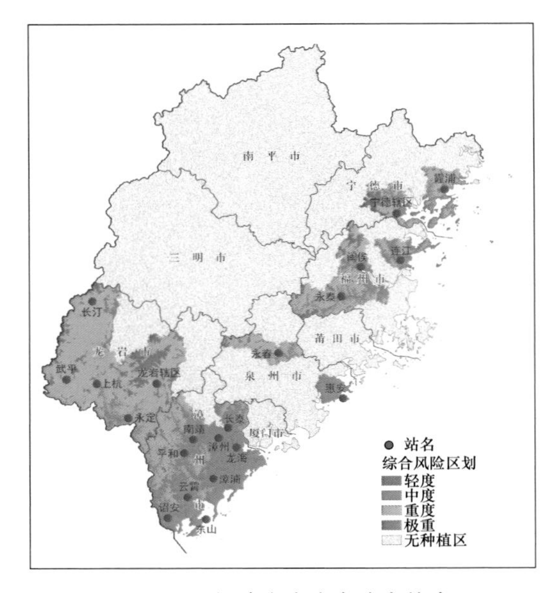

图 12.6 福建省青枣寒冻害综合风险区划图

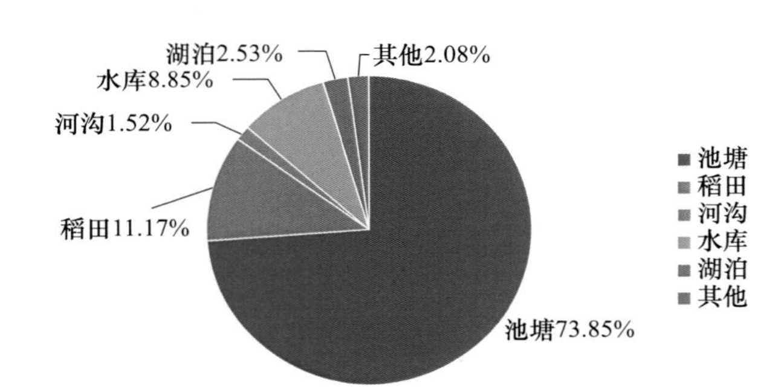

图 13.1 2021 年我国淡水养殖面积占比

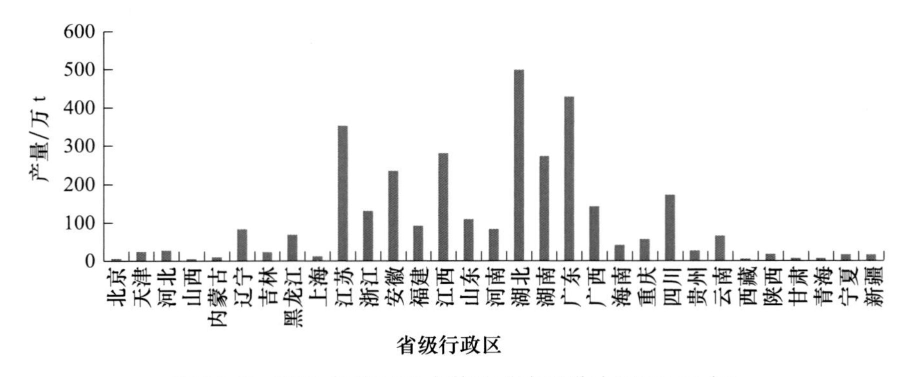

图 13.2 2021 年我国淡水养殖总产量分布图(2021 年)

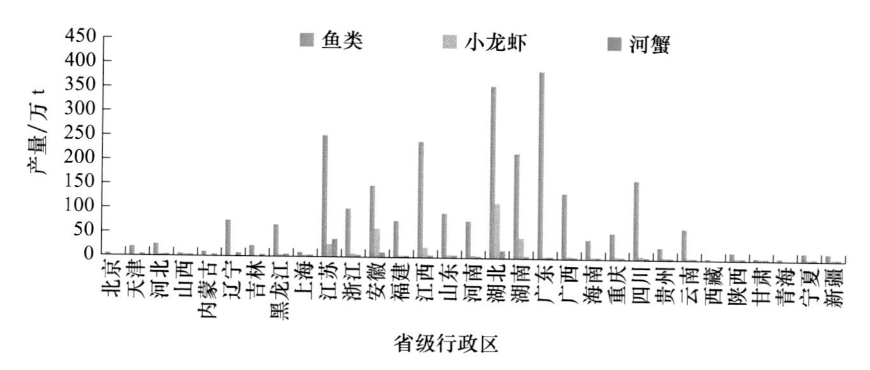

图 13.3　2021 年我国各类淡水养殖产量分布图

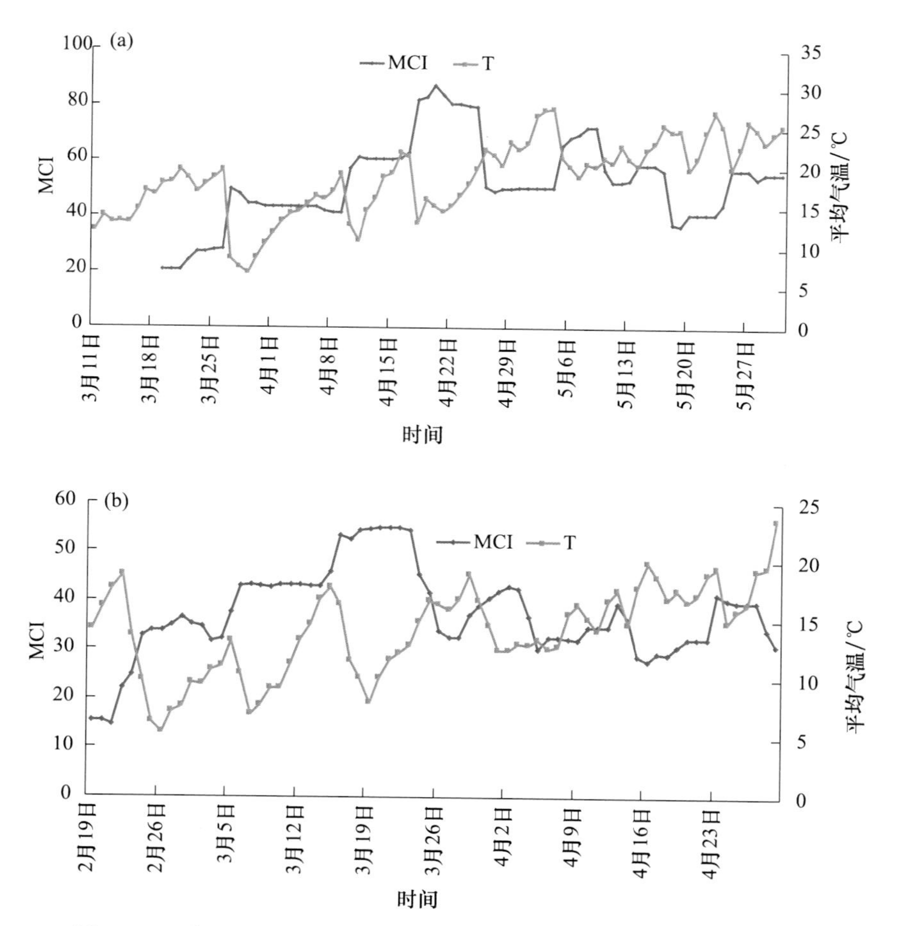

图 13.10　湖北公安县 2020 年春季(a)、2021 年春季(b)逐日滚动计算的气象指数及气温变化图

气象服务快报

第 54 期

签发人：薛晓萍

山东省气象局　　2020 年 2 月 12 日

雨雪降温来袭，设施蔬菜生产加强防范

预计 14—18 日，全省以阴雨（雪）、降温天气为主，过程降温幅度较大，预计大部地区设施蔬菜将出现中度低温冷害风险，日光温室和塑料大棚分别存在轻度、中度雪灾风险，半岛地区塑料大棚存在轻度风灾风险。

一、灾害性天气预报

据省气象台预报，14—17 日，全省将出现雨雪过程，最大积雪深度 5～8 厘米，半岛地区阵风 7～8 级。14 日鲁西北和鲁中局部有暴雪，其他地区小到中雪；15 日半岛局部有暴雪，鲁中东部和鲁东南地区局部大雪；16—17 日，半岛北部有小到中雪，其他地区晴到少云。14 日开始气温明显下降，低温天气将持续到 18 日，预计最低气温降幅 10～12℃，最高气温降幅 16～20℃；16—18 日鲁中山区和半岛内陆地区最低气温-12～-9℃，其他地区-7～-4℃。

二、影响预报及评估

当前，日光温室秋冬茬蔬菜处在开花坐果～采摘期，冬春茬蔬菜处在苗期。阴雨（雪）天气光照条件较差，外界环境气温降低，不利于温室内热量蓄积，14—17日温室内气温将持续下降，日光温室最低可降至5℃左右，塑料大棚在0℃左右。

预计除鲁西南设施蔬菜将出现轻度低温冷害风险外，其他地区为中度低温冷害风险（图1），易导致植株生长缓慢，落花落果，果实出现畸形，影响产量与品质提升；14—17日大部地区日光温室和塑料大棚分别存在轻度、中度雪灾风险（图2），15—17日半岛地区塑料大棚存在轻度风灾风险，雪灾与风灾易造成设施棚膜或结构的损坏。

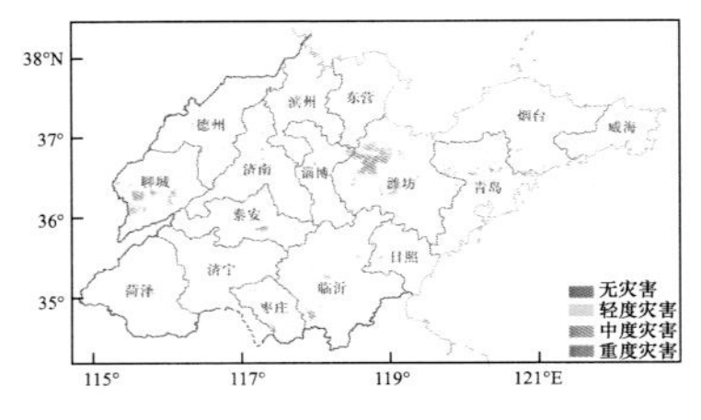

图1　2020年2月14—17日山东省设施蔬菜低温冷害等级风险分布图

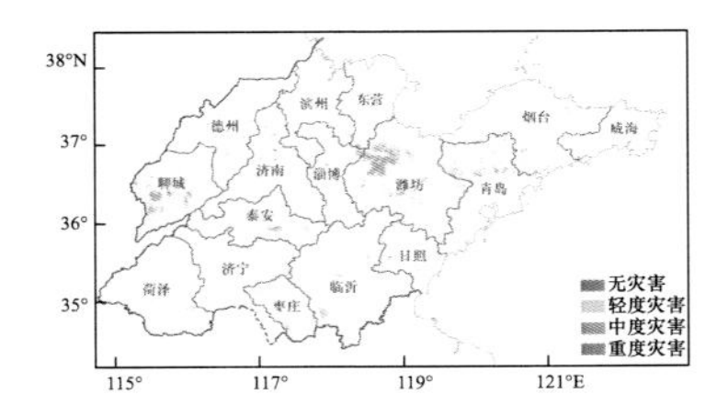

图2　2020年2月14—17日山东省塑料大棚暴雪灾害等级风险分布图

三、对策建议

雨雪降温天气来袭，建议加强保温、增温、补光等措施，夜间可加盖保温被等材料，防止设施蔬菜低温冷害；中午短时通风排湿，谨防病害发生；先雨后雪的地区，建议提前加盖塑料布，防止保温帘和保温被潮湿结冰；降雪较大地区及时清扫棚膜积雪，防止棚膜和结构受损；雨雪过后及时清洁棚膜，增加棚膜透光。

图 14.1　山东省气象局 2020 年 2 月 12 日气象服务快报

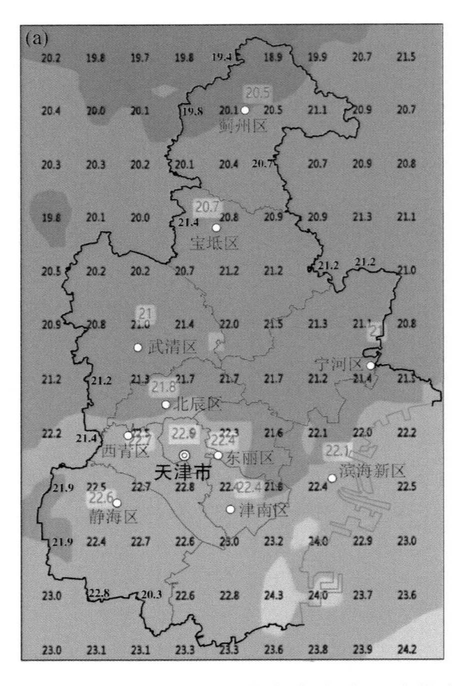

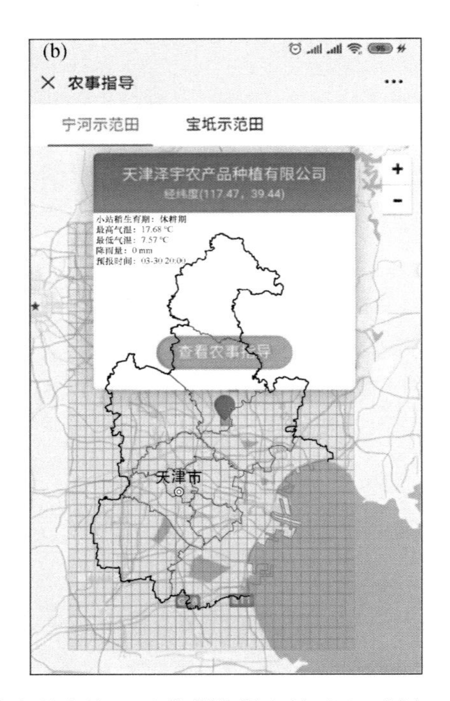

图 15.1　小站稻移栽期气象灾害风险格点化实况产品(a)和休耕期服务界面(b)示例

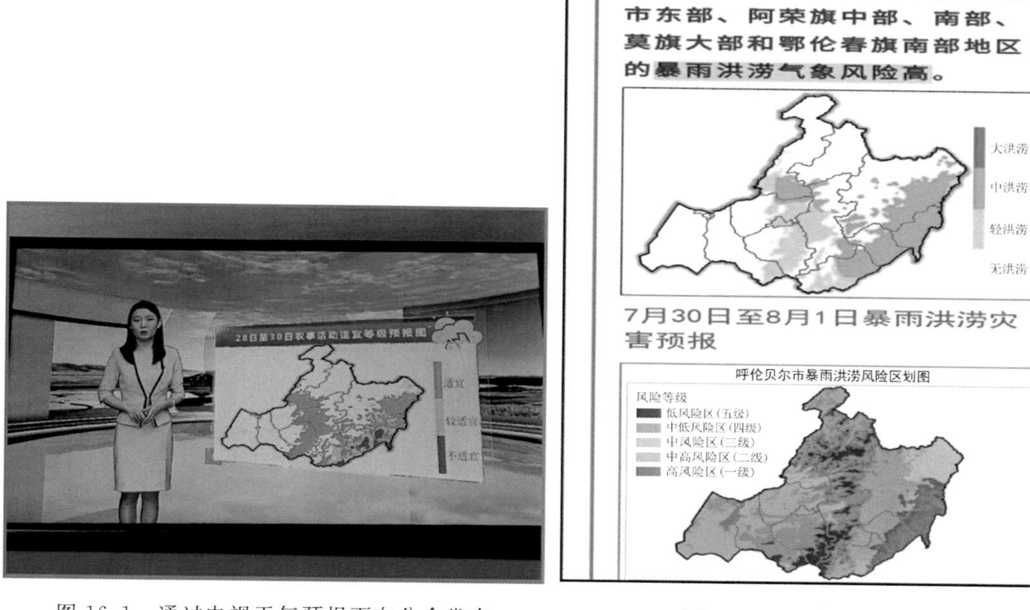

图 16.1　通过电视天气预报面向公众发布暴雨洪涝风险预警

图 16.2　呼伦贝尔气象微信公众号发布暴雨洪涝风险预警

图 16.3　通过快手短视频发布暴雨洪涝风险预警

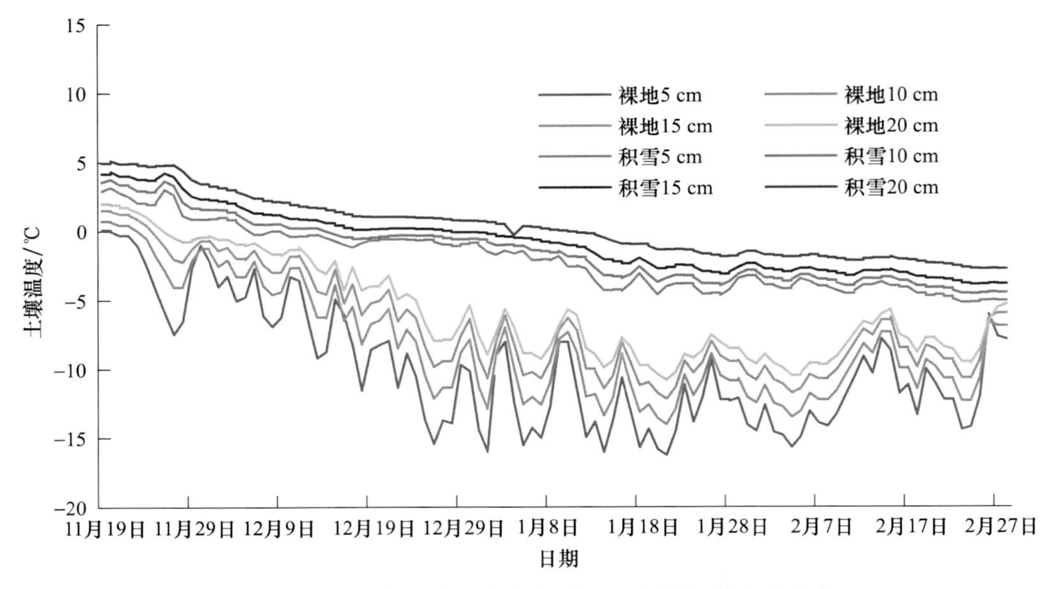

图 16.4 2021 年冬季积雪覆盖和裸地日最低土壤温度变化

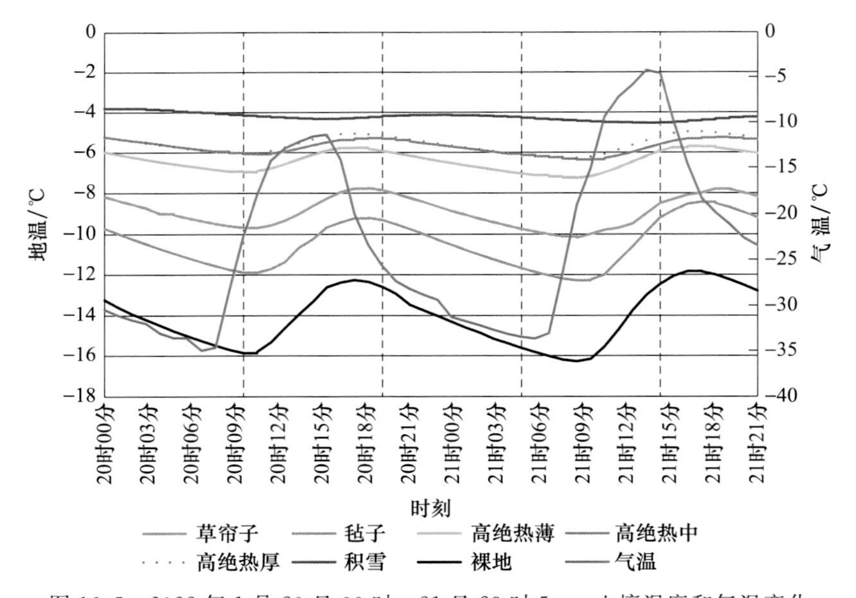

图 16.5 2022 年 1 月 20 日 00 时—21 日 23 时 5 cm 土壤温度和气温变化

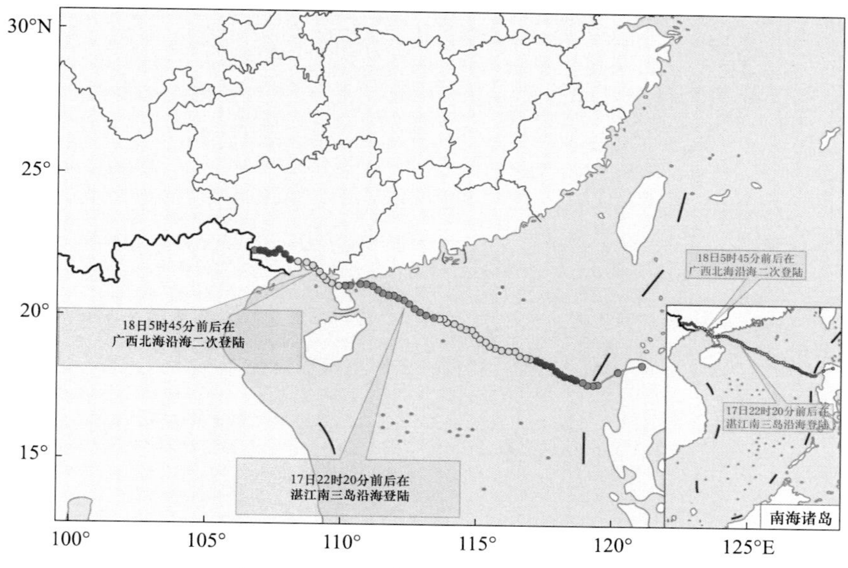

图 16.8　2023 年台风"泰利"路径图

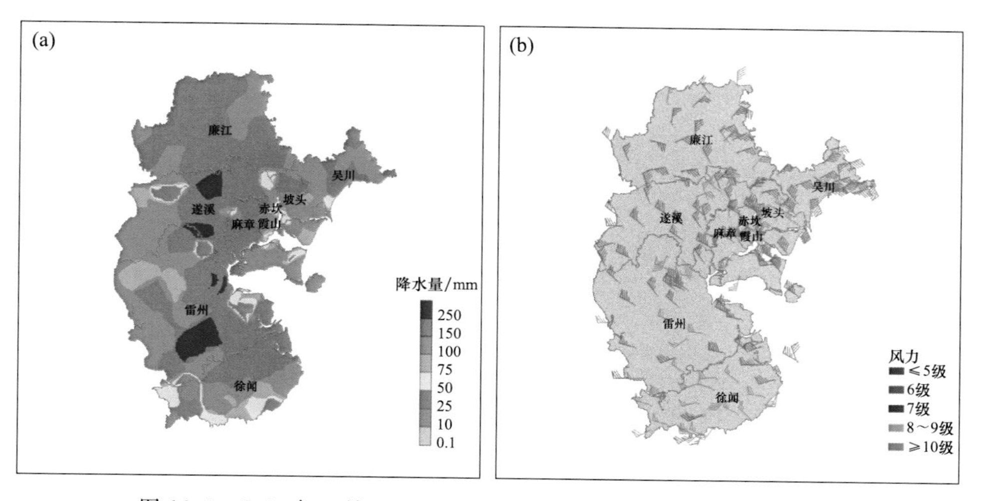

图 16.9　2023 年 7 月 17 日 08 时—19 日 08 时台风"泰利"登陆湛江过程累计降水量(a)与过程极大风(b)分布图

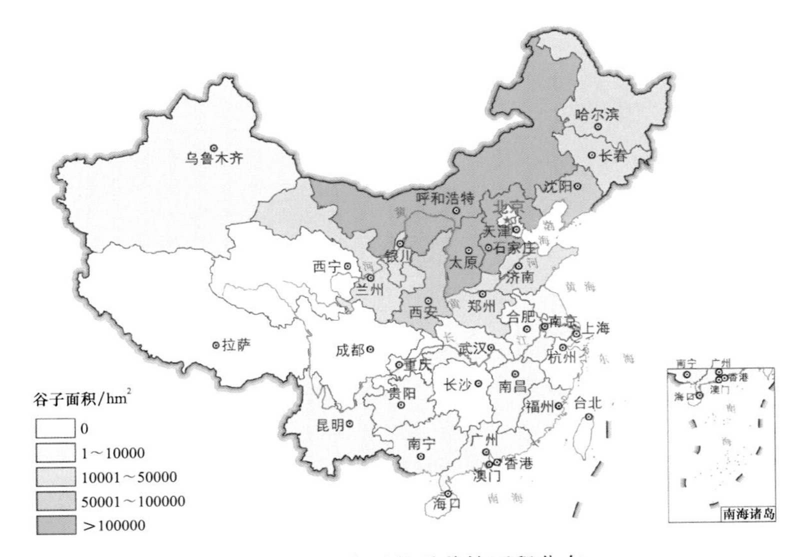

图 16.13　我国谷子种植面积分布

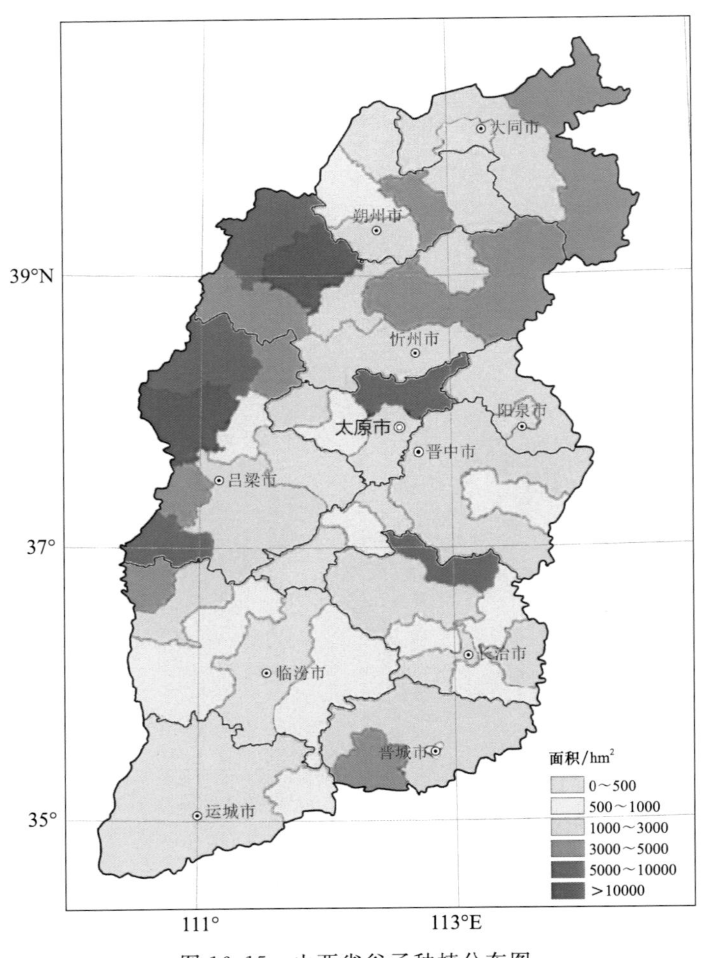

图 16.15　山西省谷子种植分布图

图 16.16 '沁州黄'种植基地分布图

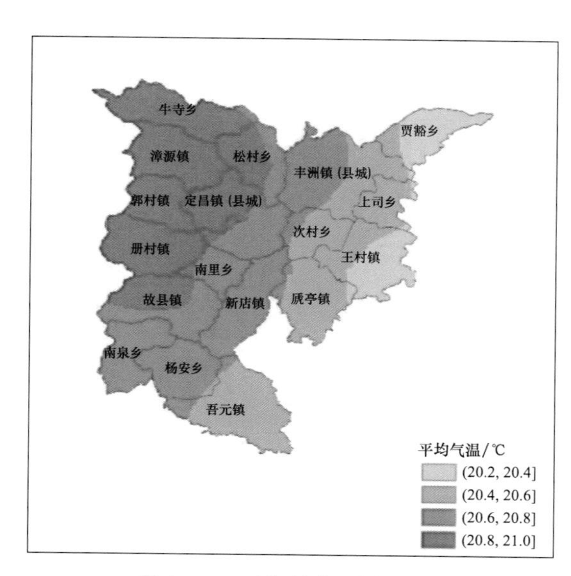

图 16.17 '沁州黄'种植基地
播种—出苗期平均气温分布图

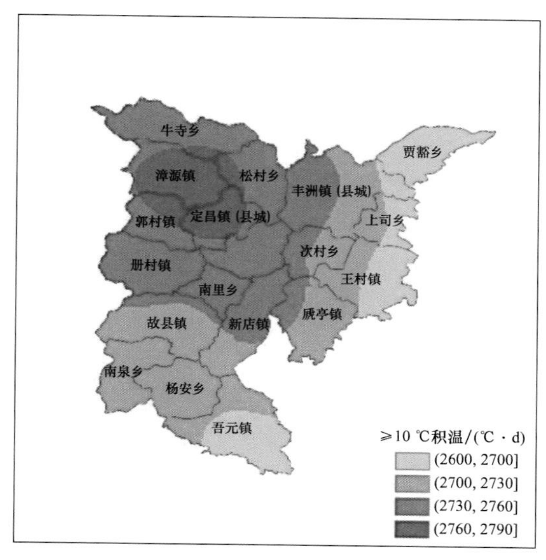

图 16.18 '沁州黄'种植基地
全生育期≥10 ℃积温分布图

图 16.19 ‘沁州黄’种植基地出苗—抽穗期日照时数分布图

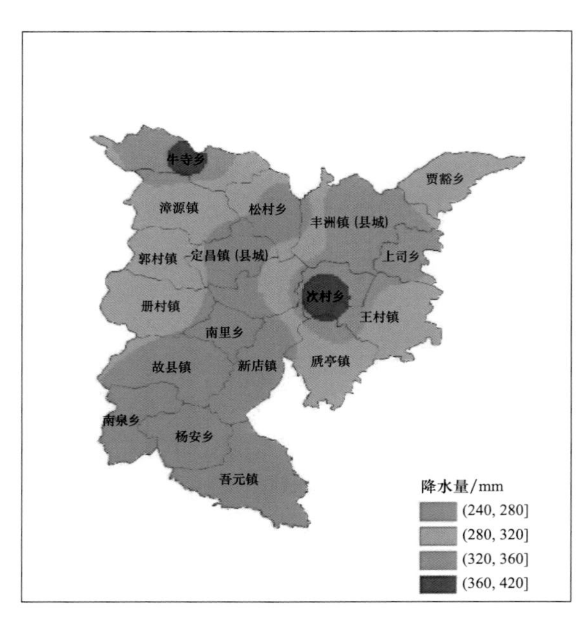

图 16.20 ‘沁州黄’种植基地拔节—成熟期降水量分布图

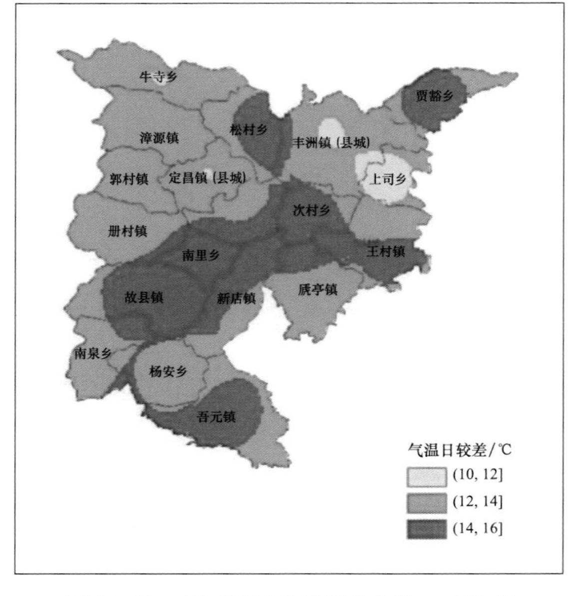

图 16.21 ‘沁州黄’种植基地抽穗—成熟期气温日较差分布图